高等职业教育机电工程类系列教材

电机运行维护与故障处理

主　编　张桂金

副主编　张　芬

西安电子科技大学出版社

内 容 简 介

本书分为六个项目，分别为直流电机、变压器、三相异步电动机、其它电机、电动机的选择和三相异步电动机综合实训。

本书在内容选择上以高职高专学生的认知能力和培养目标为原则，突出企业生产实际的需要，列举了大量的应用实例，并结合从业人员在生产实践中遇到的故障现象，分析其存在的可能原因及对应的处理方法，加以分类总结，重点培养学生的动手操作能力。

通过本书的学习，学生可具备直流电机、变压器、三相异步电动机及其它电机的安装、运行维护、故障诊断与分析处理以及电动机选择等方面的知识和能力。

本书适合作为高职高专院校电气自动化、机电一体化、生产过程自动化等专业的教材，也可作为企业电工的参考书或电工培训教材。

图书在版编目(CIP)数据

电机运行维护与故障处理/张桂金主编. —西安：西安电子科技大学出版社，2013.2(2023.1 重印)
ISBN 978-7-5606-2989-6

Ⅰ. ① 电… Ⅱ. ① 张… Ⅲ. ① 电机维护—高等职业教育—教材 ② 电机—故障修复—高等职业教育—教材 Ⅳ. ① TM30

中国版本图书馆 CIP 数据核字(2013)第 023803 号

策　　划　毛红兵
责任编辑　雷鸿俊　毛红兵
出版发行　西安电子科技大学出版社(西安市太白南路 2 号)
电　　话　(029)88202421　88201467　　邮　　编　710071
网　　址　www.xduph.com　　电子邮箱　xdupfxb001@163.com
经　　销　新华书店
印刷单位　西安日报社印务中心
版　　次　2013 年 2 月第 1 版　2023 年 1 月第 4 次印刷
开　　本　787 毫米×1092 毫米　1/16　印　张　18.5
字　　数　437 千字
印　　数　4001～4500 册
定　　价　46.00 元
ISBN 978-7-5606-2989-6/TM
XDUP 3281001-4

前言

本书主要适用于高职高专院校电气自动化、机电一体化等相关专业，包括六个项目，即直流电机、变压器、三相异步电动机、其它电机、电动机的选择及三相异步电动机综合实训。

为了体现高职高专教学以就业为导向的特点，同时也为了将学生培养成技术应用型人才，笔者在编写本书的过程中，力求使内容通俗易懂、涉及面广，将理论与实践有机地结合起来，重点突出实践项目，侧重于对电机、变压器等电气设备的检查、维护及故障处理等相关内容的介绍，旨在提高学生分析和解决实际问题的能力。

本书由西安航空职业技术学院张桂金担任主编，西安航空职业技术学院张芬担任副主编，其中项目一和项目二由张芬编写，项目三到项目六及附录由张桂金编写，编者均具有多年电气设备现场维护及“电机及拖动”理论教学的经验。本书层次分明，简明扼要，实用性强，能满足一体化教学的需要。

本书在编写过程中得到了学院领导和同行们的大力支持和帮助，在此一并表示感谢。同时也对资料作者表示感谢！

由于编者水平有限，书中不妥之处在所难免，敬请读者批评指正。

编　者

2012年10月

目　录

项目一 直 流 电 机

直流电机是直流发电机和直流电动机的总称。直流电机既可作为直流发电机，也可作为直流电动机，因此具有可逆性。用作直流发电机时，它将机械能转换成直流电能输出；用作直流电动机时，它将直流电能转换成机械能输出。直流电动机指的是采用直流电源(如干电池、蓄电池等供电)的电动机。直流电动机一般用在低电压要求的电路中，因为直流电源方便携带，如电动自行车、电脑风扇、收录机的电机等就是用直流电动机作直流电源的。直流发电机主要用作直流电源，为直流电动机、化学工业中的电解和电镀等提供电源，也可作为发电厂中同步发电机的励磁电源(即励磁机)。

虽然直流发电机和直流电动机的用途各不相同，但是它们的结构基本上一样，都是利用电和磁的相互作用来实现机械能与电能的相互转换。

与交流电动机相比，直流电动机的优点是：具有良好的启动性能(如启动转矩大)和调速性能以及较大的过载能力，并能在较宽的范围内平滑无级调速，还适宜于频繁启动。直流电动机的缺点是：存在电流换向困难、制造工艺复杂、有色金属消耗多、价格昂贵、运行可靠性差、维护比较困难、运行过程中容易产生火花等问题，因而在易燃易爆场合不宜使用。但无论如何，在许多工业部门，例如大型轧钢设备、大型精密机床、矿井卷扬机、市内电车、电缆设备等要求线速度严格一致的地方，通常都采用直流电动机作为原动机来拖动机械设备。

直流发电机通常作为直流电源，向负载输出电能；直流电动机则作为原动机带动各种生产机械工作，向负载输出机械能。由于直流电动机具有大的启动转矩和优越的调速性能，因此，在一些对电动机启动转矩有特殊要求的场合常用直流电动机。

任务一 直流电机的认识

活动 1 直流发电机和直流电动机的基本工作原理

一、活动目标

(1) 理解直流发电机的基本工作原理。

(2) 理解并掌握直流电动机的基本工作原理。

二、活动内容

1. 直流发电机的基本工作原理

直流发电机是利用电磁感应定律，将机械能转换成电能的一种装置。根据电磁感应定律可知，在磁感应强度为 B_x 的均匀磁场中，一根长度为 l 的导体以匀速 v 作垂直切割磁力线的运动时，就会在导体中产生感应电动势 e，e 的大小为：

$$e = B_x l v \tag{1-1}$$

图 1-1 是一台最简单的直流发电机的工作原理模型。N 和 S 为一对固定的磁极，两磁极之间有一个可以转动的圆柱体铁芯(称为电枢铁芯)，在电枢铁芯表面的槽内安置了一个电枢线圈 *abcd*，线圈的两端分别焊接在两个相互绝缘的半圆弧形铜片(称为换向片)上，由换向片 1 和 2 就构成了最简单的换向器，换向片分别与固定不动的电刷 A 和 B 保持滑动接触，这样，旋转着的线圈就可以通过换向片、电刷与外电路接通，构成回路。

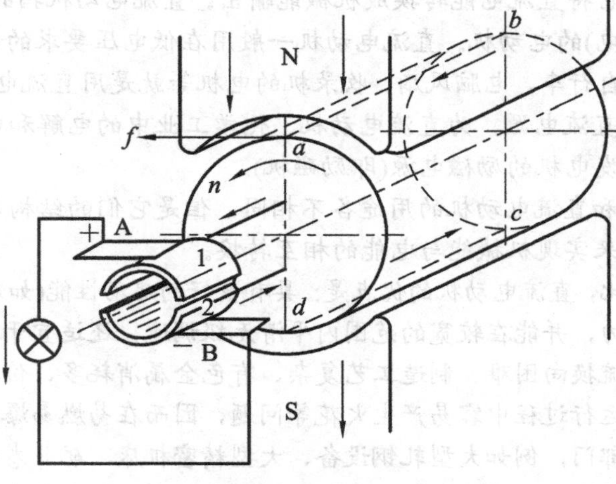

图 1-1　直流发电机工作原理模型图

在图 1-1 中，当原动机(泛指利用能源产生动力的一切机械)拖着电枢以一定的速度在磁场中按逆时针方向旋转时，根据电磁感应定律，线圈 *ab* 边和 *cd* 边切割磁力线产生感应电动势，其方向用右手定则确定。在图中所示的位置，线圈的 *ab* 边处于 N 极下，产生的感应电动势方向是从 *b* 指向 *a* 而引到电刷 A，所以电刷 A 的极性为正；同理可得电刷 B 的极性为负；对于整个线圈来说，此过程的电动势方向为 $d \to c \to b \to a$。反之，当电枢转过 180°，即线圈的 *ab* 边与 *cd* 边互换位置后，每个边的感应电动势方向都要随之改变，于是，整个线圈的感应电动势方向变为 $a \to b \to c \to d$，因此线圈中的感应电动势是交变的。同时，电刷 A 由原来与换向片 1 接触，变为现在与换向片 2 接触，电刷 B 由原来与换向片 2 接触，变为现在与换向片 1 接触，这样，电刷 A 仍为正极，电刷 B 仍为负极。以上分析表明，当原动机拖动电枢线圈旋转时，线圈中的感应电动势方向不断改变，而通过换向器和电刷的作用，在电刷 A 和 B 间输出的电动势的方向是不变的，即为直流电动势。由此可见，电刷 A 总是与旋转到 N 极下的导体接触，可以得出电刷 A 总是正极性，而电刷 B 总是与旋转到 S 极下的导体接触，可以得出电刷 B 总是负极性，故在电刷 A、B 之间得到直流电动势。若外电路接上负载，且构成闭合回路，就有电流从正极 A 流出，经负载流向负极 B，发电机就能向负载输出直流电流。这就是直流发电机的基本工作原理。

2. 直流电动机的基本工作原理

直流电动机是利用电磁力定理，将电能转换成机械能的一种装置。若磁感应强度为 B_x 的磁场与长度为 l 的导体互相垂直，且该导体中通过的电流为 i，则作用于载流导体即通电导体 l 上的电磁力 f 为：

$$f = B_x li \tag{1-2}$$

图 1-2 是一台最简单的直流电动机的工作原理模型。通过观察可知，直流电动机的工作原理模型实际上就是在直流发电机的工作原理模型中的 A、B 两电刷之间施加一直流电源。在图示位置中，电流从电源的正极流出，经过电刷 A 及换向片 1 流入电动机线圈，电流方向是 $a \to b \to c \to d$，然后再经过换向片 2 及电刷 B 流回到电源负极。根据电磁力定律，线圈边 ab 和 cd 在磁场中受到磁场力的作用，其方向可用左手定则确定，如图中所示。由众多的电磁力形成的电磁转矩施加在电动机轴上使电枢按逆时针方向旋转。

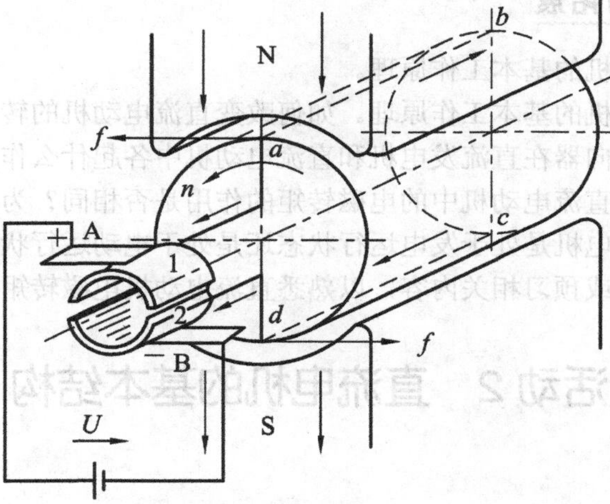

图 1-2 直流电动机工件原理模型图

电枢转过 180°，电流流经的路径是通过电刷 A、换向片 2、线圈边 dc 和 ba，最后经过换向片 1 及电刷 B 回到电源的负极。线圈中的电流方向为 $d \to c \to b \to a$。因此流经线圈中的电流方向改变了，这样导体所受的电磁力方向才能不变，从而保证电动机始终沿着一个固定的方向旋转。

通过以上分析可知，一个线圈边从一个磁极下转到另一个相邻的异性磁极下时，流过线圈的电流方向就改变一次，而电枢的转动方向仍保持不变。改变线圈中的电流方向是由换向器和电刷来完成的。

当线圈中通过电流时，处在磁场中的线圈因受到电磁力而转动，众多的电磁力形成电磁转矩从而带动整个电枢旋转，通过转轴便可带动生产机械运转。这就是直流电动机的基本工作原理。实际的直流电动机中，有许多线圈按一定的规律牢固地嵌在电枢铁芯槽中。

综上可知，一台直流电机既可以作为直流发电机，也可以作为直流电动机，这主要取决于外部条件。若用原动机拖动电枢旋转，输入机械能，电机就将机械能转换为直流电能，作为发电机运行。若将直流电源加在电刷两端，电机就能将直流电能转换为机械能，作电动机运行。这种运行状态的可逆性即为直流电机的可逆原理。实际的直流发电机和直流电动机在结构制造上是稍有区别的，这主要是考虑到直流发电机与直流电动机不同的运行性能和不同的场合要求，因此并不像理论上分析的那样完全可逆。

三、活动小结

直流电机的工作原理是建立在电磁感应定律和电磁力定律的基础之上的。在不同的外部条件下，电机中能量转换的方向是可逆的。如果从轴上输入机械能，且当电枢绕组的感应电动势大于电枢绕组的端电压时，电机就运行于发电状态，向外电路输出电能；如果从电枢输入电能，且当电枢绕组的感应电动势小于电枢绕组的端电压时，电机就运行于电动状态，从轴上输出机械能。

四、活动回顾与拓展

(1) 简述直流发电机的基本工作原理。

(2) 简述直流电动机的基本工作原理。如何改变直流电动机的转向？

(3) 直流电机的换向器在直流发电机和直流电动机中各起什么作用？

(4) 直流发电机和直流电动机中的电磁转矩的作用是否相同？为什么？

(5) 如何判断直流电机是处于发电运行状态还是处于电动运行状态？

(6) 查找相关资料或预习相关内容，以熟悉直流电动机电磁转矩的表达式。

活动 2　直流电机的基本结构

一、活动目标

(1) 理解并掌握直流电机的基本结构和各主要部件的作用。

(2) 理解铭牌数据的含义。

二、活动内容

1. 直流电机的基本结构

直流电机由两个主要部分组成：

(1) 静止部分，即定子；

(2) 转动部分，即转子，通称电枢。

在定子与转子之间有一定的间隙，称为气隙。

图 1-3 是一台直流电机的半剖面结构图，图 1-4 是直流电机主要部件结构图，图 1-5 是直流电机的径向剖面示意图。下面分别介绍直流电机两大组成部分和各主要部件的结构及其作用。

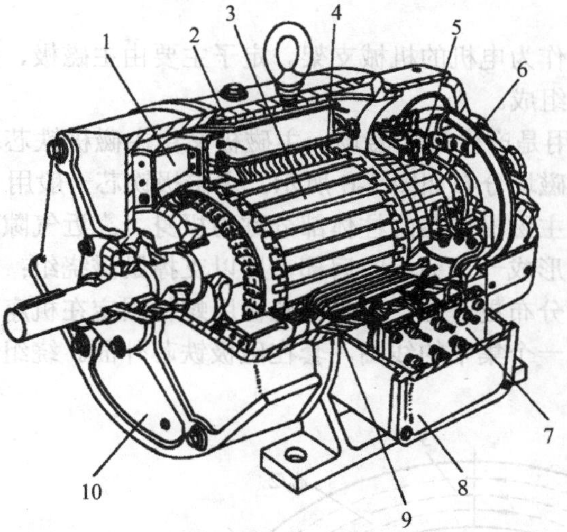

1—风扇；
2—机座；
3—电枢；
4—主磁极；
5—刷架；
6—换向器；
7—接线极；
8—出线盒；
9—换向极；
10—端盖

图 1-3　直流电机的半剖面结构图

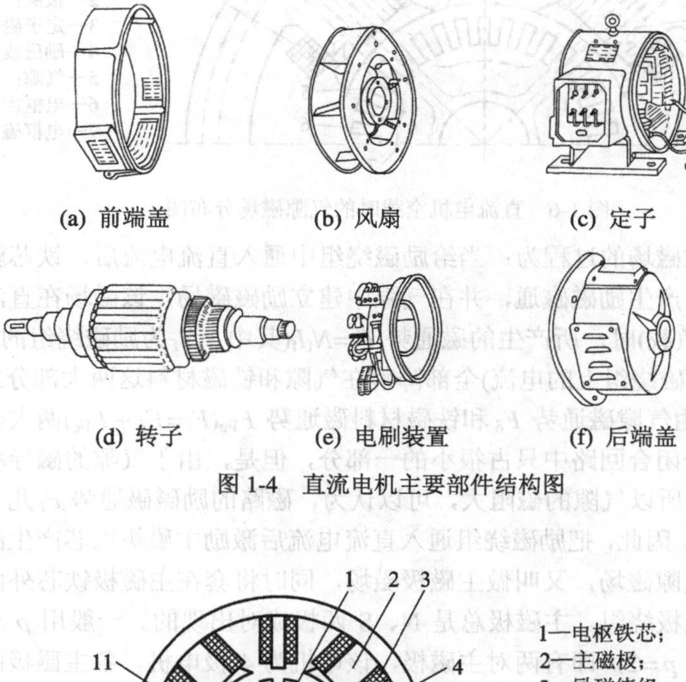

(a) 前端盖　(b) 风扇　(c) 定子

(d) 转子　(e) 电刷装置　(f) 后端盖

图 1-4　直流电机主要部件结构图

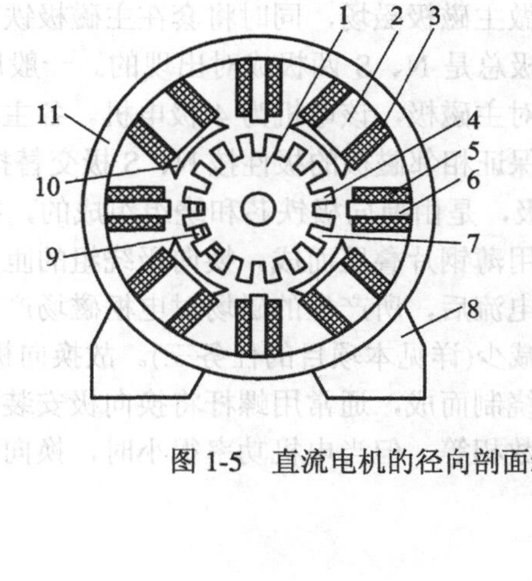

1—电枢铁芯；
2—主磁极；
3—励磁绕组；
4—电枢齿；
5—换向极绕组；
6—换向极铁芯；
7—电枢槽；
8—底座；
9—电枢绕组；
10—极掌(极靴)；
11—磁轭(机座)

图 1-5　直流电机的径向剖面示意图

1) 定子部分

定子的作用是产生磁场并作为电机的机械支架。定子主要由主磁极、换向极、电刷装置、机座、端盖和轴承等部件组成。

(1) 主磁极。主磁极的作用是产生气隙磁场。主磁极又由主磁极铁芯和励磁绕组两部分组成。主磁极所产生的气隙磁场分布如图 1-6 所示。主磁极铁芯一般用 1 mm～1.5 mm 厚的低碳钢板冲片叠压而成，主磁极铁芯的柱体部分称为极身，靠近气隙一端较宽的部分称为极靴，极靴与极身交界处形成一个突出的肩部，用以支撑励磁绕组；极靴沿表面处做成弧形，使极下气隙磁通密度分布更合理。整个主磁极用螺杆固定在机座上。励磁绕组通常用绝缘铜线或绝缘铝线制成一个集中的线圈，套在磁极铁芯外面。绕组与铁芯之间垫有绝缘材料。

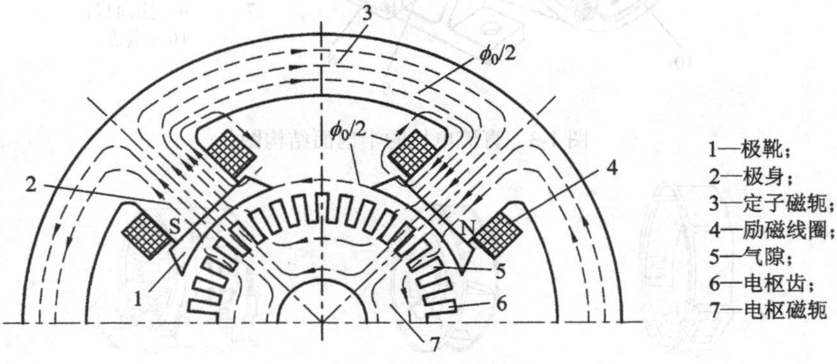

图 1-6　直流电机空载时的气隙磁场分布图

主磁极产生气隙磁场的过程为：当给励磁绕组中通入直流电流后，铁芯就成为一个固定极性的磁极，即可产生励磁磁通，并在气隙中建立励磁磁场，该磁场在直流电机处于空载(即直流电机不带负载)时，所产生的磁通势 $F_f=N_fI_f$(其中，N_f 为励磁绕组的匝数，I_f 称为励磁电流，即流经励磁绕组上的电流)全部降落在气隙和铁磁材料这两大部分之中，也就是说励磁磁通势 F_f 是由气隙磁通势 F_δ 和铁磁材料磁通势 F_{Fe}($F_f=F_\delta+F_{Fe}$)两大部分组成的。虽然气隙长度在整个闭合回路中只占很小的一部分，但是，由于气隙的磁导率远比铁磁材料的磁导率小得多，所以气隙的磁阻大，可以认为，磁路的励磁磁通势 F_f 几乎全部消耗在气隙部分(即 $F_f\approx F_\delta$)。因此，把励磁绕组通入直流电流后激励主磁极铁芯产生的磁场称为空载气隙磁场，简称气隙磁场，又叫做主磁极磁场，同时将套在主磁极铁芯外面的绕组叫做励磁绕组，又叫主磁极绕组。主磁极总是 N、S 两极成对出现的。一般用 p 表示电机的磁极对数，图 1-5 中的 $p=2$，即有两对主磁极，该电机为 4 极电机。各主磁极的励磁绕组通常是相互串联连接的，连接时要能保证相邻磁极的极性按 N、S 极交替排列。

(2) 换向极。换向极又叫附加极，是由换向极铁芯和绕组组成的，换向极铁芯通常用整块钢板叠制而成，大容量电机采用薄钢片叠压而成。换向极绕组的匝数较少，并与电枢绕组串联，当换向极绕组通过直流电流后，所产生的磁场对电枢磁场产生影响，目的是改善换向，使电刷与换向器之间火花减少(详见本项目的任务三)。故换向极通过的电流较大，一般采用较粗矩形截面的绝缘导线绕制而成，通常用螺杆将换向极安装在相邻两个主磁极的中心线处，其极数一般与主磁极数相等。但当电机功率很小时，换向极可以减少为主磁极极数的一半，也可以不安装换向极。

(3) 电刷装置。电刷装置主要由电刷、压紧弹簧、刷握、铜丝辫等零部件组成，如图1-7所示。电刷的作用是把旋转的电枢与固定不动的外电路相连，把直流电流引入或引出。电刷是用导电耐磨的石墨材料等做成的导电块，放置在刷握内，用压紧弹簧以一定的压力压在换向器表面上，刷握固定在刷杆上，刷杆固定在圆环形的刷杆座上。借助于铜丝辫将电流从电刷引入或引出。在换向器表面上，各电刷之间的距离应该是相等的。刷杆座装在端盖或轴承内盖上，整个电刷装置可以移动，用以调整电刷在换向器上的位置。容量大的电机，同一刷杆上可并接一组刷握和电刷。一般刷杆数与主磁极数相等。由于电刷有正、负极之分，因此刷杆必须与刷杆座绝缘。

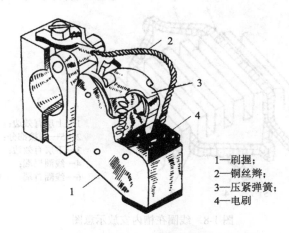

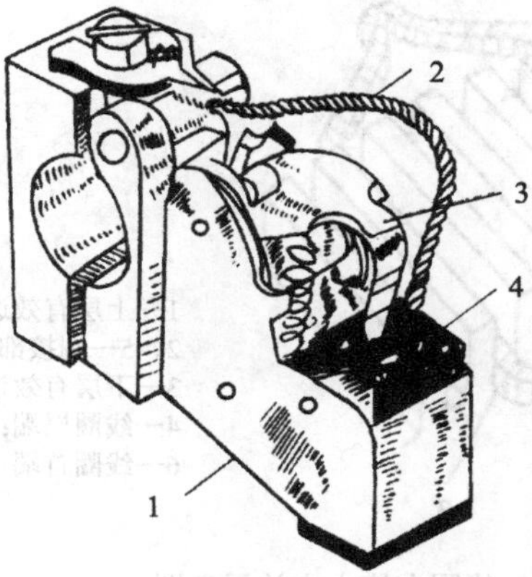

图 1-7 电刷装置

(4) 机座。机座一般用铸铁、铸钢或钢板焊接而成。机座中传导磁通的部分称为磁轭。机座的主要作用有三个：一是作为磁轭传导磁通，是电机磁路的一部分；二是用来把主磁极、换向极和端盖等零部件固定起来；三是借助机座的底脚把电机固定在基础上。所以机座必须具有足够的机械强度和良好的导磁性能。对于某些在运行中有较高要求的微型直流电机，通常将主磁极、换向极和磁轭用硅钢片一次冲制叠压而成，此时，机座只起固定零部件的作用。

机座上装有接线盒，电枢绕组和励磁绕组通过接线盒与外部连接。普通直流电机电枢回路的电阻比励磁回路的电阻要小得多。

2) 转子部分

转子是直流电机的重要部件，它的作用是将机械能转变为电能(发电机)或将电能转变为机械能(电动机)。转子部分主要包括电枢铁芯、电枢绕组、换向器、转轴、支架和风扇等部件。

(1) 电枢铁芯。电枢铁芯是电机主磁路的一部分，其作用是安放电枢绕组，并在电枢绕组通入电流后产生电枢磁场。由于电机运行时，电枢与气隙磁场间有相对运动，铁芯中就会产生感应电动势而出现涡流和磁滞损耗。为了减少损耗，电枢铁芯通常用厚度为0.5 mm，表面涂绝缘的圆形硅钢冲片叠压而成。冲片圆周外缘均匀地冲有许多齿和槽，槽内可安放电枢绕组，有的冲片上还冲有许多圆孔，以形成改善散热的轴向通风孔。电机容量较大时，电枢铁芯的圆柱体还分隔成几段，每段间隔约 10 mm，以形成径向的通风道。整个铁芯固定在电机的轴上，与轴一起旋转。

(2) 电枢绕组。电枢绕组是直流电机电路的主要部分，它的作用是产生感应电动势，形成电流，进而产生电磁转矩，实现机电能量转换。电枢绕组由许多线圈(又称绕组元件)按一定的规律连接而成。线圈通常用高强度聚酯漆包圆铜线或扁铜线绕制而成，且当它的一条有效边(线圈嵌入铁芯槽中的直导线部分)嵌入某个槽的上层时，另一条有效边则嵌入另一槽的下层，如图 1-8 所示。每个线圈的两个有效边的引出端都分别有规律地焊接到换向器的换向片上。

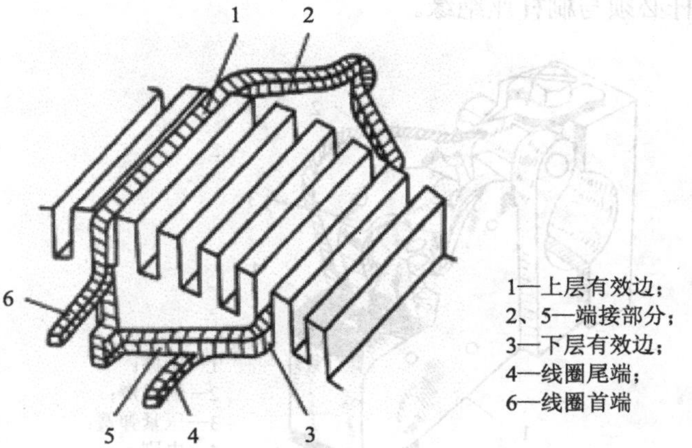

图 1-8　线圈在槽内安放示意图

电枢绕组线圈间的连接方法有叠绕组、波绕组等。不同连接规律的电枢绕组有不同的并联支路数 a，其中：

① 单叠绕组是将所有主磁极下的电枢绕组线圈串联起来组成一条支路，电机共有 $2p$ 个主磁极，就有 $2p$ 条支路，即 p 对支路，用公式表示为：$a=p$。

② 单波绕组是将所有相同主磁极性下的电枢绕组线圈串联起来组成一条支路，电机共有 N、S 两种极性，故共有两条支路，即一对支路，用公式表示为：$a=1$。

单叠绕组与单波绕组的主要区别在于并联支路对数的多少。单叠绕组可以通过增加极对数来增加并联支路对数，一般适用于低电压、较大电流的直流电机；单波绕组的并联支路对数与电机的磁极极对数无关，但每条并联支路串联的线圈数较多，故一般适用于较高电压的小电流直流电机。

在实际的直流电机中，线圈与电枢铁芯槽之间及上、下层有效边之间均应绝缘，槽口处沿轴向打入绝缘材料制成的槽楔将线圈压紧以防止它在旋转时飞出。

(3) 换向器。换向器的作用是与电刷一起将直流发电机电枢绕组中的交变电动势转换成输出的直流电压，或者是将直流电动机输入的直流电流转换成电枢绕组内的交变电流。换向器是由许多彼此相互绝缘的、厚为 0.4 mm～1.2 mm 的云母片组成的。

(4) 转轴、支架和风扇。转轴主要是对电枢起支撑作用，同时也是传递电磁转矩和输出能量的部件，因此要求具有足够的强度和刚度。支架主要是对大、中容量电机的转轴起支撑作用，以减轻重量和利于通风。风扇在电机中的主要作用是冷却、通风，以防止电机温升过高。

3) 气隙

气隙是电机磁路的重要部分。它的路径虽然很短，但由于气隙磁阻远大于铁芯磁阻，对电机性能影响很大，因此在拆装直流电机时，应予以重视。(一般小型直流电机的气隙为 0.7 mm～5 mm，大型直流电机的气隙为 5 mm～10 mm。)

2. 直流电机的铭牌

铭牌的作用是向电机使用者简要说明该电机的一些额定数据和使用方法，因此看懂铭牌，按照铭牌的规定去使用电机，是正确使用电机的先决条件。

根据电机的设计和试验数据而规定电机在各种运行状态下所对应的各种数据称为电机的额定值。直流电机运行时，如果各量均为额定值，就称电机工作在额定运行状态，又称为满载运行状态。在额定运行状态下，电机利用充分、运行可靠并具有良好的性能。如果电机运行的电流小于额定电流，则称为欠载运行；如果电机的运行电流大于额定电流，则称为过载运行。当严重欠载运行时，电机利用不充分，效率低，不经济；过载运行时，则使电机温升过高而缩短电机的使用寿命，甚至可能损坏电机。所以根据负载条件合理选用电机，使其接近额定值才既经济合理，又可以保证电机可靠地运行，并且具有优良的性能。表 1-1 是一台直流电动机的铭牌。

表 1-1　直流电动机的铭牌

型　号	Z_2—125	励磁方式	他励
功率	125 kW	励磁电压	220 V
电压	220 V	励磁电流	4.46 A
电流	635 A	定额	连续
转速	1500 r/min	温升	80℃
出品号数	XXXX	出厂日期	XXXX 年 XX 月
XXXX 电机厂			

下面对表中的几项主要参数进行说明。

1) 电机型号

型号表明该电机所属的系列及主要特点。要求使用者能够熟练掌握型号的含义，以便从相关的手册及资料中查出该电机的其它相关技术数据。直流电机的型号由汉语拼音字母和阿拉伯数字组成。例如，Z_2—72 的型号含义如下：

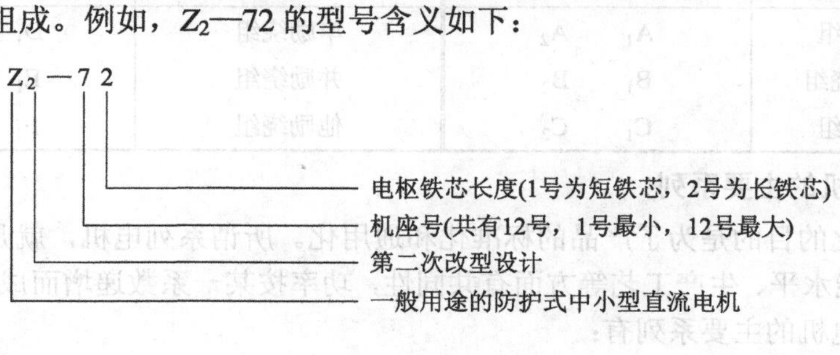

2) 额定值

直流电机的主要额定值如下：

(1) 额定功率 P_N：指在规定的工作条件下，长期运行时允许输出的功率，单位为 kW。对于发电机来说，它是指正负电刷之间输出的电功率；对于电动机来说，则是指轴上输出的机械功率。

(2) 额定电压 U_N：指由电机电枢绕组采用的绝缘材料等级决定的、能够安全工作的最大电压值。对于发电机来说，它是指输出电压；对于电动机来说，则是指加在电动机两端的直流电源电压。

(3) 额定电流 I_N：指直流电机正常工作时输出或输入的最大电流值。

对于发电机，有

$$P_N = U_N I_N$$

对于电动机，有

$$P_N = U_N I_N \eta_N$$

其中，η_N 表示额定效率。

(4) 额定转速 n_N：指电机在上述各项均为额定值时的运行转速，单位为 r/min。

(5) 额定温升：指电机允许的温升限度。温升高低与电机定子绕组使用的绝缘材料(即涂有绝缘漆的铜导线或铝导线)的绝缘等级有关，电机的允许温升与绝缘等级的关系如表 1-2 所示。

表 1-2　电机允许温升与绝缘等级的关系

绝缘耐热等级	A	E	B	F	H	C
绝缘材料的允许温度/℃	105	120	130	155	180	180 以上
电机的允许温升/℃	60	75	80	100	125	125 以上

(6) 额定励磁电流 I_f：指电机在额定状态时的励磁电流值。

上述额定值一般标在电机的铭牌上，故又称为铭牌数据。另有一些额定值，如额定转矩 T_N、额定效率 η_N 和额定温升 τ_N 等不一定标在铭牌上，使用者可查产品说明书或由铭牌上的额定数据计算得到。

3) 直流电机出线端子的标志

直流电机每个绕组的出线端子都有明确的标志，用字母标注在接线柱旁或引出导线的金属牌上。直流电机出线端子标志如表 1-3 所示。

表 1-3　直流电机出线端子标志

绕组名称	出线端子标志	绕组名称	出线端子标志
电刷绕组	A_1　A_2	串励绕组	D_1　D_2
换向极绕组	B_1　B_2	并励绕组	E_1　E_2
补偿绕组	C_1　C_2	他励绕组	F_1　F_2

3. 直流电机的主要系列

电机系列化的目的是为了产品的标准化和通用化。所谓系列电机，就是在应用范围、结构形式、性能水平、生产工艺等方面有共同性，功率按某一系数递增而成批生产的电机。我国常用直流电机的主要系列有：

(1) Z 和 ZF 系列：一般用途的中小型直流电机，其中“Z”为直流电动机系列，“ZF”为直流发电机系列。

(2) Z_2系列：一般用途的中小型直流电机。

(3) ZZJ 系列：冶金起重直流电动机，它具有快速启动和承受较大过载能力的特性。

(4) S、SY 系列：直流伺服电动机。

三、活动小结

直流电机的结构分为定子和转子两部分。定子主要用于建立磁场，转子主要通过电枢绕组实现机电能量转换。

直流电机的铭牌数据包括额定功率、额定电压、额定电流、额定转速、额定温升及额定励磁电流等，必须充分理解每个额定值的含义，因为它们是正确选择和使用直流电机的依据。

四、活动回顾与拓展

(1) 直流电机有哪些主要部件？各起什么作用？

(2) 直流电机铭牌上标注额定值的含义是什么？

(3) 电机系列化的目的是什么？查找相关资料，了解直流电机还有哪些系列及其主要使用场所。

活动3 直流电机主要部件的故障检查与处理

一、活动目标

(1) 熟悉电枢绕组的故障检查与处理方法。

(2) 熟悉定子绕组的故障检查与处理方法。

(3) 熟悉换向器的故障检查与处理方法。

(4) 熟悉电刷装置的故障检查与处理方法。

二、活动内容

1．电枢绕组的故障检查与处理

1) 电枢绕组开路

(1) 当电枢绕组开路时，开路绕组或元件会形成较大的点状火花，换向片上将留下灼黑点。检查时，可以根据灼黑点的位置初步判断开路的元件，同时将该开路元件从换向片上拆下，进一步用万用表电阻挡确定是否开路。查出开路元件后，再进一步确定开路的原因。具体的处理方法是：对于接线松脱或脱焊的开路元件，需重新焊牢；对于线圈内部断线的元件，需对线圈进行重绕。而对于需要立即恢复运行的电机来说，只需把开路元件所对应的换向片用导线焊上短接即可，但此时应注意把拆开的元件的两端头妥善包扎。

(2) 新绕的电枢绕组一般完全开路的可能性较小，通常都是由线圈元件与换向片虚焊的故障造成的。检查时，可采用如图 1-9 所示的测相邻换向片间电压来确定开路元件的方法，对于某两换向片间电压降读数升高超过 10%(一般都大很多)，则可认为是电枢绕组在换向片上的焊接质量不好，而且读数越大，说明开路现象越严重。具体的处理方法是重新焊接即可。

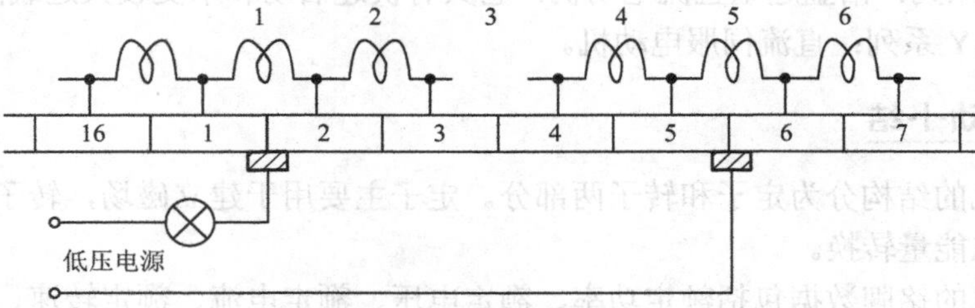

图 1-9　测相邻换向片间电压确定开路元件

2) 电枢绕组短路

当某元件发生短路时，实际匝数就减少或为零，此时该元件两端所接换向片之间的电压也就减小或为零。检查时，首先测量相邻两换向片之间的电压，以找出短路元件，然后再确定短路是由于元件内部匝间短路、不同元件间短路、元件错接或错焊短路还是换向片间短路等造成的。具体的处理方法是：更换电枢绕组、恢复绝缘等，应急措施是把相应的换向片短接。对于电枢绕组短路的检查，通常使用直流压降法来查找电枢绕组的短路线圈，该方法适用于检查直流电机和交直流串励电机的电枢绕组。检查时在换向器相对位置接入直流电源。如图 1-10 所示，用电压表依次测量相邻两换向片间的电压，正常时电压表应有读数(如读数过小，可将限流电阻 *R* 值调小或增加电源电压)；若读数降低很多或为零，则说明这两个换向片所接的线圈或换向片间短路。

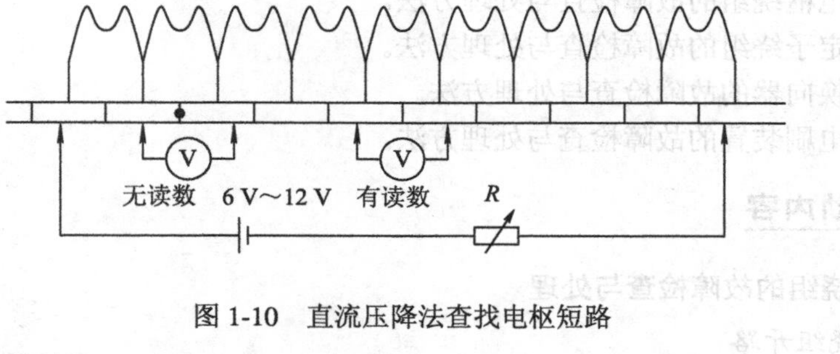

图 1-10　直流压降法查找电枢短路

3) 电枢绕组接地

当电枢绕组某一点接地时，对电动机正常运行和换向影响不是很大，但可引起接地保护动作或报警。而当两点接地时，将会导致绕组短路而烧毁，严重时将会烧坏电枢铁芯，产生更大的危害。直流电枢绕组的接地多发生在槽口，也有发生在绕组端部而对支架和换向器内部接地等。电枢绕组接地故障常用下列方法进行检查。

(1) 试灯或摇表检查。用试灯(或摇表)的一个测棒接触铁芯，另一个测棒接触换向器，如果试灯亮(或绝缘电阻为零)，则表明电枢有接地现象。此法只能确定有无接地故障，无法找出接地点。

(2) 检测电位查找接地点。将电池串联的可调电阻接到相距较远的换向片上，如图 1-11 所示。用毫伏表一极接铁芯，另一极在换向片上依次检测，并向读数减小的方向移动，当表中读数下降到零时，则此换向片所接的线圈中有接地点。

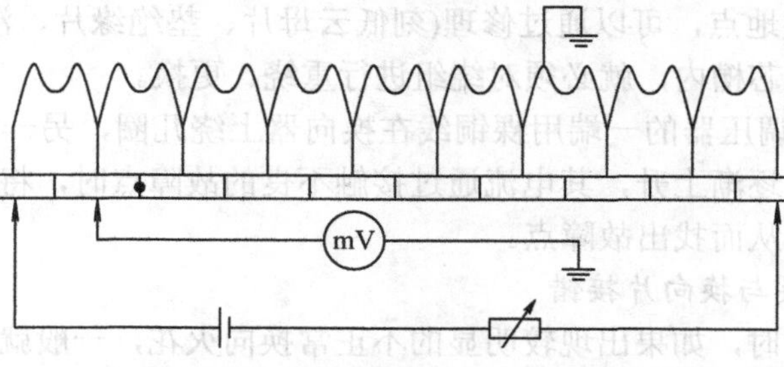

图 1-11 检测电位查找接地点示意图

(3) 分段接近查找接地点。在绕组约对半位置的换向片先分别拆开一片所接的线头，如图 1-12 所示。用摇表或试灯找出接地所在的一半绕组，从找出接地的一半绕组中再做第二次对半拆开，分别检测后仍将余下的接地部分做第三次对半拆开检测，这样可逐渐接近故障点，最后便可确定接地的线圈。

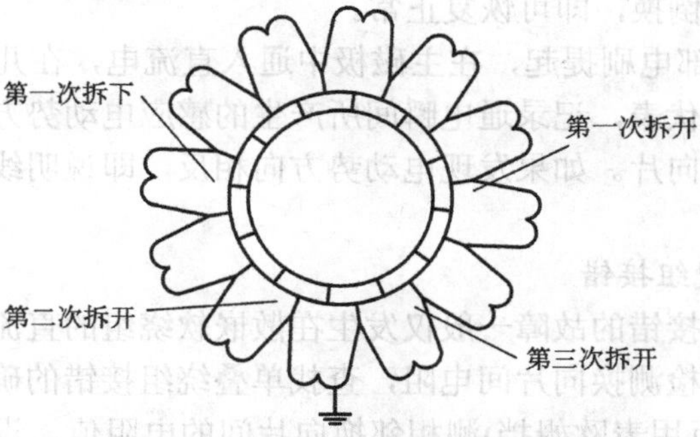

图 1-12 分段接近法查找接地点示意图

(4) 兆欧表法。用兆欧表检查绕组的接地情况，必要时可用万用表测量它与机壳或转轴的电阻值来进一步判定，并要区分是电枢绕组与换向器接地，还是换向极绕组、补偿绕组或串励绕组接地。电枢绕组接地故障发生在槽口、槽底及绕组引出线与换向片连接处，为具体判定接地部位，确定故障可疑点，用兆欧表(当绝缘电阻很低时可用万用表)测量对地电阻有无变化，如有变化，即为接地故障点。先用 500 V 兆欧表检查绕组对机壳的绝缘电阻。当绝缘电阻为零时，可判定为接地，并拆除转子进一步检查。

(5) 试灯法。用 220 V 交流电源串入试灯，一端接转轴，另一端在各换向片上移动。试灯最亮时，对应的换向片和绕组就存在接地。用此法检查，还会在接地点出现火花、烟雾或闻到焦味，由此可发现接地点，如图 1-13 所示。

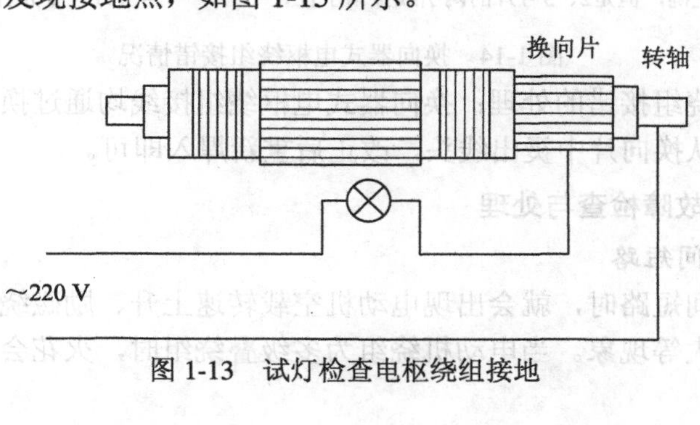

图 1-13 试灯检查电枢绕组接地

如果只有个别接地点，可以通过修理(刻低云母片、垫绝缘片、浸漆)恢复。若接地点较多或接地点处于铁芯槽内，就必须对绕组进行重绕、更换。

(6) 冒烟法。将调压器的一端用裸铜线在换向器上绕几圈，另一端接到电枢转轴上，通电以后，如果电压逐渐上升，其电流通过接触不良的故障点时，将形成弧光，将故障点绝缘材料烧损冒烟，从而找出故障点。

4) 电枢绕组线圈与换向片接错

在电动机试运行时，如果出现较明显的不正常换向火花，一般就是电枢绕组线圈与换向片接错故障，它比线圈短路还严重，甚至会在极短时间内将接错线圈烧损。所以，在电动机试运行前应仔细检查，避免事故发生。通常查找电枢绕组线圈与换向片接错的方法有以下两种。

(1) 指南针法。在线圈左右两端交叉接反，将直流电引入到径向相对的两换向片上，把指南针依次放到每个电枢铁芯的槽上，当指南针与正常情况下相差180°时，即表示槽中线圈两端接反，将两端倒换，即可恢复正常。

(2) 感应法。将全部电刷提起，在主磁极中通入直流电，在几何中性线位置附近的相邻两换向片上接一个毫伏表，记录通电瞬间所产生的感应电动势方向，逐个检查转到中性线位置附近的各相邻换向片。如果发现电动势方向相反，即说明线圈两端相反，此时调换两端头即可排除故障。

5) 换向器式电枢绕组接错

换向器式电枢绕组接错的故障一般仅发生在散嵌软绕组的直流电机和交直流两用串励电枢绕组中。通常使用检测换向片间电阻，查找单叠绕组接错的确切位置的方法。具体方法如下：用欧姆表(或万用表欧姆挡)测相邻换向片间的电阻值，设相邻两换向片间的正常电阻值为R_z，如果某相邻两换向片间的电阻值$R_{1-2}=2R_z$，说明有接错情况，再测$R_{1-3}=R_z$，则接错的情况如图1-14(a)所示，即元件连接在2、3号片的引线接入换向器的位置接反了。一个元件(如2号片)短接另一个元件(如3号片)跳接的情况如图1-14(b)所示。

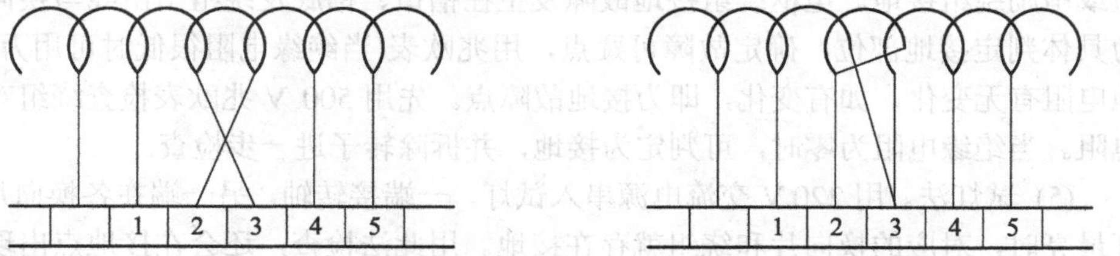

(a) 元件引线连接正确，但是2、3号片的两引线接错了位置　　(b) 一个元件短接另一元件跳接

图1-14　换向器式电枢绕组接错情况

换向器式电枢绕组接错的处理：换向器式电枢绕组接线均通过换向器进行，只要找出接错的元件，将其从换向片中烫出线头，改正后重新焊入即可。

2. 定子绕组的故障检查与处理

1) 定子绕组匝间短路

当励磁绕组匝间短路时，就会出现电动机空载转速上升、励磁绕组局部发热、部分刷架下的换向火花加大等现象。当电动机绕组为多级叠绕组时，火花会非常严重。若换向极绕组与补偿绕组的连线相碰可能引起极间短路，将会出现强烈的火花，严重时会产生环火。对于励磁绕组的匝间短路，通常用交流压降法检查，具体的检查方法是：将交流电通过调压器加到励磁绕组的两端，分别测量各主磁极励磁绕组的压降，若出现在某磁极下的交流压降比其它磁极下的小很多，说明该励磁绕组有短路故障。对于上述故障的具体处理方法是：若是框架式励磁绕组，如表面断线或短路，可去掉损坏的几匝，用同样规格的导线对接上，补绕足够的匝数，焊好引线片，再用玻璃丝带扎紧，重新浸漆；若是线圈内部短路，应拆除全部线圈，用同样规格的铜漆包线重新绕制，并进行浸漆处理。

2) 定子绕组接地

同电枢绕组接地故障一样，定子绕组一点接地可引起接地保护动作或报警，两点接地就会烧坏线圈，具体检查方法有以下几种。

(1) 兆欧表法。将各线圈接头拆开，用兆欧表逐点测量定子绕组(包括主磁极绕组、换向极绕组或补偿绕组)的绝缘电阻，寻找故障处。

(2) 电压表法。在励磁绕组两端通入直流电(并励绕组与串励绕组应与电枢回路断开)，将毫伏表一端接地，另一端依次与励磁绕组极间连线接触，当某线圈因两端测得电压接近零时，说明该线圈接地，其接地点在偏向电压接近零的一端。

(3) 冒烟法或试灯法。如果找到故障线圈后无法确定故障点，同时又确定不是灰、油导致绝缘电阻下降，此时可用冒烟法进行检查，或用交流 220 V 试灯法等进行检查。通常短路点会出现放电声、电火花或烟雾，根据这些现象可确定接地点。

以上情况的处理方法是：如果故障点在槽口或线圈端部，可塞入高强度绝缘薄膜或薄绝缘纸来排除接地故障；而对于对地的极身绝缘内部损坏，则应更换绝缘材料。

3. 换向器的故障检查与处理

1) 换向片凸出或凹下

当直流电机运行一段时间后，由于换向器拧紧螺栓的松弛而使换向器变形，从而使换向器外圆和径向偏摆超过标准规定值、换向器片间绝缘被强烈火花烧坏、电刷与换向器滑动接触的磨损程度不均匀，最终导致换向片高低不平、个别换向片凸出或凹下等。如果出现上述情况，都应及时处理。

换向器的日常维护和处理主要包括以下几项：

(1) 换向器表面处理。由于电刷的磨损，会使换向器表面产生许多碳粉，过多的碳粉积存在云母槽及电刷与刷握之间，有的还积存在升高片之间或进入电枢绕组端部，碳粉易造成片间短路和对地绝缘的降低，甚至还会发生环火。针对上述情况，具体的处理方法是：对换向器表面的污垢用棉纱蘸少量汽油擦除；对积存在云母槽中的碳粉，可用毛刷或旧牙刷顺槽刷出；对靠近升高片的云母槽中的碳粉，则用剔刀或锯片剔出。

(2) 长期运行的换向器，表面会呈现出光滑磨损的沟通槽，较大火花下运行会造成换向器表面较深的烧痕。当沟通槽深度超过 1 mm，烧痕深度超过 0.5 mm 时，要用车床对换向器进行车削修圆。对换向器表面进行处理时不要划伤换向器表面呈暗褐色有光泽的氧化膜。

(3) 换向器拆修。在换向器的外圆上包一层 0.5 mm～1 mm 厚的弹性纸作衬垫绝缘，再用直径 1.2 mm～2 mm 的钢丝分几段绕一层扎紧。同时做好压环与换向片间相对位置的标记，然后拧紧螺帽(如螺帽过紧拧不动，可加热至 50℃～70℃后再拧)，取出 V 形环。若 V

形环过紧，可用小榔头垫层压板均匀地轻敲 V 形环的端平面，松动后再拆下。接着把套筒和另一个 V 形环取出。进一步检查换向片间、V 形槽表面及云母环的故障所在处，根据不同故障分别进行处理。

2) 换向器接地

换向器接地常见于 V 形云母环尖端在压紧时受损，或者 V 形槽内金属屑未清除干净等原因而被击穿接地。具体的处理方法是：将击穿损坏部分(斑点)、污物等清理干净，沿边切去这块击穿损坏的地方，然后用虫胶漆贴上几层云母片，在贴过的地方用无焊锡的热烙铁头烫平，再切去多余干漆。

3) 换向片间短路

换向片间短路是由于某些金属屑没有清除干净，或者受到腐蚀性物质和碳粉的侵入，使云母片碳化而造成的，对此只要仔细清除金属屑即可消除短路故障。若油类在换向器表面黏附铜粉或碳粉而形成短路，则表明云母片的绝缘性能被破坏，为此检查后应将铜粉或碳粉刮掉，并在换向片间的缝隙中用酒精洗净，然后涂上虫胶漆。

如果以上方法还不能消除片间短路，就要拆开换向器进行相关处理，具体的处理方法是：

(1) 做标记：把换向器放在平板上，在有故障的换向片上做好记号，再用橡皮筋把它扎紧。

(2) 拆换云母片：拆除钢丝，将磨成锋口的阔锯条的端头插入故障片间，松动后抽出故障云母片，随即插入与该云母片同样厚度的垫板，并按原样加工新的云母片。

(3) 清垢：对于片间短路的换向片应检查是否有毛刷或污物等，将它们清除掉，并用蘸有汽油的抹布把换向片擦干净。

(4) 更换：将换向片和云母片配在一起插入标记的原位。

(5) 烘干并扎紧：换好云母片后，再用内垫纸板的铁环将换向器扎紧，拆去橡皮筋，把换向器送进烘房加热到 150℃，拧紧螺丝冷却后检查片间若不再短路，装入套筒和压环，再加热到 150℃，拧紧换向器上的压紧螺母，最后把铁环拆掉。

4. 电刷装置的故障检查与处理

1) 刷握、刷盒、弹簧及铜丝辫故障

刷握的故障往往是由刷盒磨损或弹簧损坏引起的，刷盒磨损往往是由换向器的振动引起的，而弹簧损坏是由铜丝辫脱落或松动，使弹簧流过不应当流过的电流造成的，并会导致刷盒内表面被腐蚀。

在更换刷握时，若配不到新刷握，可按原尺寸自制。铆接式的刷盒可以用青铜或黄铜板用铆接的方法制作，压铸式的刷盒用同样厚度的黄铜板用焊接的方法制作。制作出的半成品要用锉刀加工出符合电刷尺寸的矩形孔。电刷宽度方向上误差不得超过 0.15 mm，而在长度方向上误差不得超过 0.25 mm。

若刷握上的弹簧压力不能调整，则要更换新弹簧，新弹簧可以用与旧弹簧同样的直径和相同性能的钢丝绕制。绕制弹簧在车床上进行，具体做法是：将直径恰当的钢棒的一端钻一个与钢丝直径相同的小孔，插入钢丝后，将钢棒夹在车床轧头上慢慢卷绕钢丝。

2) 修理电刷时的注意事项

(1) 处理前应根据换向器表面的擦痕，判断电刷运行状况。观察换向器表面槽痕的深浅程度，决定是维修还是更换电刷。维修的步骤是，先找出产生槽痕的电刷，然后清除该电刷表面的硬砂粒，若换向器表面有若干细而深的槽痕，应先找出产生槽痕的电刷，清除该电刷表面的硬砂粒或更换电刷。

(2) 当电刷需要更换时，若无标准电刷，可按旧电刷的尺寸，用石墨块制作新的电刷。具体做法是：先锯成一个尺寸比旧电刷稍大的半成品(必须将石墨块的宽度加工成电刷宽度)，然后在半成品上打通两个直径和铜丝辫相等的小孔，再把铜丝辫插入半成品电刷孔内加热，加热到熔化焊锡的温度时，将焊锡和松香由侧面孔中灌入，直到铜丝辫端冒出焊锡为止，待冷却后将半成品用锉刀和细砂纸打磨到旧电刷的尺寸，最后再进行研磨。

3) *电刷的研磨方法*

将电刷从刷握中取出，在光线明亮处观察与换向器的接触面；若接触面被换向器磨光的面积小于70%，就必须对电刷进行研磨。研磨的方法如图 1-15 所示。对单个电刷研磨时，把 00 号砂纸背靠换向器，砂面朝电刷，按图 1-15(a)所示的方向来回抽动砂纸，使电刷接触面达 80%以上。如果像图 1-15(b)所示的那样抽动砂纸，则会磨去电刷棱边，使接触面减小；若所有电刷都要研磨(如换向器精车后)，可按图 1-15(c)所示的方法，首先取长度接近于换向器周长的砂纸条，然后用胶布把砂纸条的一端贴牢在换向器表面，砂纸的其余部分绕在换向器的表面，最后慢慢搬动电机转轴，使电刷与换向器逐渐磨合，以电刷能在刷握中自由、上下活动，不卡不涩为宜。电刷与刷握的间隙应符合表 1-4 中所列的值。

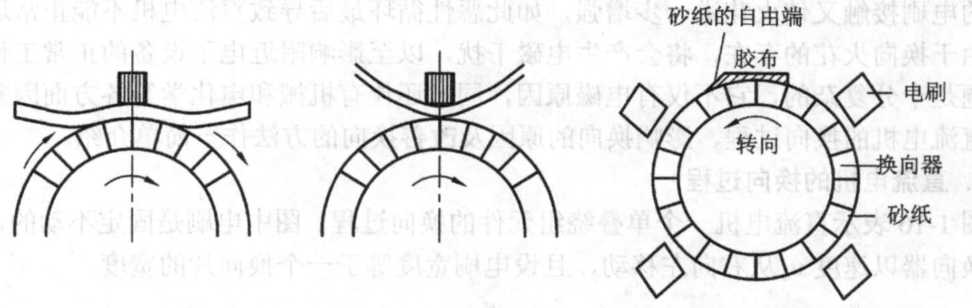

(a) 单个电刷正确研磨法　(b) 不正确方法　(c) 全部电刷同时研磨法

图 1-15 电刷研磨方法

表 1-4 电刷在刷握中的间隙 mm

间隙类别	沿电机轴向的间隙	沿旋转方向的间隙	
		电刷宽度 5～16	电刷宽度大于 16
间隙最小值	0.2	0.1～0.3	0.15～0.4
间隙最大值	0.2	0.3～0.6	0.4～1.0

三、活动回顾与拓展

1．换向片间短路的原因是什么？如何消除换向片间短路？
2．换向器的日常维护主要包括哪几个方面？
3．研磨电刷的方法是什么？
4．如果电刷选择、处理、调整不当会产生什么后果？
5．指南针法是如何判断电枢绕组与换向片接错的？

任务二　直流电机的换向

活动　直流电机的换向过程、影响换向的原因及改善换向的方法

一、活动目标

(1) 了解直流电机的换向过程。

(2) 熟悉影响换向的原因。

(3) 掌握改善直流电机换向的方法。

二、活动内容

直流电机运行时，随着电枢的转动，电枢绕组的元件(或线圈)从一条支路经过电刷短路后进入另一条支路时，该元件中的电流方向随之发生改变，这种元件电流方向的改变过程叫做换向过程，简称换向。

运行经验证明，如果换向不良，将在电刷与换向器之间出现火花。若火花超过一定程度，就会烧坏电刷和换向器，使电刷或换向器的表面粗糙不平，而不光滑的换向器表面与粗糙的电刷接触又使火花进一步增强，如此恶性循环最后导致直流电机不能正常运行。另外，由于换向火花的存在，将会产生电磁干扰，以至影响附近电子设备的正常工作。而换向问题是十分复杂的，它不仅有电磁原因，同时还伴有机械和电化学等各方面因素。下面仅就直流电机的换向过程、影响换向的原因及改善换向的方法作一简单介绍。

1. 直流电机的换向过程

图 1-16 表示直流电机一个单叠绕组元件的换向过程。图中电刷是固定不动的，电枢绕组和换向器以速度 v_a 从右向左移动，且设电刷宽度等于一个换向片的宽度。

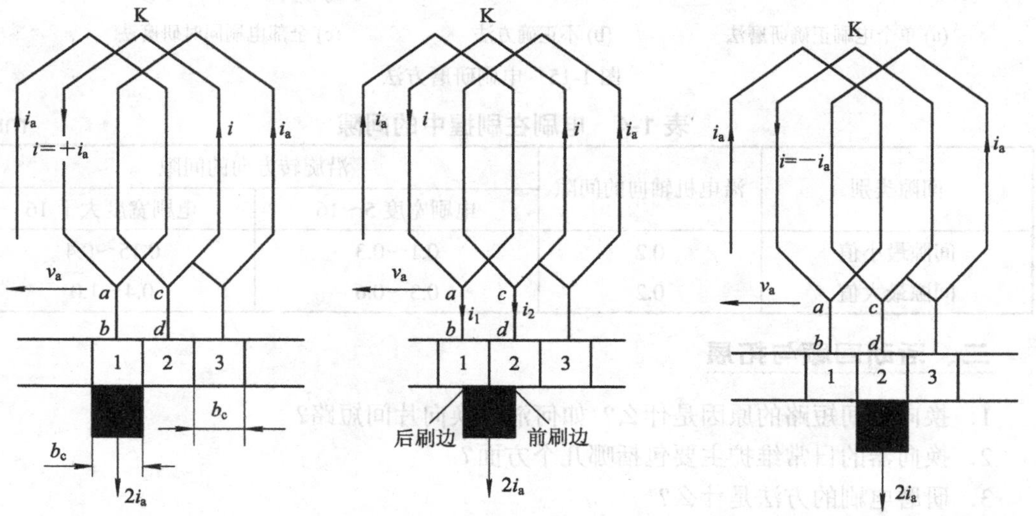

(a) 换向开始瞬间　　(b) 换向线圈被短接　　(c) 换向结束

图 1-16　换向过程

图 1-16(a)中，换向开始时，电刷正好与换向片 1 完全接触，元件 K 属于电刷右边的支路，元件中的电流为 $+i_a$。随着电枢的转动，当电刷同时与换向片 1 和 2 接触时(见图 1-16(b))，元件 K 经换向片 1 与 2 被电刷短路，元件中的电流 $i=0$。随着电枢的转动，当电刷只与换向片 2 接触时(见图 1-16(c))，元件 K 已处在电刷的左边，即属于电刷左边的支路，电流反向为 $-i_a$。这样元件 K 中的电流在被电刷短路的过程中进行了电流方向的改变，即换向。通常把元件 K 称为换向元件。电流从换向开始到换向结束所经历的时间称为换向周期 T_c，换向周期是极短的，它一般只有千分之几秒。

2. 影响换向的原因

1) *电磁原因*

在实际换向过程中，换向元件中存在着以下感应电动势而会影响电流的换向。这也是影响换向的主要原因。

(1) 电感电动势 e_x。从图 1-16 中可知，换向时换向元件中换向电流 i 的大小、方向发生急剧变化，因而会产生自感电动势。同时进行换向的元件较多，除了元件各自产生自感电动势外，各换向元件之间还会产生互感电动势。自感电动势和互感电动势的总和称为电感电动势 e_x。根据楞次定律，电感电动势 e_x 具有阻碍换向元件中电流变化的趋势，故电感电动势的方向与元件换向前的电流方向一致，如图 1-16 所示。

(2) 电枢反应电动势 e_a。在直流电机负载运行时，气隙磁场是由主磁极磁场和电枢磁场共同建立的一个合成磁场。电枢磁场的产生必然对主磁极磁场产生影响，通常把电枢磁场对主磁极磁场的影响称做电枢反应。直流电机负载运行时，电枢反应使主磁极磁场发生畸变，具体变化过程如图 1-17 所示。从图 1-17 中可以看出，由于电枢磁场对主磁极磁场的影响，使合成磁场的几何中线性处磁场不为零。此时处在几何中性线上的换向元件，就要切割处在几何中性线处的电枢磁场的磁力线而产生一种旋转电动势，把该旋转电动势称为电枢反应电动势 e_a。在图 1-16 中，用右手定则，可判断出直流电机的电枢反应电动势 e_a 的方向也与元件换向前的电流方向一致。

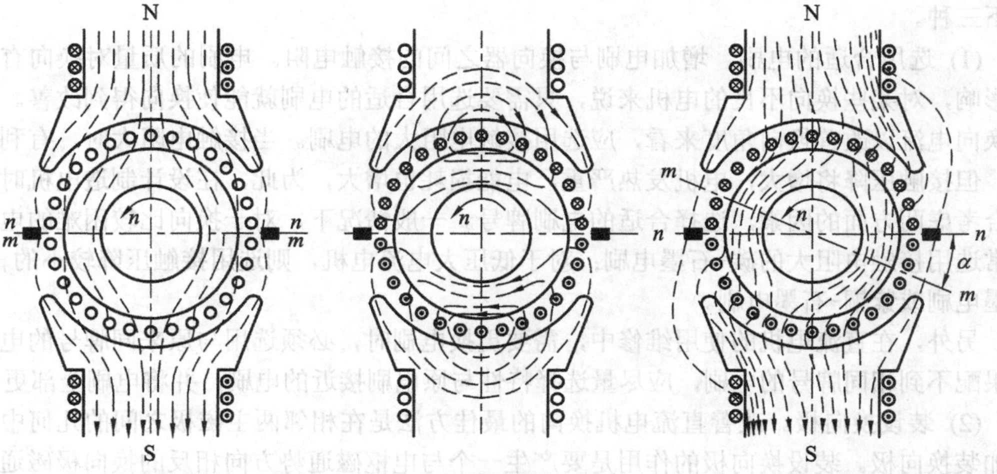

(a) 主磁极磁场 (b) 电枢磁场 (c) 合成磁场

图 1-17 直流电动机气隙磁场分布示意图

经过上述分析可知，换向元件中出现的 e_x 和 e_a 均会阻碍电流的换向，它们共同产生一个附加换向电流 i_k，使换向电流的变化变慢。当换向结束瞬间，经换向片被电刷短路的元件瞬时脱离电刷(后刷边)时，i_k 不为零，因换向元件属于电感元件，所以其中存在一部分磁场能量 $Li_k^2/2$，这部分能量达到一定程度后，以弧光放电的方式转化为热能，散失在空气中，因而在电刷与换向器之间出现火花。事实上，e_x 和 e_a 的大小都与电枢电流成正比，又与电动机的转速成正比，所以大容量高转速电动机往往会出现换向困难的情况。

由此可以得出结论：影响换向的电磁原因是换向元件中存在由电感电动势 e_x 和电枢反应电动势 e_a 引起的附加换向电流 i_k，造成延迟换向，使电刷的后刷边易出现火花。

2) 机械原因

产生换向火花的机械原因有很多，主要原因是换向器偏离轴心、换向片间的云母绝缘凸出、转子不平衡、电刷在刷握中松动、电刷压力过大或过小、电刷与换向器的接触面研磨不符合要求等。

3) 化学原因

电机运行时，由于空气中水蒸气、氧气以及电流通过时产生的热和电化学的综合影响，在换向器表面形成一层氧化亚铜薄膜，这层薄膜有较大的电阻值，能有效地限制换向元件中的附加换向电流 i_k，有利于换向。同时薄膜吸附的潮气和石墨粉能起润滑作用，使电刷与换向器之间保持良好接触。电机运行时，由于电刷的摩擦作用，氧化亚铜薄膜经常遭到损坏，而在正常使用环境中，新的氧化亚铜薄膜又能不断生成，不会影响换向。如果周围空气干燥，氧气稀薄或者电刷压力过大时，氧化亚铜薄膜难以生成，或者周围环境中存在化学腐蚀性气体破坏氧化亚铜薄膜，都将使换向困难，火花变大。

3. 改善换向的方法

改善换向的目的在于消除和削弱电刷与换向器之间的火花。产生电磁性火花的直接原因是存在附加换向电流 i_k。为改善换向，必须限制附加换向电流 i_k。此时，应设法增大电刷与换向器之间的接触电阻，或者减小换向元件中的感应电动势。改善换向的方法一般有以下三种。

(1) 选用合适的电刷，增加电刷与换向器之间的接触电阻。电刷的质量对换向有很大的影响，对某些换向不良的电机来说，只需要选用合适的电刷就能使换向得到改善。从限制换向电流以改善换向角度来看，应选用接触电阻大的电刷。当接触电阻大时，有利于换向，但接触压降将增大，电机发热严重，电能损耗也增大，为此，在设计制造电机时，应综合考虑两方面的因素，选择合适的电刷牌号。一般情况下，对于换向比较困难的电机，通常选用接触电阻大的碳-石墨电刷；对于低压大电流电机，则选用接触压降较小的青铜-石墨电刷或紫铜-石墨电刷。

另外，在直流电机的使用维修中，需要更换电刷时，必须选用与原来同牌号的电刷；如果配不到相同牌号的电刷，应尽量选择特性与原电刷接近的电刷，并将电刷全部更换。

(2) 装设换向极。改善直流电机换向的最佳方法是在相邻两主磁极之间的几何中性线处加装换向极。装设换向极的作用是要产生一个与电枢磁通势方向相反的换向极磁通势，它除了抵消处在几何中性线处的电枢磁通势外，同时会产生一个换向极磁场，在几何中性线上的换向线圈切割该磁场，产生的旋转电动势——换向极电动势 e_k 与电感电动势 e_x 大小相等，方向相反，使 $e_k+e_x\approx 0$，则附加换向电流 i_k 近似为 0，达到改善换向的目的。一般对于容量在 1 kW 以上的直流电机均在主磁极之间的几何中性线处加装换向极，如图 1-18 所示。

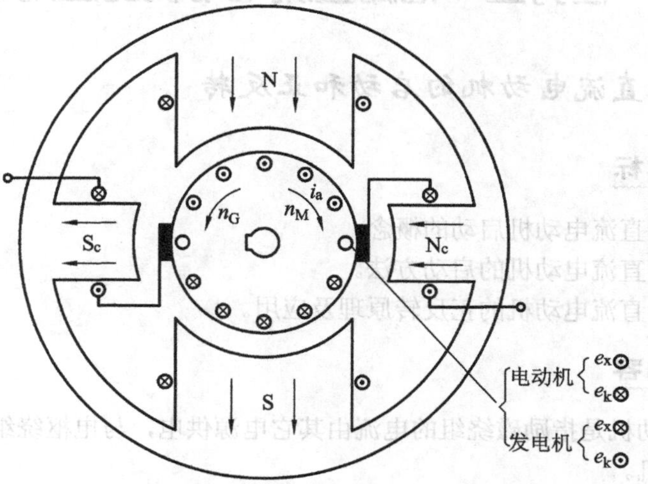

图 1-18 换向线圈中电动势方向及换向极位置和极性

由于电枢电动势与电枢电流成正比，且换向极绕组应与电枢绕组串联，所以换向极产生的磁场与电枢电流成正比，这就保证了随时能抵消该处电枢磁通势的目的，从而使换向始终处于理想状态(注：电枢绕组与换向极绕组在电机内部已串联)。换向极的极性必须正确。对于电动机来说，应使换向极的极性与旋转方向后面的主磁极极性相同(见图 1-18)；而对发电机来说，应使换向极的极性与旋转方向前面的主磁极极性相同。

(3) 装设补偿绕组。由于电枢反应还会使气隙磁场发生畸变，因此就增大了某些换向片之间的电压。在负载变化剧烈的大型直流电机内，有可能出现环火现象，即正、负电刷之间出现电弧。若电机出现环火，在很短的时间内将损坏换向器，甚至烧坏电枢绕组。防止环火最常用的办法是加装补偿绕组。补偿绕组嵌放在主磁极极靴上专门冲制出的槽内，与电枢绕组串联，可有效地改善气隙磁密分布，从而避免出现环火，同时装有补偿绕组后，换向极所产生的磁通势将大大减小。但装设补偿绕组会使直流电机的用铜量增加，结构复杂，因此这种方法一般应用于换向比较困难且负载经常变化的大中型直流电机中。

三、活动小结

换向是指绕组元件从一条支路经过电刷与换向器而进入另一条支路时，元件中电流方向改变的过程。按换向电磁理论分析，直流换向不会产生火花，延迟换向有可能出现火花，造成换向不良。为此，直流电动机一般都装设换向极，让换向极产生一个与电枢磁通势方向相反的换向极磁通势，以抵消电枢反应电动势和换向元件的电感电动势。

四、活动回顾与拓展

(1) 什么叫做换向？换向不良会产生什么后果？

(2) 影响换向的原因有哪些？改善换向的方法有哪些？

(3) 观察运行中的直流电机后刷边的换向火花的情况。

任务三　他励直流电动机的应用

活动 1　他励直流电动机的启动和正反转

一、活动目标

(1) 熟悉他励直流电动机启动的概念。
(2) 掌握他励直流电动机的启动方法。
(3) 熟悉他励直流电动机的正反转原理及应用。

二、活动内容

他励直流电动机是指励磁绕组的电流由其它电源供电，与电枢绕组之间没有电的联系的一种直流电动机。

1．他励直流电动机的启动概念及启动要求

他励直流电动机启动时，首先要给励磁绕组中通入额定励磁电流，以便在气隙中建立额定励磁磁通，然后再给电枢绕组所在回路通入直流电流。当电动机接通电源后，转子从静止状态开始转动，转速逐渐上升，直到稳定运行状态，把这一过程称为直流电动机的启动过程，简称启动。

电动机在启动过程中，电枢电流 I_a、电磁转矩 T 和转速 n 三个参量都随时间的变化而变化，是一个过渡过程。开始启动瞬间，惯性转速等于 0(把此时对应的电枢电流称为启动电流，用 I_{st} 表示，对应的电磁转矩称为启动转矩，用 T_{st} 表示)。

实践经验证明，电动机能够在短时间内顺利启动，是保证电力拖动系统能够安全、可靠、稳定运行的前提条件。基于此，生产机械对电动机的启动有如下要求：

(1) 启动转矩要足够大(要求 $T > T_L$)，以便电动机能够在重载情况下顺利启动，且启动过程所用时间尽量短。

(2) 启动电流不能太大，应限制在允许的范围之内。

(3) 启动设备简单，操作方便、可靠经济。

2．他励直流电动机的启动方法

1) 全压启动

全压启动亦称直接启动，是把电源的额定电压直接加在他励直流电动机电枢绕组两端，如图 1-19 所示。启动时的操作过程是，先合上励磁电源的刀开关 QS1，以建立磁场，然后合上电枢电源的刀开关 QS2，施加全压启动。

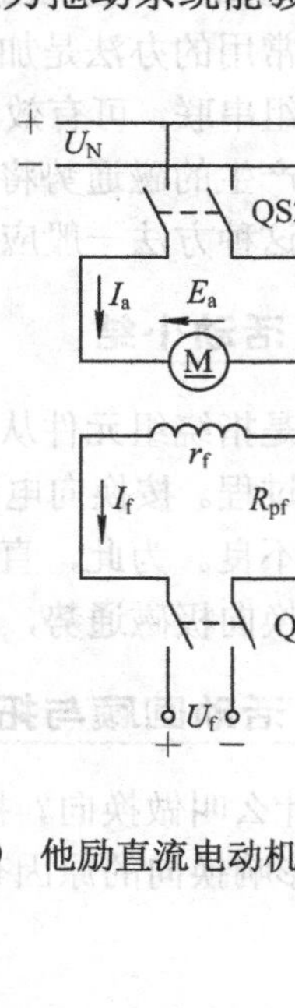

图 1-19　他励直流电动机的全压启动

启动瞬间，电动机由于机械惯性，转速 $n=0$，电枢绕组电动势$E_a = C_e\Phi n$，由电动势平衡方程式$U_N = E_a + I_a R_a$可知，启动电流

$$I_{st} = \frac{U_N}{R_a} \tag{1-3}$$

结合电磁转矩公式$T = C_T\Phi I_a$以及式(1-3)得出启动转矩

$$T_{st} = C_T\Phi I_{st} \tag{1-4}$$

上述关系式中，各参数的具体含义如下：

C_e——电枢电动势常数，$C_e = pN/(60a)$，取决于电动机的结构；

Φ——电枢反应后气隙磁场的每极磁通(Wb)，当电枢电流的单位为 A 时，电磁转矩单位为 N·m；

n——电动机转轴的转速，单位为 r/min；

C_T——电磁转矩常数，$C_T = pN/(2\pi a)$，取决于电动机的结构，即对于已制成的电动机来说，磁极对数p、电枢绕组总导线根数N和并联支路对数a均为定值；

I_a——电枢电流。

其中公式$T = C_T\Phi I_a$表明，对已制成的电动机来说，电磁转矩T正比于每极磁通Φ及电枢电流I_a。当每极磁通Φ恒定时，电枢电流I_a越大，电磁转矩T也就越大。当电枢电流I_a一定时，每极磁通Φ越大，电磁转矩T也就越大。

公式$E_a = C_e\Phi n$表明，对已制成的电动机，电枢电动势E_a正比于每极磁通Φ和转速n，它与每极磁通Φ的数值有关，而与磁通分布的形状无关。如果每极磁通量保持不变，则电枢电动势E_a大小保持不变。

式(1-3)是他励直流电动机启动电流的表达式，由于他励直流电动机的电枢电阻R_a较小，此时的启动电流可达额定电流的 10～20 倍，如此大的启动电流会使直流电动机在启动瞬间产生较强的火花，甚至产生环火，烧坏电刷和换向器。同时，由$T_{st} = C_T\Phi I_{st}$可知，启动转矩也较大，使拖动系统受到冲击，严重时将损坏电力拖动系统中的传动装置。因此，全压启动方法只限于容量较小的直流电动机采用。

2) *降压启动*

对于大容量的直流电动机不能采用全压启动，那么，采用什么方法实现对大容量直流电动机的启动？对于一般的他励直流电动机，为了限制启动电流，可以采用降压启动的方法。启动前，应将励磁回路的可调电阻调至零，使励磁电流最大，以保证励磁磁通为最大值，这样在电枢电流不太大时便能产生足够大的启动转矩。

降压启动是指启动时采取某种方法使加在电动机电枢绕组两端的电压降低，以减小启动电流。但为了获得足够大的启动转矩，即$T_{st} > T_L$，启动时的启动电流通常限制在$(1.5\sim2)I_N$范围内，则此时对应的启动电压应为：

$$U_{st} = I_{st}R_a = (1.5\sim2)I_N R_a \tag{1-5}$$

为了保持I_{st}在$(1.5\sim2)I_N$范围内，即保证有足够大的启动转矩，启动过程中电压U必须不断增大，直到电压升到额定值U_N。当电动机进入稳定运行状态时，启动过程结束。

下面以电枢回路串电阻为例来介绍降压启动的具体实施方法。

电枢回路串电阻时，保持电枢绕组的端电压为额定值不变，在电枢绕组回路中串接可调电阻R_{st}，该电阻R_{st}称为启动电阻。串联启动电阻的目的也是限制启动电流在$(1.5\sim2)I_N$

范围内，则此时的启动电阻为：

$$R_{st}=\frac{U_N}{I_{st}}-R_a \tag{1-6}$$

电动机启动结束后，应将串接在电枢回路中的启动电阻 R_{st} 切除，使电动机在只有电枢绕组电阻 R_a 的固有机械特性上运行。但 R_{st} 不能一次切除，若一次全部切除，会产生过大的冲击电流。因此，在启动电流的允许范围内，可采用分级启动控制或手动控制，使启动电阻 R_{st} 平滑均匀地减小，直到 R_{st} 全部切除为止，至此启动过程结束。启动级数一般为 2～5 级。下面就他励直流电动机串电阻的分级启动进行举例说明。

图 1-20 是他励直流电动机电枢回路串四级电阻启动的接线图。R_{st4}、R_{st3}、R_{st2}、R_{st1} 为各级串入的启动电阻，KM 以及 KM_1～KM_4 分别是各接触器的主触点，可以通过时间继电器控制它们按要求依次闭合。当电动机励磁绕组通电后，再接通 KM，其它接触器主触点断开，将电动机电枢绕组端接上额定电压，此时电枢绕组回路串入全部电阻启动，启动电流 $I_{st1}=U_N/R_4$(R_4 为电枢回路总电阻，$R_4=R_a+R_{st1}+R_{st2}+R_{st3}+R_{st4}$)，产生的启动转矩 $T_{st1}>T_L$(设 $T_L=T_N$)。随着启动过程的进行，转速逐渐上升，启动电阻依次切除。当转速接近额定值时，所有电阻切除完毕，电动机在电枢绕组两端施加全压的情况下进入平衡且稳定运行，启动过程结束。

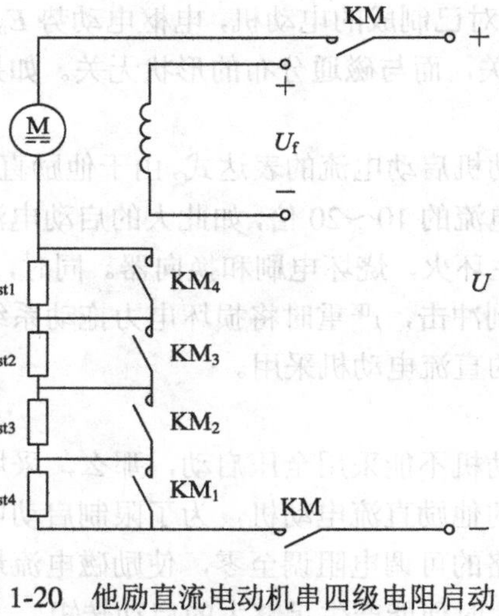

图 1-20　他励直流电动机串四级电阻启动

由上述分析可知，为使电动机在启动过程中能够获取均匀的加速度，减少机械冲击，在选择各级启动电阻时，要使每一级的切换转矩 T_{st1}、T_{st2} 等的数值相同。通常，取启动转矩 $T_{st1}=(1.5～2.0)T_N$、$T_{st2}=(1.1～1.3)T_N$。

3. 他励直流电动机的正反转原理

在生产实际中，有些生产机械要求电动机具有改变转动方向的功能，以满足生产工艺的需要。而通过对直流电动机工作原理的学习我们知道，要想使直流电动机改变转向，就必须改变电磁转矩的方向，而电磁转矩的方向是由磁通方向和电枢电流的方向决定的，所以，只要将磁通 Φ 和电枢电流 I 中的任何一个改变方向，电磁转矩即改变方向；电磁转矩改变了方向，直流电动机也就改变了转向。

4. 他励直流电动机实施正反转的方法

1) *改变励磁电流的方向*

保持电枢绕组两端电压的极性不变，将励磁绕组反接，使励磁电流反向，从而改变磁通 Φ 的方向，也就改变了直流电动机的转向。

2) *改变电枢绕组两端电压的极性*

保持励磁绕组两端的电压极性不变，将电枢绕组反接，使电枢电流改变方向，也会使直流电动机的转向改变。

由于他励直流电动机的励磁绕组匝数较多，电感大，励磁电流从正向额定值变换到负向额定值的时间长，建立反向励磁的过程缓慢，而且在励磁绕组反接断开瞬间，绕组中将产生很大的自感电动势，可能造成绕组绝缘击穿，所以在实际应用中，大多采用改变电枢电压绕组极性的方法来实现直流电动机的反转。但在电动机容量很大，对反转速度要求不高的场合，则因励磁回路的电流和功率小，为了减小控制电器如直流接触器的容量，可采用改变励磁绕组极性的方法实现电动机的正反转。

三、活动小结

直流电动机启动时，要求启动转矩 T_{st} 足够大，$T_{st} > T_L$，且启动电流小，一般要求启动电流 $I_{st}=(1.5\sim2)I_N$。因为启动开始时，$n=0$，$I_{st}=(10\sim20)I_N$，会损坏电动机和传动机构，所以只有容量较小的直流电动机才允许采用全压(直接)启动，对于大容量的电动机采用降压启动或电枢回路串电阻启动。他励直流电动机的正反转是通过改变电枢电压极性或励磁电流方向两者中的任一个来实现的。

四、活动回顾与拓展

(1) 生产机械对直流电动机的启动有哪些要求？

(2) 他励直流电动机的启动方法有哪几种？

(3) 什么叫全压启动？他励直流电动机为什么一般不能直接启动？

(4) 启动他励直流电动机时，为什么一定要先加励磁？如果未加励磁，而将电枢直接接通电源，会产生什么后果？

(5) 什么叫降压启动？降压启动的目的是什么？

(6) 他励直流电动机改变转向的目的是什么？

(7) 改变他励直流电动机转向的方法有哪几种？通常采用哪种方法？

(8) 查找相关资料或到现场了解直流电动机在串励、复励及并励运行情况下的特点。

活动 2　他励直流电动机的调速

一、活动目标

(1) 熟悉他励直流电动机调速的概念和调速的目的。

(2) 理解他励直流电动机调速指标的含义。

(3) 掌握他励直流电动机的调速方法，熟悉三种调速方法各自的特点。

二、活动内容

人为地改变电动机速度以满足生产工艺要求，称为调速。调速的目的是为了满足生产机械及生产工艺要求而改变生产机械的工作速度。在实际中，如金属切削机床，由于工件的材料和精度的要求不同，工作速度的要求也有所不同，如轧钢机，因轧制不同品种和不同厚度的钢材，要采取不同的速度。

调速可以采用机械调速、电气调速或机械电气相结合的调速。本活动只讨论电气调速。电气调速是人为地改变电动机的相关参数(如电枢绕组端电压 U、电枢回路总电阻 R、气隙每极磁通 Φ)，使电力拖动系统运行于不同的人为机械特性上，从而在相同的负载下，得到不同的运行速度。

1. 调速指标

为了满足生产机械对调速的要求，在实际工程中规定了一些技术经济指标，作为电气调速的依据。电动机的调速性能常用以下指标来衡量：

1) 调速范围 D

调速范围是指电动机在额定负载转矩下所能达到的最高转速与最低转速之比，用系数 D 表示。即

$$D = \frac{n_{\max}}{n_{\min}} \tag{1-7}$$

不同的生产机械对调速范围的要求不同。例如，造纸机要求 D=3～20，龙门刨床要求 D=10～40，车床要求 D=20～120，轧钢机要求 D=3～120。

从式(1-7)可以看出，要扩大调速范围 D，必须提高转速的最大值和降低转速的最小值，但最大值受电动机本身制造机械强度和运行过程换向条件的限制，最小值受电动机运行过程相对稳定性的限制，因此调速范围受到一定的限制。

2) 调速的平滑性

调速的平滑性是指两个相邻调速级(如第 i 级和第 $i-1$ 级)的转速之比，用系数 φ 表示：

$$\varphi = \frac{n_i}{n_{i-1}} \tag{1-8}$$

在允许的调速范围内，调速的级数越多，则每一级调节的数值越小，表明调速的平滑性就越好。显然 φ 值越接近 1，平滑性越好，当 $\varphi \approx 1$ 时，可近似看做无级调速。不同的生产机械对调速的平滑性要求不同。例如龙门刨床要求基本上为无级调速。

3) 调速的容许输出

调速时的容许输出是指电动机在规定的正常使用条件及在电动机的能量得到充分利用的情况下，调速过程中轴上所能输出的功率和转矩。在电动机稳定运行时，实际输出的功率和转矩是由负载的需要来决定的，故应使调速方法适应负载的要求。

4) 调速的经济性

调速的经济性是指对调速设备的投资和运行过程中的电能损耗、维修费用等进行综合比较，在满足一定的技术指标下，确定调速方案以达到投资少、效率高。

2. 电气调速原理及方法

1) 调速原理

根据他励直流电动机电枢回路(见图 1-19)电压方程式 $U = E_a + I_a R$、电磁转矩公式 $T = C_T \Phi I_a$ 以及电枢电动势公式 $E_a = C_e \Phi n$，得出他励直流电动机的机械特性方程式如下：

$$n = \frac{U}{C_e \Phi} - \frac{R}{C_e C_T \Phi^2} T \tag{1-9}$$

当式(1-9)中的电枢绕组端电压 U、电枢回路总电阻 R、气隙每极磁通 Φ 的数值不变时，转速 n 与电磁转矩 T 为线性关系，可用下式表示：

$$n = n_0 - \beta T$$

式中：n_0 为电磁转矩 T=0 时的转速，称为理想空载转速，$n_0 = U/(C_e \Phi)$。电动机实际上空载运行时，由于 $T = T_0 \neq 0$，所以实际空载转速 n_0' 略小于理想空载转速 n_0。

$$n = n_0 - \beta T = n_0 - \Delta n$$

β 为机械特性的斜率，$\beta = R/(C_e C_T \Phi^2)$ 在同样的理想空载转速下，β 值越小，直线的倾斜度越小，机械特性越硬，即转速随电磁转矩的变化越小；β 值越大，直线倾斜度越大，机械特性越软，即转速随电磁转矩的变化越大。

我们称 $\Delta n = \beta \mathrm{T} = RT/(C_e C_T \Phi^2)$ 为转速降。

当负载变化时，例如 T_L 从零逐渐增大，则电动机的电磁转矩 T 由零逐渐增大，电动机的转速从 n_0 逐渐下降，下降数值是 Δn。β 越大，倾斜度越大，转速下降越快。

通过上述分析可以看出，他励直流电动机的机械特性方程实际上是二元一次方程，因此他励直流电动机的机械特性曲线是一条纵截距等于 n_0，斜率等于 $-\beta$ 的直线，机械特性曲线如图 1-21 所示，它是一条向下倾斜的直线。

由此可得出，若人为地改变他励直流电动机电枢绕组端电压 U、电枢回路总电阻 R(R 等于电枢绕组的电阻 R_a 与电枢回路所串电阻 R_{pa} 之和，具体连接方式如图 1-22 所示)和气隙每极磁通 Φ 中的一个、两个或三个参数，都可以改变他励直流电动机的转速 n。因此，他励直流电动机的电气调速方法有三种，即电枢回路串电阻调速、降压调速和弱磁调速。

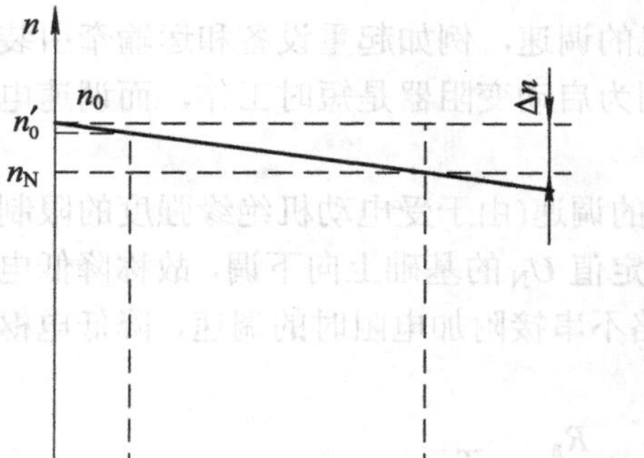

图 1-21 他励直流电动机的机械特性

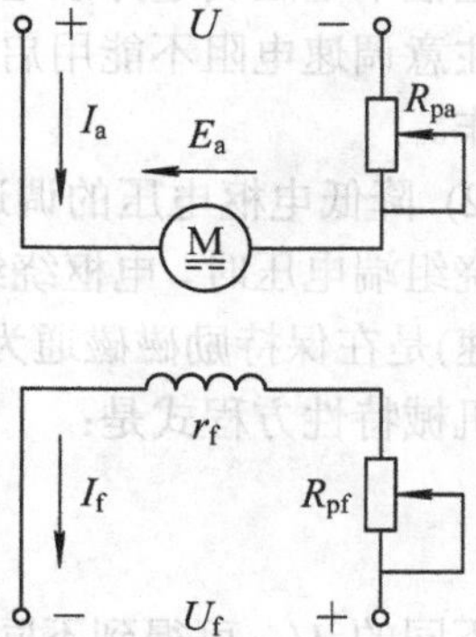

图 1-22 他励直流电动机接线图

2) 调速方法

(1) 电枢回路串电阻的调速。该方法是在保持电枢绕组端电压 U 和气隙每极磁通 Φ 均为额定值的情况下，通过在电枢回路串接电阻 R_{pa} 进行的调速。电枢回路串电阻调速时，电动机的机械特性方程式是：

$$n=\frac{U_N}{C_e\Phi_N}-\frac{R_a+R_{pa}}{C_eC_T\Phi_N^2}T$$

对于不同的 R_{pa}，可得到不同的机械特性曲线，若该电动机拖动一个恒转矩负载，则他励直流电动机电枢回路串电阻调速的机械特性曲线如图 1-23 所示。从图中可以看出，串入电阻越大，曲线越倾斜，机械特性越软。

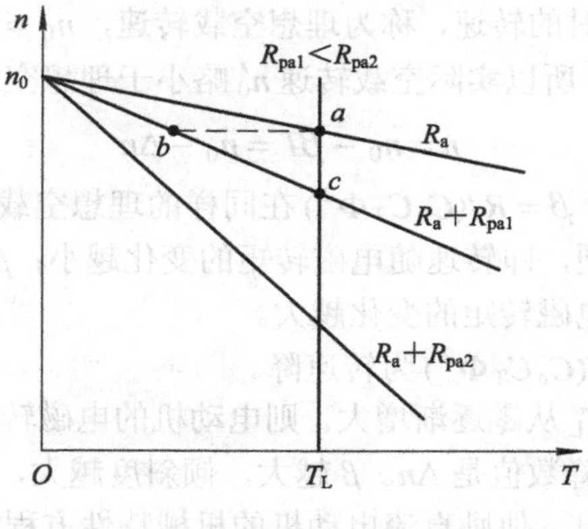

图 1-23　他励直流电动机电枢串电阻调速的机械特性

电枢回路串电阻调速的特点如下：

① 串入电阻后转速只能降低，由于机械特性变软，静差率变大，特别是低速运行时，负载稍有变化，电动机的转速波动大，因此调速范围受到限制。一般 $D=1\sim3$。

② 调速电阻 R_{pa} 不易实现连续调节，只能分为有限的几段调节，因此调速的平滑性不高。

③ 由于电枢电流 I_a 大，在调速电阻上消耗的能量较多，因此不够经济。

④ 调速设备投资较少，方法简单。

电枢串电阻调速方法适用于小容量电动机的调速，例如起重设备和运输牵引装置。特别要注意调速电阻不能用启动变阻器代替，因为启动变阻器是短时工作，而调速电阻是长期工作。

(2) 降低电枢电压的调速。降低电枢电压的调速(由于受电动机绝缘强度的限制，改变电枢绕组端电压时，电枢绕组端电压只能从额定值 U_N 的基础上向下调，故称降低电枢电压的调速)是在保持励磁磁通为额定值，电枢回路不串接附加电阻时的调速，降低电枢电压调速的机械特性方程式是：

$$n=\frac{U}{C_e\Phi_N}-\frac{R_a}{C_eC_T\Phi_N^2}T$$

对于不同的 U，可得到不同的机械特性曲线，若该电动机拖动一个恒转矩负载，则他励直流电动机降低电枢绕组端电压的机械特性曲线如图 1-24 所示。

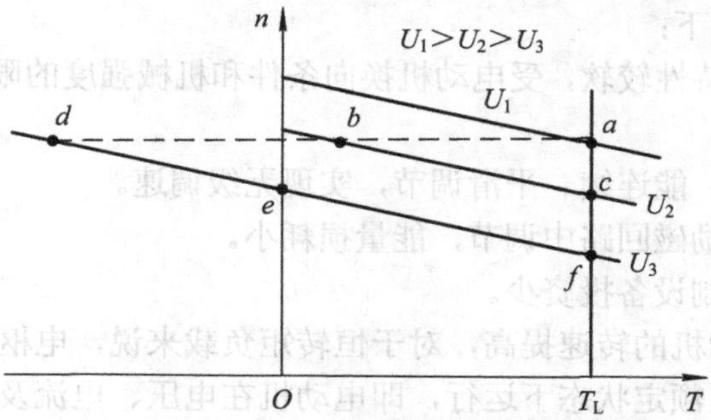

图 1-24 他励直流电动机降压调速的机械特性

在电压降幅较大时，将成为回馈制动(将在后续内容中讲解)。

降压调速的特点如下：

① 机械特性硬度不变，静差率较小，调速性能稳定，调速范围广。

② 电源电压能平滑调节，故调速的平滑性好，可以达到无级调速。

③ 降压调速是通过减小输入功率来降低转速的，低速时，损耗较小，调速经济性好。

④ 调压电源设备较复杂，设备投资大。

降压调速的性能优越，广泛应用于对调速性能要求较高的电力拖动系统中，如轧钢机、精密机床等。

(3) 降低磁通的调速(又称弱磁调速)，因磁通只能从额定值往下调而得名。弱磁调速是在保持电动机的电枢绕组端电压为额定值和电枢绕组回路不串接附加电阻的情况下，通过减小气隙磁通而进行的调速。调节磁通的具体方法是：在他励直流电动机励磁回路中，串接磁场调节电阻 R_{pf}，改变励磁电流，从而改变气隙磁通的大小便可调节转速。弱磁调速时的机械特性方程式是：

$$n=\frac{U_N}{C_e\Phi}-\frac{R_a}{C_eC_T\Phi^2}T$$

对于不同的 Φ 值，可得到不同的机械特性曲线，若该电动机拖动一个恒转矩负载，则他励直流电动机降低气隙磁通的机械特性曲线如图 1-25 所示。与降压调速类似，在突然增磁过程中，也会出现回馈制动。

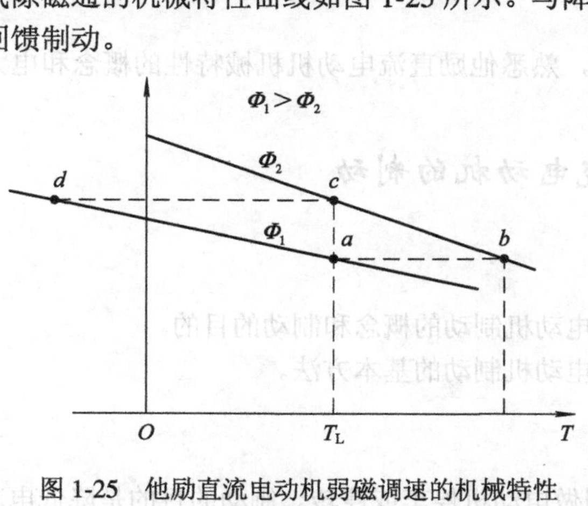

图 1-25 他励直流电动机弱磁调速的机械特性

弱磁调速的特点如下：

① 弱磁调速机械特性较软，受电动机换向条件和机械强度的限制，调速幅度不大，调速范围 $D=1\sim2$。

② 励磁电流较小，能连续、平滑调节，实现无级调速。

③ 在功率较小的励磁回路中调节，能量损耗小。

④ 控制方便，控制设备投资少。

弱磁调速后，电动机的转速提高，对于恒转矩负载来说，电枢电流比调速前大。由于电动机在调速前已经在额定状态下运行，即电动机在电压、电流及磁通均为饱和值的情况下运行，因此调速后电枢电流会大于额定电流，此时电动机就处于短暂的过载运行状态。

弱磁调速适用于需要速度上调的恒功率调速系统，通常与降压调速配合使用。

上述他励直流电动机的三种调速方法，应根据生产机械提出的调速要求，综合考虑调速性能指标合理选择。

三、活动小结

电动机的电气调速方法有降低电枢电压调速、电枢回路串电阻调速和弱磁调速三种。降低电枢电压调速时，机械特性的硬度不变，调速稳定性好，调速平滑，可达到无级调速；电枢回路串电阻调速时，机械特性较软，静差率变大，平滑性不好，调速范围受限制；弱磁调速时，转速仅限于上调，但不能太高，范围受限制，特性变软，调速平滑，可实现无级调速。

四、活动回顾与拓展

(1) 调速的目的、原理各是什么？

(2) 什么叫做电气调速？调速指标包括哪几项？各有什么含义？

(3) 他励直流电动机的调速方法有哪几种？各有什么特点？

(4) 对他励直流电动机的几种调速方法进行比较，哪一种最好？为什么？

(5) 为什么降压调速只能从额定电压向下调？

(6) 降低磁通的调速又称何种调速？为什么？这种调速方法在实际中要受到怎样的限制？

(7) 查找相关资料，熟悉他励直流电动机机械特性的概念和电力拖动系统的概念、组成和稳定运行的条件。

活动 3　他励直流电动机的制动

一、活动目标

(1) 熟悉他励直流电动机制动的概念和制动的目的。

(2) 掌握他励直流电动机制动的基本方法。

二、活动内容

电动机的制动也叫做电动机停车或停转。制动的目的是降低电动机的运行速度，改变电动机的运转方向甚至停车。在生产过程中，为了提高生产效率，保证设备、人身安全，或根据工艺过程要求，许多机械设备都要求电动机能迅速、准确地停车或迅速反向。例如起重机缓慢下放重物(降速)、电车下坡(降速)、系统突发紧急事故(停转)、生产任务完成(停车)等。

1．他励直流电动机的制动原理

电动机制动的实质就是在电动机运行过程中，产生一个与其原旋转方向相反的电磁转矩，阻碍电动机的转动，从而降低机械设备的运转速度或者停车。

生产机械对电动机制动过程的要求是：制动迅速、平稳、可靠，能量损耗少，制动电流不可太大，制动转矩足够大。

电动机的运行状态通常有两种：一种是电磁转矩的方向与电动机的转速方向相同，称此状态为电动状态，此时的电磁转矩属驱动性质的，机械特性曲线在坐标平面的第一和第三象限；另一种是电磁转矩的方向与电动机的转速方向相反，称此状态为制动状态，此时的电磁转矩属制动性质的，机械特性曲线在坐标平面的第二和第四象限。

电力拖动系统的制动通常采用机械制动和电气制动两种方法进行。机械制动是利用摩擦力产生阻转矩来实现的，如电磁抱闸，但由于采用此法会严重磨损闸皮，增加维护的工作量，因此对频繁启动、制动和反转的机械设备，一般不采用机械制动而采用电气制动。若要使三相异步电动机在运行中快速停车、反向或限速，以满足生产机械的需要，就要对三相异步电动机进行电磁制动。而电磁制动的实质是要产生一个与电动机转子转动方向相反的电磁转矩。对电动机制动时的要求与启动时的相似，即要限制制动电流，增大制动转矩，使拖动系统有较好的制动性能。

常用的电气制动方法有能耗制动、电源反接制动、倒拉反接制动和回馈制动四种，下面分别进行分析讨论。

2．他励直流电动机的制动方法

1) 能耗制动

能耗制动是在保持励磁绕组的电源电压不变的情况下，将正在做电动运行的他励直流电动机的电枢绕组的电源切除，并立即将电枢绕组与一个外加的制动电阻 R_{bk} 串联，以构成闭合回路。能耗制动的控制电路如图 1-26 所示。

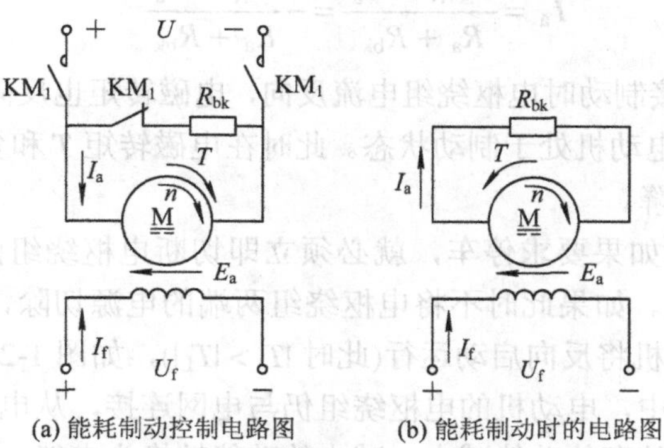

(a) 能耗制动控制电路图　(b) 能耗制动时的电路图

图 1-26　能耗制动

制动时保持气隙磁通大小、方向均不变，接触器 KM_1 主触点断开，切断电枢绕组电源，接触器的辅助动断触点闭合，接入制动电阻，电动机进入制动状态，如图 1-26 所示。

电动机制动瞬间，由于机械惯性，转速 n 保持与原电动状态时相同的方向和大小，因此电枢电动势 E_a 的大小和方向亦与电动状态时相同。根据电动势平衡关系式：

$$I_a = \frac{U - E_a}{R_a + R_{bk}}$$

可得 U=0，则

$$I_a = -\frac{E_a}{R_a + R_{bk}} \tag{1-10}$$

电枢电流为负值，说明其方向与电动状态时的方向相反，称为制动电流 I_{bk}。因此，电磁转矩 T 反向，与转速方向相反，反抗由于惯性而继续维持的运动，起制动作用，使电动机迅速停转。在制动过程中，电动机将拖动系统正在运转的动能转变成电能并消耗在电枢回路的电阻上，因此称为能耗制动。

在能耗制动时，电枢电动势 E_a 与电枢电流 I_a 同方向，电动机运行在发电状态，但它又与一般的发电机有不同之处，表现在：

(1) 没有原动机输入机械功率，其机械能是由系统从高速运转到停车过程中所释放的动能提供的；

(2) 由动能转换来的电功率没有输出，只是消耗在电枢回路的总电阻上。

能耗制动的控制线路比较简单，制动过程中不需要从电网吸收电功率，比较经济、安全，常用于反抗性负载的电气制动，有时也用于下放重物。

2) 电源反接制动

电源反接制动是在制动时将电枢绕组的电源极性对调，并将其反接在电枢绕组两端，同时在电枢绕组电路中串入限制制动电流的制动电阻 R_{bk}，其控制电路如图 1-27(a)所示。当接触器 KM_1 主触点闭合，KM_2 主触点断开时，电动机稳定运行于电动状态。为使生产机械能够迅速停车或迅速反向运行，在断开接触器 KM_1 主触点的同时，闭合接触器 KM_2 主触点，即将电枢绕组电源反接，而在电源反接的瞬间，由于惯性转速 n 不能突变，电动势 E_a 不变，但电源电压 U 的方向改变，其值为负，故此时的电枢电流为：

$$I_a = \frac{-U_N - E_a}{R_a + R_{bk}} = -\frac{U_N + E_a}{R_a + R_{bk}} \tag{1-11}$$

I_a 为负值，说明电源反接制动时电枢绕组电流反向，电磁转矩也反向(负值)，与转速方向相反，起制动作用，因此电动机处于制动状态。此时在电磁转矩 T 和负载转矩 T_L 的共同作用下，电动机转速迅速下降。

电源反接制动时，如果要求停车，就必须立即切断电枢绕组两端的电源，电动机停止转动，制动过程结束。如果此时不将电枢绕组两端的电源切除，电动机有可能堵转(此时 $|T| < |T_L|$)，或者电动机将反向启动运行(此时 $|T| > |T_L|$)，如图 1-27(b)中的 c 到 n_0 段。

电源反接制动过程中，电动机的电枢绕组仍与电网连接，从电网吸取直流电能，同时随着转速的降低，系统储存的动能减少，减少的动能转换为电能，这些电能全部消耗在电枢回路的总电阻上。

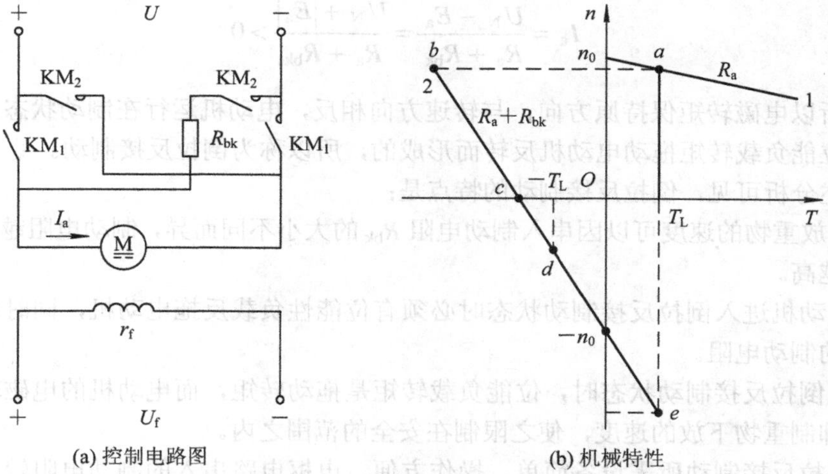

(a) 控制电路图 (b) 机械特性

图 1-27 电源反接制动

在电源反接制动的过程中，电动机一方面从电源吸取电功率 $P_1=UI_a$，另一方面将系统的动能或位能转换成电磁功率 $P_{em}=E_aI_a$，这些电功率全部消耗在电枢电路的总电阻(R_a+R_{bk})上。

频繁正、反转的电力拖动系统常常采用电源反接制动，系统先反接制动停车，接着自动反向启动，达到迅速制动并反转的目的。

3) 倒拉反接制动

倒拉反接制动是指电动机拖动位能性负载时，发生在电动机由提升重物转为下放重物的过程中的制动。电动机提升重物时，接触器 KM 主触点是闭合的，电动机处于电动运行状态，如图 1-28(a)所示。

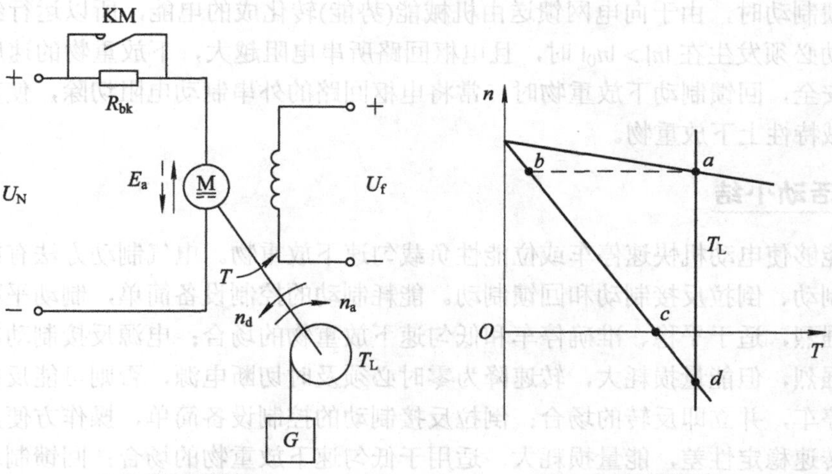

(a) 控制电路图 (b) 机械特性

图 1-28 倒拉反接制动

下放重物时，接触器 KM 主触点断开，电枢回路内串接较大的制动电阻 R_{bk}。由于所下放重物很重，因此有 $T<T_L$，在负载重物的作用下，电动机被倒拉而反转过来，转速 n 反向，重物下放。由于 n 反向(负值)，E_a 也反向(负值)，电枢电流

$$I_a = \frac{U_N - E_a}{R_a + R_{bk}} = \frac{U_N + |E_a|}{R_a + R_{bk}} > 0 \tag{1-12}$$

是正值，所以电磁转矩保持原方向，与转速方向相反，电动机运行在制动状态。此运行状态是由于位能负载转矩拖动电动机反转而形成的，所以称为倒拉反接制动。

由上述分析可见，倒拉反接制动的特点是：

(1) 下放重物的速度可以因串入制动电阻 R_{bk} 的大小不同而异，制动电阻越大，下放重物的速度越高。

(2) 电动机进入倒拉反接制动状态时必须有位能性负载反拖电动机，同时电枢电路要串入较大的制动电阻。

(3) 在倒拉反接制动状态时，位能负载转矩是拖动转矩，而电动机的电磁转矩是制动转矩，它抑制重物下放的速度，使之限制在安全的范围之内。

(4) 倒拉反接制动所需设备简单，操作方便，电枢电路串入的制动电阻较大，机械特性较软，转速稳定性差，能量损耗较大。

倒拉反接制动的能量转换关系与电源反接制动时相同，区别仅在于机械能的来源。倒拉反接制动运行中的机械能来自负载的位能，因此该制动方式不能用于停车，只可用于下放重物。

4) 回馈制动

回馈制动是指电动机在位能性负载下下放重物时，由于位能性负载转矩的影响，使电动机加速至转速高于理想空载转速(即 $|n| > |n_0|$)，电枢电动势 $|E_a|$ 大于电枢电压 $|U|$，电枢电流 I_a 的方向与电动运行状态时相反，因而电磁转矩 T 也与电动运行状态时相反，即 T 与 n 反向，是制动转矩。此时，电动机向电源回馈电能，运行于回馈制动状态，该制动又叫再生发电制动。

在回馈制动时，由于向电网馈送由机械能(势能)转化成的电能，所以运行经济性好。但回馈制动必须发生在 $|n| > |n_0|$ 时，且电枢回路所串电阻越大，下放重物的速度越高。因此，为了安全，回馈制动下放重物时，常将电枢回路的外串制动电阻切除，使其工作在反向固有机械特性上下放重物。

三、活动小结

制动能够使电动机快速停车或位能性负载匀速下放重物。电气制动方法有能耗制动、电源反接制动、倒拉反接制动和回馈制动。能耗制动的控制设备简单，制动平稳可靠，制动效果不强烈，适于平稳、准确停车和低匀速下放重物的场合；电源反接制动的制动转矩大，制动强烈，但能量损耗大，转速降为零时必须及时切断电源，否则可能反向启动，适用于迅速停车，并立即反转的场合；倒拉反接制动的控制设备简单，操作方便，但机械特性较软，转速稳定性差，能量损耗大，适用于低匀速下放重物的场合；回馈制动的能量损耗小，比较经济，但转速高于理想空载转速，只适用于高速下放重物的场合。

四、活动回顾与拓展

(1) 他励直流电动机制动的概念和目的各是什么？

(2) 他励直流电动机的电气制动方法有哪几种？各有何特点？

(3) 查找相关资料，了解直流电动机进行能耗制动、电源反接制动和回馈制动时，制动电流的限制范围及所串电阻 R_{bk} 的计算方法。

任务四 直流电机的运行维护与故障处理

活动 1 直流电机的拆装、检查与嵌线

一、活动目的

(1) 熟悉直流电机的拆装方法和步骤。

(2) 掌握直流电机的检查和维护方法。

(3) 了解直流电机绝缘等级与火花等级的含义。

(4) 熟悉直流电机修理后的试验内容。

(5) 熟悉直流电机其它部件的测定和检查方法。

(6) 熟悉电枢绕组重绕和嵌线的方法。

二、活动内容

1. 直流电机的拆装

直流电机的内部结构出现故障时，必须先拆开电机，待处理完故障后，再按原样装好。因此，当对直流电机进行检查及故障处理时，首先要正确掌握直流电机的拆装方法，否则，会损坏电机的零部件，严重时，会使直流电机不能正常使用。在拆卸直流电机前，要先用相关仪器对直流电机进行整机检查，查明绕组对地以及绕组之间有无短路、断路或其它故障。然后针对问题进行检查处理。对装有滚动轴承的中小型直流电机，其拆卸步骤如下：

(1) 拆除所有外部连接线(注意要切断电源，并用试电笔检验确认已断电)并做好标记。直流电机的结构比交流电机的结构复杂，拆卸前应分别做好主磁极绕组、电枢绕组、换向极绕组等外部接线的对应标记。

(2) 拆除换向器端的端盖螺钉和轴承盖螺钉，并取下轴承外盖。

(3) 打开端盖通风扇，从刷握中取出电刷，再拆下接到刷杆的连接线，并做好对应标记。

(4) 拆卸换向端的端盖，并取出刷架。可利用专门用来拆卸端盖的两只顶丝来拆卸。

(5) 用厚纸或棉布将换向器包好，防止污物落入或受到机械性损伤。

(6) 拆除轴伸端的端盖螺钉，并使其完全脱离机座，将连同端盖一起的电枢从定子内腔抽出或吊出。

(7) 将连同端盖的电枢放在木架上，拆除轴伸端的轴承盖螺钉，取下轴承外盖及端盖。轴承只有在损坏的情况下才需要拆卸，如无特殊原因，不需要拆卸。

直流电机检修后的装配步骤与拆卸顺序相反。直流电机检修后装配完毕，还需要经过检查、试验后才能投入运行。

2. 直流电机修后试验

运行中的直流电机经过拆装、修理后必须经过检查、试验后才能投入运行。直流电机检修后的检查、试验方法一般有以下几种。

1) 一般检查

检查所有紧固螺钉是否拧紧，电机转动是否灵活，换向器表面是否光滑，不得有凸凹、毛刺等缺陷，电刷的牌号、尺寸是否符合要求，压力是否均匀，电机的内部连接和外部出线与标号是否一致。

直流电机的连接线很多，而且都有一定的极性要求。为保证电机的正常运行，一定要根据规定连接正确。直流电机各绕组线端符号见表 1-3。

2) 直流电机绕组极性及其连接正确性的检查

(1) 检查主磁极线圈连接的正确性。直流电机的主磁极总是成对的，因此，各主磁极励磁绕组的连接，必须使相邻主磁极的极性 N 极和 S 极的顺序依次排列。

(2) 检查主磁极极性与换向极绕组连接的正确性。根据直流电机的电枢反应结果，主磁极与换向极的交替排列关系应顺着电机旋转的方向。在发电机中，每个主磁极后面装的是极性相反的换向极；在电动机中，每个主磁极后面装的是极性相同的换向极。通常用指南针来检查极性。

(3) 检查换向极绕组和补偿绕组对电枢绕组之间连接的正确性。检查接线如图 1-29 所示。换向极绕组和补偿绕组与电枢绕组是串联连接的，检查时，分别将电池接至换向极绕组和补偿绕组，如图 1-29(a)、(b)所示。毫伏表与电刷两端相连，当开关 QS 合上瞬间，电枢绕组中产生感应电动势，其方向可由毫伏表确定。如毫伏表指针向右偏转，则表示两绕组之间的连接是正确的，因为此时电枢绕组的磁通和换向极及补偿绕组的磁通方向相反；反之，则可判断接线是错误的。

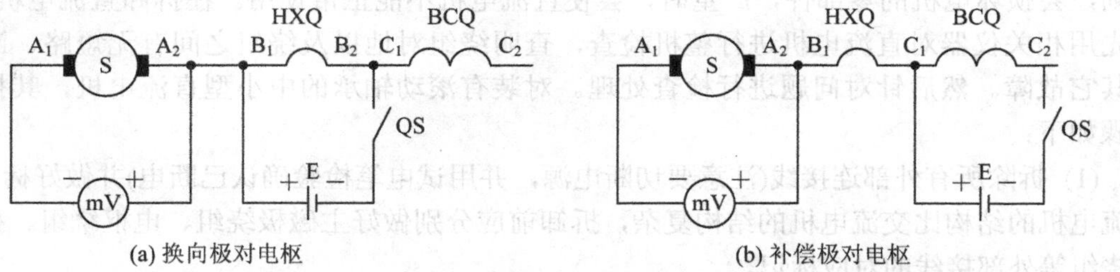

图 1-29　换向极和补偿极绕组对电枢绕组的极性检查接线图

(4) 检查串励绕组对并励绕组之间连接的正确性。检查接线图如图 1-30 所示。将电池连接到串励绕组，毫伏表接通到并励绕组两端，开关 QS 合上瞬间，如果毫安表指针向右偏转，则表明 D_1、E_1(或 D_2、E_2)为同极性出线端子。根据所测得的同极性出线端，就可将串励与并励绕组正确地连接起来。

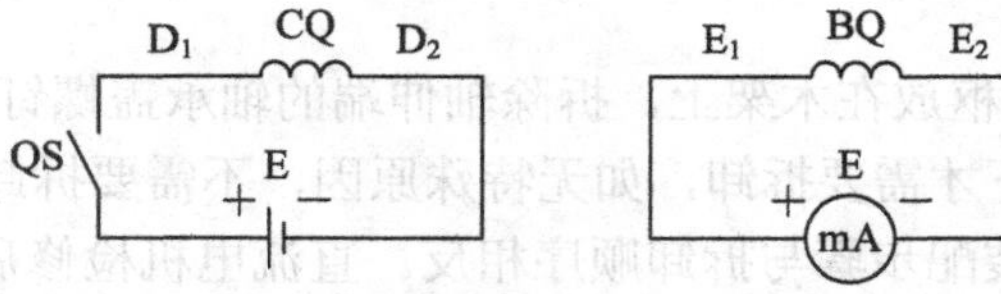

图 1-30　串励绕组对并励绕组极性检查接线图

3) 确定直流电机电刷中性线位置

在直流电机各绕组接线正确的情况下，为保证直流电机运行性能良好，电刷必须放在中性线位置上。

电刷中性线位置是指当直流电机作为空载发电机运转，其励磁电流和转速不变时，在换向器上测得的最大感应电动势时的电刷位置。

现场确定电刷中性线位置一般采用感应法。

(1) 对于大中型电机，试验电流从主磁极绕组通入，其值应为额定励磁电流的 5%～20%，电压一般为几伏到十几伏，将直流毫伏表或毫安表(最好用零点居中的检流计)接到相邻两正负电刷间，试验电路如图 1-31 所示。试验时，先把电刷移到主磁极中性线位置，当接通或断开电源时，在电刷中性线位置，理论上感应电动势应为零，表针无偏转。而实际上受电刷接触面的影响，还有一个很小的电压存在。当关闭电源时电刷不在中性线位置，则表针明显地向一侧偏转，而断开电源时表针向另一方向偏转。电刷离中性线位置偏移越大，表针偏转幅度就越大。仪表的读数建议以切断励磁绕组电源时的偏转为准。

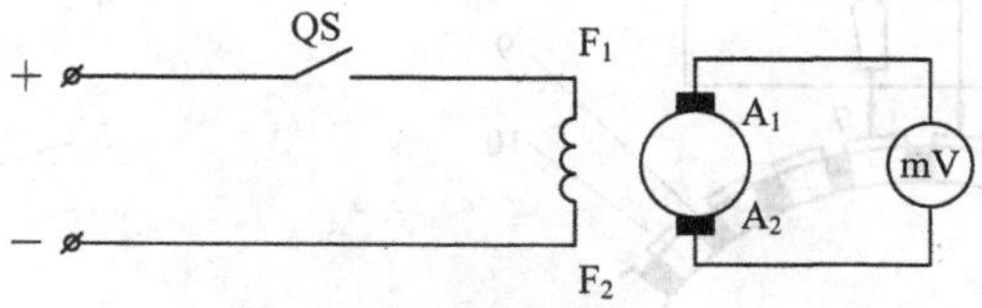

图 1-31 用感应法确定电刷中性线位置

(2) 对于小型直流电机，可在电枢绕组上加上试验电压，测量励磁绕组端的感应电压。试验时，如果电刷不在中性线位置，在切断励磁绕组电源时，记住表针的偏转方向和大小，然后松开刷架固定螺钉，沿换向器圆周方向将电刷向任一方向移动。刷架移动时，如果表针偏转方向不变，偏摆变小，则应继续向同一方向移动；反之，直到表针指示的绝对值达到最小为止。此时的电刷位置即是中性线位置。然后紧固刷架固定螺钉，刷架固定后，应再重复检查一遍。因为固定刷架时可能引起刷架位移。

4) 绝缘电阻的测量

额定电压 500 V 及以下的直流电机，应使用 500 V 摇表测量各绕组对外壳及其相互间的绝缘电阻，而 500 V 以上的直流电机，应使用 1000 V 摇表。对于额定电压 500 V 及以下的直流电机，在常温下(10℃～30℃)，绝缘电阻一般不低于 0.5 MΩ；对于额定电压 500 V 以上的直流电机，在常温下，绝缘电阻一般不低于 1 MΩ。

5) 空载试验和负载试验

以上各项检查、试验合格后，可接上电源进行空载试验。空载试验的目的是检查各机械运转部分是否正常，有无过热、异常及振动现象。对直流发电机要检查空载电压的建立是否正常；对直流电动机要检查其在额定电压、额定励磁电流情况下，其转速是否正常和稳定。空载运行的直流电机不允许在电刷下有火花存在；否则表明有故障存在，同时应分析火花产生的原因，并排除故障。

空载运行一定时间，通过温度、声音、电压降、转速等可初步鉴定电机接线、装配和修理质量是否合格。在有条件的情况下应做负载试验，进一步检查电机各部件温升和电刷下的火花大小；无条件时，可结合机械设备的负载进行试车。

3. 直流电机其它部件的测定或检查

1) 换向器式电枢绕组的直流电阻测定

换向器式电枢绕组的直流电阻主要由换向片间电压降反映，而片间电压降用自制的检测计接成如图 1-32 所示的线路进行测量。检测时先将电阻 R 调到最大值，合上开关 QS 后，将检测极 8 与检测计 7 接触相邻换向片，然后按下检测计看毫伏表指示，如果指示太小可调小电阻 R 的值，使正常指示约在刻度的 1/3 左右，但检测过程要求电流表读数保持不变。如果两片间压降过小，说明有短路现象；如果两片间压降过大(约比正常值大 30%以上)，则说明焊接质量不良。

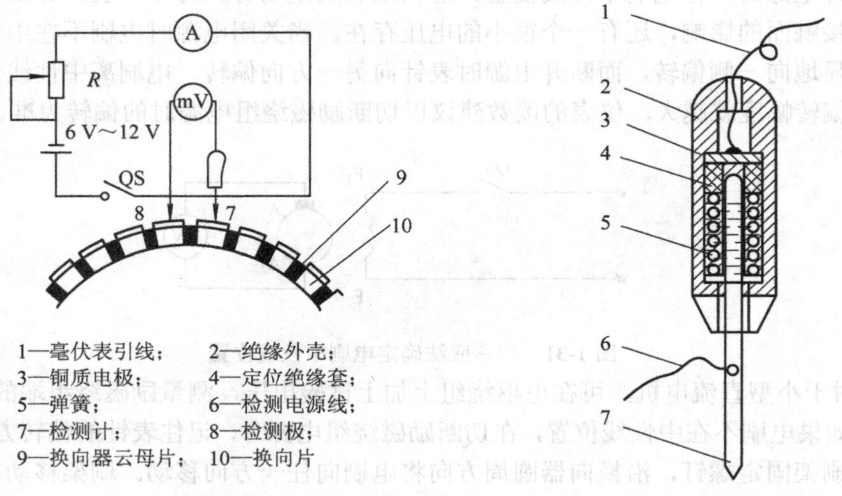

1—毫伏表引线；　2—绝缘外壳；
3—铜质电极；　4—定位绝缘套；
5—弹簧；　6—检测电源线；
7—检测计；　8—检测极；
9—换向器云母片；　10—换向片

(a) 接线原理图　　(b) 检测计结构

图 1-32　分流压降法测量片间电阻线路

一般规定，换向片间的压降不得超过 10%，即

$$K_{\mathrm{r}}=\frac{10(u_{\mathrm{m}}-u_{\mathrm{n}})}{\sum\limits_{i=1}^{10}u_i}\leqslant 10\%$$

式中：u_{m}、u_{n}——电枢绕组换向片间电压降法测得的片间电压值；

$\sum\limits_{i=1}^{10}u_i$——从检测中选取 10 个出现最多且相近的片间电压值之和。

2) 主磁极绕组的极性检查

直流电机采用凸极式定子，一般为显极布线，故相邻两主磁极线圈的极性必须相反。检查主磁极绕组的极性一般采用指南针法，具体方法如下：

(1) 检查前用指南针靠近凸极铁芯，记下它的剩磁极性。

(2) 将定子绕组接入直流低压可调电源，把大头针靠近铁芯，慢慢调高检测电压，使其产生吸力，然后再调低电压。

(3) 用指南针靠近铁芯检测，如极性不变，则将接入定子的电源极性调反后再通电，使铁芯磁力从零变到能吸引大头针为止。

(4) 这时指南针检测的极性应与原来剩磁极极性相反，然后依次检测各主磁极极性，看它们是否交替变化；如果相邻两主磁极极性相同，则说明接线极性错误。

3) 换向极极性检查

直流电动机换向极在相邻线圈间的极性也是相反的，但若采用庶极形式(即换向极数目只有主磁极极数的一半)，则全部极性相同。

为了补偿电枢反应引起的中性线偏移，换向极与主磁极极性必须有如图 1-33 所示的关系。

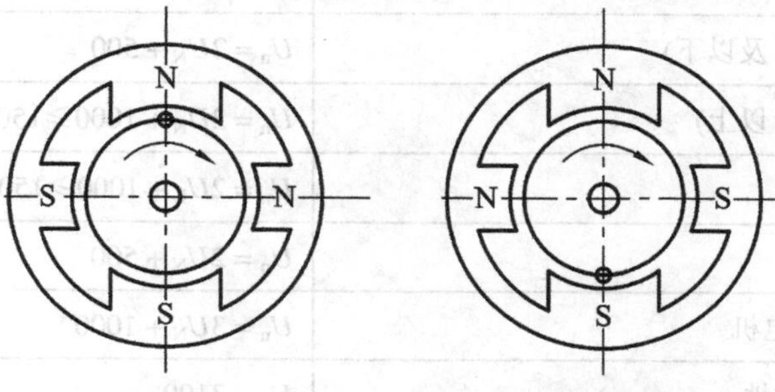

(a) 用做电动机　　(b) 用做发电机

图 1-33　换向器式电机换向极与主极的关系

如果不能用查线方法确认，则换向极绕组与电枢绕组连接后，可用感应法检查，具体方法如下：

(1) 将大号干电池(1.5 V～3 V)与开关 QS 串联，并接于换向极绕组 H_1–H_2，注意电池“+”极接在电枢绕组与换向极交接点，如图 1-34 所示。

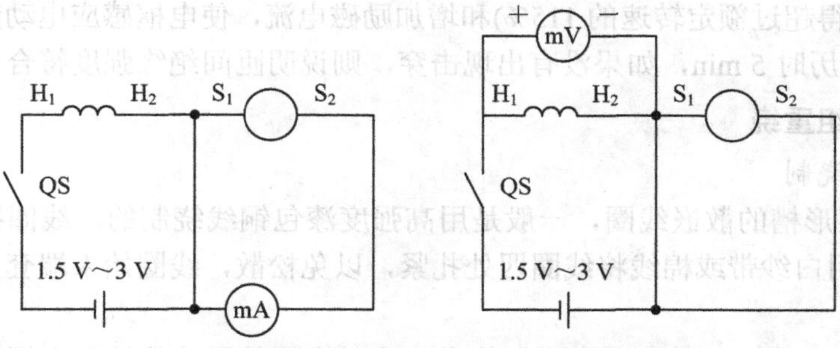

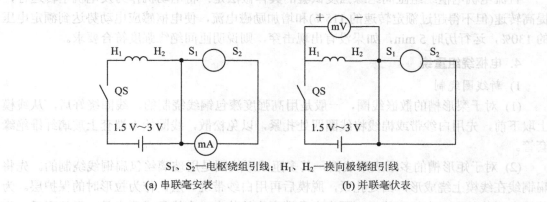

S_1、S_2—电枢绕组引线；H_1、H_2—换向极绕组引线

(a) 串联毫安表　　(b) 并联毫伏表

图 1-34　用感应法检查换向极绕组接线极性

(2) 把万用表调到直流毫伏挡后并联在电枢绕组两端(或直流毫安挡串联在电枢绕组回路中)，但注意并联时表的“–”极接在电枢绕组与换向极绕组的交接点(如图 1-34(b)所示)。

(3) 合上开关 QS 瞬间，表头指针若从零向正偏转，说明换向极绕组接线极性是正确的。如果合上开关瞬间表针反摆，则接线错误，这时可将换向极线头 H_1、H_2 解开，将 H_1 与 H_2 反接后再测，从而确认其正确性。

以上检测是在绕组内各换向极的极性关系正确的条件下进行的，而换向极的极性可参考主磁极的方法检测，但由于换向极绕组匝数少，必须输入足够大的直流电流才能检测。

4) 直流电动机绕组耐压试验

直流电动机耐压试验也可采用交流工频耐压，试验在冷态和绕组对地绝缘电阻在每kV(电机额定电压)不低于 1 MΩ 的条件下进行。试验时，电压施于绕组与机壳之间，其余不参与试验的绕组均应与机壳连接后接到耐压源的接地 E 端，换向器式电机重绕耐压试验标准如表 1-5 所示。

表 1-5 换向器式电机重绕耐压试验标准

试验绕组	1 分钟耐压值/V
电枢绕组对地(1 kW 及以下)	$U_n = 2U_N + 500$
电枢绕组对地(1 kW 以上)	$U_n = 2U_N + 1000 \geqslant 1500$
他励绕组对地	$U_n = 2U_L + 1000 \geqslant 1500$
36 V 以下电机	$U_n = 2U_N + 500$
冶金、超重用直流电机	$U_n = 3U_N + 1000$
换向器(旧)嵌线前对地	$U_n = 3100$
换向片间绝缘(接线前)	用 220 V 试灯瞬时不击穿
换向极以及定子各绕组之间	$U_n = 2500$ 瞬时不击穿合格

注：U_N 为电动机额定电压(V)。

5) 电枢绕组匝间绝缘强度试验

直流电机电枢绕组匝间绝缘强度试验的具体做法是：将电动机作为发电机空转运行，提高转速(但不得超过额定转速的 115%)和增加励磁电流，使电枢感应电动势达到额定电压的 130%，运行历时 5 min，如果没有出现击穿，则说明匝间绝缘强度符合要求。

4. 电枢绕组重绕

1) 新线圈绕制

(1) 对于梨形槽的散嵌线圈，一般是用高强度漆包铜线绕制的。线圈绕好后，从线模上取下前，先用白纱带或棉线将线圈四处扎紧，以免松散，线圈始末端套上玻璃纤维绝缘套管。

(2) 对于矩形槽的多匝成形线圈，其多匝成形线圈是用玻璃丝包扁铜线绕制的。先将扁铜线在线模上绕成形，四处扎紧，脱模后再用白纱带绕一层，作为拉形时的保护层。为使线鼻形状整齐，在拉形前，可预先在鼻端弯头处装上一个线鼻成形夹具。经拉形后，为使线圈端部的弧形符合要求，可用弧形模整形。

2) 嵌线

嵌线前应清理换向器的线槽及升高片，检查对地绝缘电阻值及介电强度是否符合要求，用试灯检查换向片间是否有短路故障；清理电枢铁芯，去掉槽口及槽内的毛刺，清除残留在槽内的废旧绝缘材料，并用压缩空气吹净；清除端部支架上的废旧绝缘材料，并重新包扎好新的绝缘材料。

电枢绕组的嵌线操作与三相异步电动机的定子绕组嵌线相似，具体方法可参见后文三相异步电动机的定子绕组嵌线。特别注意以下几点：

(1) 线圈两端伸出槽口的长度要相等。

(2) 对于散嵌绕组，应采用滑线板将槽内导线理齐，放好层间绝缘后用压线板压紧。

(3) 下层边的引线要按原始记录放入对应的换向片槽内。

(4) 当下层边嵌上一个节距时，可嵌放线圈的上层边，并开始垫放线圈端部的层间绝缘材料。

(5) 线圈全部嵌完后，整理上层边的引线，用试灯检查线圈各自的始末端，以免错位，然后按换向器节距，将上层边引线放入对应的换向片槽内。

3) 焊接

电枢绕组的焊接主要是线圈引出线与换向片间的焊接。在各种焊接方法中，烙铁焊是最常用的方法。使用烙铁焊时需要注意以下几点：

(1) 对于E级和B级绝缘的电枢绕组，可采用常规铅锡合金焊条；对于F级和H级绝缘的电枢绕组，应采用熔点较高的纯锡焊条。

(2) 对于线圈的引出线，焊接部位要预先去掉绝缘层，并加以搪锡。焊接部位应采用松香或松香酒精溶液等中性助焊剂使之保持清洁。

(3) 一般采用安全电压供电的大烙铁。烙铁头材料为紫铜，尺寸及形状要合适。

(4) 在换向片各升高片之间嵌入定位木块。把转子放在可滚动的支架上，使换向器端稍向下倾斜，并使焊接的部位位于水平稍下的位置，以防止焊锡熔液淌入电枢内。电枢绕组焊好后，应检查是否有短路故障或开路故障以及线圈接反故障。

4) 绑扎

电枢绕组的端部及位于开口槽中的导体，均需用钢丝或无纬玻璃丝带绑扎，才能承受运转时绕组的离心力。

绑扎钢丝通常采用镀锡磁性钢丝。钢丝绑扎有单层绑扎和多层绑扎两种。多层绑扎用于转速较高的电机。采用多层绑扎时，外层钢丝的工艺拉力应比相邻内层的减小约10%。在层间应放置层间绝缘，各层钢丝均应有适当数量的扣片，在始末端则放置两个扣片，相距约15 mm～30 mm。扣片常用材料是白铁皮，其厚度选择如表1-6所示。

表1-6 扣片(白铁皮)厚度

钢丝直径/mm	扣片厚度/mm
0.8 1.0 1.2	0.25
1.5 2.0	0.36

在绑扎钢丝前，电枢应先预热。在绕预扎钢丝时，采用橡皮锤轻敲绕组端部，使之与

支架完全贴紧。预扎后再次加热，并在绑扎钢丝的车床上松开预扎钢丝，垫好绝缘层。然后绑扎“永久钢丝”。最后用烙铁锡焊将钢丝和扣片焊在一起。对于小型电机，可不进行预扎。

与钢丝绑扎相比，采用无纬玻璃丝带绑扎可以减少绕组端部漏磁，改善电气性能，增加绕组的爬电距离，提高绝缘强度，并可取消绑带与绕组间的绝缘材料及扣片。其缺点是弹性模量和延深率较低。常用的无纬带有聚酯无纬玻璃丝带(B 级)、环氧无纬玻璃丝带(F 级)和聚胺酰亚无纬玻璃丝带(H 级)。

无纬玻璃丝带绑扎一般分为整形、预热、绑扎和固化等工艺。

(1) 整形：对于大型电机，先用钢丝预扎；中型电机可用夹具将绕组端部整形；而小型电机可不进行整形。

(2) 预热：常用温度为 80℃～100℃，中小型电机预热 2 h，大型电机预热 4 h。预热的目的是使绕组变得柔软一些。

(3) 绑扎：按计算好的匝数进行绑扎。

三、活动回顾与拓展

(1) 直流电机的拆装方法和步骤分别是什么?

(2) 直流电机检修后装配完毕，要完成哪些试验项目之后才能投入运行?

(3) 电枢绕组短路修理方法除更换绕组和恢复绝缘外还有哪些方法?

(4) 直流电枢绕组的接地多发生在何处?

(5) 直流电机电枢绕组匝间绝缘试验的目的是什么?

(6) 直流电机绕组极性及其连接的正确性检查方法如何?

(7) 如何检查直流电动机换向极极性?

(8) 空载试验的目的是什么?

(9) 在直流电机的绑扎中，预热的目的是什么?

活动 2　直流电机的运行维护

一、活动目的

(1) 熟悉直流电机温度、换向状况、润滑系统、绝缘电阻的监测要求。

(2) 熟悉直流电机异常现象的监测方法。

(3) 熟悉直流电机定期检修的相关内容。

二、活动内容

1. 直流电机运行时的监测项目

1) 温度监测

温度是保证直流电动机安全运行的重要条件之一，温升过高，就会引起绝缘加速老化，电动机寿命降低。对 B 级绝缘绕组，温升超过允许值 10℃，寿命就会缩短一半。因此在电动机运行时应经常监测温升，使温升不超过绝缘等级的允许温升。

对绕组中埋有测温元件的电动机，应定期检查和记录电动机各部位温升。对没有埋设测温元件的电动机，就要经常检查进、出口风温。通常直流电动机允许进、出口风温差为15℃～20℃。对较重要的电动机，在温升较高的部位，需埋设温度计加以经常监测。对于小型直流电动机，一般用手摸来检查，根据机座外表温度进行判断。当电动机温升超过允许温升时，应做以下检查：

(1) 检查散热情况。电动机因过滤不好，灰尘和油污粘在绕组表面上，造成电动机散热困难，甚至堵塞了通风沟，应及时清洁。

(2) 检查电动机是否过载。当过载较严重时，应适当减轻负载或使电动机空载冷却，避免绕组温度过高而烧坏。

(3) 检查冷却系统是否出现故障。风机停转、冷却水管堵塞、冷却水温度太高、冷却风温度太高、过滤器积灰过多而风阻增大等，都会引起电动机温度升高。若遇到这类故障，应立即检查冷却系统，排除故障。

2) 换向状况监测

良好的换向是保证直流电动机可靠运行的必要条件。直流电动机在正常运行时，应是无火花或电刷边缘大部分只有轻微的无害火花，氧化膜的颜色应均匀且有光泽。

如果换向火花加大，换向器表面状况发生变化，出现电弧烧痕或沟道，应分析原因，是电动机负载过大还是换向故障并及时处理。

在电动机运行中，应使电动机表面保持清洁，经常吹风清扫，同时用干布清理换向器表面，以免引起火花事故。

3) 润滑系统监测

如果直流电动机特别是座式轴承的大型电动机的润滑系统工作不正常，则对电动机安全运行会产生直接影响。在电动机运行时，应经常检查油路是否正常，油环转动是否良好，轴瓦温度、油标指示及油面位置是否正常，有无严重漏油或甩油现象。

4) 绝缘电阻监测

直流电动机绕组的绝缘电阻是确保电动机安全运行的重要因素之一，应定期检查和记录绝缘电阻的数值。因受电动机运行温度和空气相对湿度的影响，在停机时间较长时，由于绕组温度下降和绝缘结构中气孔和裂纹的吸潮，绝缘电阻往往大幅度下降，甚至低于允许值，但经过加热干燥后，绝缘电阻很快就可恢复。

当绝缘电阻值经常波动，趋势是越来越低，即使加热干燥后，仍难于恢复时，应对绕组表面进行抹擦，将碳粉、油污等污染物清扫干净。当清扫和加热干燥仍不起作用时，应用洗涤剂清洗。

为了使电动机保持较高的绝缘电阻，应对电动机内部定期吹风清扫，及时更换过滤器的材料。若电动机停机时间较长，应使用加热器通电加热，以避免绝缘电阻降低，一般只要使电动机温度高于室温5℃，就可防止绕组吸潮而造成绝缘电阻的下降。

5) 异常现象监测

(1) 异常响声。有时在电动机运行中会突然出现一种异常的响声，这往往是电动机故障信号，可能是轴承损坏、固定螺钉脱落、电动机内部件脱落刮碰、定子和转子相擦等故障引起的，发现后应立即停机检查，排除故障。

(2) 异味。异味中较多的是绝缘味，当电动机温度过高或绕组局部短路时，都会产生绝缘味，严重时因绝缘焦化还伴有烟雾。异味往往是事故征兆，应立即检查，防患于未然。

(3) 异常振动。电动机在运行中，振动突然加剧，因共鸣引起噪声增大，可能是转动部分平衡破坏，轴承损耗和励磁绕组匝间短路引起了过大的振动，这会使某些结构部件疲劳损坏，并影响换向功能，应及时处理。

2. 直流电机的日常检查和维护内容

直流电机在运行前后和运行过程中，应按运行规程的要求检查电机的工作状况，对换向器、电刷装置、轴承、通风系统、绕组绝缘等部位重点加以维护。

1) *直流电机运行前的检查维护*

(1) 清除电机外部的污垢、杂物，用压缩空气吹去电机中的灰尘和电刷粉末。对换向器、电刷装置、绕组、铁芯及连接线等认真做清洁处理。

(2) 拆除与电机的连接线，用兆欧表测量绕组对机壳的绝缘电阻。对于500 V以下的低压电机和500 V以上的高压电机，当其绝缘电阻分别低于0.5 MΩ和1 MΩ时，必须经干燥处理后才能投入运行。

(3) 检查换向器是否光洁。若有损伤及火花烧伤的痕迹，则应修理。

(4) 检查电刷装置安装是否牢固，有无变形，位置是否正确，电刷型号规格是否合适，电刷压簧的压力是否恰当，电刷和换向器表面的接触面是否良好，电刷铜辫子是否都离开与外壳相连的金属部件。

(5) 检查电机轴承是否缺油，转动是否灵活。

(6) 检查电机底脚螺丝是否固紧，安装电机的地基是否稳固。

(7) 检查相关的设备、仪器及保护装置的情况，检查它们之间的连接是否正确。

2) *直流电机运行中的检查*

(1) 检查电压表、电流表的指示是否超过额定值，是否有异响、异色和异味，电机各部分的温升是否超过表1-7所规定的范围。

表1-7 直流电机各部分温升限度 ℃

绝缘等级	A级		E级		B级		F级		H级	
测温度方法	温度计法	电阻法	温度计法	电阻法	温度计法	电阻法	温度计法	电阻法	温度计法	电阻法
磁场绕组及电枢绕组	50	60	65	75	70	80	85	100	105	125
与绕组接触的铁芯及其它部件	60		75		80		100		125	
换向器	60		70		80		90		100	
滑动轴承	40									
滚动轴承	55									

注：表中温升按环境温度40℃计，对短时定额的电机，各部分温升限度比表内值高10℃。

(2) 观察火花状况，判断火花等级。直流电机正常运行时允许火花在$1\frac{1}{2}$级以下，暂时过负荷、启动及变换转向时可允许 2 级火花。一旦出现 3 级火花就应停机处理。电刷下火花的等级定义见表 1-8。

表 1-8 电刷下火花的等级定义

火花等级	电刷下火花程度	换向器及电刷状态
1	无火花	换向器上没有黑痕，电刷上没有灼痕
$1\frac{1}{4}$	电刷边缘仅有微弱的点状火花或有非放电性的红色小火花	
$1\frac{1}{2}$	电刷边缘绝大部分有轻微的火花	换向器上有黑痕但不发展，用汽油擦其表面即能除去；在电刷表面上有轻微灼痕
2	电刷边缘全部或大部有强烈火花	换向器上有黑痕出现，用汽油不能除去，同时电刷上有灼痕。如在短时间出现这一级火花，换向器上不会出现灼痕，电刷也不会被烧焦或损坏
3	电刷整个边缘有强烈火花，同时有火花飞出	换向器上黑痕相当严重，用汽油不能除去，同时电刷上有严重灼痕。在这一级火花下短时间运行，就会使换向器上出现灼痕，同时电刷将被烧焦或损坏

电机应经常保持清洁，并防止油、水进入内部。换向器表面保持光滑，如发现表面粗糙不圆、烧伤等缺陷，可用细纱布(切忌用金刚砂布)固定在木质支架上磨除缺陷。换向器外圆不允许有凹片、凸片。换向器外圆径向跳动量不应超过表 1-9 中的值。换向器直径和云母沟下刻深度见表 1-10。

表 1-9 换向器外圆容许径向跳动量

换向器线速度/(m/s)	冷态跳动量/mm	热态跳动量/mm
＞40	0.03	0.05
15～40	0.04	0.06
＜15	0.05	0.10

表 1-10 换向器直径和云母沟下刻深度

换向器直径	云母沟下刻深度
＜50	0.5
50～150	0.8
150～300	1.2
＞300	1.5

电刷应保持在中性线位置，轴向和周向位移正确，其工作表面应光滑、无雾状、麻点、电蚀、沟纹和灼伤等缺陷。

三、活动小结

直流电机维护包括温度、换向状况、润滑系统、异常现象、绝缘电阻等方面的监测；直流电机的定期检修以及运行中的维护包括电动机外部和内部、绕组表面有无变色、损伤、裂纹和剥离，换向器和电刷工作状态、转动部件和静止部件的紧固螺钉有无松动等内容。

四、活动回顾与拓展

(1) 直流电机的日常监测项目有哪些方面?
(2) 直流电机异常现象的监测内容包括哪几个方面?
(3) 直流电机的定期检修内容有哪些?
(4) 直流电机的日常检查和维护内容有哪些?

活动3 直流电机的常见故障与处理

一、活动目标

(1) 熟悉直流电机常见故障现象及可能原因。
(2) 掌握直流电机常见故障的处理方法。

二、活动内容

以下各表是根据电工师傅的实践经验和理论分析列出的常见故障及其对应的处理方法，可供读者参考。

1. 故障现象：直流发电机不能产生电压

可能的故障原因	对应的处理方法
励磁绕组反接	对调接反的励磁绕组的出线端
励磁回路电阻过大或有开路	将励磁回路中的可调电阻调小；检查回路中有无断线及接头松动，并做相应的处理
并励或复励电机没有剩磁	重新充磁：将外加电源与磁场绕组瞬时接通，充磁时，注意电源极性与绕组极性相同
电机旋转方向与要求不符	改变电机旋转方向
电刷与换向器接触不良	清除换向器表面污垢和氧化层，改善电刷与换向器表面的接触状况；修磨电刷；刮低露出换向片的云母绝缘
电枢绕组或励磁绕组中有短路	查出短路点并处理短路故障
电刷偏离中心线太多	调整电刷位置，使之接近中心线

2. 故障现象：直流电动机不能启动

可能的故障原因	对应的处理方法
进线断开使电动机未通电，或电枢绕组有开路	检查电源电压是否正常，开关触点是否完好，熔断器是否良好，电动机各绕组回路有无开路。查出故障并做相应处理
励磁回路有断开和接错情况	检查励磁回路的可调变阻器和主磁极绕组有无断开点，回路中直流电阻值是否正常，各磁极的极性是否正确
启动器故障	检查启动器是否有接线错误或装配不良，启动器接点是否烧毛
过载	检查负载机械是否卡住，使负载力矩大于电动机堵转力矩；检查负载是否过重。针对具体原因予以排除
换向极或串励绕组接反，使电机在负载下不能启动，空载下启动后工作也不稳定	检查换向极和串励绕组极性，对错接者调接其头尾
电刷与换向器接触不良	清除换向器表面，修磨电刷，调整电刷弹簧压力

3. 故障现象：直流电动机转速过高

可能的故障原因	对应的处理方法
电源电压过高	调整电源电压到额定值
励磁电流小	检查励磁回路可调电阻是否过大； 检查该电阻接点接触是否良好，有无烧毛；检查励磁绕组有无匝间短路，使励磁安匝数减小
串励电动机轻载或空载	避免轻、空载运行

4. 故障现象：直流电动机磁场线圈过热

可能的故障原因	对应的处理方法
并励绕组有短路现象	测量每一磁极的绕组电阻，判断有无匝间短路
电动机长期过压运行	恢复到额定电压下运行

5. 故障现象：直流电动机电枢绕组发热甚至冒烟

可能的故障原因	对应的处理方法
电枢绕组严重受潮	进行烘潮，恢复绝缘
电动机长期过载	恢复额定负载下运行
电枢绕组内有短路点存在	查出短路点，进行修复；检查是否有金属异物落入换向器或电枢绕组中
电源电压过低(转速也下降)	调整电源电压
定子与转子铁芯相擦	检查气隙是否均匀；检查轴承是否松动、磨损，若有则予以修复或更换
电动机频繁启动或改换转向	避免频繁启动、变向

6. 故障现象：直流电动机转速过低

可能的故障原因	对应的处理方法
电源电压过低	调节电源电压到额定电压
轴承磨损或太紧	清洗轴承，加足润滑油或更换轴承
刷架位置不对	调整刷架位置
电枢绕组有短路	用测片间电压法查出短路匝，拆换电枢绕组
电枢绕组有开路	用测片间电压法查出开路匝，拆换电枢绕组
电刷位置或绕组元件与换向器焊头位置不对	调整电刷或焊头位置
换向片间短路	将换向片间碳粉或金属屑剔除干净

7. 故障现象：直流发电机和电动机换向器与电刷间火花过大

可能的故障原因	对应的处理方法
电刷与换向器接触不良，换向片间云母绝缘凸起	研磨电刷与换向器的接触面，研磨后轻载运行一段时间进行磨合；修刮云母片，对换向片刻槽，倒角并研磨
电刷磨得过短，压力不足	更换电刷，调整弹簧压力到合适值
电刷偏离中性线过多	调整刷杆座位置，减小火花
换向极绕组接反(换向器产生高温，并发出“嘎嘎”声)	检查换向极极性，电动机顺旋转方向极性应为 n→S→s→N(大写为主极，小写为换向极)
换向极绕组短路	检查短路点，恢复绝缘
电枢绕组开路(检查时会发现开路元件所接的相邻两换向片间有烧坏的黑点)	检查换向片间黑点以判断开路元件，对开路元件进行更换
电枢绕组短路(局部过热，甚至出现焦臭味并冒烟)，短路电流使火花过大	立即停机，检查短路点并进行短路的故障处理
过载	恢复正常负载
换向器表面污垢多，或粗糙、不圆	清除换向器表面污垢、研磨或车削换向器外圆
换向片间绝缘损坏或片间嵌入金属粒造成短路	恢复换向片间绝缘或取出金属粒，以处理短路故障
换向器出现偏摆现象，使电刷与换向片接触不良	用千分尺测其偏摆值，超过规定(换向器与轴的同轴度不超过 0.02 mm～0.03 mm)应精车换向器
电刷装置安装不良，如弹簧压力不均、刷握松动、电刷与刷握配合不当、刷杆偏斜、电刷牌号不符合要求等	检查电刷装置故障所在，对应处理故障
换向极垫片弄错或未垫上	按修理前的垫片原数垫回
换向极匝数搞错	补绕线圈或调整换向极气隙
电压过高	调整电源电压到额定值

8. 故障现象：直流发电机或电动机运转时有较大的异常噪音

可能的故障原因	对应的处理方法
电刷过硬或尺寸不符合要求	更换合适的电刷
电刷压力太大	调整弹簧压力
轴承间隙过大	更换轴承
换向片间云母凸起	下刻凸起的云母
换向器凹凸不平	用砂纸研磨后，清洗干净

三、活动小结

直流电动机的常见故障现象主要有：直流发电机不能产生电压、直流电动机不能启动、直流电动机转速过高、直流电动机磁场线圈过热、直流电动机电枢绕组发热甚至冒烟、直流发电机和电动机换向器与电刷间火花过大、直流发电机或电动机运转时有较大的异常噪音等，重点掌握故障现象、可能原因及对应的处理方法，这对解决工程实际中的常见故障很有实用价值。

四、活动回顾与拓展

(1) 直流电动机电枢绕组发热甚至冒烟的可能原因和处理方法还有哪些？

(2) 直流发电机和电动机换向器与电刷间火花过大的可能原因和处理方法还有哪些？

(3) 直流发电机或电动机运转时有较大异常噪音的可能原因和处理方法还有哪些？

项目二　变　压　器

变压器是一种利用电磁感应定律，将某一等级的交变电压变换为同频率的另一等级的交变电压的静止电气设备。

电力系统中使用的变压器叫做电力变压器。电力变压器是电力系统中一个十分重要的设备。由于发电厂(站)多建在自然能源较丰富的地方，同时发电厂的交流发电机受制造材料的绝缘强度和制造工艺技术的限制，通常输出的电压为10.5 kV或16 kV，为此要把发电厂发出的大功率的电能直接送到很远的用电区是很困难的。根据交流电功率 $P=UI\cos\varphi$ 的公式分析可知，如果输电线路输送的电功率 P 及功率因数 $\cos\varphi$ 一定，电压 U 越高时，线路电流 I 越小，则输电线路上的压降损耗和功率损耗也就越小，同时还可以减小输电导线的截面积，节省材料，达到减小投资和降低运输费用的目的。为此需要采用高压输电，即用升压变压器把电压升高到输电电压，一般高压输电线路的电压为110 kV、220 kV、330 kV或500 kV。当电能输送到用电区后，还要用降压变压器把输电电压降为配电电压(35 kV以下)，然后送到各用电区，最后再经配电变压器把电压降到用户所需要的电压等级，供用户使用。大型动力设备采用6 kV或10 kV，小型动力设备或照明用电则为380 V/220 V。

从电厂(站)发出的电能输送到用户的整个过程中，通常需要多次变压，变压器的安装容量约为发电机的5～8倍，故变压器的生产和使用具有重要意义。在电力拖动系统或自动控制等系统中，变压器作为能量传递或信号传递的设备，也得到了广泛应用。同时，在测量系统中使用的仪用互感器，可将高电压变换成低电压，或将大电流变换成小电流，以隔离高压和便于测量；用于实验室的自耦调压器，则可以任意调节输出电压的大小，以适应负载对电压的要求。

任务一　变压器的认识

活动1　变压器的基本工作原理

一、活动目标

理解变压器的基本工作原理。

二、活动内容

变压器是利用电磁感应定律工作的。由于变压器的使用场合、工作要求及制造工艺等原因，使得其结构形式多种多样，但它们的基本工作原理和基本组成是相同的。在此仅以单相双绕组电力变压器为例介绍变压器的基本工作原理。

常用单相双绕组变压器的工作原理图如图 2-1 所示。变压器主要由铁芯和套在铁芯上的两个(或两个以上)相互绝缘的绕组所组成，绕组之间有磁的耦合，但没有电的联系。通常一个绕阻接交流电源，称为一次绕组；另一个绕组接负载，称为二次绕组。当一次绕组两端加上合适的交流电源电压 u_1，二次绕组接负载时，一次绕组中就有交流电流 i_1 流过，产生一次绕组磁通势，于是铁芯中产生交变的磁通 Φ，该交变的磁通 Φ 同时交链一次、二次绕组，并在一次、二次绕组中产生感应电动势 e_1、e_2，从而在二次绕组两端产生电压 u_2。若二次侧有负载，则有电流 i_2 产生。

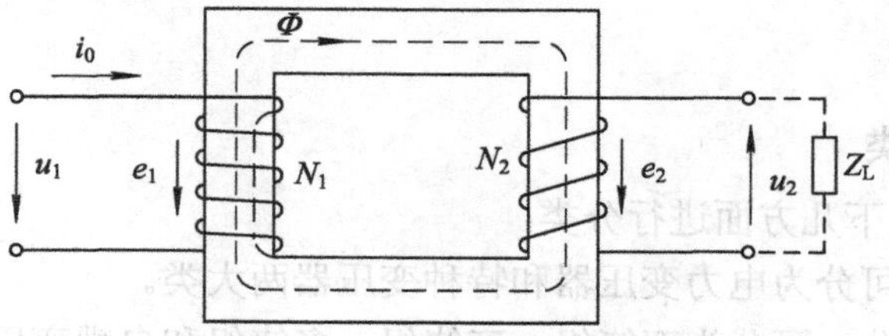

图 2-1　单相双绕组变压器的工作原理图

在工程实际中，根据电工惯例规定各物理量的正方向如图 2-1 所示。如不考虑变压器的各种损耗(即所谓的理想变压器)，根据电磁感应定律可得：

$$\left.\begin{aligned} u_1 = -e_1 = N_1\frac{\mathrm{d}\Phi}{\mathrm{d}t} \\ u_2 = -e_2 = N_2\frac{\mathrm{d}\Phi}{\mathrm{d}t} \end{aligned}\right\} \tag{2-1}$$

根据式(2-1)可得一、二次绕组的电压和电动势有效值与匝数的关系为：

$$\frac{U_1}{U_2} = \frac{E_1}{E_2} = \frac{N_1}{N_2} = k \tag{2-2}$$

式中，k 称为匝数比，也是电压比。

根据能量守恒定律可得：

$$U_1 I_1 = U_2 I_2$$

即

$$\frac{I_1}{I_2} = \frac{U_2}{U_1} = \frac{N_2}{N_1} = \frac{1}{k} \tag{2-3}$$

由式(2-3)可知，一、二次绕组的电压与绕组的匝数成正比，一、二次绕组的电流与绕组的匝数成反比，因此只要改变一次或二次绕组的匝数，便可达到改变输出电压 u_2 大小的目的。这就是变压器利用电磁感应原理，将一种电压等级的交流电源电压变换成同频率的另一种电压等级的交流电源电压的基本工作原理。

三、活动小结

变压器是根据电磁感应定律工作的，只要改变一次或二次绕组的匝数，便可达到改变输出电压 u_2 大小的目的。

四、活动回顾与拓展

变压器除了能改变电压外，还能改变哪些物理量？

活动 2　电力变压器的基本结构

一、活动目标

(1) 了解变压器的分类。

(2) 掌握电力变压器的基本结构。

(3) 理解变压器的铭牌数据。

二、活动内容

1. 变压器的分类

变压器可以从以下几方面进行分类：

(1) 按用途分，可分为电力变压器和特种变压器两大类。

(2) 按绕组构成分，可分为双绕组、三绕组、多绕组和自耦变压器。

(3) 按铁芯结构分，可分为壳式和心式变压器。

(4) 按相数分，可分为单相、三相和多相变压器。

(5) 按冷却方式分，可分为干式、油浸式(油浸自冷式、油浸风冷式和强迫油循环式等)和充气式变压器。

2. 电力变压器的基本结构

电力变压器主要由铁芯、绕组和其它附件组成，其中铁芯和绕组合称为变压器的器身。油浸式电力变压器的结构如图 2-2 所示。

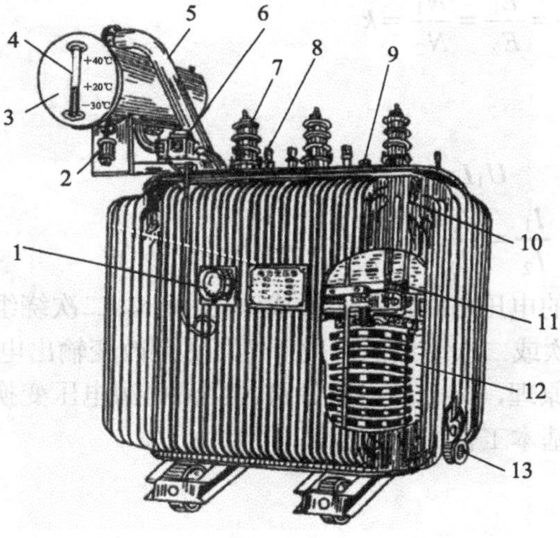

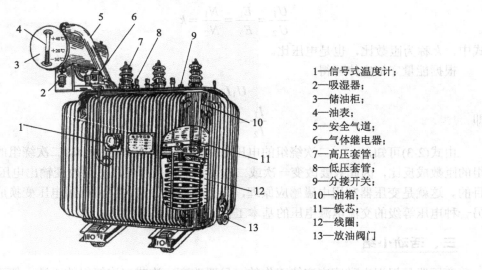

1—信号式温度计；
2—吸湿器；
3—储油柜；
4—油表；
5—安全气道；
6—气体继电器；
7—高压套管；
8—低压套管；
9—分接开关；
10—油箱；
11—铁芯；
12—线圈；
13—放油阀门

图 2-2　油浸式电力变压器

为了改善散热条件，大、中容量的电力变压器的铁芯和绕组浸入盛满变压器油的封闭油箱中，各绕组对外线路的连接由绝缘套管引出。为了使变压器能够安全、可靠地运行，还装有储油柜、安全气道和气体继电器等附件。

1) 铁芯

铁芯是变压器的主磁路，又作为绕组的支撑骨架。铁芯由铁芯柱和铁轭两部分组成，铁芯柱上套有绕组，铁轭是连接两个铁芯柱的部分，其作用是使磁路闭合。为了提高铁芯的导磁性能，减小磁滞损耗和涡流损耗，铁芯一般采用厚度为 0.35 mm、表面涂有绝缘漆的热轧或冷轧硅刚片叠装而成。

铁芯的基本结构形式有心式和壳式两种，如图 2-3 所示。心式结构的特点是绕组包围铁芯，如图 2-3(a)所示。这种结构比较简单，绕组的装配及绝缘也比较容易，适用于大容量高电压的变压器，国产电力变压器均采用心式结构。壳式结构的特点是铁芯包围绕组，如图 2-3(b)所示。这种结构的机械强度较好，铁芯容易散热，但外层绕组的铜线用量较多，制造工艺比较复杂，一般多用于小型干式变压器中。

大、中型变压器的铁芯，一般先将硅钢片裁成条形，然后采用交错叠片的方式叠装而成，如图 2-4 所示。交错叠片的目的是使各层磁路的接缝互相错开，以免接缝处的间隙集中，从而减小磁路的磁阻和励磁电流。

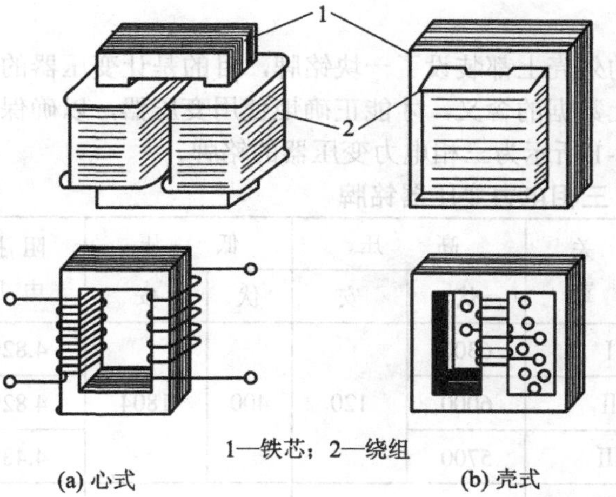

图 2-3　心式和壳式变压器

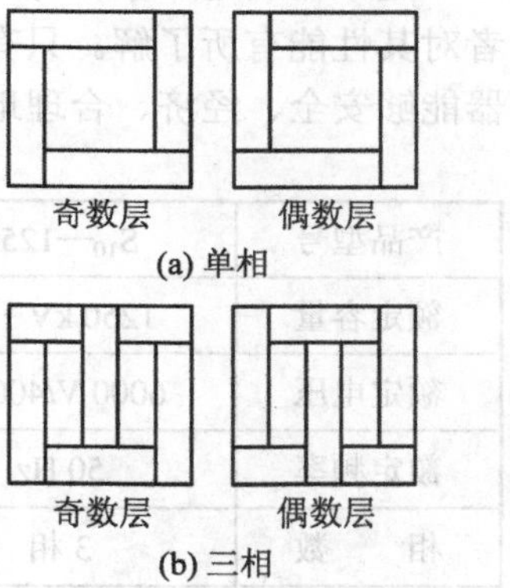

图 2-4　变压器铁芯的交错叠片

2) 绕组

绕组是变压器的电路部分，一般用绝缘铜线或铝线绕制而成，新式变压器中还有用铝箔绕制的。为了使绕组便于制造和在电磁力作用下受力均匀以及机械性能良好，一般电力变压器都把绕组绕制成圆形的。接在高压电网的绕组称为高压绕组，接在低压电网的绕组称为低压绕组。

3) 其它结构附件

电力变压器多采用油浸式结构，附件结构见图 2-2，它的作用是保证变压器安全、可靠运行。

(1) 油箱。油浸式电力变压器的油箱就是它的外壳，起着机械支撑、冷却散热和保护的作用。变压器的器身放在装有变压器油的油箱内。变压器油既是绝缘介质，又是冷却介质，它使铁芯和绕组不被潮湿所侵蚀，同时通过变压器油的对流，将铁芯和绕组所产生的热量传递给油箱和散热管，再散发到空气中。油箱的结构与变压器的容量、发热情况有关。运行经验证明，变压器的容量越大，发热就越严重。对于 20 kV·A 及以下的小容量变压器一般采用平板式油箱，而对于容量较大的变压器通常采用排管式油箱，在油箱壁上焊有散热管，以增大油箱的散热面积。

(2) 储油柜。储油柜亦称油枕，是安装在油箱上面的圆筒形容器，它通过连通管与油箱相连，柜内油面高度随油箱内变压器油的热胀冷缩而变动。储油柜的作用是保证器身始终浸在变压器油中，同时减小油和空气的接触面积，从而降低变压器油受潮和老化的速度。

(3) 分接开关。为了使输出电压控制在允许的变化范围内，在变压器运行时，通过分接开关改变一次绕组匝数，从而达到改变输出电压的目的。通常输出电压的变化范围是额定电压的± 5%。

(4) 绝缘套管。电力变压器的引出线从油箱内穿过油箱盖时，必须经过瓷质绝缘套管，以使带电的引出线与接地的油箱绝缘。为了增加表面爬电距离，绝缘套管的外形多做成多级伞状，电压愈高级数愈多。绝缘套管的结构取决于电压等级，较低电压采用实心瓷套管，10 kV～35 kV 电压采用空心充气式或充油式套管，电压在 110 kV 及以上时采用电容式套管。

3. 变压器的铭牌和额定值

变压器制造厂家在每一台变压器的外壳上都装设了一块铭牌，目的是让变压器的使用者对其性能有所了解。只有理解铭牌上数据的含义，才能正确地使用变压器，以确保变压器能够安全、经济、合理地运行。表 2-1 所示为三相电力变压器的铭牌。

表 2-1　三相电力变压器铭牌

<table>
<tr><td>产品型号</td><td>S_{10}—1250</td><td rowspan="2">开关
位置</td><td colspan="2">高　压</td><td colspan="2">低　压</td><td rowspan="2">阻抗
电压</td></tr>
<tr><td>额定容量</td><td>1250 kV·A</td><td>伏</td><td>安</td><td>伏</td><td>安</td></tr>
<tr><td>额定电压</td><td>6000 V/400 V</td><td>I</td><td>6300</td><td rowspan="3">120</td><td rowspan="3">400</td><td rowspan="3">1804</td><td>4.82%</td></tr>
<tr><td>额定频率</td><td>50 Hz</td><td>II</td><td>6000</td><td>4.82%</td></tr>
<tr><td>相　数</td><td>3 相</td><td>III</td><td>5700</td><td>4.48%</td></tr>
<tr><td>连接组标号</td><td>Y，yn0</td><td rowspan="2">使用条件</td><td colspan="2" rowspan="2">户外型</td><td colspan="2" rowspan="2">器身吊重</td><td rowspan="2">2300 kg</td></tr>
<tr><td>冷却方式</td><td>ONAN</td></tr>
<tr><td>油　重</td><td>830 kg</td><td>总　重</td><td colspan="2">4200 kg</td><td colspan="2">运输重</td><td></td></tr>
<tr><td>标准代号</td><td>GB1094—85</td><td>产品代号</td><td colspan="2"></td><td colspan="2">出厂序号</td><td>0405063</td></tr>
<tr><td>出厂时间</td><td>××年××月</td><td>制造厂家</td><td colspan="5">××整流变压器厂</td></tr>
</table>

下面介绍铭牌上的主要内容。

1) *变压器的型号及主要系列*

(1) 变压器的型号。型号表示了变压器的结构特点、额定容量(kV·A)、冷却方式和电压等级(kV)等内容。例如 SJL—560/10，其中“S”表示三相，“J”表示油浸式，“L”表示铝导线，“560”表示该变压器额定容量为 560 kV·A，“10”表示高压绕组额定电压等级为 10 kV；又如表 2-1 中的型号 S_{10}—1250，其中“S”表示三相，“10”表示第 10 次设计，“1250”表示该变压器额定容量为 1250 kV·A。国家标准 GB1094—79 规定电力变压器产品型号代表符号的含义如表 2-2 所示。

表 2-2 电力变压器产品型号代表符号的含义

代表符号排列顺序	分 类	类 别	代表符号
1	绕组耦合方式	自耦	O
2	相数	单相 三相	D S
3	冷却方式	空气自冷 油自然循环 油浸式 风冷 水冷 强迫油循环风冷 强迫油循环水冷	— — J F W FP WP
4	绕组数	双绕组 三绕组	— S
5	绕组导线材质	铜 铝	— L
6	调压方式	无励磁调压 有载调压	 Z

(2) 变压器的主要系列。国产的变压器产品系列有 SJL1(三相油浸自冷式铝线电力变压器)、SFPL1(三相强油风冷铝线变压器)、SFPSL1(三相强油风冷三铝线电力变压器)等，近年来全国统一设计的更新换代产品系列有 SL7(三相油浸自冷式铝线电力变压器)、S7 和 S9(三相油浸自冷式铜线电力变压器)、SCL1(三相环氧树脂浇注干式变压器)以及 SWPO(三相强油水冷自耦电力变压器)等。

2) 变压器的额定值

(1) 额定电压 U_{1N} 和 U_{2N}。一次绕组的额定电压 U_{1N}(kV)是根据变压器的绝缘强度和容许发热条件规定的一次绕组的正常工作电压值。二次绕组的额定电压 U_{2N} 指一次绕组加上额定电压，分接开关位于额定分接头时二次绕组的空载电压值。对三相变压器来说，额定电压是指线电压。

(2) 额定电流 I_{1N} 和额定电流 I_{2N}(A)。额定电流是指变压器在额定负载情况下，各绕组长期允许通过的电流。I_{1N} 是指一次绕组的额定电流；I_{2N} 是指二次绕组的额定电流。对三相变压器来说，额定电流是指线电流。

对单相变压器：

$$I_{1N}=\frac{S_N}{U_{1N}},\quad I_{2N}=\frac{S_N}{U_{2N}} \tag{2-4}$$

对三相变压器：

$$I_{1N}=\frac{S_N}{\sqrt{3}U_{1N}},\quad I_{2N}=\frac{S_N}{\sqrt{3}U_{2N}} \tag{2-5}$$

(3) 额定容量 S_N(kV·A)。额定容量是指额定工作条件下变压器输出能力(视在功率)的保证值。对三相变压器来说，额定容量是指三相容量之和。

三、活动小结

变压器的基本结构是铁芯和绕组及其它附件，铁芯构成磁路，绕组构成电路。

四、活动回顾与拓展

(1) 变压器有哪些主要部件？其功能各是什么？

(2) 变压器的其它结构附件包括哪几部分？其功能分别是什么？

(3) 为什么变压器的铁芯要用硅钢片叠成？能否用整块硅钢片做铁芯？

(4) 在变压器结构上装设铭牌的目的是什么？

(5) 变压器的额定值主要有哪些？额定值的作用是什么？

(6) 变压器主要应用在哪些方面？

活动 3　变压器主要部件的故障检查与处理

一、活动目标

(1) 掌握变压器主要部件的故障检查与处理方法。

(2) 掌握变压器器身的干燥处理方法。

二、活动内容

1. 线圈的故障检查与处理

变压器线圈的常见故障有匝间短路和相间短路，通常用万用表欧姆挡进行故障判断，若需要更换线圈，需按下述方法进行处理。

1) 线圈的拆卸

在拆卸变压器的故障线圈之前，需要记录铭牌的数据、铁芯尺寸及线圈尺寸。拆线时应注意一次、二次线圈的缠绕方向和匝数，并做好记录。

2) 线圈的绕制

线圈的绕向分左绕和右绕两种。从线圈的起端看去，导线沿逆时针方向缠绕为左绕向，导线沿顺时针方向缠绕为右绕向。绕制线圈时绕向一定要正确，否则变压器不能投入运行。

3) 线圈引出线的绝缘

线圈引出线的绝缘包扎方法应按下述规则进行处理。

(1) 400 V 及以下圆筒式低压线圈，起(末)端的绝缘用白布带半叠包一层，从导线弯折处开始包扎，长度大约为 50 mm；起(末)端弯折部分与下一匝相邻处垫 0.5 mm 厚(50 kV·A 及以下，垫 0.2 mm 厚)的绝缘纸，长度为 60 mm～80 mm，且在首匝与相邻匝间垫 1.0 mm 厚的绝缘纸条，此垫条与导线一起弯折并伸出线圈端 50 mm，外绕布带扎紧；在层间油隙外层处，可用 0.12 mm 厚的电缆纸半叠包一层，长度为 60 mm～70 mm。

(2) 10 kV 及以下圆筒式高压线圈，起端绝缘用 0.2 mm 厚的漆布带每边包 2 mm，外边用白布带半叠包一层，绝缘长度为伸出线圈端部 15 mm。一次线圈引出线结线，根部用白布带包扎并包出线圈端绝缘 50 mm，下面垫 0.5 mm 厚的绝缘纸槽，纸槽伸出端绝缘 10 mm。

4) 线圈的干燥、浸漆和烘干

线圈绕完后进行干燥处理，干燥之后将线圈轴向尺寸压缩到要求的高度再浸漆烘干。

(1) 干燥。线圈浸漆前进行干燥，温度应保持在 100℃～110℃，干燥时间约 10 h(蒸汽管加热法)。

(2) 浸漆。线圈干燥后浸漆前在空气中停留时间不超过 12 h。浸漆时，线圈温度在70℃～80℃，浸完后滴净余漆(约 10 min)，使线圈各处不存在漆包或漆瘤等，再放在干净的地方晾干 1 h。

(3) 烘干处理。浸漆晾干后的线圈再送入干燥室烘干，其温度最好逐渐升高(70℃～120℃)，烘干 12 h～16 h，以使漆完全干透，表面不粘手为准。

2. 铁芯的故障检查与处理

变压器失火、铁芯内局部失火、铁芯叠片的局部短路或过热等都会引起铁芯故障。上述故障将导致变压器油变质，主要表现在闪燃点降低，含酸量增加，耐压强度降低，或空载损耗增加。处理方法是全部或局部更换铁芯，同时对换后的硅钢片做以下处理：

(1) 硅钢片残留绝缘膜的清除(用浸煮法)。将硅钢片放在 10%苛性钠或 20%磷酸钠溶液中浸煮，浸煮前先把该溶液放入水槽加热到 50℃(待残留物全溶解后)，再将硅钢片放入。待漆膜胀开并开始脱落时将其移入热水中刷洗，再用净水冲净、晾干后立即涂漆，最后叠放整齐并扎紧，以保护内层钢片不生锈。

(2) 硅钢片的涂漆处理。可采用喷漆或直接用手刷漆进行涂漆处理。

3. 器身的日常维护与故障处理

1) 变压器的器身干燥

变压器遇到下列情况之一，应进行器身干燥：

(1) 更换后的线圈或处理过绝缘的线圈。

(2) 在对器身进行处理后或对安装后的器身进行检查的过程中，器身在空气中暴露的时间过长。

(3) 经绝缘测定，证明变压器绝缘已经受潮。

2) 器身干燥注意事项

对变压器进行干燥处理时，应注意以下事项：

(1) 为了加速变压器的干燥过程，并使绝缘油不受损坏，要求不带油进行干燥(短路干燥时例外)，并尽可能采用真空加热干燥法。

(2) 变压器带油干燥时，为了防止绝缘油的劣化或受潮，建议将油面与箱盖间的空间抽至真空，也可带上油枕并注油至规定的油面，或在油箱盖上装上带有硅胶或氯化钙的呼吸器。如果带油干燥不能改善绝缘测定的结果，应换用无油干燥。

(3) 变压器干燥时，必须对线圈和油箱的温度进行监视，线圈的温度应保持在 95℃～105℃，箱壁温度应保持在 115℃～120℃，箱底温度应保持在 105℃～110℃。

(4) 干燥中如果不抽真空，则应在箱盖上开通气孔或利用套管孔、油门孔等，以便水蒸气逸出。如果安装有防爆筒，则应将防爆筒上的玻璃板取下。如果条件许可，可在油箱下部通入热风使干燥更快。

(5) 变压器干燥的真空度应根据油箱构造决定，一般在 85℃～110℃时，箱内抽成 150 mm 水银柱，然后每小时均匀地增高 50 mm 至极限容许值为止。

(6) 干燥时应有防火措施。采用铁损干燥法时，箱壁应用绝缘导线缠绕，并在导线与箱壁之间用石棉布、玻璃布等不燃隔热材料隔绝。

(7) 在保持温度不变的情况下，线圈的绝缘电阻下降后再回升，并连续 6 h 保持稳定时，则可认为干燥完毕。

(8) 干燥完毕后应立即注油，有条件时最好采取真空注油。注油时，油温一般应为 50℃～60℃。注油至淹没铁芯，距顶面约 300 mm 为止。真空注油过程中，应保持真空度不变，注油后仍保持 2 h，方可停止抽真空。

(9) 注油后，要进行芯子检查，保证压紧固定件无松动，绝缘表面无过热等异常情况。

3) 器身干燥方法

(1) 感应加热法。感应加热法是将器身放在原油箱中，外绕线圈，通以电流，利用油箱壁中涡流损耗的发热进行干燥。此时箱壁的温度应保持在 115℃～120℃，器身温度应保持在 90℃～95℃。

(2) 热风干燥法。将变压器放在干燥室中通热风干燥。干燥室可根据变压器器身大小用壁板搭合。壁板内部铺满石棉板或其他浸过防火溶液的帆布或石棉亚麻布。干燥室应尽可能小些。壁板与变压器之间距离要小于 200 mm。可用电炉、蒸汽蛇形管来加热。

(3) 烘箱干燥法。若修理场所有烘箱设备，对小容量变压器采用这种方法很简单。干燥时只要将器身吊入烘箱，控制内部温度为 95℃。每 1 h 测一次绝缘电阻，干燥便可顺利进行。干燥过程中，烘箱上部应有出气孔以放出蒸发出来的潮气。

(4) 真空箱内干燥法。在真空箱内不带油进行干燥的方法适用于变压器制造厂和大的变压器修理厂。

4) 铁芯螺杆与铁轭螺杆的绝缘处理注意事项

(1) 铁芯在叠装后或检修前，应测铁轭螺杆对铁芯片的绝缘电阻。

(2) 绝缘管仅有微小开裂并无大碍，若已断裂烧残则应更换，可用 0.12 mm 厚的电缆纸涂酚醛酒精溶液包缠螺杆，每边的厚度为 2 mm～3 mm，要求在 95℃以下烘干。

(3) 铁芯及其夹件等金属件处于线圈的电场内，若不接地，该金属件因感应有一定电动势，在外施高压试验或投入运行时，若感应电动势超过其间的电压，就会产生断续的放电现象。铁芯片间绝缘电阻较小，如有一片接地就可认为全接地。其它件的接地根据不同结构可采用不同方式。

4. 分接开关的故障检查与处理

(1) 触头损坏严重。处理方法是拆下后按原样制作并更换。触头的镀层一般为 200 μm，也可不镀。

(2) 触头压力不平衡。处理方法是对弹簧可调节的开关触头适当调节触头压力。

(3) 运行较久的变压器，触头表面常覆有氧化膜和污垢，处理方法是：对于有轻微氧化膜和污垢的情况，可将触头在各位置往返切换多次，严重时用汽油擦洗，即可清除污垢；有时绝缘油的分解物在触头上结有光泽薄膜，看起来好像洁净，实际是一绝缘覆盖层，会影响接触，处理方法是用丙酮擦洗。

(4) 触点表面灼伤，可能是结构与装配上存在缺陷，如接触不可靠、弹簧压力不够等。处理方法是检查并调整分接开关。

(5) 分接开关相间触点放电或各分接头放电，可能是过电压作用、变压器内部有灰尘或绝缘受潮等原因造成的。处理方法是吊芯检查，清扫变压器内的灰尘或对绝缘进行干燥。

5. 绝缘套管的故障检查与处理

1) 绝缘套管的修理与浇装

(1) 夹套式绝缘套管漏油。一般是管体本身缺陷(砂眼、裂缝)，出现这种现象的可能原因是密封胶垫老化或位置不正。处理方法是将压紧螺钉适当压紧。

(2) 浇注式套管漏油。一般是套管的胶合处密封垫圈老化，密封面不平整，压力不合要求等。处理的方法是将法兰拆下，更换密封垫圈，重新浇装；或将原胶合剂挖出一部分，然后擦干净。

2) 变压器绝缘套管闪络

(1) 变压器绝缘套管积垢，在大雾或小雨时造成污闪，使变压器高压侧单相接地或相间短路。处理方法是清除积垢。

(2) 变压器套管因外力冲撞或机械应力、热应力而破损。处理方法是更换损坏的绝缘套管。

(3) 变压器箱盖上落有异物，如大风将树枝吹落在箱盖上引起套管放电或相间短路。处理方法是清理异物并处理短路故障。

6. 其它部分的故障检查与处理

1) 变压器内油泥的清洗

对于变压器内的油泥，可用铲刀刮除，再用布(不易落毛的纱头或布)擦干净，然后用变压器油清洗。线圈上的油泥只能用手轻轻剥脱，对绝缘已脆弱的线圈要特别小心，以免损伤绝缘。擦好后，用强油流冲洗(冲洗用过的油经再生处理可再次使用)。

2) 变压器漏油处理

漏油有焊缝漏油和密封漏油两种。焊缝漏油处理是补焊，焊接时应吊出器身，将油放净。密封漏油应查明原因，如操作不良(密封垫圈放得不正、压得不均匀、压力不够等)，需根据具体情况进行适当处理。若垫圈老化或损坏(如耐油胶皮发黏、失去弹性、开裂等)，需更换密封材料。

三、活动回顾与拓展

(1) 线圈的故障检查与处理方法有哪些？
(2) 铁芯的故障检查与处理方法有哪些？
(3) 分接开关的故障检查与处理方法有哪些？
(4) 绝缘套管的故障检查与处理方法有哪些？

任务二 三相变压器

活动1 三相变压器的两种形式及绕组的连接方法

一、活动目标

(1) 熟悉三相变压器的两种形式及其特点。

(2) 熟悉三相变压器绕组的连接方法。

(3) 熟悉三相变压器的连接组及连接组标号的含义。

二、活动内容

1. 三相变压器的两种形式

三相变压器通常有两种形式：一种是由三个完全相同的单相变压器组成的三相变压器，称为三相组式变压器或三相变压器组；另一种是由铁轭将三个铁芯连在一起的三相变压器，称为三相心式变压器。从运行原理来看，三相变压器在对称负载运行时，各相的电压、电流大小相等，相位彼此相差120°；对某一相而言，和单相变压器基本相似。

1) 三相变压器组

三相变压器组是由三个完全相同的单相变压器按一定方式连接起来组成的，相应的磁路为组式磁路，如图2-5所示。组式磁路的特点是三相磁通各有自己单独的磁路，互不相关。因此，当一次侧外加三相对称电压时，各相的主磁通必然对称，各相空载电流也是对称的。

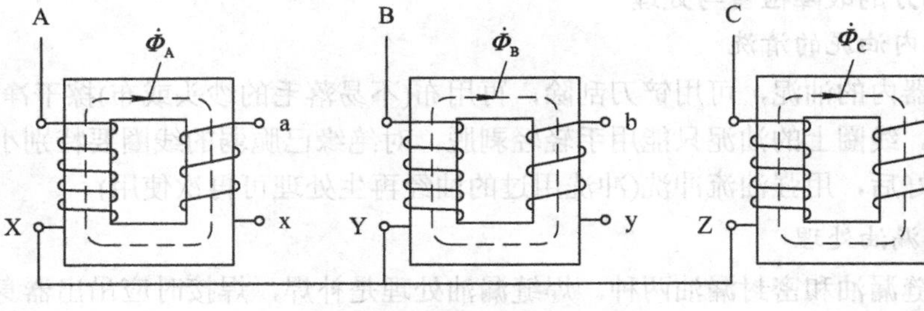

图2-5　三相变压器组

2) 三相心式变压器

三相心式变压器磁路是由三相变压器组演变而来的。把组成三相变压器组的三个单相变压器的铁芯合并，可构成如图2-6(a)所示的结构。当外加三相对称电压时，三相主磁通是对称的，但中间铁芯柱内的主磁通为$\dot{\Phi}_U+\dot{\Phi}_V+\dot{\Phi}_W=0$，因此可将中间铁芯柱省去，即可变成如图2-6(b)所示的结构形式。为了使结构简单、制造方便、减小体积和节省硅钢片，将三相铁芯柱布置在同一平面内，即成为目前广泛采用的三相心式变压器的铁芯结构，如图2-6(c)所示。

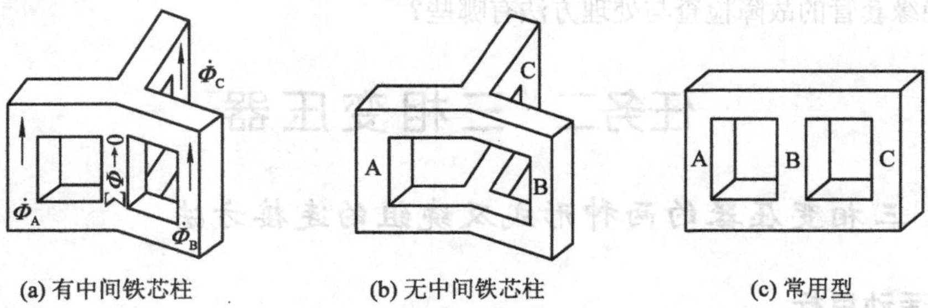

(a) 有中间铁芯柱　　(b) 无中间铁芯柱　　(c) 常用型

图2-6　三相心式变压器铁芯的演变

比较以上两种类型的三相变压器的磁路系统可知，在相同的额定容量下，三相心式变压器比三相变压器组具有节省材料、效率高、维护方便、占地面积小等优点和磁路不对称的缺点。但三相变压器组中的每个单相变压器都比三相心式变压器的体积小、重量轻、运输方便，同时还可减小备用变压器的容量。基于上述原因，在工程实际中，目前广泛采用的是三相心式变压器，对于一些超高压、特大容量的三相变压器，为方便制造及减少运输困难，通常采用三相变压器组。

2. 三相变压器绕组的连接方法

在三相变压器中，绕组主要采用星形和三角形两种连接方法，如图 2-7 所示。将三相绕组的末端 X、Y、Z(或 x、y、z)连接在一起，而将三个首端 A、B、C(或 a、b、c)引出，则称为星形连接。星形连接用字母 Y 或 y 表示，如果有中性点引出，则用 YN 或 yn 表示，如图 2-7(a)、(b)所示。把不同绕组的首、末端连接在一起，顺次构成一个闭合回路，再由三个首端引出，则称为三角形连接。三角形连接用字母 D 或 d 表示，根据各相绕组的连接顺序，三角形连接可分为逆连和顺连两种接法，如图 2-7(c)、(d)所示。大写字母 Y 或 D 表示高压绕组的连接，小写字母 y 或 d 表示低压绕组的连接。

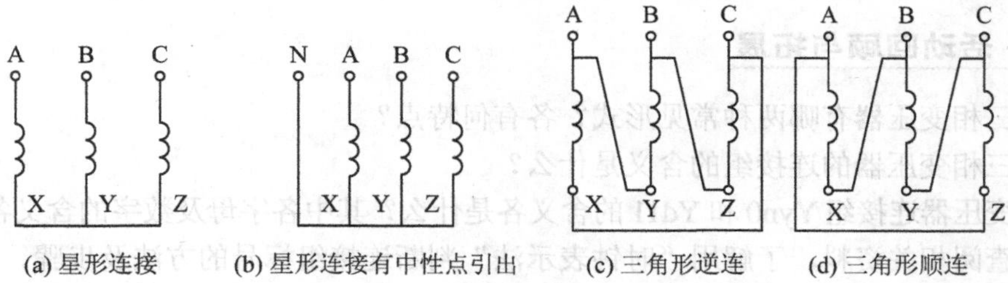

(a) 星形连接 (b) 星形连接有中性点引出 (c) 三角形逆连 (d) 三角形顺连

图 2-7 三相绕组的星形与三角形连接

3. 三相变压器的连接组及连接组标号

由于三相变压器的绕组可以采用不同的连接方法，从而使得三相变压器高、低压绕组的对应线电动势会出现不同的相位差，因此为了简明地表达高、低压绕组的连接方式及对应线电动势之间的相位关系，将变压器绕组的连接分成各种不同的组合，此组合称为变压器的连接组，其中高、低压绕组线电动势的相位差用连接组标号来表示。三相变压器的连接组标号常采用“时钟表示法”来确定，具体如何分析不同连接法的三相变压器的连接组标号读者可参见附录 1。

标识三相变压器的连接组时，表示三相变压器高、低压侧绕组连接方式的字母按额定电压递减的次序标注，且中间以逗号隔开，在低压绕组连接字母之后，紧接着标出其连接组标号。三相变压器的连接方式有“Y，yn”、“Y，d”、“YN，d”、“Y，y”、“YN，y”、“D，yn”、“D，y”、“D，d”等多种组合，其中逗号前的大写字母表示高压绕组的连接方法，逗号后的小写字母表示低压绕组的连接方法，N(或 n)表示对应的高压(或低压)绕组有中性点引出。在熟悉了变压器连接组标号的读法及含义后，为了方便起见，常将连接组中区分高、低压绕组连接方法的逗号去掉。例如，将“Y，y0”变成“Yy0”，其中的 0 表示该三相变压器连接组的标号，即表示该三相变压器高、低压绕组间的对应线电动势的相位差为 0°；同理，连接组“Yd11”表示该三相变压器高、低压绕组间的对应线电动势的相位差为 30°。

并且有以下规律：当高、低压侧的绕组连接方法相同(Yy 与 Dd)时，连接组的标号为偶数；高、低压侧的绕组连接方法不相同(Yd 与 Dy)时，则连接组的标号为奇数。

变压器连接组的数目很多，为了方便制造和并联运行，对于三相双绕组电力变压器，一般采用“Yyn0”、“Yd11”、“YNd11”、“YNy0”、“Yy0”等五种标准连接组，其中前三种最常用。“Yyn0”用于低压侧电压为 230 V～400 V 的配电变压器中，供给动力与照明混合负载；“Yd11”用于低压侧电压超过 400 V 的线路中；“YNd11”用在高压侧需接地且低压侧电压超过 400 V 的线路中；“YNy0”用于高压侧需接地的场合；“Yy0”只用于三相动力负载。

三、活动小结

三相变压器的两种常见形式是三相组式变压器和三相心式变压器。三相组式变压器每相有独立的磁路，三相心式变压器各相磁路彼此相关。

三相变压器的绕组连接方法有星形和三角形两种。高、低压侧线电动势之间的相位关系通常用“时钟表示法”来确定。三相变压器连接组不但与三相绕组的连接方法有关，还与绕组绕向和首末端标记有关。

四、活动回顾与拓展

(1) 三相变压器有哪两种常见形式？各有何特点？

(2) 三相变压器的连接组的含义是什么？

(3) 变压器连接组 Yyn0 和 Yd11 的含义各是什么？其中各字母及数字的含义各是什么？

(4) 查阅相关资料，了解用“时钟表示法”判断连接组标号的方法及步骤。

活动 2　三相变压器的并联运行

一、活动目标

(1) 熟悉变压器并联运行的概念、特点及必须满足的条件。

(2) 理解变压器经济运行的目的与方法。

二、活动内容

1. 变压器的并联运行

在电力系统中，为了提高供电的可靠性和运行的经济性，常采用多台变压器并联运行的方式。所谓并联运行，就是将两台或两台以上的变压器的一次、二次绕组分别并联到公共母线上，同时对负载供电。图 2-8 为两台变压器并联运行时的接线图。

2. 变压器并联运行的主要优点

(1) 提高供电的可靠性。当并联运行的两台变压器中有一台发生故障或需要检修时，可以将它从电网中切除，而由另一台变压器对电网供电。

(2) 提高运行的经济性。变压器的经济运行是指变压器损耗少。为了做到经济运行，除在设计时合理选用变压器的规格外，主要是在多台变压器并联运行时选择合理的运行方式。

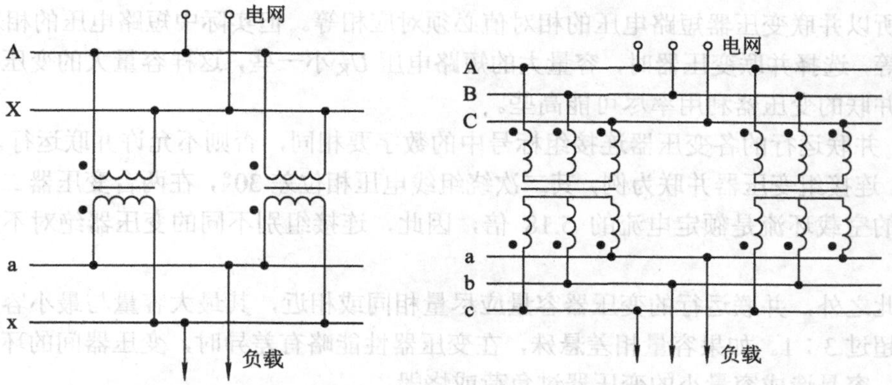

(a) 单相变压器的并联运行(两台均为II0)　　(b) 三相变压器的并联运行(两台均为Yy0)

图 2-8　两台变压器的并联运行

变压器的损耗有两种：铜损和铁损。在正常运行情况下，铁损基本不变，即不随负荷变化，故又称不变损耗；而铜损是随负荷电流平方的变化而变化的，故又称可变损耗。根据对损耗与负荷关系的分析，有如下结论：在不变损耗和可变损耗相等的条件下，变压器的效率最高，所以，变压器带负荷运行所产生的铜损与铁损相等时最为经济。

有些变电所白天和夜间负荷或冬季和夏季负荷变化很大，通过几台变压器的并联，可做到最经济的运行。如当负荷较低时，切断一台较经济；而当负荷增加到某种程度时，可增加一台投入运行较为经济。

在工程实际中当负载有较大的变化时，可以根据负载的变动情况，随时控制并联变压器的投入或切除，即可以调整并联运行的变压器台数，以提高运行的效率。但是，并联运行的台数过多也是不经济的，因为一台大容量变压器的投资要比总容量相同的几台变压器的低，而且占用空间小。

3. 变压器并联运行的理想情况

变压器并联运行的理想情况是指：

(1) 空载时并联运行的各台变压器之间没有环流，以避免环流铜耗。

(2) 负载运行时，各台变压器所分担的负载电流按其容量的大小成比例分配，使各台变压器能同时达到满载状态，使并联运行的各台变压器的容量得到充分利用。

(3) 负载运行时，各台变压器二次电流同相位，这样当总的负载电流一定时，各台变压器所分担的电流最小；如果各台变压器的二次电流一定，则承担的负载电流最大。

4. 变压器并联运行需要满足的条件

变压器并联运行需要满足以下条件：

(1) 并联运行的各台变压器的额定一次电压与额定二次电压的电压比必须对应相等，否则变压器空载时，变压比小的变压器二次线圈中将产生环电流，即二次电压较高的绕组将向二次电压较低的绕组供给电流，引起绕组过热甚至烧毁。

(2) 在允许偏差范围内，并联运行的各台变压器的短路阻抗或短路电压的相对值要相等。由于带上负载时，各并联变压器二次侧的负荷是按其短路电压值成反比分配的，因此并联运行的变压器如果短路电压的相对值不同，将导致短路电压较小的变压器过负荷甚至烧毁，所以并联变压器短路电压的相对值必须对应相等。但实际中短路电压的相对值难以完全相等，选择并联变压器时，容量大的短路电压 U_K 小一些，这样容量大的变压器先达满载，使并联的变压器利用率尽可能高些。

(3) 并联运行的各变压器连接组标号中的数字要相同，否则不允许并联运行。以 Yy0 与 Yd11 连接组变压器并联为例，其二次绕组线电压相位差 30°，在两台变压器二次绕组线中产生的空载环流是额定电流的 5.18 倍，因此，连接组别不同的变压器绝对不允许并联运行。

除此之外，并联运行的变压器容量应尽量相同或相近，其最大容量与最小容量之比一般不宜超过 3∶1。如果容量相差悬殊，在变压器性能略有差异时，变压器间的环流往往非常显著，容易造成容量小的变压器过负荷或烧毁。

三、活动回顾与拓展

(1) 变压器并联运行的概念是什么？

(2) 变压器并联运行时的优点主要表现在哪几个方面？

(3) 变压器并联运行时应满足哪些条件？为什么？

任务三 变压器的应用

活动 1 自耦变压器

一、活动目标

熟悉自耦变压器的结构、工作原理及特点。

二、活动内容

前面分析了普通双绕组电力变压器的运行原理和特点，本活动及下一个活动分别介绍较常用的自耦变压器和仪用互感器的工作原理、结构特点及应用。

1. 自耦变压器的结构特点

普通双绕组变压器的一次、二次绕组之间只有磁的联系，而没有电的直接联系。自耦变压器的结构特点是一次、二次绕组共用一个绕组，如图 2-9 所示。此时，一次绕组中的一部分充当二次绕组(自耦降压变压器)或二次绕组中的一部分充当一次绕组(自耦升压变压器)，因此一次、二次绕组之间既有磁的联系，又有电的直接联系。将一次、二次绕组共有部分的绕组称为公共绕组。对于自耦升压变压器和自耦降压变压器来说，其基本工作原理与普通双绕组电力变压器的基本相同。

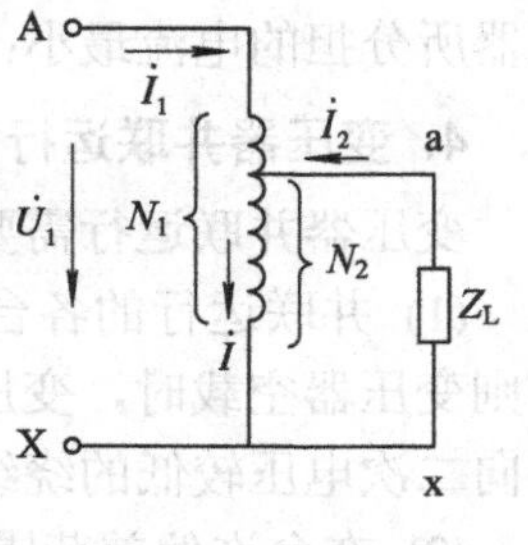

图 2-9 自耦降压变压器原理图

2. 自耦变压器的特点

(1) 由于自耦变压器的一次侧和二次侧之间有电的直接联系，所以一次侧的电气故障会触及到二次侧，因此要求自耦变压器内部绝缘和过电压保护都必须增强，以防止一次侧的过电压传递到二次侧。

(2) 与额定容量相同的双绕组电力变压器相比，自耦变压器绕组容量小、耗材少，因而造价低、尺寸小，便于运输和安装，又由于损耗小，所以效率很高。

3. 自耦变压器的推广

自耦变压器可做成单相的，也可以做成三相的，图 2-10 所示为三相自耦变压器的原理图。一般三相自耦变压器采用星形连接。

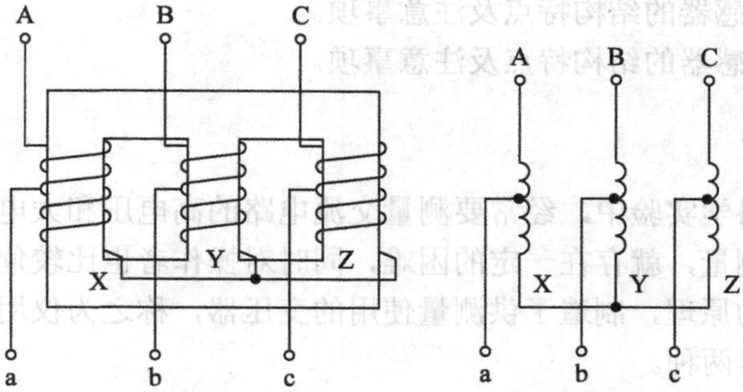

(a) 结构示意图　　(b) 原理线路图

图 2-10　三相自耦变压器原理图

如果将自耦变压器的抽头做成滑动触头，就成为自耦调压器。自耦调压器常用于调节实验电压的大小。图 2-11 所示为常用的环形铁芯的单相自耦调压器的原理图。

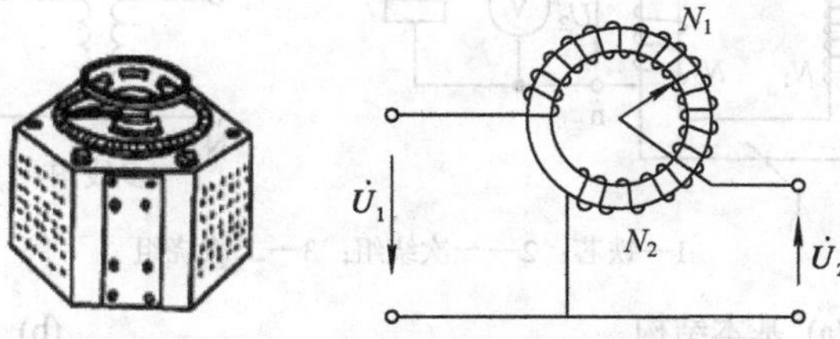

(a) 结构示意图　　(b) 原理线路图

图 2-11　单相自耦调压器原理图

目前，在高压大容量的输电系统中，三相自耦变压器可作联络变压器用，主要用来连接两个电压等级相近的电力网。在企业里，三相自耦变压器可用做三相异步电动机的启动补偿器。

三、活动小结

本活动主要讲述自耦变压器的结构和工作原理，自耦变压器的特点是一、二次绕组间不仅有磁路的耦合，而且有电的直接联系。

四、活动回顾与拓展

(1) 自耦变压器的结构特点是什么？它和普通双绕组变压器在结构上有何区别？

(2) 自耦变压器的特点是什么？

(3) 自耦变压器的推广应用主要表现在哪些方面？

(4) 查找相关资料，了解其它特殊变压器的结构、工作原理及应用。

活动2　仪用互感器

一、活动目标

(1) 熟悉电压互感器的结构特点及注意事项。

(2) 熟悉电流互感器的结构特点及注意事项。

二、活动内容

由于在生产和科学实验中，经常要测量交流电路的高电压和大电流，如果直接使用电压表和电流表进行测量，就存在一定的困难，同时对操作者也比较危险，因此利用变压器既可变压又可变流的原理，制造了供测量使用的变压器，称之为仪用互感器，它分为电压互感器和电流互感器两种。

1. 电压互感器

电压互感器的工作原理和结构与双绕组电力变压器基本相同。图2-12所示为单相电压互感器的基本结构和接线图。

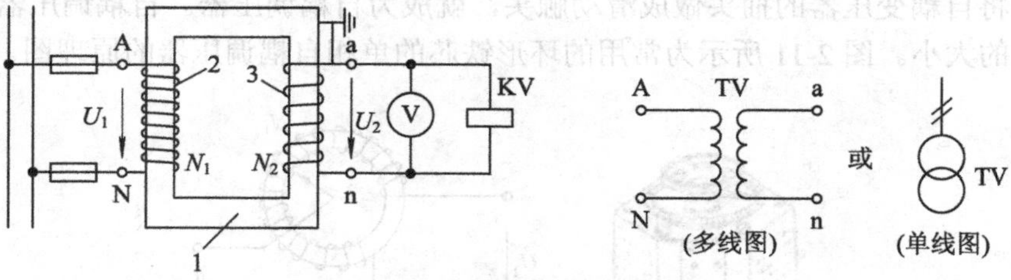

1—铁芯；2——一次绕组；3—二次绕组

(a) 基本结构　　(b) 接线图

图2-12　单相电压互感器的基本结构和接线图

1) 电压互感器的功能

(1) 电压互感器可用来使仪表、继电器等二次设备与主电路绝缘，以提高一、二次电路运行的安全性和可靠性，并有利于保障人身安全。

(2) 电压互感器可用来扩大仪表、继电器等二次设备的应用范围。例如，用一只100 V的电压表，通过不同变压比的电压互感器就可测量任意高的电压，这也有利于电压表、继电器等二次设备的规格统一和批量生产。

2) 电压互感器的结构与接线

电压互感器的结构特点是一次绕组匝数很多，线径较细，二次绕组匝数较少，线径较粗，它实质上是一种降压变压器。工作时，将一次绕组直接并联在被测的高电压或一次电路上，而二次绕组则并联仪表、继电器的电压线圈。由于仪表、继电器的电压线圈的阻抗很大，二次侧电流很小，近似等于零，所以电压互感器正常运行时相当于降压变压器的空载运行状态。二次绕组的额定电压一般为 100 V。

根据变压器的变压原理，有

$$\frac{U_1}{U_2}=\frac{N_1}{N_2}=k_u \tag{2-6}$$

式中，k_u 表示电压互感器的变压比，是常数。

式(2-6)表明，利用一、二次绕组的不同匝数，电压互感器可将被测量的高电压转换成低电压供测量。电压互感器的二次侧额定电压一般都设计为 100 V，而固定的板式电压表表面的刻度则按一次侧的额定电压来规定和制作，因而可以直接读数。电压互感器的额定电压等级有 3000 V/100 V、10000 V/100 V 等。

使用电压互感器时，应注意以下几点：

(1) 电压互感器在运行时二次侧不允许短路。其原因是，如果二次侧发生短路，则短路电流很大，会烧坏互感器。因此使用时，二次侧电路中应串接熔断器作短路保护。

(2) 电压互感器的铁芯和二次侧的一端必须可靠接地，以防止高低压绕组绝缘损坏或击穿时，铁芯和二次绕组带上高电压而危及人身和二次设备的安全。

(3) 电压互感器在连接时必须注意其极性。通常单相电压互感器的一、二次绕组端子分别标 A、N 和 a、n，其中 A 和 a、N 和 n 分别为对应的同名端即同极性端。而按相序，三相电压互感器的一次绕组端子仍标 A、B、C，二次绕组端子仍标 a、b、c，一、二次侧的中性点则分别标 N、n，其中 A 与 a、B 与 b、C 与 c、N 与 n 分别为对应的同名端。

除此之外，电压互感器有一定的容量，使用时二次侧不宜接过多的仪表，以免影响电压互感器的准确度。我国目前生产的电力电压互感器按准确度分为 0.5、1.0 和 3.0 等三级，级别越低准确度越高。

2. 电流互感器

1) 电流互感器的功能

(1) 电流互感器可用来使仪表、继电器等二次设备与主电路绝缘，这既可防止主电路的高电压直接引入仪表、继电器等二次设备，又可防止仪表、继电器等二次设备的故障影响主电路，从而提高一、二次电路运行的安全性和可靠性，并有利于保障人身安全。

(2) 电流互感器可用来扩大仪表、继电器等二次设备的应用范围。例如，用一只 5 A 的电流表，通过不同变流比的电流互感器就可测量任意大的电流，可使仪表、继电器等二次设备的规格统一和批量生产。

2) 电流互感器的结构和接线

电流互感器的结构特点是：一次绕组匝数很少，一般只有一匝或几匝，有的电流互感器还没有一次绕组，而是利用穿过其铁芯的一次电路导体(母线)作为一次绕组(此时的绕组匝数为 1)，且一次绕组线径很粗；而二次绕组匝数很多，且导体线径较细，因此电流互感器相当于一个升压变压器。图 2-13 所示为电流互感器的基本结构和接线图。工作时，一次绕组串联在一次电路中，流过被测电流，而二次绕组与电流表、继电器等二次设备的电流线圈串联，形成一个闭合回路。由于这些电流线圈的阻抗很小，二次绕组相当于被短路，因此电流互感器的运行情况相当于变压器的短路运行状态。二次绕组的额定电流一般为 5 A，也有极少数为 1 A。

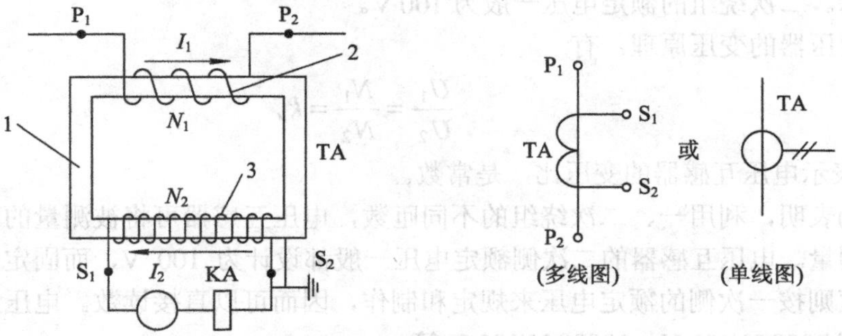

1—铁芯；2—一次绕组；3—二次绕组

(a) 工作原理图　　(b) 接线图

图 2-13　单相电流互感器的工作原理和接线图

为了减小误差，电流互感器铁芯中的磁通密度一般设计得较低，即在(0.08～0.10)T 的范围内，所以励磁电流很小。若忽略励磁电流，则根据磁通势平衡关系可得：

$$\frac{I_1}{I_2}=\frac{N_2}{N_1}=k_i \tag{2-7}$$

由式(2-7)可知，利用一、二次绕组的不同匝数，电流互感器可将线路上的大电流转换成小电流来测量。通常电流互感器的二次侧额定电流均设计为 5 A，当与测量仪表配套使用时，电流表按一次侧的电流值标出，即从电流表上直接读出被测电流值。另外，二次绕组有很多抽头，可根据被测电流的大小适当选择。电流互感器的额定电流等级有 100 A/5 A、500 A/5 A、2000 A/5 A 等。按照测量误差的大小，电流互感器的准确度分为 0.2、0.5、1.0、3.0 和 10.0 等五个等级。

使用电流互感器时，应注意以下几点：

(1) 电流互感器在运行时二次侧不允许开路。如果二次侧开路，电流互感器就成为空载运行状态，被测线路的大电流全部成为励磁电流，铁芯中的磁通密度突增，磁路严重饱和，一方面造成铁芯过热而毁坏绕组绝缘，另一方面，二次绕组将会感应产生很高的电压，可能使绝缘击穿，危及仪表及操作人员的安全。因此，电流互感器的二次电路中不允许安装熔断器，运行中如果需要拆下电流表等测量仪表，应先将二次侧短路。

(2) 电流互感器的铁芯和二次侧的一端必须可靠接地，以免绝缘损坏或击穿时一次侧的高电压传递到二次侧，危及人身及二次设备的安全。

(3) 根据相关规定，电流互感器一次绕组端子标 P_1、P_2，二次绕组端子标 S_1、S_2。其中 P_1 与 S_1、P_2 与 S_2 分别为对应的同名端。如果一次电流 I_1 从 P_1 流向 P_2，则二次电流 I_2 从 S_2 流向 S_1，如图 2-13 所示。

除此之外，在安装和使用电流互感器时，一定要注意其端子极性，否则，将会造成不良后果。电流表的内阻抗必须很小，否则会影响测量的精度。

在实际工作中，为了在带电情况下检测线路中的三相电流是否平衡，工程上常采用一种外形结构如图 2-14 所示的钳形电流表，其工作原理和电流互感器相同。它的结构特点是：铁芯像一把钳子可以张合，二次绕组与电流表串联组成一个闭合回路。在测量导线中的电流时，不必断开被测电路，只要压动手柄，将铁芯钳口张开，把被测导线夹在其中即可，此时被测载流导体就充当一次绕组(只有一匝)，借助电磁感应作用，由二次绕组所接的电流表直接读出被测导线中电流的大小。一般钳形表都有几个量程，使用时应根据被测电流值适当选择量程。

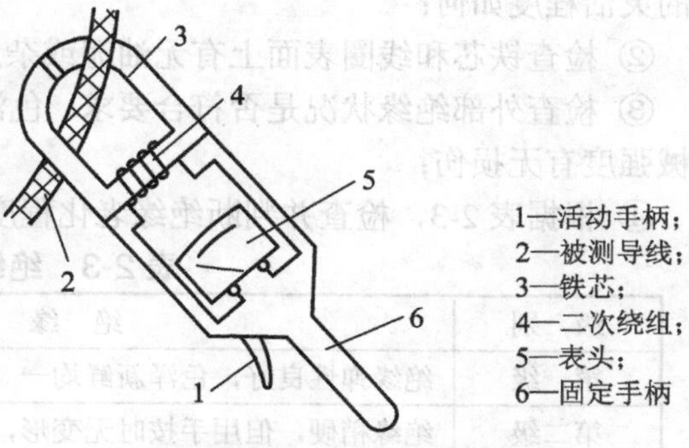

图 2-14　钳形电流表结构图

三、活动小结

仪用变压器是测量用的变压器，使用时应将铁芯及二次侧接地，电流互感器二次侧不允许开路，而电压互感器二次侧不允许短路。

四、活动回顾与拓展

(1) 使用互感器的目的是什么？

(2) 电压互感器的功能是什么？使用时应注意哪几点？为什么？

(3) 电流互感器的功能是什么？使用时应注意哪几点？为什么？

任务四　变压器的运行维护与故障处理

活动 1　变压器的拆装与检查

一、活动目标

(1) 掌握变压器解体检查的内容和步骤。

(2) 掌握变压器绝缘老化程度的检查和判断方法。

(3) 熟悉变压器的合闸、拉闸和变换分接头的相关规定。

(4) 掌握变压器油外观色度的检查方法。

(5) 熟悉变压器的组装和试验项目。

二、活动内容

1. 变压器解体检查

(1) 变压器解体之前，测定一次与二次线圈之间以及分别对地的绝缘电阻，测定一次和二次线圈的直流电阻值并检查有无断线处。

(2) 变压器解体前要对外壳、散热管、油枕、防爆管、绝缘套管等附件进行仔细检查，看有无渗漏油和破裂、凹凸等现象。

(3) 变压器解体、取出芯子后的检查需按下列项目进行：

① 检查各部位螺钉有无松动，分接开关(调压开关)的接触点及线头接触是否良好，机构的灵活程度如何；

② 检查铁芯和线圈表面上有无油泥或杂质；

③ 检查外部绝缘状况是否符合要求、色泽是否新鲜均一、弹性是否良好、紧密程度及机械强度有无损伤；

④ 根据表 2-3，检查并判断绝缘老化程度如何。

表 2-3　绝缘老化程度

级　别	绝　缘　状　态	说　明
第一级	绝缘弹性良好，色泽新鲜均一	绝缘良好
第二级	绝缘稍硬，但用手按时无变形，且不裂，不脱落，色泽略暗	尚可使用
第三级	绝缘已发脆，色泽较暗，用手按时有轻微裂纹，变形不太大	应酌情更换
第四级	绝缘已碳化发脆，用手按时即脱落或裂开	不能使用

(4) 检查硅钢片和压紧螺钉有无松动，并用 1000 V 摇表测量铁芯与穿杆螺钉的绝缘电阻是否在 2 MΩ 以上。

(5) 检查线圈间的衬垫是否老化、是否有损伤、是否固定压紧。

(6) 检查各部分油道是否清洁，有无杂质或堵塞现象，如果有可用浸油的软毛刷清扫干净。

(7) 解体完后如果没有异常现象，需进行以下试验：

① 无负荷试验；

② 耐压试验；

③ 电压比试验。

2. 变压器油外观色度检查

变压器油的外观色度与精炼程度有着密切的内在联系，它是一种表面物理观测指标，在一定程度上油的色度能反映油的性能。比如油内的机械杂质、游离碳以及氧化物、硫化物、烯烃、脂类、醛、酮等的多少，都能从油的色泽上反映出来。在一般情况下，如果油严重变色，至少可以说明油存在严重的氧化现象(配合时间因素)。

油是否出现严重的氧化现象，最简单的方法是根据经验观察判断。这种方法的最大缺点是只能通过经验，而不能量化地说明油的色度深浅，仅能用被检查的油是“茶色”、“透明”或是“深红”、“半透明”等来说明。基于此，在试验中，这一结论往往是不被人们所重视的。

外观色度较精确的检查方法是：将被试验绝缘油用滤纸过滤两次(在 20℃～22℃时进行)，把油盛于试管中，与表 2-4 所示的一组 15 个装有标准油色的试管进行比色，从而较准确地判断油的色度。

表 2-4　标 准 油 色

编　号	1	2	3	4	5	6	7	8	9	10	11	12	13	14	15
标准色的名称	淡黄白	淡黄	浅黄	黄色	深黄	橘黄	浅橙	橙色	深橙	橘红	棕红	浅棕	棕色	棕褐	褐色

注：比色试管的内径为 15 mm ± 0.5 mm，长约 150 mm，玻璃应无色。

3. 变压器的合闸、拉闸和变换分接头

(1) 值班人员在合上变压器的开关前，须仔细检查变压器，以确保变压器处在完好状态，检查所有的临时接地线、标志牌、遮拦等是否已经拆除。检修后合上开关时，还要检查工作票是否已经交出，然后测量绝缘电阻，合格后方可合闸，投入运行。

(2) 所有备用变压器均应定期送电，以保证随时可以投入运行。

(3) 强迫油循环水冷式的变压器在投入运行前，应先启动油泵，然后启动水泵。

(4) 变压器合闸和拉闸的操作程序应在现场规程中加以规定，并须遵守下列原则：

① 变压器的送电应当从装有保护装置的电源侧进行，以便当变压器损坏时，可由保护装置将其切断。

② 有断路器时，必须使用断路器进行投入和切断。

③ 没有断路器时，可用隔离开关拉合空载电流小于 2 A 的变压器。

④ 切断电压为 20 kV 及以上的变压器的空载电流时，必须使用带有消弧装置并装在室外的三联刀闸，若因当地条件限制不得不装在室内，则应在各相间安装不易燃的绝缘物，使三相互相隔离，以免一相弧光放电波及邻相而发生短路。

(5) 变压器在大修和事故检修及换油以后，无需等待油中的气泡消除即可进行送电和加负荷(但不能做耐压试验)。

(6) 装有油枕的变压器在合闸前，应放去外壳和散热器上部残存的空气。

(7) 如果变压器没有带负荷电压切换装置，则在变换分接头之前，应将所有断路器和隔离开关把变压器与电力网断开。变换分接头时，须注意分接头位置的正确性。

(8) 变换分接头之后，必须用欧姆表或电桥检查回路的三相电阻是否相等。

4. 变压器的组装和试验项目

1) 组装

(1) 铁芯与线圈组装之前，应在线圈与铁轭之间加一层钢纸，两相线圈之间加一层隔挡板，以免距离放电。

(2) 插铁轭硅钢片时，必须插严、夹紧，以免发响和发热。

(3) 选用引线时，引线的电流密度要略大于线圈的电流密度，但由于温升的限制也不宜过大。考虑到引线的散热情况，可根据引线每边的绝缘厚度不同而选取不同的电流密度值。具体的参考值如下：

裸导线取电流密度 $\delta \leqslant 4.8\ \text{A/mm}^2$；

引线包绝缘厚 2 mm 时，取 $\delta \leqslant 4.5\ \text{A/mm}^2$；

引线包绝缘厚 3 mm 时，取 $\delta \leqslant 4.3\ \text{A/mm}^2$；

引线包绝缘厚 6 mm 时，取 $\delta \leqslant 4\ \text{A/mm}^2$；

引线包绝缘厚 8 mm 时，取 $\delta \leqslant 3.7\ \text{A/mm}^2$。

除了考虑电流密度外，还应考虑到引线的绝缘强度，以及在高压时引线周围电场比较集中等因素，虽然电流密度符合温升要求，但也要适当地放大引线的直径。如 35 kV 级引线的最小直径为 4.1 mm。

(4) 变压器线圈端头应用蜡布管套好(或用黄蜡布带半叠包好)，并固定在端子板上。

(5) 线圈与铁芯组装完后需进行干燥，温度控制在 100℃～110℃，干燥时间为 12 h 左右，取出晾干后进行试验。

2) 试验项目

(1) 绝缘电阻测定(包括一次与二次线圈的直流电阻)；

(2) 电压比试验；

(3) 无负荷电流测定；

(4) 极性和组别试验；

(5) 短路电压试验；

(6) 铜损铁损试验。

经上述试验合格后，进行二次浸漆干燥，再进行壳心组装。

三、活动回顾与拓展

(1) 变压器的解体检查方法有哪些？

(2) 变压器的组装和试验项目各有哪些？

(3) 变压器的检修周期是如何规定的？

活动2　变压器的运行与维护

一、活动目标

(1) 了解变压器的运行方式。

(2) 掌握变压器试运行中的检查项目。

(3) 熟悉变压器外部维护和运行中的维护项目。

(4) 熟悉变压器的不正常运行现象和应急处理的方法。

(5) 熟悉运行中和大修后的油浸式电力变压器绝缘湿度的评定及需要干燥的条件。

二、活动内容

1. 变压器的运行方式

1) 额定运行方式

变压器在规定的冷却条件下，可按铭牌数据规范运行。油浸式变压器运行中的允许温度应以上层油温为准进行检查。上层油温应遵守变压器制造厂的规定，但最高不得超过95℃。为了防止变压器油劣化过速，上层油温不宜经常超过85℃。

2) 变压器的外加电压

变压器的外加电压一般不得超过额定值的105%，这时变压器二次侧可在额定电流下工作。个别情况下，经过试验或经制造厂的同意，外加电压可达到额定电压的110%。

3) 允许过负荷

变压器可以在正常过负荷或事故过负荷的情况下运行。正常过负荷可以经常使用，其允许值根据变压器的负荷曲线、冷却条件以及过负荷前变压器所带负荷等来确定。事故过负荷只允许在事故情况下(还能运行的变压器)使用。事故过负荷的允许值应遵守变压器制造厂的规定；如无制造厂的规定，对于自冷和风冷的油浸式变压器，可按表2-5的要求运行。

表 2-5 允许的事故过负荷

事故过负荷与稳定负荷之比	1.3	1.6	1.75	2.0	2.4	3.0
过负荷允许的持续时间/min	120	30	15	7.5	3.5	1.5

4) 允许的短路电流和不平衡电流

变压器的短路电流不得超过额定电流的 25 倍，短路电流通过的时间不应超过如下数值：

$$t=\frac{900}{K^2}\text{(s)}$$

式中，K 表示稳定短路电流对额定电流的倍数。对于三相变压器的中间相，应加装限流电抗器。

2. 变压器的试运行

变压器的启动试运行，是指变压器开始带电并带一定负荷运行 24 h 所经历的全部过程。变压器在带电前，应对本体及其有关设备进行全面检查，确认符合运行条件时，方可进行试运行。变压器试运行中应检查及试验的项目有：

(1) 变压器与发电机作单独连接且第一次投入运行时，一般应从零开始逐渐升压，其它情况均以全电压冲击合闸。

(2) 在第一次带电后，运行时间不得少于 10 min，以便于监听变压器内有无异常杂声。

(3) 变压器通常应由装有过电流保护装置的电源一侧投入使用，以便变压器遇到故障时能可靠地分闸。

(4) 变压器进行 5 次全电压冲击合闸，在冲击时应检查励磁涡流对差动保护的影响，并记录空载电流，无异常情况时，可正式投入使用。

3. 变压器的外部维护

变压器的外部维护一般包括以下内容：

(1) 检查变压器油枕内和充油套管内的油色(如果充油套管构造适于检查)、油面的高度及有无漏油现象。

(2) 检查变压器套管是否清洁，有无破损裂纹、放电痕迹及其它现象。

(3) 辨析变压器嗡嗡声的性质，察听音响是否加大，有无新的声音产生。

(4) 检查电缆和母线有无异常情况。

(5) 检查冷却装置的运行是否正常。

(6) 检查变压器的油温。

(7) 如果变压器装在室内，则应检查门、窗是否符合安全要求，房屋是否漏雨，照明和空气温度是否适宜。

(8) 检查防爆管的隔膜是否完整。

(9) 检查气体继电器的油面和连接油门是否打开。

4. 变压器运行中的维护

变压器运行中的维护、检查内容应遵循以下规定：

(1) 安装在发电厂和经常有值班人员的变电所内的变压器，应根据控制盘上仪表监视变压器的运行，并每小时抄表 1 次。

(2) 如果变压器在过负荷下运行，则至少每半小时抄表 1 次。如果变压器的仪表计不在控制室，则可适当减少抄表次数，但每班至少记录 2 次。

(3) 应在巡视时记录安装在变压器上的温度计数据。

(4) 无人值班的变压器在每次定期检查时需记录变压器的电压、电流和上层油温。对于配电变压器应在最大负荷期间测量三相负荷，如发现不平衡时，应重新分配。测量的期限应在现场规程内规定。

(5) 电力变压器需定期进行外部检查，检查的周期一般可参照下列规定：

① 安装在发电厂和经常有人值班的变电所内的变压器，每天至少检查 1 次，每星期应有 1 次夜间检查。

② 无人值班的变电所或安装在室内且容量在 3200 kV·A 及以上的变压器，至少每 10 天检查 1 次，并应在每次投入前和停用后进行检查。容量大于 320 kV·A 但小于 3200 kV·A 的变压器，至少每月检查 1 次，并应在每次投入前和停用后进行检查。

③ 无人值班的变电所或安装在室内的小容量变压器或 320 kV·A 及以下的变压器及柱上变压器，至少每 2 个月检查 1 次。

④ 根据现场具体情况(尘土、结冰)，应增加检查次数，并写入现场规程内。

⑤ 在气候骤变时(冷、热)，应对变压器的油面进行额外的检查。

⑥ 变压器气体继电器出现警报信号时，也应进行外部检查。

5. 变压器不正常运行的维护与处理

1) 运行中的不正常现象

变压器在运行中发现有不正常现象(如漏油、油枕内油面高度不够、异常发热、异常声响等)时应设法消除。如果有下列情形之一应立即停用并处理：

(1) 内部声响较大，很不均匀，有爆裂声。

(2) 在正常冷却条件下，温度不正常并不断上升。

(3) 油枕喷油或防爆管喷油。

(4) 漏油使油面下降低于油位指示计上的限度。

(5) 油色变化过大，油内出现碳质。

(6) 套管有严重的破损和放电现象。

2) 不允许的过负荷、不正常的温升和油面

(1) 如果变压器过负荷超过允许值，应及时调整变压器的负荷。变压器油温的升高超过许可时，应判明原因，采取措施使其降低，同时必须进行下列工作：

① 检查变压器的负荷和冷却介质的温度，并与在这种负荷和冷却温度下应有的油温核对。

② 核对温度表。

③ 检查变压器机械冷却装置或变压器室的通风情况。

(2) 若发现油温较平时同样的负荷和冷却温度下高出 10℃以上，或负荷不变而油温不断上升，经检查冷却装置、变压器室通风和温度计都正常，则可能是变压器内部故障(如铁芯起火、线圈层间短路等)，应立即停用并处理。

(3) 若变压器的油已经凝固，允许将变压器带负荷投入运行，但必须注意上层油温和

油循环是否正常。

(4) 若发现变压器的油面比当时油温应有的油位显著降低，应立即加油。若因大量漏油而使油位迅速下降，必须迅速采取堵漏措施，并立即加油。

3) 气体继电器动作时的处理

(1) 气体继电器信号动作时，应检查变压器，查明信号动作原因，是否因空气侵入变压器内，或因油位降低，或是二次回路故障。如果变压器外部不能查出故障，则需鉴定继电器内积聚的气体的性质；如果气体无色无臭且不可燃，则是油中分离出来的空气，变压器仍可继续运行；如果气体是可燃的，则必须停用变压器并仔细检查处理。

(2) 检查气体是否可燃时必须特别小心，不要将火靠近继电器顶端，而要在其上5 mm～6 mm处。

(3) 如果气体继电器动作不是因为空气侵入变压器所引起的，则应检查油的闪点，若闪点比过去记录降低5℃以上，则说明变压器内已有故障。

(4) 如果变压器因气体继电器动作而跳闸，并经检查证明是可燃性气体，则变压器在未经特别检查和试验合格前不许再投入运行。

(5) 根据故障性质的不同，气体继电器的动作一般有两种：一种是信号动作而不跳闸；一种是信号与跳闸同时动作。信号动作而不跳闸的，通常有下列几个原因：

① 因漏油、加油或冷却系统不严密，致使空气进入变压器。

② 因温度下降或漏油致使油面缓缓低落。

③ 因变压器故障而产生少量气体。

④ 因发生穿越性短路而引起。

(6) 气体继电器的信号与跳闸同时动作或仅跳闸动作时，可能是由于变压器内部发生了严重故障、油面下降太快或保护装置二次回路有故障等。有时，在修理后，空气从变压器油中分离得太快，也可能使开关跳闸。

6. 油浸式电力变压器在运行中和大修后的维护与处理

变压器经过全部或局部更换线圈或绝缘的大修后，不论测量结果如何，均应进行干燥。

芯子在相对湿度不大于25%的空气中停留的时间一般规定为：35 kV及以下的变压器不超过24 h；110 kV及以上的变压器不超过16 h。

如果变压器芯子在空气中停留的时间比规定的时间长，或空气湿度比规定的高，则在决定变压器大修后是否需要干燥时，应在检修前后相同的条件下对所测得的绝缘结果进行比较来解决。

三、活动小结

变压器的维护主要包括运行中的维护和外部维护。熟悉相关内容对减少故障隐患，提高供电的可靠性是大有益处的。

四、活动回顾与拓展

(1) 变压器的运行方式包括哪几种？

(2) 变压器运行中的检查项目有哪些？

(3) 气体继电器的动作有哪几种?

(4) 变压器的不正常运行现象和应急处理的方法各是什么?

(5) 在什么情况下，变压器可以不经干燥即投入运行?

活动3　变压器的常见故障与处理

一、活动目标

熟悉变压器的常见故障现象、发生故障的可能原因及对应的处理方法。

二、活动内容

以下各表是根据电工师傅的实践经验和理论分析列出的变压器的常见故障及其对应的处理方法，可供读者参考。

1. 故障现象：声音比平时沉重，但无杂音

可能的故障原因	对应的处理方法
变压器过负荷引起	设法减少一些次要负荷以减轻变压器的负载

2. 故障现象：声音尖

可能的故障原因	对应的处理方法
变压器电源电压过高	降低变压器电源电压，并及时向有关部门报告

3. 故障现象：声音嘈杂、混乱

可能的故障原因	对应的处理方法
变压器内部部件可能有松动	要注意及时检修，将松动的结构部件拧紧

4. 故障现象：发出“噼叭”的爆裂声

可能的故障原因	对应的处理方法
变压器绕组或铁芯的绝缘击穿	立即停电检查，处理绝缘击穿故障

5. 故障现象：变压器发出很大的噪声

可能的故障原因	对应的处理方法
系统短路或接地	处理短路或接地故障

6. 故障现象：变压器油温过高

可能的故障原因	对应的处理方法
变压器过负荷	减轻负载
散热不好	查明原因，采取相应措施(通风、降温等)
内部故障	查明原因(油老化、器身温度过高等)，采取相应措施

注意：油温过高会损坏变压器的绝缘，严重的甚至会烧毁整个变压器。因此，一旦发现变压器油温过高，应及时查明原因并采取相应措施。

7. 故障现象：油位显著下降

可能的故障原因	对应的处理方法
变压器油箱损坏，使变压器漏油或渗油	维修损坏的油箱
放油阀门没有拧紧，使变压器漏油或渗油	拧紧放油阀门
变压器顶盖没有盖严，使变压器漏油或渗油	将变压器顶盖盖严
油位计损坏	更换损坏的油位计

注意：油位太低会加速变压器油的老化，造成变压器绝缘情况恶化，进而引起严重后果，所以要多巡视，多维护，及时添油。如渗、漏油严重，应及时将变压器停止运行并进行检修。

8. 故障现象：油色异常，有焦臭味

可能的故障原因	对应的处理方法
如果油色变暗，说明变压器油绝缘老化	使变压器停止运行，并对变压器油进行处理或换成合格的新油
如果油色变黑，说明油中含有碳质	使变压器停止运行并进行检修，对变压器油进行处理或换成合格的新油
如果油有焦臭味，说明变压器内部有故障，铁芯局部烧毁或绕组相间短路等	处理铁芯局部烧毁或相间短路故障

注意：变压器油在变压器中起绝缘和冷却作用。新变压器油呈微透明、淡黄色。运行一段时间后油质会变坏，油色会变暗淡。油质变坏就起不到应有的作用。为防止因油质变坏而产生严重后果，应在变压器正常运行时，定期取油样进行化验，以便及时发现问题。

9. 故障现象：套管对地放电

可能的故障原因	对应的处理方法
套管表面不清洁	使变压器停止运行，进行清洁处理
套管有裂纹和破损	使变压器停止运行，更换套管
套管之间搭接有导电的杂物	注意及时清理

注意：套管表面不清洁或有裂纹和破损时，会造成套管表面存在泄漏电流，发出“吱吱”的闪络声，阴雨大雾天还会发出“噼噼”放电声，极易引起对地放电击穿套管，造成变压器引出线一相接地。因此，发现套管对地放电时，应使变压器停止运行，更换套管。

10. 故障现象：变压器着火

可能的故障原因	对应的处理方法
铁芯穿芯螺栓绝缘损坏	更换损坏的铁芯穿芯螺栓
铁芯硅钢片绝缘损坏	更换铁芯硅钢片
高压或低压绕组层间短路	处理绕组的层间短路
引出线混线或引线碰油箱及过负荷	查找原因并对应处理

注意：当变压器着火时，应首先切断电源，然后灭火。若是变压器顶盖上部着火，应立即打开下部放油阀，将油放至着火点以下或全部放出，同时用不导电的灭火器(如四氯化碳、二氧化碳、干粉灭火器等)或干燥的沙子灭火，严禁用水或其它导电的灭火器灭火。

11. 故障现象：铁芯响声异常

可能的故障原因	对应的处理方法
铁芯油道内或夹件下面松动	将自由端用纸板塞紧压住
铁芯的紧固零件松动	检查紧固件并予紧固

12. 故障现象：气体继电器信号回路动作

可能的故障原因	对应的处理方法
铁芯片间绝缘损坏	吊出器身，检查并修复铁芯片间绝缘损坏处
穿芯螺栓绝缘损坏	更换或修复穿芯螺栓
铁芯接地方法不正确构成短路	改变接地方法

13. 故障现象：绝缘油油质变坏

可能的故障原因	对应的处理方法
变压器内部故障	吊出器身进行检查
油中水分杂质超标	过滤或更换绝缘油

三、活动小结

变压器的常见故障现象有：异常响声、温度异常、喷油爆炸、严重漏油、套管闪络、铁芯响声异常等。

四、活动回顾与拓展

(1) 变压器缺相时的可能故障原因有哪些？对应的处理方法是什么？

(2) 变压器油温过高的可能故障原因及对应的处理方法还有哪些？

项目三　三相异步电动机

交流电机可分为同步电机和异步电机两大类。同步电机是指电机运行时的转子转速与定子旋转磁场的转速相等或与电源频率之间存在一种不变的关系，即不随负载的大小而变化。异步电机是指电机运行时的转子转速与定子旋转磁场的转速不相等或与电源频率之间不存在不变的关系，即随着负载的变化而有所改变。

异步电机有异步发电机和异步电动机两类。由于异步发电机一般只用于特殊场合，因此通常所说的异步电机主要是指异步电动机。异步电动机(特指感应电动机，下同)又有三相异步电动机和单相异步电动机两类。单相异步电动机常用于只有单相交流电源的家用电器、医疗器械和自动控制系统中，而三相异步电动机在各种电动机中应用最广、需要量最大。

在各种工业生产、农业机械化、交通运输、国防工业等电力拖动装置中，有90%左右采用三相异步电动机；在电网总负荷中，三相异步电动机占65%左右。这是因为三相异步电动机具有结构简单、制造方便、价格低廉、运行可靠等一系列优点，还具有较高的运行效率和较好的工作特性，从空载到满载范围内接近恒速运行，能满足不同行业大多数生产机械的传动要求。但是三相异步电动机运行时必须从电网吸取感性无功功率以建立旋转磁场，使电网的功率因数降低，而且运行时受电网电压波动影响较大；另外，三相异步电动机的启动性能与调速性能都要比直流电动机差。不过随着半导体晶闸管元器件及交流调速系统的发展，三相异步电动机的调速性能等已接近直流电动机。

任务一　三相异步电动机的认识

活动1　三相异步电动机的工作原理

一、活动目标

(1) 熟悉三相交流电旋转磁场的特点。
(2) 熟悉三相异步电动机的工作原理。

二、活动内容

1. 三相交流电旋转磁场的特点

三相交流电的旋转磁场是在三相对称绕组中通以三相对称交流电流而产生的。三相对称绕组是指每相绕组的匝数、线径、连接规律等相同且在空间布置上各相轴线互差120°空间电角度的绕组。

三相基波合成磁场具有如下特点：

(1) 三相基波合成磁场在空间是正弦分布，其轴线在空间是旋转的，故称旋转磁场。由于旋转磁场矢量顶点的轨迹为一圆形，所以又称为圆形旋转磁场。

(2) 在三相绕组空间排序不变的条件下，旋转磁场的转向由所通交流电流的相序决定，若要改变旋转磁场的转向，只需将三相电源进线中的任意两相对调即可。

(3) 旋转磁场的同步转速，以两极($p=1$)电机为例：若定子绕组是两极的三相对称绕组，则两极的每个线圈在空间的跨距是1/2圆周。这样，当电流在时间上变化了360°电角时，即电流变化一周期，旋转磁场在空间也转过360°电角度。当电流每秒变化f周期时，旋转磁场的转速n_1(r/min)为每秒f转或每分钟$60f$转，即

$$n_1=60f$$

并由此可推断，对于p对极三相交流电机来说，因为电角度是机械角度的p倍，即

$$电角度=p\times 机械角度$$

所以其旋转磁场转速的一般表达式为：

$$n_1=\frac{60f}{p} \tag{3-1}$$

由上面的分析可知，旋转磁场的空间旋转电角度与电流在时间上变化的电角度总是相等的，因此通常将旋转磁场的转速又称为同步转速。

2. 三相异步电动机的基本工作原理

当三相异步电动机的三相对称定子绕组接上三相对称电源时，便有三相对称交流电流流过三相对称定子绕组，该三相电流激励定子铁芯在电动机的定子与转子之间的气隙中产生一个以同步转速旋转的磁场。由于转子上的导条被旋转磁场切割，根据电磁感应定律，转子导条内就会产生感应电动势。若旋转磁场按顺时针方向旋转，如图3-1所示，由于转子绕组自身是闭合的，在转子导条中产生转子电流，在不考虑电动势与电流的相位差的情况下，电流方向与电动势的方向一致，该电流再与旋转磁场相互作用，便在转子绕组中产生电磁力，而转子绕组中均匀分布的每一导体上的电磁力对转轴的总力矩即为电磁转矩，该电磁转矩驱动转子沿旋转磁场的方向旋转。如果转子与生产机械连接，则转子上产生的电磁转矩将克服负载转矩而做功，从而实现机电能量转换。这就是三相异步电动机的工作原理。

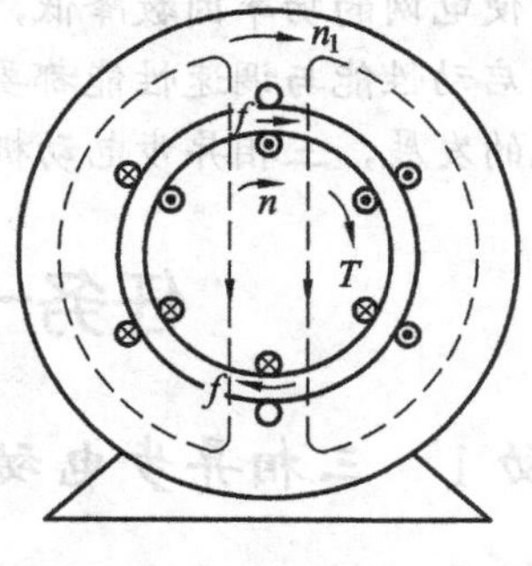

图3-1 三相异步电动机旋转原理图

一般情况下，三相异步电动机的转子转速n总是略小于旋转磁场的转速n_1。异步电动机的转子之所以受到电磁转矩的作用而转动，关键在于转子导条与旋转磁场之间存在一种相对运动，才会产生电磁感应作用。如果转子转速n等于同步转速n_1，则转子导条与旋转磁场之间就不会有相对运动，转子导条内就不可能产生感应电动势，也就不会产生电磁力

和电磁转矩。所以异步电动机的转速总是低于旋转磁场的转速，这就是异步电动机“异步”的含义。n_1与n之差称为“转差”，转差的存在是异步电动机运行的必要条件。通常将转差$n-n_1$与同步转速n_1的百分比值称为转差率，用s表示，即

$$s=\frac{n_1-n}{n_1}\times100\% \tag{3-2}$$

转差率是异步电动机的一个基本参数，它对电动机的运行有着极大的影响。它的大小同样也能反映转子的转速，即

$$n=n_1(1-s)$$

由于三相异步电动机工作在电动状态时，其转速与同步转速方向一致但大小低于同步转速，因此，当三相异步电动机工作在“电动”状态时，其转差率的变化范围是$0\leqslant s\leqslant1$。其中$s=0$是理想空载状态，$s=1$是启动瞬间。

在制造电机时，对普通的三相异步电动机，为了使额定运行时的效率较高，通常设计成使它的额定转速n_N略低于但很接近于对应的同步转速n_1，通常额定转差率s_N为1.5%～5%。

三、活动小结

三相异步电动机的工作原理是，对称三相定子绕组中通以对称三相交流电时激励定子铁芯在定子与转子的气隙中产生圆形的旋转磁通势及旋转磁场，旋转磁场的同步转速$n_1=(60f_1)/p$，其转向取决于三相绕组的空间排序和三相电流的相序。这种旋转磁场以同步转速n_1切割转子绕组，在转子绕组中感应出电动势及电流，转子电流与旋转磁场相互作用产生电磁转矩，使转子旋转。

因为只有在转子与定子旋转磁场有相对运动时，才能在转子绕组中感应出电动势及电流，所以异步电动机的转速n与旋转磁场的同步转速n_1之间总存在着转差$n-n_1$，这是三相异步电动机运行的必要条件。通常把转差与同步转速之比称为转差率，用s来表示，它是异步电动机的一个基本参数。一般情况下，三相异步电动机处于电动运行状态时，$0\leqslant s\leqslant1$。

四、活动回顾与拓展

(1) 三相异步电动机的定子旋转磁场是怎样产生的？

(2) 定子旋转磁场的转向是由什么决定的？

(3) 为什么把三相异步电动机的旋转磁场的转速又称为同步转速？

(4) 三相异步电动机定子旋转磁场的转速是由什么决定的？工频下2、4、6极的异步电动机同步转速各是多少？

(5) 试述三相异步电动机的工作原理，并解释“异步”的含义。

(6) 什么是三相异步电动机的转差率？如何根据转差率来判断三相异步电动机的运行状态？

(7) 试探讨三相异步电动机旋转磁场产生的具体过程。

活动 2　三相异步电动机的基本结构

一、活动目标

(1) 掌握三相异步电动机的基本结构及其各部件的主要功能。
(2) 熟悉三相异步电动机铭牌数据的含义。
(3) 理解三相异步电动机主要系列的含义。

二、活动内容

1. 三相异步电动机的基本结构

三相异步电动机的种类很多，若按转子绕组结构分类有笼型异步电动机和绕线转子异步电动机两类，若按机壳的防护形式分类有防护式、封闭式和开启式三类，也可按电动机的容量大小、冷却方式等进行分类。

尽管三相异步电动机的种类很多，但它们的基本结构是相同的，都是由定子和转子这两大基本部分组成的，在定子和转子之间具有一定的气隙。图 3-2 是一台封闭式三相笼型异步电动机的结构图。下面介绍三相异步电动机主要零部件的结构及主要功能。

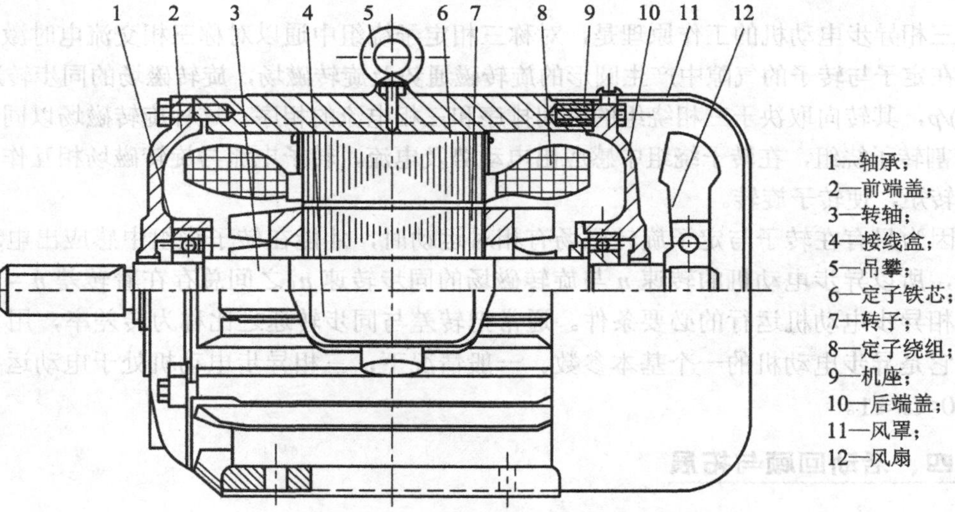

图 3-2　封闭式三相笼型异步电动机结构图

1) 定子

三相异步电动机的定子主要由定子铁芯、定子绕组和机座构成。

(1) 定子铁芯。定子铁芯是电动机主磁路的一部分，用来放置定子绕组。为了使导磁性能良好并减少交变磁场在铁芯中的铁芯损耗，铁芯采用片间绝缘的 0.5 mm 厚的硅钢片叠压而成。定子铁芯及冲片的示意图如图 3-3 所示。为了放置定子绕组，在铁芯内圆开有槽，槽的形状有半闭口槽、半开口槽和开口槽等，如图 3-4 所示。它们分别对应放置小型、中型和大型三相异步电动机的定子绕组。

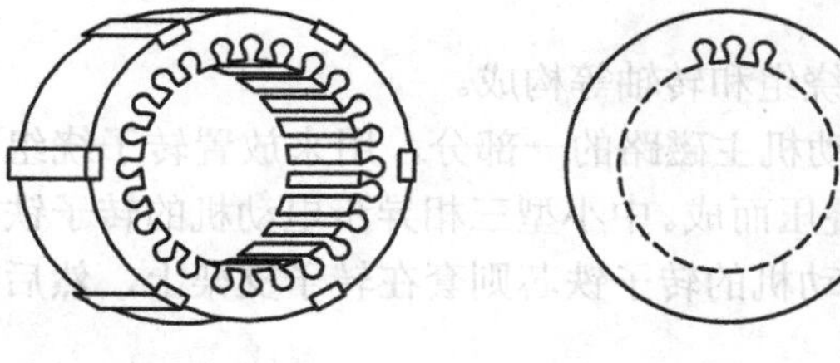

(a) 定子铁芯　(b) 定子冲片

图 3-3　定子铁芯及冲片示意图

(a) 半闭口槽　(b) 半开口槽　(c) 开口槽

图 3-4　定子铁芯槽型和绕组分布示意图

(2) 定子绕组。定子绕组是三相异步电动机定子的电路部分，它将通过电流建立旋转磁场，并感应电动势以实现机电能量转换。三相定子绕组的每一相由许多铜线圈或铝线圈按一定的规律嵌放在铁芯槽内。绕组可以是单层的，如图 3-4(a)所示；也可以是双层的，如图 3-4(b)、(c)所示。绕组的线圈边与铁芯槽之间必须要有槽绝缘，若是双层绕组，层间还需用层间绝缘。另外，槽口的绕组线圈边还需用槽楔加以固定。

三相定子绕组的六个出线端都引至接线盒上，首端分别为 U_1、V_1、W_1，尾端分别为 U_2、V_2、W_2。通常，三相定子绕组的这六个出线端根据需要可连成星形或三角形，在接线板上的排列如图 3-5 所示。

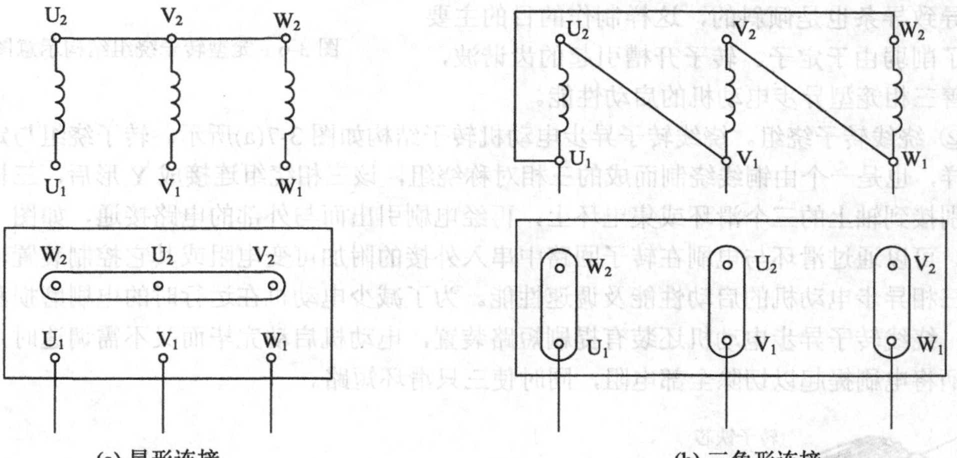

(a) 星形连接　(b) 三角形连接

图 3-5　定子绕组的连接

(3) 机座。机座是三相异步电动机机械结构的组成部分，其主要作用是固定和支撑定子铁芯以及固定端盖，同时机座还要支撑电动机的转子部分，因此要求机座必须具有足够的机械强度和刚度。在中小型三相异步电动机中，端盖兼有轴承的作用，一般采用铸铁机座，而大容量的异步电动机采用钢板焊接机座。对于封闭式中小型异步电动机其机座表面有散热筋片，以增加散热面积，使紧贴在机座内壁上的定子铁芯中的定子铁耗产生的热量，通过机座表面迅速散发到周围空气中，以免电动机过热，为此，散热筋片间要经常保持清洁，切勿堆积泥土、杂物。对大型异步电动机，机座内壁与定子之间隔开一定距离而作为冷却空气的通道，因而不需散热筋片。

2) 转子

三相异步电动机的转子由转子铁芯、转子绕组和转轴等构成。

(1) 转子铁芯。转子铁芯也是三相异步电动机主磁路的一部分，用来放置转子绕组。它也采用 0.5 mm 厚的冲有转子槽形的硅钢片叠压而成。中小型三相异步电动机的转子铁芯一般都直接固定在转轴上，而大型三相异步电动机的转子铁芯则套在转子支架上，然后将支架固定在转轴上。

(2) 转子绕组。转子绕组是转子的电路部分，它的作用是切割旋转磁场产生感应电动势和感应电流，从而产生电磁转矩。转子绕组按结构形式可分为笼型转子和绕线转子两种。

① 笼型转子绕组。在转子铁芯的每个槽内放一根导条，在伸出铁芯槽的两端分别用两个导电端环将所有的导条连接起来，形成一个自行闭合的短路绕组。如果去掉铁芯，剩下来的绕组形状就像一个松鼠笼，如图 3-6 所示，所以称之为笼型绕组。对于大容量的三相异步电动机，通常将铜条焊接在两个铜端环上，此即铜条笼型绕组，如图 3-6(a)所示；而对于中小型三相异步电动机，笼型转子绕组一般采用铸铝，同时将导条、端环和风叶一次铸成，如图 3-6(b)所示。而在生产实际中笼型转子铁芯槽沿轴向是倾斜的，由此导致导条也是倾斜的，这样制作的目的主要是为了削弱由于定子、转子开槽引起的齿谐波，以改善三相笼型异步电动机的启动性能。

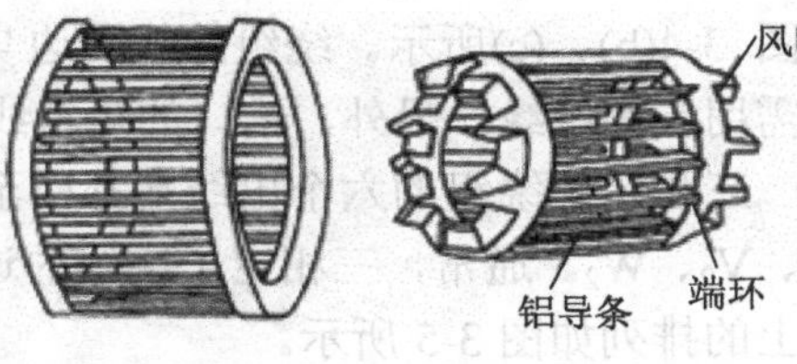

(a) 铜条笼型绕组　　(b) 铸铝笼型绕组

图 3-6　笼型转子绕组结构示意图

② 绕线转子绕组。绕线转子异步电动机转子结构如图 3-7(a)所示。转子绕组与定子绕组一样，也是一个由铜线绕制而成的三相对称绕组，该三相绕组连接成 Y 形后，三根引出线分别接到轴上的三个滑环或集电环上，再经电刷引出而与外部的电路接通，如图 3-7(b)所示。可以通过滑环与电刷在转子回路中串入外接的附加可变电阻或其它控制装置，以便改善三相异步电动机的启动性能及调速性能。为了减少电动机在运行时的电刷磨损和摩擦损耗，绕线转子异步电动机还装有提刷短路装置，电动机启动完毕而又不需调速时，可操作手柄将电刷提起以切除全部电阻，同时使三只滑环短路。

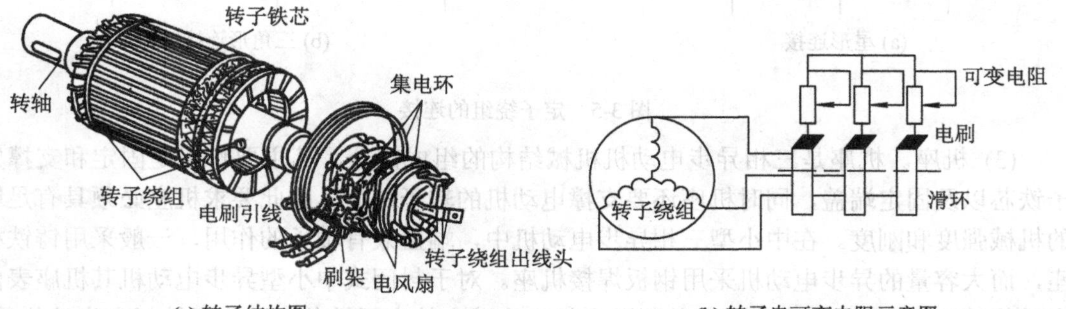

(a) 转子结构图　　(b) 转子串可变电阻示意图

图 3-7　三相绕线转子异步电动机转子结构及转子串可变电阻示意图

(3) 转轴。转轴是支撑转子铁芯和输出转矩的部件，它必须具有足够的刚度和强度。转轴一般用中碳钢车削加工而成，轴伸端铣有键槽，用来固定带轮或联轴器。

3) 气隙

三相异步电动机的定子与转子之间的气隙比同容量直流电动机的气隙要小得多，中、小型三相异步电动机一般仅为 0.2 mm～1.5 mm。气隙的大小对三相异步电动机的运行性能有极大的影响。气隙大，则磁阻大，由电网提供的励磁电流(滞后的无功电流)大，使电动机的功率因数降低；气隙过小时，将使三相异步电动机装配困难，运行不可靠，高次谐波磁场增强，进而使附加损耗增加，启动性能变差。

2. 三相异步电动机的铭牌

电动机制造厂家在每一台电动机接线盒的上方均装设有一个铭牌，铭牌上标注有型号、额定值等数据，如表 3-1 所示。

表 3-1　三相异步电动机的铭牌

型号	Y90S—4	功率	1.1 kW	频率	50 Hz
电压	380 V	电流	2.7 A	接法	Y
转速	1400 r/min	绝缘等级	B	工作方式	连续
××年××月		编号　××××		××电机厂	

1) 型号

三相异步电动机型号的表示方法与直流电动机的一样，一般采用汉语拼音的大写字母和阿拉伯数字组成，可以表示电动机的种类、规格和用途等。

例如：Y90S—4 的“Y”为产品代号，代表 Y 系列异步电动机；“90”代表机座中心高为 90 mm；“S”为机座长度代号(S、M、L 分别表示短、中、长机座)；“4”代表磁极数为 4，即四个磁极，表明该电动机是 4 极电动机。

一般情况下，中心高越大，电动机容量越大，因此三相异步电动机按容量大小分类与中心高有关，中心高 63 mm～315 mm 为小型，315 mm～630 mm 为中型，630 mm 以上为大型；在同样的中心高下，机座越长即铁芯越长，则容量越大。

2) 额定值

额定值规定了电动机运行的状态和条件，它是选用、运行和维修三相异步电动机时的依据。三相异步电动机铭牌上标注的主要额定值有：

(1) 额定功率 P_N：指电动机额定运行时，轴上输出的机械功率，单位为 kW。

(2) 额定电压 U_N：指电动机额定运行时，加在定子绕组出线端的线电压，单位为 V。

(3) 额定电流 I_N：指电动机在额定电压下使用，轴上输出额定功率时，定子绕组中的线电流，单位为 A。

对三相异步电动机，额定功率与其它额定数据之间有如下关系式：

$$P_N = \sqrt{3} U_N I_N \cos\varphi_N \eta_N$$

式中：$\cos\varphi_N$ 表示额定功率因数；η_N 表示额定效率。

(4) 额定频率 f_N：表示三相异步电动机所接的交流电源的频率，我国电网的频率(即工频)规定为 50 Hz。

(5) 额定转速 n_N：指电动机在额定电压、额定频率及额定功率下转子的转速，单位为 r/min。

此外，铭牌上还标明绕组的连接方法、绝缘等级及工作制等。对于绕线转子异步电动机，还标明转子绕组的额定电压(指定子加额定频率而转子绕组开路时集电环间的电压)和额定电流，主要作为配用启动变阻器的依据。

在安装和连接三相异步电动机时，可通过铭牌数据确定接用方式。电动机的选用原则是：在电动机容量与机械负载功率匹配的情况下，铭牌上的额定电压与电网的电压相等，每相绕组的额定电压不变。如铭牌上标明“电压 380 V/220 V，Y/△连接”的电动机，当电源电压是 380 V 时，应连接成 Y 形，这时每相电压为 220 V；当电源电压为 220 V 时，应连接成△形，每相电压仍为 220 V。如果接错了，会引起电流过大而损坏三相异步电动机。

3. 三相异步电动机的主要系列

电动机产品系列化的目的是便于对产品进行管理、设计、制造和使用。同一系列的三相异步电动机，其结构、形状基本相似，零部件通用性很高，而且随功率按一定的比例递增。

我国自行设计和生产的系列异步电动机经历了三次换代。第一次是 J(防护式异步电动机)系列和 JO(封闭式异步电动机)系列，这两个系列采用 A 级绝缘和 D11、D12 硅钢片；第二次是 J_2 系列和 JO_2 系列，这两个系列采用 E 级绝缘和 D22、D23 硅钢片；第三次是 Y 系列，该系列采用 B 级绝缘和 D23、D24 硅钢片，并于 20 世纪 80 年代开始成为 J_2、JO_2 系列的换代产品，其中 Y 系列的 IP23 替代了 J_2 系列，Y 系列的 IP44 替代了 JO_2 系列。(IP 是“国际防护”的英文缩写，指外壳结构防护形式。)

Y 系列产品具有效率较高、节能、启动转矩大、噪声低、振动小的优点，其性能指标、规格参数和安装尺寸等完全符合国际电工委员会(IEC)标准，便于与国际产品接轨以及产品的配套出口。常用的 Y 系列三相异步电动机的型号、名称、使用特点和场合如表 3-2 所示。

表 3-2　常用的 Y 系列三相异步电动机的型号、名称、使用特点和场合

产品代号	名　称	特点和使用场合
Y、Y2	中小型三相异步电动机	一般用途的笼型三相异步电动机，是基本系列。可用于启动性能、调速性能及转差率无特殊要求的机械设备，如金属切削、机床、水泵、运输机、农用机械等
YX	高效率三相异步电动机	电动机效率指标较基本系列平均提高 3%，适用于运行时间较长、负载较高的场合
YB	防爆型三相异步电动机	电动机结构防爆，可用于燃气(如瓦斯和煤尘)或蒸汽与空气形成的爆炸混合物的化工、煤矿等易燃易爆场合
YCT	电磁调速三相异步电动机	由普通笼型电动机与电磁转差离合器组成，用晶闸管直流进行无级调速，具有结构简单、控制功率小、调速范围较广等特点，转速变化率精度小于 3%，适用于纺织、化工、造纸、水泥等恒转矩和通风机型负载
YR(IP44)	(封闭式)三相绕线转子异步电动机	能在转子三相中串入电阻，减小启动电流，增大启动转矩，并能进行调速，适用于对启动转矩要求高及需要小范围调速的传动装置上
YR(IP23)	(防护式)三相异步电动机	
YR YZR	起重冶金三相异步电动机	适用于冶金辅助设备及起重机电力传动用的动力设备，电动机为断续工作制，基准工作制为 S_3，YZR 是绕线转子型

三、活动小结

三相异步电动机的结构比直流电动机的简单，由定子和转子两大部分组成。其中，定子和转子的铁芯均由 0.5 mm 厚的硅钢片叠压而成。三相定子绕组按一定规律对称放置在定子铁芯槽内，再根据电动机的额定电压和电源的额定电压连接成 Y 形或△形。转子绕组有笼型和绕线型两种结构形式。笼型转子铁芯槽中的导条与槽外的端环自成闭合回路；绕线转子铁芯中对称放置三相绕组，连接成 Y 形后，可经集电环和电刷引至外电路的变阻器上，有助于启动和调速。

四、活动回顾与拓展

(1) 简述三相异步电动机的基本结构和各部分的主要功能。

(2) 为什么三相异步电动机的定子和转子铁芯要用导磁性能良好的硅钢片制成，而且气隙必须做得很小？

(3) 目前哪种防护等级的三相异步电动机应用最广泛？为什么？

活动 3　三相异步电动机主要部件的常见故障与处理

一、活动目标

(1) 掌握定子绕组的常见故障与处理方法。

(2) 掌握笼型转子、绕线转子的常见故障与处理方法。

(3) 掌握滑环、电刷、转轴的常见故障与处理方法。

二、活动内容

1．定子绕组的常见故障与处理

1) 断路故障

(1) 故障的可能原因：

① 绕组受外力的作用而断裂；

② 接线头焊接不良而松脱；

③ 绕组短路或电流过大、过热而烧断；

④ 中等容量电动机绕组大多是用多根导线并绕或多支路并联，其中有若干根断掉或一路断开。

(2) 故障的检查方法：可用万用表、校验灯来检查。对于星形接法的电动机，将三相绕组并联，通入低压大电流，若三相电流值相差大于 5%，则电流小的一相为断路。对于三角形接法的电动机，先将三角形接头拆开一个，然后通入低压大电流，用电流表逐相测量每相绕组的电流，其中电流小的一相为断路相。用电桥测量三相绕组的电阻，若三相电阻值相差大于 5%，则电阻较大的一相为断路相。

(3) 故障的处理方法：如果断路是引出线和引出线接头没有焊牢或扭断而引起的，则找出后重新焊接包扎即可。如果断路处在槽内，可用穿绕修补法更换个别线圈。

2) 绝缘不良

(1) 故障的可能原因：

① 电动机长期搁置不用，周围环境潮湿；

② 电动机受日晒雨淋；

③ 长期过载运行；

④ 灰尘油污、盐雾、化学腐蚀性气体等侵入，都可能使绕组的绝缘电阻下降。

(2) 故障的检查方法：

① 测量相与相的绝缘电阻。将接线盒内三相绕组的连接片拆开，用兆欧表测量每两相间的绝缘电阻，如果测出的绝缘电阻在 0.5 MΩ 以下，则说明该电动机已受潮或绝缘不合要求。如果绝缘电阻为零，说明该两相出现相间短路。

② 测量相对机座(即地)的绝缘电阻。将兆欧表的“L”端接在电动机绕组的引出端上(可分相测量，也可以三相并在一起测量)，将“E”端接在电动机的机座上测量绝缘电阻。如果测出的绝缘电阻在 0.5 MΩ 以下，则说明该电动机已受潮或绝缘不合要求。如果绝缘电阻为零，说明该相绕组接地。

(3) 故障的处理方法：绕组受潮的电动机，需要进行烘干处理后才能使用，这时绝缘电阻很低，不宜用通电烘干法，应将电动机两端盖拆下，用灯泡、电炉板烘干或放在烘箱中烘干，烘到绝缘电阻达到要求时，加浇一层绝缘漆，以防止回潮。

3) 短路故障

(1) 故障的可能原因：

① 电动机电流过大、电压过高、机械损伤、重新嵌绕时绝缘损伤、绝缘老化脆裂、受潮等。

② 匝间短路。三相异步电动机同一相绕组中相互靠着的两匝或多匝线圈因绝缘层破损，使导电裸露部分直接接触，称为匝间短路。

③ 相间短路。以星形接法的三相异步电动机为例，三相绕组除了三个尾端 V_2、U_2、W_2 连成星点之外，其他各处都要相互绝缘，即用相间绝缘材料隔开，这些绝缘材料就叫相间绝缘。如果相间绝缘由于过热或机械碰伤而被损坏，就会使不同相的线圈中的导线裸露部分直接接触，这称为相间短路。

(2) 故障的检查方法：

① 外部检查。使电动机空载运行 20 min，然后拆卸两边端盖，用手摸线圈端部，如果有一个或一组线圈比其它的热，这部分线圈很可能短路；也可以观察线圈有无焦脆现象，如果有，则该线圈可能短路。

② 用短路侦探器检查绕组匝间短路。短路侦探器的结构和检查方法如图 3-8 所示。短路侦探器是利用变压器原理来检查绕组匝间短路的。测试时，将短路侦探器励磁绕组接 36 V 低压交流电源，沿槽口逐槽移动，当经过短路绕组时，相当于变压器二次侧短路，电流表的读数会明显增大，即可查处出短路线圈。短路侦探器具有一个不闭合的铁芯磁路，上面绕有励磁绕组，相当于变压器一次侧绕组。当绕组短路侦探器接通电源后，放在三相电动机定子铁芯槽口，沿着每个槽口逐槽移动。当经过一个短路线圈时，这个短路线圈就成了测试器的变压器二次侧绕组。如果在短路侦探器绕组中串联一只电流表，此时电流表

指示出较大的电流(而平时电流较小)；如果不用电流表，也可以用一片厚 0.5 mm 的钢片或旧锯条安放在被测线圈的另一边所在槽口上面，如图 3-8(b)所示，如果被测线圈短路，则此钢片或锯条就会产生振动。(对于多支路绕组的三相异步电动机，必须把各支路拆开，才能用短路侦探器测试，否则绕组支路有环流，无法分辨哪个槽的线圈是短路的。)

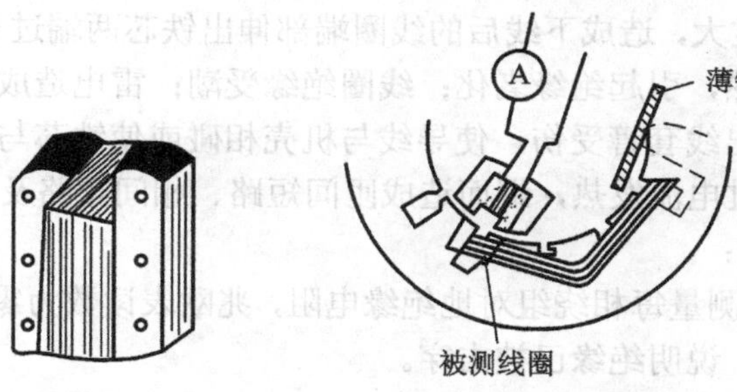

(a) 结构图　　(b) 检查方法

图 3-8　绕组短路侦探器

③ 对于发生在两相绕组首端的严重相间短路，由于会造成很大的短路电流，在短路点产生高温，容易引起电弧，能将附近的导线烧断。此时，当拆下三相异步电动机的接地线，给三相异步电动机送电后并用试电笔测量机壳，就会发现三相异步电动机外壳带电；断开三相异步电动机开关，用手摸机壳，会感到局部地方烫手。

④ 用万用表检查相间短路。要判定相间是否短路，通常是将三相电动机接线盒中的三相绕组的接线端子上的连接线——电源引线及 Y 或△连片拆开，然后用兆欧表测量相间绝缘电阻值，正常情况下不小于 0.5 MΩ。若绝缘电阻值为 0，则可确定为相间短路。为了证实，可用万用表的 R×1 Ω 挡测定相间的阻值。若电阻值仍为 0，则确属相间短路；若有数千欧，则可能是绝缘受潮。

(3) 故障的处理方法：绕组短路通常发生在同极同相的两个相邻的线圈间、上下层线圈间及线圈的槽外部分。

① 如能明显看出短路点，可将竹楔插入两个线圈间，将短路部分分开，垫上绝缘。

② 如果短路点发生在槽内，先将该绕组加热软化后，翻出受损绕组，换上新的槽绝缘，将导线损坏部位用薄的绝缘带包好，重新嵌入槽内，再进行绝缘处理。

③ 整个极相组短路的修补。出现这种情况的主要原因是极相组间连接线绝缘套管没有套到线圈的槽部，或绝缘套管被压破。有绕组间短路时，可将绕组加热软化，用划线板撬开引出线处，将绝缘套管重新套到接近槽部，或用绝缘纸垫好。

④ 如果个别线圈短路，可用穿绕修补法调换个别线圈。

⑤ 对于发生在线圈端部的短路，可垫绝缘纸修复。

4) 接地故障

绕组接地又称绕组碰壳。在三相异步电动机的三相绕组中，有任何一点或几点与铁芯或机座相通，则被认为绕阻接地，俗称“碰壳”或“搭铁”。三相异步电动机运转时，如果发现转速很慢，一相电流显著增加，而且一相熔断器的熔丝经常烧断，就可初步判断有一相线圈碰壳接地。如果两相绕组同时碰壳，则两相电流显著增加，熔丝更容易烧毁，甚至会发生相间短路、烧毁线圈等事故。

(1) 故障的可能原因：电动机长期过载运行，致使绝缘老化，或导线松动，硅钢片未压紧，有尖刺等原因，在震动情况下擦伤绝缘；因转子与定子相擦使铁芯过热，烧伤槽模和槽绝缘；因金属异物掉进绕组内部而损坏绝缘；有时在重绕定子绕组时损伤绝缘，下线时定子槽底有毛刺未除尽，绝缘漆包线被毛刺刮破；下线整形时，槽绝缘端部有裂口或槽绝缘未垫好；绕线模具过大，造成下线后的线圈端部伸出铁芯两端过长，与端盖内壁相碰；三相异步电动机长期过热，引起绝缘老化；线圈绝缘受潮；雷电造成过电压击穿三相异步电动机绕阻绝缘层；引出线套管受伤，使导线与机壳相碰或使铁芯与导线相碰；等等。绕组接地后，会造成绕组过电流发热，继而造成匝间短路、相间短路及电动机外壳带电。

(2) 故障的检查方法：

① 用 500 V 兆欧表测量每相绕组对地绝缘电阻，兆欧表读数为零时，表示该相绕组接地。当指针摇摆不定时，说明绝缘已被击穿。

② 检查绕组是否接地，可以用万用表的低阻挡或用灯泡法检查，如图 3-9 所示。将灯泡的一根引出线接地(即接三相电动机外壳)，另一根引线接到绕组的引出线头上，逐相检查。电源可用 220 V，灯 HL 可用 40 W 以下的。若绝缘受潮，则灯泡就可能是暗红的。也可采取用 500 V 兆欧表测量各相绕组对外壳的绝缘电阻值的方法来判断。但受潮严重的三相异步电动机不宜采用此法。

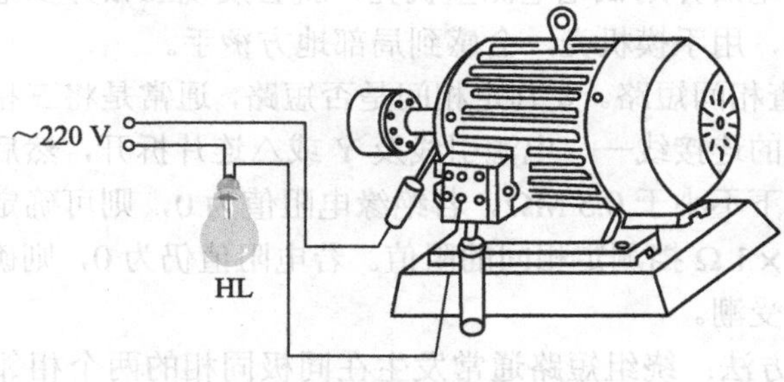

图 3-9　绕组接地灯泡检查法

③ 引线与端部接地，可重新包上绝缘。绕组中绝缘线在铁芯槽内接地，要取出线圈修理或更换。

④ 如果绕组受潮，应进行烘干处理。烘干后，用兆欧表测量绝缘电阻，一般大于 0.5 MΩ 才允许使用该电动机。

⑤ 拆开电动机端盖，将接地相线圈的连接片拆开，然后逐一测定是哪一个线圈接地。

(3) 故障的处理方法：如果接地点在槽口或槽底线圈出口处，可用绝缘纸或竹片垫入线圈的接地处，然后再用上述方法复试。如果发生在端部，可用绝缘带包扎，复试后，涂上自干绝缘漆；如果发生在槽内，则必须更换绕组或用穿绕修补法修复。

5) *绕组接反或嵌反*

一相绕组接反实际是绕组接错，一般情况是绕组外部接线错误；在绕组内部，也有个别线圈嵌反或极相接错的情况。一相绕组接反或某个线圈嵌反之后，会造成绕组中流过的电流方向改变，使得三相电流严重不平衡，振动噪音加大，三相异步电动机过热，转速降低，甚至无法启动，烧断熔丝。

(1) 一相绕组接反。故障的可能原因：三相绕组在端部连接时，如果有一相绕组的头尾互换，便形成了一相反接，如图 3-10 所示。一相反接时，相当于给定子绕组加上了极不对称的三相电压。这时，三相电流明显不等，而且比正常值大许多，启动转矩严重下降，只要稍加负载或电压降低，三相电动机就不能达到正常转矩。造成机身严重振动，并且有明显的电磁噪音，即使是空载运行，机内也发热严重。遇到这种情况，要立即停车检查。这种故障多发生在绕组重绕修理之后，或者是新购的电动机。

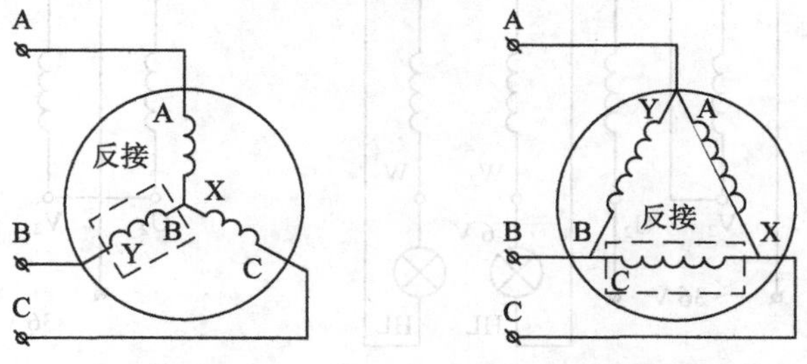

(a) 星形　　(b) 三角形

图 3-10　一相反接

故障检查方法如下：

① 万用表测试法。此法可分为两种：

第一种方法是三相一起检查，如图 3-11 所示。操作时，将三相绕组按头尾标志接好，转动三相异步电动机的转子，若万用表(mA 挡)指针不动，如图 3-11(a)所示，则表明绕组头尾连接是正确的；如果指针像图 3-11(b)所示那样指出某个读数，说明有一相绕组的头尾连接是错误的。应调换头尾后再试，直接转动三相异步电动机转子，至万用表指针不动为止。

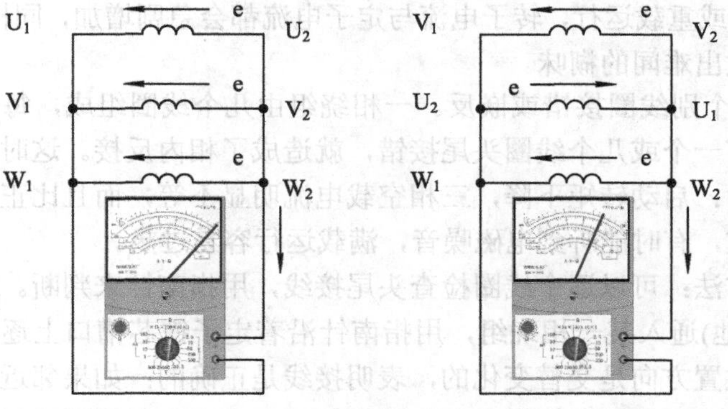

(a) 正常　　(b) 有一相接反

图 3-11　万用表测试反接的绕组

第二种方法是逐相检查。先按如图 3-12 所示连接一相，当开关 S 闭合的瞬间，万用表(mA 挡)指针摆向大于零的一边，则规定电池 G 的正极所接线头与万用表的正端所接的线头同为绕组“头”。用同样的方法把其余两相的“头”都找出来。然后按要求将绕组接成 Y 形或△形。

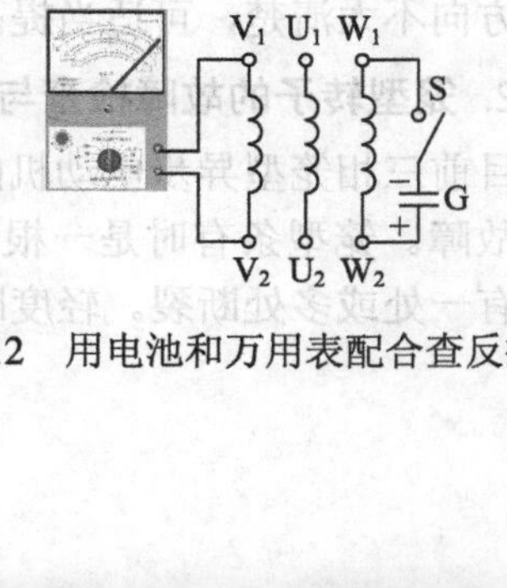

图 3-12　用电池和万用表配合查反接绕组

② 灯泡查头尾法。如图 3-13 所示，先用万用表的 R×1 Ω 挡检查出属于同一相的两个头尾，再把任意的两相串联，余下的一相接 6 V 白炽灯泡 HL。在串联的两相绕组中加入 36 V 交流电压，如果灯泡 HL 亮，表明串接两相绕组是“头”、“尾”相接，如图 3-13(a)所示；如果灯泡 HL 不亮，表示串接两相绕组是“头”与“头”或“尾”与“尾”相接，如图 3-13(b)所示，然后调换接线再试。

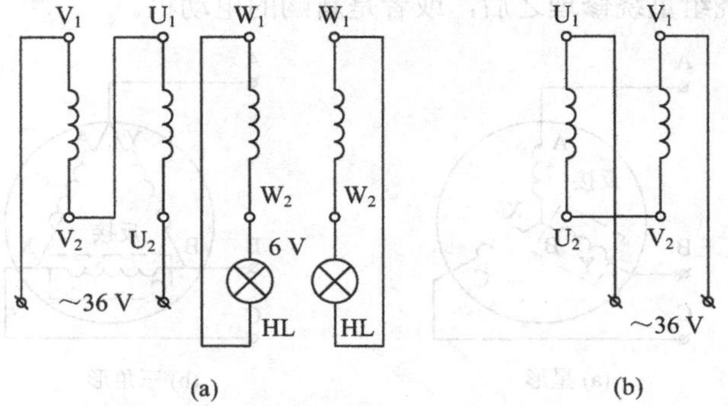

图 3-13　用白炽灯泡查绕组头尾

故障的处理方法：将接反的绕组头尾端对调接好即可。

(2) Y 形与△形接法有误。铭牌上标有“220 V/380 V、△/Y”的三相异步电动机，当电源线电压为 380 V 时，应接成 Y 形。倘若对铭牌含义不理解，见有△符号就把三相异步电动机接成△形，使每相电压增到额定值的 $\sqrt{3}$ 倍，导致铁芯严重过热，使定子绕组电流过大而烧毁。反之，对于 JD_2、Y 系列的三相异步电动机(铭牌上标有“380 V、△”)，不看铭牌而凭经验接成 Y 形，使每相绕组所受的电压只有额定电压的 $1/\sqrt{3}$，致使转矩严重下降。此时如果满载或重载运行，转子电流与定子电流都会急剧增加，同样会烧毁三相绕组，严重时会烧焦，发出难闻的糊味。

(3) 绕组内部个别线圈接错或嵌反。一相绕组由几个线圈组成，每个线圈的头尾连接都不能接错，如有一个或几个线圈头尾接错，就造成了相内反接。这时，三相异步电动机的运转情况表现为：启动转矩下降，三相空载电流明显不等，而且比正常值大，但没有一相反接时那么严重，有时能听到电磁噪音，满载运行容易过热。

故障的检查方法：可以逐个线圈检查头尾接线，用指南针来判断。具体做法是，将直流低压电(用蓄电池)通入某一相绕组，用指南针沿着定子铁芯槽口上逐槽检查。如果指南针在每一极相组位置方向是交替变化的，表明接线是正确的；如果邻近的极相组指南针的指向是相同的，则表明极相组接错了。如果在极相组内有个别线圈嵌反了，则在本极组内指南针的指向不是交替变化的。

故障的处理方法：把绕组接错或嵌反的线圈改正后，再继续进行检查。如果指南针指示的方向不太清楚，可适当提高直流低压电(或并联几只蓄电池)。

2. 笼型转子的故障检查与处理

目前三相笼型异步电动机的转子一般都采用铸铝。因铸铝质量不好，铸铝转子常出现断条故障。笼型条有时是一根或几根断裂(铸铝中气泡很多，会受振动而裂断)，有时是端环中有一处或多处断裂。轻度断裂时(如 1 根或 2 根断裂)，暂无明显影响；断条比较严重时，启动转矩降低，可能带不动负载，满载运行时，转速比正常值低，转子过热，导致整个三相电动机温度增高，但定子电流并无显著增加。此时，拆开三相异步电动机会发现转子断条处有烧黑的痕迹。

(1) 故障的可能原因：

① 铝料不纯。熔铝槽内杂质多，混入铝液中铸入转子，在杂质多的地方容易形成断条。

② 铸铝工艺不当造成断条。比如铸铝时铁芯预热温度不够，或者是手工铸铝不是一次浇铸完毕，中间出现过停顿，使先后浇铸的铝液之间结合不好，在结合处最易断条。

③ 铸铝前铁芯压装过紧，铸铝后转子铁芯涨开，使铝条承受过大的拉力而断条。

(2) 故障的检查方法：可采用铁粉法和断路侦探器两种方法来检查。

① 铁粉法。当笼型转子断条不严重时，转子外表完好，但三相异步电动机满载运行时，机身会剧烈振动，并伴有较大的“嗡嗡”噪音，三相电流表的指针会出现周期性的摆动。对于这种情况的转子断条可以用如图 3-14 所示的铁粉法进行检查。图中，Fe 为铁粉；QS 为单相刀闸；FU 为熔断器；T_1 为 0～250 V 调压器；T_2 为升流器(电压为 220 V/1.5 V，次级电流为 300 A～500 A)。

具体的检查方法是：将开关 QS 合上，调整调压器从零点升高，升压器 T_2 的电流逐渐增大，在转子表面产生磁场。将铁粉 Fe 撒在转子上，铁粉将整齐地一行一行排列在转子的笼条方向上。调整 T_1，使 T_2 的输出电流以升到铁粉能排列清楚为止。若转子 M 有断条，该处就撒不上铁粉，这样就能很容易地找出断条部位。转子断条故障也可用短路探测器来进行检查，用短路探测器检查转子断条的电路图如图 3-15 所示。

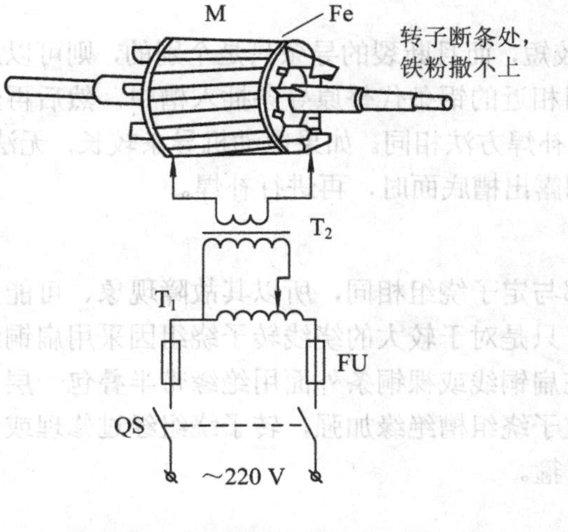

图 3-14　用铁粉法检查转子断条

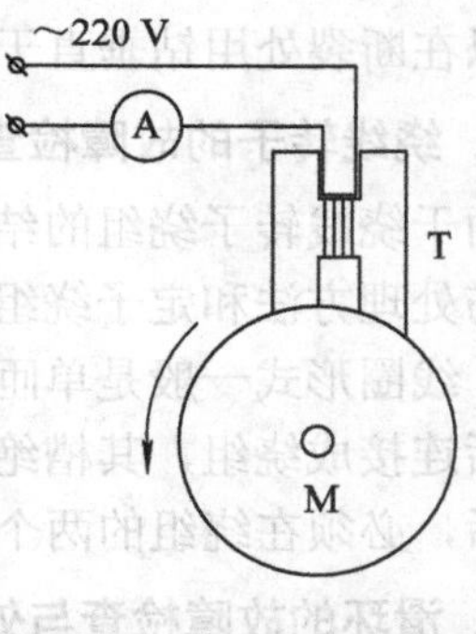

图 3-15　用短路探测器检查笼型转子断条电路图

在短路探测器所测的地方，用铁皮(或断锯条)靠近两个齿间的铁芯表面，如果铁皮未吸住，则表示该处的转子笼型条断条。如果没有铁皮，也可以在短路探测器线圈回路上串接 1 只电流表，转动转子，若电流表的指针突然往 0 值方向偏，则表明刚进入短路探测器的 1 根笼型条已断。

② 断路侦探器。转子断条故障还可以用断路侦探器来检查，方法如图 3-16 所示。将

被测转子放在铁芯Ⅰ上并接通电源，用铁芯Ⅱ逐槽检查。如果转子断条，则毫伏表 mV 的读数将增大。

断路侦探器可以自制。图 3-16 中的铁芯Ⅰ、铁芯Ⅱ采用 0.35 mm～0.50 mm 硅钢片叠成。铁芯Ⅰ上绕两只线圈，头尾串联，接 220 V 交流电源，漆包线直径为 1.0 mm，每只线圈绕 600 匝，如图 3-16(b)所示；铁芯Ⅱ上绕一只线圈，沿轴向绕于 15 mm 宽处，线圈的漆包线直径为 0.19 mm，绕 2500 匝，如图 3-16(c)所示。

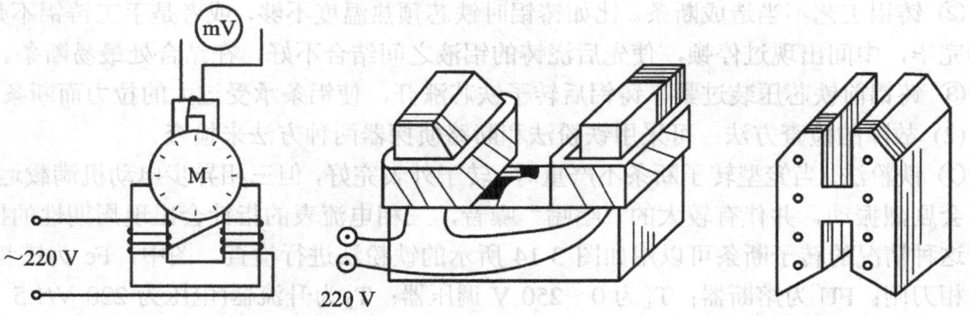

(a) 断路侦探器　　(b) 铁芯Ⅰ　　(c) 铁芯Ⅱ

图 3-16　用断路侦探器检查笼型转子断条

(3) 故障的处理方法：

① 端环断裂补焊。转子端环断裂可补焊修理。首先用喷灯加热笼型端环(短路环)到 400℃～500℃，再用自制的焊条补焊。在焊接前应先清除污物和油污，然后用尖凿剔断裂缝形成坡形口，以便将自制的焊条熔化后注入裂缝，填满缺口处，待冷却后，再用锉刀修整即可。

② 个别导条断裂的修理。如果转子较短，而且断裂的导条只是个别的，则可以用电钻钻断导条，在清除残存的铸铝以后，再用相近的铝条代替原导条插入槽中，然后再焊接导条与端环相交处。其焊接方法与端环断裂补焊方法相同。如果电动机导条较长，无法钻透，则可以在断裂处用钻垂直于导条钻孔，到露出槽底面时，再进行补焊。

3. 绕线转子的故障检查与处理

由于绕线转子绕组的结构、嵌绕等都与定子绕组相同，所以其故障现象、可能原因、检查与处理方法和定子绕组也基本相同，只是对于较大的绕线转子绕组因采用扁铜线或裸铜条，线圈形式一般是单匝波形线圈，在扁铜线或裸铜条外面用绝缘带半叠包一层，插入槽内后连接成绕组，其槽绝缘一般要比定子绕组槽绝缘加强，转子绕组经过修理或全部更换以后，必须在绕组的两个端部用钢丝打箍。

4. 滑环的故障检查与处理

绕线转子异步电动机常见故障的可能原因有滑环表面出现黑斑、粗糙、擦伤、变形或偏心等。

通过观察法进行故障检查，检查滑环是否过热或烧坏、电刷是否冒火花等。

故障的处理方法：用砂布打磨圆滑环表面，使电刷与滑环接触良好。若砂布不能将滑环表面磨光打圆，可将滑环放在车床上车光、车圆。具体的研磨方法是：手握油石紧贴滑环表面，让转子以正常的速度运转，即可初步磨光；然后，用装在木块上的砂纸按上述方法进行打光；最后用一块钉在木板上的折叠帆布紧压在滑环表面揩拭洁净即可。若是表面凹槽过深或偏心过大，则要将转子拆下，用车床车光。

5. 电刷的故障检查与处理

三相绕线转子异步电动机的电刷一般是采用螺栓固定在刷杆上的。随着电刷的磨损，整个刷杆在弹簧的作用下会逐渐地低落下去。弹簧的作用就是将电刷压在换向器上，保证电刷与换向器的良好接触与滑动。电刷的常见故障有以下几种：

(1) 电刷质量差或总接触面积不够。此种故障会造成电刷与换向器之间冒火、滑环过热或滑环烧坏。

故障的处理方法：换用质量好的电刷。若电刷总接触面积不够，则要增加电刷的数量或换用截面积较大的电刷和刷握。

(2) 电刷牌号或尺寸大小不符合三相绕线转子异步电动机的要求或电刷的压力不足或过大。此种故障会造成电刷与换向器之间冒火、滑环过热或烧坏滑环。

故障的处理方法：按三相异步电动机制造厂的规定，选用合适的电刷。

(3) 电刷磨损严重。检查电刷磨损是否超过电刷全长的60%，如果超过60%，就需要更换。

故障的处理方法：选用与原规格相同的电刷后予以更换。

(4) 弹簧过松、过紧或损坏。检查弹簧是否过松或过紧。

故障的处理方法：对于过松或过紧的弹簧需按原规格更换。

6. 转轴的故障检查与处理

转轴的常见故障有以下几种：

(1) 机械损伤或使用时间过长造成轴头弯曲、变形。

故障的处理方法：对于弯曲的轴头可在压力机上校正。若变形较大，校正后仍不符合要求，可在轴表面电焊一层，也可用振动堆焊。然后，在车床上以转子外圆为基准，找正两轴承配合轴颈在0.02 mm以内，修两端顶针孔，最后车削到要求尺寸。

(2) 轴承裂纹、断裂及轴与转子配合过松。

故障的处理方法：一般是更换新轴。小型三相异步电动机用35#钢或45#钢，大、中型三相异步电动机应分析轴的材料成分，用同样的钢材进行更换，也可以用焊接的方法进行修复，以应对暂时应急使用。

(3) 使用时间过长或有溶渣造成键槽磨损。

故障的处理方法：找正后，修顶针孔，将轴车去1 mm～1.5 mm，然后进行电焊或振动堆焊。去熔渣后，车至要求尺寸，在原键槽的背面重新加工键槽。

(4) 轴承损坏。三相异步电动机长期过载，皮带过紧或装配不当，或者润滑油干涸后，三相异步电动机仍在继续使用以及运行中轴承部位发出“咔咔”声或“格格”声，都表明轴承已经损坏。

故障的处理方法：先关断三相异步电动机的电源开关，然后用手摸轴承外盖。如果发现轴承盖很烫手，就应卸下皮带(或联轴器)，双手上下左右地扳动皮带轴。此时可发现皮带轴特别紧，转动很困难，有咬住现象，或发现轴已松动，将皮带轮转动一下，它会很快地停下来，由此可以断定是轴承损坏，对此应更换轴承，减轻负载，定期加油。

三、活动回顾与拓展

(1) 定子绕组的常见故障检查与处理方法有哪些？

(2) 笼型转子的故障检查与处理方法有哪些？

(3) 滑环、电刷、转轴的故障检查与处理方法有哪些？

任务二 三相异步电动机的启动

活动 1 三相笼型异步电动机的启动

一、活动目标

(1) 掌握三相笼型异步电动机的启动方法。

(2) 掌握改善三相笼型异步电动机启动性能的方法。

二、活动内容

在电动机拖动机械设备的启动过程中，不同的机械设备有不同的启动要求。有些机械设备在启动时负载转矩很小，负载转矩随着转速增加而与转速平方近似成正比增加，例如鼓风机负载，启动时只需克服很小的静摩擦转矩，当转速升高时，风量增大很快，负载转矩也随之急剧增大；有些机械设备在启动过程中的负载转矩与正常运行时一样大，例如电梯、起重机和皮带运输机等；有些机械设备在启动过程中接近空载，待转速上升到接近额定值时再加负载，例如机床、破碎机等。此外，还有频繁启动的机械设备等。这些情况都对电动机的启动性能之一的启动转矩提出了不同的要求。

1．启动电流大与启动转矩小的危害

对于三相异步电动机来说，与直流电动机一样，衡量其启动性能好坏的最主要的因素是启动电流和启动转矩，通常我们总是希望三相异步电动机既要有较小的启动电流又要有较大的启动转矩。如果一台普通的三相异步电动机不采取措施而直接投入电网启动，即全压启动时启动电流就会很大，而启动转矩却达不到启动要求，这对电动机本身是不利的。下面分别表述三相异步电动机直接启动时启动电流大、启动转矩小对电动机和电网造成的危害。

1) *启动电流大的危害*

在三相异步电动机启动瞬间的定子电流即启动电流，而这个启动电流就是额定电压下的短路电流，为额定电流的5～7倍。如此大的启动电流会使电源和供电线路上的压降增大，引起电网电压波动，同时影响并联在同一电网上的其它负载的正常工作。例如，附近照明灯亮度减弱，正在正常运行的电动机转速下降，甚至因拖不动负载而停转等，对较小容量的供电变压器或电网系统影响特别严重。这种情况对电动机本身来说，虽然启动电流大，但由于持续时间不长，电动机的温升不会过大，不致起破坏性的作用(启动频繁和惯性较大、启动时间较长的电动机除外)。不过，过大的电磁力形成的电磁转矩对电动机的影响也不能忽视。

2) 启动转矩小的危害

启动转矩过小，会使启动时间过长，使过大的启动电流施加在电动机上的时间过长，甚至使电动机不能顺利启动。

三相异步电动机启动时的启动电流大主要对电网不利，而启动转矩小主要对负载不利。这是因为若电源电压下降，则启动转矩按电压平方成比例下降，可能会使电动机带不动负载启动。不同容量的电网和不同类型的机械设备，对三相异步电动机启动性能的要求是不同的。有的要求有较大的启动转矩，有的要求限制启动电流，但更多的情况要求两者必须同时满足。

一般情况下机械设备对三相异步电动机的启动要求是：① 尽可能限制启动电流；② 有足够大的启动转矩；③ 启动设备尽可能简单经济、操作方便，且启动时间短。

下面分别讲述三相笼型异步电动机的几种启动方法。

2. 全压启动

全压启动又称直接启动，是将三相交流电源的额定电压通过刀开关与接触器接到三相异步电动机的三相对称定子绕组上。尽管前面已经分析了全压启动时存在启动电流大、启动转矩并不大的缺点，但是由于全压启动方法最简单，操作最方便，对于小容量的三相笼型异步电动机，如果电网容量允许，应尽量采用全压启动。对于三相异步电动机的使用者来说，可参考下列经验公式来确定所使用的三相异步电动机能否采用全压启动：

$$\frac{3}{4}+\frac{\text{电源总容量}}{4\times\text{电动机容量}}\geqslant\frac{I_{st}}{I_N} \tag{3-30}$$

上式的左边为电源允许的启动电流倍数，右边为电动机的启动电流倍数。只有当电源允许的启动电流倍数大于电动机的启动电流倍数时才能对电动机采用全压启动的方法。

3. 降压启动

降压启动是采用某种方法将加在电动机定子绕组两端的电压降低，而不降低电源自身电压的一种方法。降压启动的目的是减小启动电流，但由于启动转矩与定子端电压的平方成正比，因此降压启动时，启动转矩将大大减小。可见降压启动方法对电网有利，而对负载本身不利。因此，降压启动只适用于对启动转矩要求较低的设备，如通风机、离心泵等。

降压启动常采用以下几种方法：

1) 定子绕组串电阻或串电抗降压启动

如图 3-17(a)所示，启动时，将刀开关打向“启动”位置，三相异步电动机在定子绕组电路中串入电阻或电抗的情况下开始转动，待电动机的转速从零上升到接近于稳定额定转速时，将刀开关打向“运行”位置，使电动机在全压下稳定运行。可见定子绕组电路所串的电阻或电抗在电路中起分压的作用，使加在电动机定子绕组两端的相电压 $U'_{1\phi}$ 低于电源的相电压 $U_{N\phi}$ (即全压启动时的定子端电压)，使启动电流 I'_{st} 小于全压启动时的启动电流 I_{st}。定子绕组串电阻启动的等效电路图如图 3-17(b)所示。由图可知，只要调节定子绕组所串电阻或电抗的大小，便可以得到电网所允许通过的启动电流。

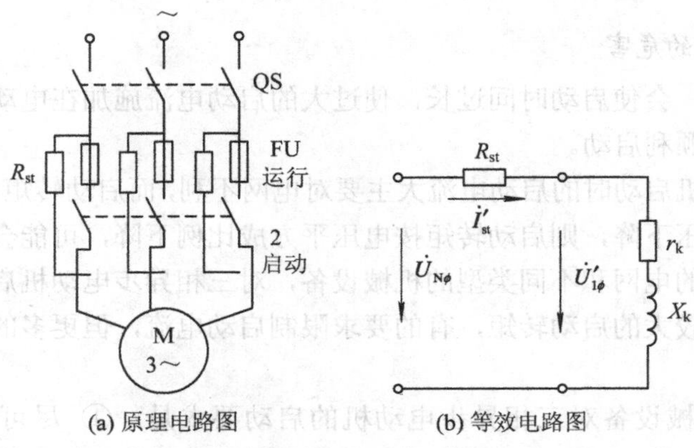

(a) 原理电路图 (b) 等效电路图

图 3-17 三相笼型异步电动机定子串电阻降压启动

定子绕组串电阻或串电抗启动方法的优点是设备简单、启动较平稳、运行可靠；缺点是启动转矩随定子端电压平方成正比例下降，因此只适合轻载或空载启动，而且启动过程中定子绕组所串的电阻或电抗要损耗较大的能量。

2) 自耦变压器降压启动

自耦变压器用作三相异步电动机降压启动时的接线图如图 3-18(a)所示。自耦变压器降压启动利用自耦变压器降低加到电动机定子绕组两端的电压。启动时，将刀开关 QS 打向"启动"位置，此时，自耦变压器的一次侧接到电网额定电压上，二次侧(一般有三个抽头，用户可根据电网允许的启动电流和机械设备所需的启动转矩进行选配)接到电动机定子绕组上，使电动机在低压下启动，待电动机的转速接近额定转速时，将刀开关打向"运行"位置，切除自耦变压器，同时电动机直接接至额定电压的电网中稳定运行。

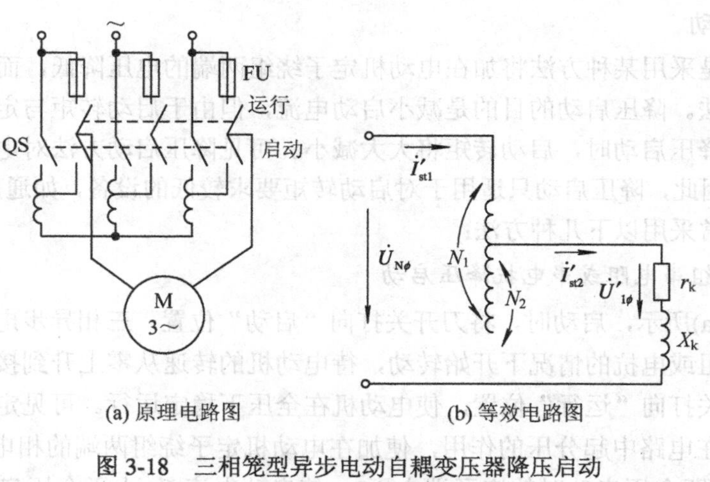

(a) 原理电路图 (b) 等效电路图

图 3-18 三相笼型异步电动自耦变压器降压启动

使用自耦变压器降压启动时的等效电路如图 3-18(b)所示，由于加在电动机定子绕组两端的相电压 $U'_{1\phi} = U_{N\phi}/k(k > 1)$，因此电动机的启动电流即自耦变压器的二次侧电流 I'_{st2} 与电网供给电动机的启动电流即自耦变压器的一次侧电流 I'_{st1} 之间有以下关系：

$$I'_{st2}=\frac{I'_{st1}}{k}$$

自耦变压器降压启动的优点是：在电网限制的启动电流相同时，用自耦变压器降压启动比用其它方法启动获得的启动转矩大；缺点是：自耦变压器的体积大，电路较复杂，设备价格昂贵，且不允许频繁启动。

3) Y/△降压启动

Y/△降压启动方法只适用于电动机正常运行时定子绕组是△形连接的三相异步电动机。通常电动机定子绕组的六个端头都引出来接到换接开关上，如图 3-19 所示。在启动时，将刀开关打向"Y"位置，使三相异步电动机定子绕组接成 Y 形，此时三相异步电动机进入降压启动，待电动机的转速接近于额定转速时，将刀开关打向"△"位置，此时的三相异步电动机定子绕组改接成△形，使三相异步电动机在额定电压下稳定运行。

启动时接成 Y 形，这时电动机在相电压$U'_{1\phi}=U_N/\sqrt{3}$低压下启动，待电动机转速升高到接近额定转速时，再改成△形连接，使电动机在额定电压下稳定运行。图 3-20 所示为 Y/△降压启动的原理图，由图可以推算出：在启动时，电动机在相电压为$U'_{1\phi}=U_N/\sqrt{3}$的低电压下启动，启动电流下降到全压启动时的 1/3，限流效果非常好，但启动转矩也降低很多，为原来的 1/3。因此这种启动方法只适用于空载和轻载启动。

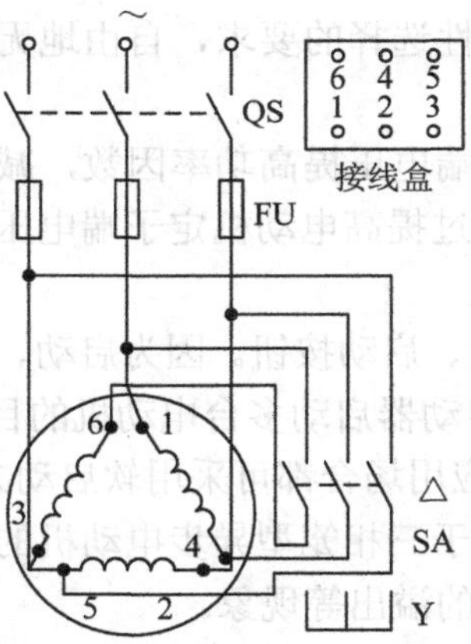

图 3-19　笼型异步电动机 Y/△降压启动原理图

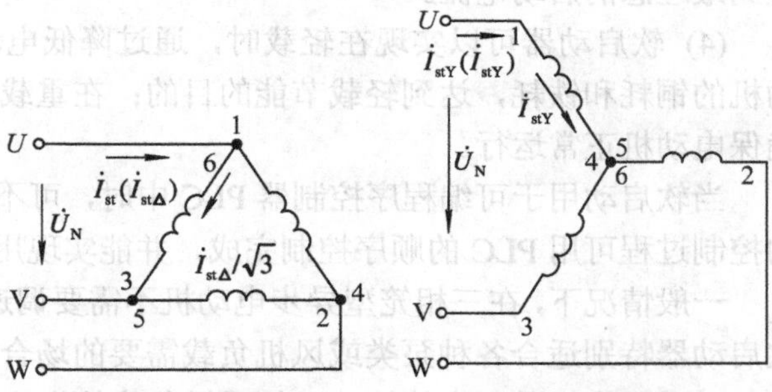

(a) △形连接全压启动　(b) Y 形连接降压启动

图 3-20　笼型异步电动机 Y/△降压启动等效电路图

Y/△降压启动方法的优点是设备比较简单、成本低、运行可靠，因此 Y 系列且容量等级在 4 kW 及以上的小型三相笼型异步电动机的定子绕组均采用△形连接，以便采用 Y/△启动；缺点是只适用于正常运行时定子绕组是△形连接的三相笼型异步电动机，并且只有一种固定的降压比。

通过以上的分析可知，无论采用何种降压启动方法，都能使启动电流减小到电网所允许的范围内，都将使电动机的启动转矩降低。但不同的降压启动方法有各自的特点，读者可根据现场的实际情况选择电动机的启动方法，以满足机械设备的需要。

4) 软启动

软启动是指利用电力电子技术，使电动机在启动过程中电压无级平滑地从初始值上升到全压，频率由 0 渐渐变化到额定频率，启动电流由不可控的过载冲击电流变成可控的，根据需要可调解启动电流的大小，而且在电动机启动的全过程中都不存在冲击转矩，而是平滑地启动运行。

软启动依赖于串接在电源和电动机之间的软启动器，如图 3-21 所示。通常在软启动器输入和输出两端，并联接触器 KM_1 主触点，在软启动器输入端串联接触器 KM 主触点。当软启动结束后，KM_1 主触点闭合，KM 主触点断开，工作电流通过 KM_1 送到电动机。这种方法大大提高了软启动器的使用寿命，同时避免了电动机运行时软启动器产生的高次谐波，因为接触器通断时，触点两端电压基本为零，也提高了接触器的使用寿命。

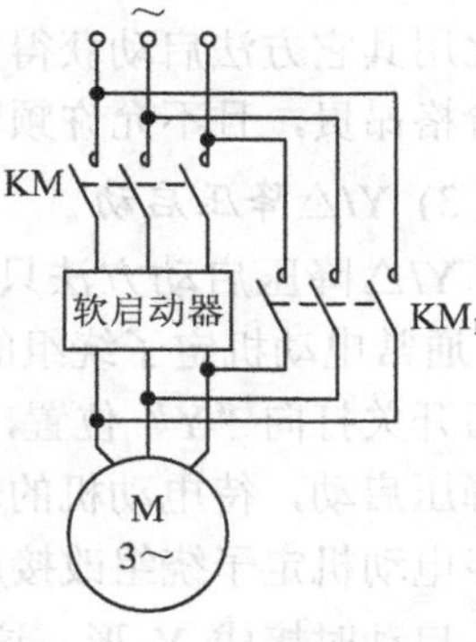

图 3-21　软启动接线图

软启动与传统的降压启动方式的不同之处是：

(1) 恒流启动。软启动器可以引入电流闭环控制，使电动机在启动过程中保持恒流，确保电动机平稳启动。

(2) 无冲击电流。软启动器在启动电动机时，通过逐渐增大晶闸管的导通角，电压无级上升，使电动机启动电流从零开始线性上升到所设定的值，从而使电动机平滑地加速，同时通过减小转矩波动来减轻对齿轮、联轴器及皮带的损害。

(3) 软启动能够根据负载的具体情况及电网继电保护特性选择的要求，自由地无级调整到最理想的启动电流。

(4) 软启动器可以实现在轻载时，通过降低电动机定子端电压提高功率因数，减少电动机的铜耗和铁耗，达到轻载节能的目的；在重载时，则通过提高电动机定子端电压，以确保电动机正常运行。

当软启动用于可编程序控制器 PLC 中时，可不装设停止、启动按钮。因为启动、停止的控制过程可用 PLC 的顺序控制完成，并能实现用一台软启动器启动多台电动机的目的。

一般情况下，在三相笼型异步电动机不需要调速的各种应用场合都可采用软启动方法。软启动器特别适合各种泵类或风机负载需要的场合，也适用于三相笼型异步电动机的软停止，以减轻停机过程中的振动，如减轻负载的位移以及液体的溢出等现象。

4. 三相笼型异步电动机启动性能的改善

通过前面的学习我们已经知道，三相笼型异步电动机降压启动时，为降低启动电流而使启动转矩也减小了。为了克服这种降压启动方法的缺点，可改进三相笼型异步电动机的转子槽型，来改善三相笼型异步电动机的启动性能，这样不仅能达到减小启动电流的目的，同时还增大了三相笼型异步电动机的启动转矩，从而实现了改善三相笼型异步电动机启动性能的目的。在实际应用中，常用深槽式和双笼式两种转子槽型。

(1) 深槽式三相笼型异步电动机。深槽式三相笼型异步电动机的主要特点是转子的槽型特别深而窄，通常槽深与槽宽之比为(10～12)：1，如图 3-22(a)所示。设沿槽深方向转子导条由许多根小导条并联组成，由图 3-22(b)所示的槽漏磁通分布情况可知，越靠近槽底部分的小导条交链的漏磁通越多，其漏电抗也越大。

启动时，$s=1$，转子频率 $f_2=f_1$，这相对于正常运行时 $f_2=1$ Hz～3 Hz 是较高的，转子槽中各并联小导条的漏电抗比电阻大。由图 3-22(a)可见，其电流密度主要取决于漏电抗的大小，由于越靠近槽底的小导条交链的漏磁链越多，其漏阻抗越大，因此从槽口到槽底方向，各转子导条沿槽高的电流密度逐渐减小，如图 3-22(b)所示。这时转子电流大部分集中到槽口部分的导条中，这种现象称为电流的"集肤效应"。"集肤效应"的结果，使靠近槽底部分的导条中几乎没有电流流过，相当于整个转子导条的有效截面减小了，如图 3-22(c)所示，从而使转子电阻增大(一般可达额定运行时转子电阻的 3 倍)，使启动电流减小而启动转矩增大，可满载启动。

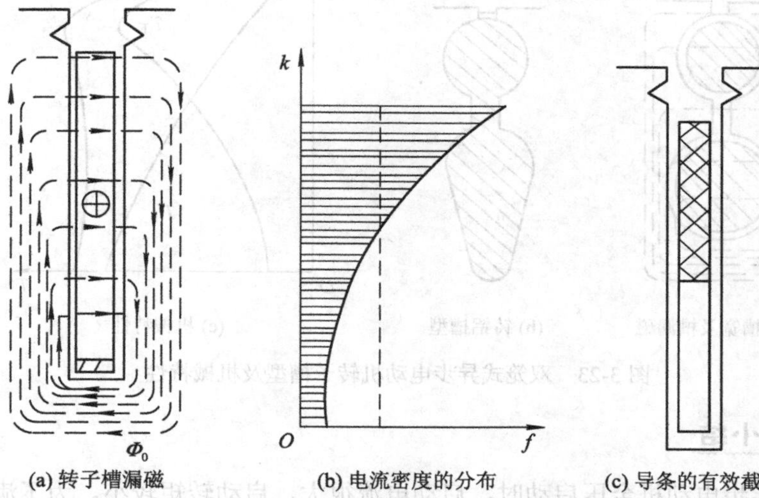

图 3-22 深槽式异步电动机转子导条集肤效应

随着转速的升高，转子电流的频率逐渐降低，各并联小导条的漏电抗也逐渐降低到小于电阻，"集肤效应"的影响逐渐减弱，此时电流分配主要取决于各并联小导条电阻的大小。这样，启动结束时，各并联导条的漏电抗相对于电阻来说较小，电流密度主要取决于电阻的大小，使转子电流逐渐均匀地分布在转子导条的整个截面上，转子电阻逐渐降到正常值。与普通的三相笼型异步电动机相比，由于深槽式转子的漏磁通大，使正常运行时的转子漏抗大，因此电动机的功率因数及过载能力降低。所以，深槽式电动机启动性能的改善是靠牺牲某些性能指标(功率因数及过载能力)而获得的。

(2) 双笼式三相异步电动机。双笼式三相异步电动机的转子具有两套笼型绕组，如图 3-23(a)所示。其上笼导条截面较小，且由电阻率较大的黄铜或铝青铜等制成，因而电阻较大。但上笼交链的槽漏磁通较少，故漏抗小；下笼导条截面较大，且由电阻率较小的紫铜制成，因而电阻较小，但它交链的漏磁通较多，漏抗大。

启动时，转子电流的频率较高，上、下笼的漏电抗都较大，转子电流主要取决于漏电抗的大小。由于下笼电抗大，上笼电抗小，因此，转子电流大部分流过上笼，"集肤效应"显著，使上笼起主要作用，故上笼称为启动笼。由于上笼电阻大，因此可以增大启动转矩，减小启动电流。

启动结束后，转子电流频率很低，两笼的漏电抗都很小，转子电流主要取决于转子电阻的大小。由于下笼电阻小，上笼电阻大，因此转子电流大部分流过下笼，使下笼在电动机运行时起作用，故下笼称为运行笼或工作笼。

双笼式三相异步电动机的机械特性是上、下笼机械特性的合成，如图3-23(c)所示，改变上、下笼导条的材料和截面，可以得到不同的合成机械特性，从而满足不同的负载要求。双笼型三相异步电动机与深槽式三相异步电动机一样有很好的启动性能，也可以满载启动，但运行性能要好一些。不过深槽式电动机制造简单，价格较低。

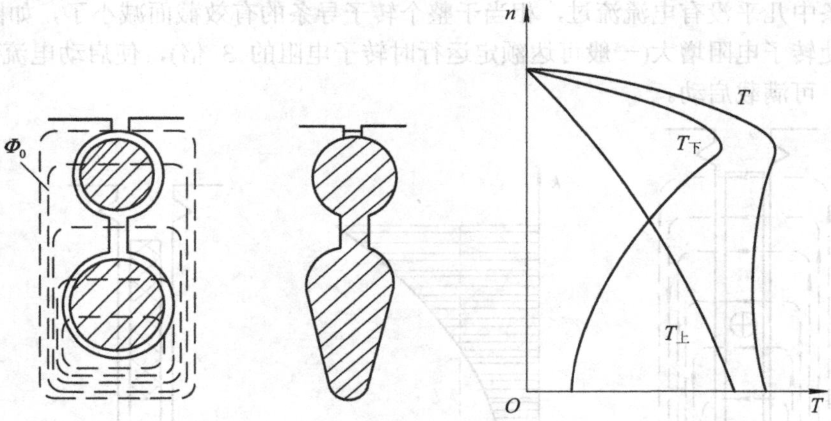

(a) 铜条槽宽及槽漏磁　(b) 铸铝槽型　(c) 机械特性

图 3-23　双笼式异步电动机转子槽型及机械特性

三、活动小结

三相笼型异步电动机全压启动时，启动电流很大，启动转矩较小。为了满足电网对电动机启动电流的限制和机械设备对电动机启动转矩的要求，对三相笼型异步电动机，如果电网容量允许，应尽量采用全压启动，以使启动转矩不受损伤而能满载启动；当电网容量较小时，应采用降压启动，以减小启动电流。常用定子串电阻或电抗、自耦变压器、Y/△等降压启动方法，但降压启动后，启动转矩随电压平方成正比例地下降，因此降压启动一般适用于轻载启动。降压启动的软启动方法使启动时无启动冲击电流，启动平稳。如果希望三相笼型异步电动机启动时既减小启动电流又增大启动转矩，且启动平滑，则应采用特殊的深槽式或双笼型三相异步电动机。

四、活动回顾与拓展

(1) 三相笼型异步电动机全压启动时，为什么启动电流大，而启动转矩不是很大？

(2) 三相笼型异步电动机在何种情况下可全压启动？

(3) 三相笼型异步电动机的启动方法有哪几种？各有何特点？

(4) 为什么在三相笼型异步电动机的几种降压启动方法中，自耦变压器降压启动性能相对最佳？

活动 2　三相绕线转子异步电动机的启动

一、活动目标

(1) 掌握三相绕线转子异步电动机转子绕组串电阻的启动方法。

(2) 掌握三相绕线转子异步电动机转子绕组串频敏变阻器的启动方法。

二、活动内容

三相绕线转子异步电动机主要适用于需要重载启动的机械设备或者需要频繁启动的电力拖动系统。三相绕线转子异步电动机的三相绕组接成 Y 形，三根引出线通过三个集电环和电刷引到定子的出线盒上，这样可在外部串入短接的三相对称电阻或频敏变阻器的情况下改善三相绕线转子异步电动机的启动性能。对于大、中型三相绕线转子异步电动机常采用转子串电阻方法启动，以获得更好的启动性能和调速效果。

1. 转子绕组串电阻启动

当三相绕线转子异步电动机的每相转子绕组串入启动电阻 R_{st} 时，其启动时的相电流为：

$$I'_{st}=\frac{U_{N\phi}}{\sqrt{(r_1+r'_2+R'_{st})^2+(X_1+X'_2)^2}}=\frac{U_{N\phi}}{\sqrt{(r_k+R'_{st})^2+X_k^2}} \tag{3-3}$$

由此可见，只要 R_{st} 足够大，就可以使启动电流 I'_{st} 限制在规定的范围内。由图 3-24 可知，转子绕组串电阻 $R_p=R_{st}$ 后，其启动转矩 T'_{st} 可随 R_{st} 的大小自由调节，在一定范围内，T'_{st} 可随 R_{st} 的增加而增加，以适应重载启动的要求；也可以让 R_{st} 足够大，使 $s'_m>1$，$T'_{st}<T_{max}$，然后再逐渐减小 R_{st} 使 T'_{st} 增大，这样可以减小启动时的机械冲击。因此，三相绕线转子异步电动机转子串电阻可以得到比普通的三相笼型异步电动机优越得多的启动性能。

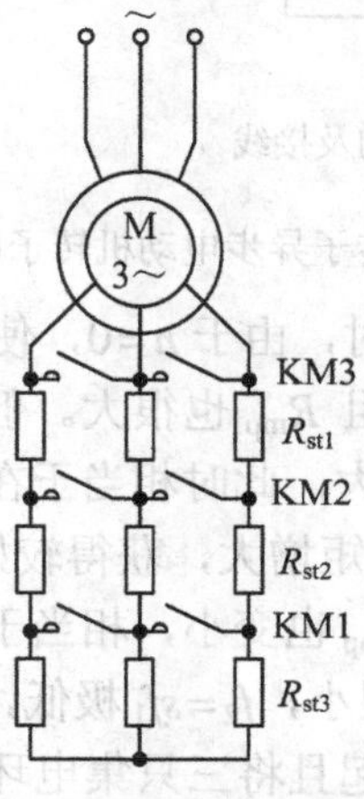

图 3-24　绕线转子异步电动机转子串电阻三级启动原理接线图

在实际应用中，启动电阻 R_{st} 在启动过程中是通过接触器逐级切除(短接)的。图 3-24 所示为绕线转子异步电动机转子串电阻三级启动(即分三次切除)的原理接线图。其启动过程与直流电动机电枢回路串电阻启动相似，在此不再赘述，区别是绕线转子异步电动机启动完毕后，需操作启动器手柄将电刷提起，同时将三只集电环自行短接，以减小运行中的电刷摩擦损耗，至此启动过程结束。

2. 转子绕组串频敏变阻器启动

三相绕线转子异步电动机转子串电阻启动，在逐级切除每一级电阻的瞬时，启动电流和启动转矩都会突然增大，产生过大的电磁力和机械冲击力。为了克服上述缺点，当三相绕线转子异步电动机不需要频繁启动且不需要调速时，可采用转子绕组串频敏变阻器启动来增加启动的平稳性。

频敏变阻器的结构特点是：其外观很像一台没有二次绕组、一次侧为Y形连接的三相心式变压器，如图3-25(a)所示。它的电阻和电抗值都会随频率的变化而变化。因它采用较厚的钢片叠压而成，故当绕组上通过交流电流时，铁芯内产生的铁耗将比普通变压器大得多。转子串频敏变阻器的等效电路如图3-25(b)所示。其中R_p是频敏变阻器每相绕组的电阻，阻值较小；R_{mp}是反映频敏变阻器铁芯损耗的等效电阻，X_{mp}是频敏变阻器静止时的每相电抗。

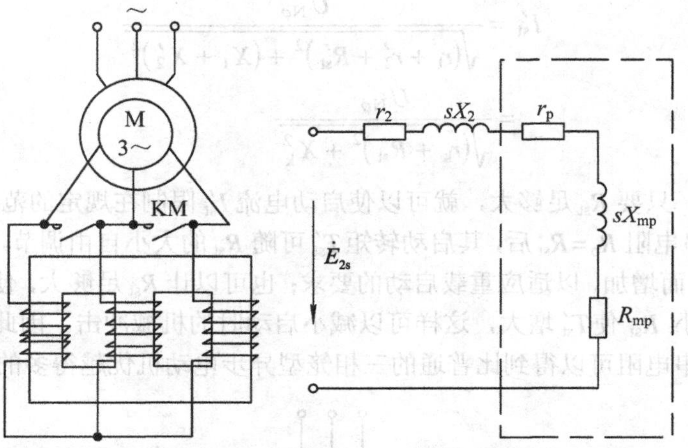

(a) 频敏变阻器的结构及接线　　(b) 等效电路

图3-25　绕线转子异步电动机转子串频敏变阻器启动

转子绕组串入频敏变阻器启动时，由于$n=0$，使$s=1$，而$f_2=sf_1=f_1$最高，频敏变阻器内的铁芯损耗很大，对应的等效电阻R_{mp}也很大。但由于启动时，转子电流很大，使频敏变阻器的铁芯很饱和，所以X_{mp}不大，此时相当于在转子回路中串入一个较大的启动电阻R_{mp}，从而使启动电流减小而启动转矩增大，获得较好的启动性能。随着转速的升高，s减小，f_2降低，使R_{mp}减小，此时sX_{mp}也变小，相当于随转速升高而自动且连续地切除启动电阻值。当转速接近额定值时，s很小，$f_2=sf_1$极低，所以R_{mp}及X_{mp}都很小，相当于将启动电阻全部切除。此时应将电刷提起且将三只集电环短接，使电动机运行于固有机械特性上，启动过程结束。

通过上述分析可知，三相绕线转子异步电动机转子绕组串频敏变阻器启动，具有减小启动电流又增大启动转矩的优点，同时还具有等效启动电阻随转速升高而自动且连续减小的优点，所以启动的平滑性优于转子串电阻分级启动。同时，频敏变阻器还具有结构简单、维护方便、运行可靠、价格便宜等优点。因此，频敏变阻器在工程上的应用非常广泛。

三、活动小结

三相绕线转子异步电动机有转子绕组串电阻和串频敏变阻器两种启动方法。不管采用哪种启动方法，启动时启动电阻都很大，限制了启动电流，增大了启动转矩，改善了启动性能。但后者比前者的启动平滑性好。

四、活动回顾与拓展

(1) 三相绕线转子异步电动机的启动方法有哪几种？

(2) 为什么说三相绕线转子异步电动机转子绕组串频敏变阻器启动比串电阻启动效果好？

任务三　三相异步电动机的调速

活动1　三相笼型异步电动机的调速

一、活动目标

(1) 理解并熟悉三相笼型异步电动机的调速方法。

(2) 掌握三相笼型异步电动机变频调速的原理。

(3) 熟悉三相笼型异步电动机电磁转差离合器调速的特点。

二、活动内容

直流电动机虽具有良好的调速性能，特别是在调速要求高和快速可逆的电力拖动系统中，大都采用直流电动机拖动生产机械，但它也有其自身的缺点，具体有：

① 需要直流电源；

② 结构复杂，维护检修困难；

③ 价格高；

④ 不宜在易爆场合使用。

目前，三相异步电动机虽然在调速和控制性能方面还不如直流电动机，但它也具有自身的优点，具体有：

① 结构简单；

② 维护方便；

③ 运行可靠。

随着电力电子技术、计算机技术以及自动控制技术的不断发展，使得三相异步电动机的交流调速性能不断提高，调速技术日趋完善，在电力拖动系统中有很大的发展前景。

由三相异步电动机的转速公式：

$$n=(1-s)n_1=(1-s)\frac{60f_1}{p}$$

可以得出，三相异步电动机的调速方法有以下三种：

(1) 变极调速：通过改变定子绕组的磁极对数 p 来改变同步转速 n_1，进而改变电动机转速。

(2) 变频调速：可采用改变电源频率 f_1 来改变同步转速 n_1，进而改变电动机转速。

(3) 变转差率调速(又称电磁转差离合器调速)：保持同步转速 n_1 不变，改变转差率 s 进行调速，这又包括：

① 转子回路串电阻调速；

② 电磁转差离合器调速；

③ 串级调速(参见绕线转子异步电动机调速)。

1. 变极调速

变极调速是通过改变三相异步电动机的磁极对数 p，以改变同步转速 $n_1=(60f_1)/p$，从而达到调速的目的。

改变三相异步电动机定子绕组的磁极对数，通常用改变定子绕组的接线方式来实现。而只有当三相异步电动机的定子和转子极数一致时，才能产生平均电磁转矩，实现机电能量转换。对于三相绕线转子异步电动机，当通过改变定子绕组的接线来改变定子极对数时，必须同时改变转子绕组的接线以保持定子和转子极数相等，这使得变极接线及控制很复杂。而三相笼型异步电动机当定子极数变化时，转子极数能自动地保持与定子极数相等。所以变极调速一般用于三相笼型异步电动机的调速。

1) 变极原理

下面用图 3-26 来说明改变定子极对数的方法，因为三相笼型异步电动机的三相定子绕组只有在完全对称的情况下才能正常运行，所以，在此仅以一相绕组为例，通常只要将一相绕组的半相连线改接即可。设电动机的定子每相绕组都由两个完全对称的“半相绕组”所组成，以图 3-26 中的 U 相为例，并设相电流是从首端 U_1 流进，尾端 U_2 流出。当 U 相的两个“半相绕组”首尾相串联时(称之为顺串)，根据“半相绕组”内的电流方向，用右手螺旋定则可以判断出磁场的方向，并用“⊗”和“⊙”表示，如图 3-26(a)所示。这时电动机形成的是一个 $2p=4$ 极的磁场；如果将两个“半相绕组”尾尾相串联(称之为反串)或首尾相并联(称之为反并)时，就形成一个 $2p=2$ 极的磁场，分别如图 3-26(b)、(c)所示。

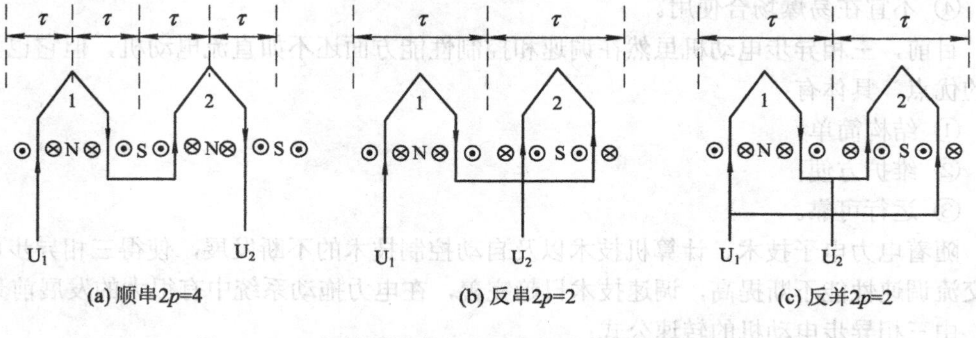

图 3-26　三相笼型异步电动机变相时一相绕阻的接法

比较图 3-26 可知，只要将两个“半相绕组”中的任何一个“半相绕组”的连接方式改变，就可使该“半相绕组”的电流反向，从而可以将极对数增加一倍(顺串)或减少一半(反串或反并)。这就是单绕组倍极比的变极原理，如常见的 2/4 极、4/8 极电动机等。

在实际中，也可以用改变绕组接法以达到非倍极比的变极目的，如 4/6 极三相笼型异步电动机等。有时，所需变极的倍数较大，利用一套绕组变极比较困难，就采用两套独立的不同极数的绕组，用哪一档速度时就用哪一套绕组，另一套绕组开路空着。如某电梯用双速电动机有 6/24 极两套绕组，可得 1000 r/min 和 250 r/min 两种同步速，高速(6 极)为运行速度，低速(24 极)为接近楼层准确停车用。

2) *两种常用的变极方法*

变极调速的具体接线方法很多，在此只讨论两种常用的变极接线——Y/YY 变极和△/YY 变极，分别如图 3-27(a)和(b)所示。变极前每相绕组的两个“半相绕组”是顺串的，因而是倍极数，不过前者三相绕组是 Y 形连接，后者是△形连接；变极时每相绕组的两个“半相绕组”分别改接成反并，极数减少一半，而三相绕组都接成 Y 形，经演变变极后它们都成了双 Y 形连接。所以图 3-27(a)和图 3-27(b)分别称为 Y/YY 变极和△/YY 变极。这种变极接线中定子的三相绕组只需 9 个引出端点，所以接线简单，控制方便。

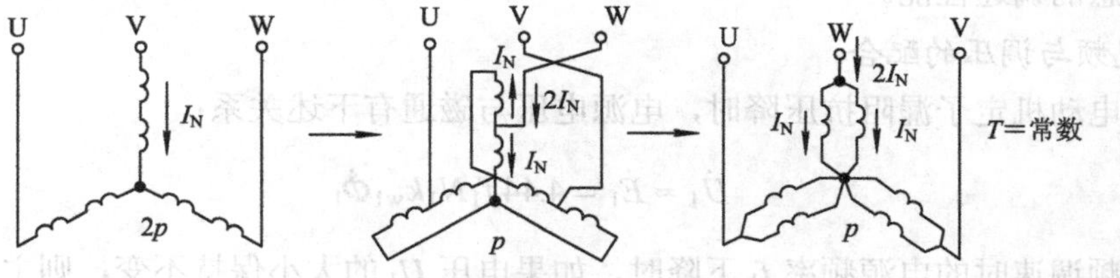

(a) Y/YY变极

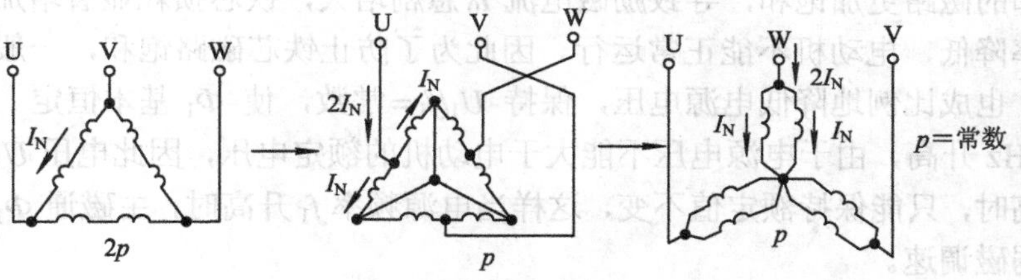

(b) △/YY变极

图 3-27 三相笼型异步电动机常用的两种变极接线

图 3-27 中，在改变定子绕组接线的同时，将 V、W 两相的出线端进行了对调。这是因为在电动机定子的圆周上，电角度是机械角度的 p 倍，所以当极对数改变时，必然引起三相绕组空间相序的变化。因此，为了保证变极调速前后电动机的转向不变，在改变定子绕组接线的同时，必须采用 V、W 两相出线端对调的方法，使接入电动机端电源的相序改变，这一点在实际工作中必须引起足够的重视。

变极调速时，因为 Y/YY 变极和△/YY 变极相应的定子绕组有不同的接线方式，所以允许的负载类型也不相同。具体的负载类型如下：

(1) 对于 Y/YY 的变极调速，由于从 Y 形连接变成 YY 形连接后，变极极数减少一半时，转速增加一倍，功率增大一倍，而转矩基本上保持不变，所以属于恒转矩调速方式，适用于拖动起重机、电梯、运输带等恒转矩负载的调速。

(2) 对于△/YY 变极调速，由于从△形连接变成 YY 形连接后，极数减半，转速增加一倍，转矩近似减小一半，功率基本保持不变(只增加 15%)，因而可以看成是恒功率调速方式，适用于车床切削等恒功率负载的调速。如粗车时，进刀量大，转速低；精车时，进刀量小，转速高。但两者的功率基本上是不变的。

通过上述分析可知，变极调速具有操作简单、成本低、运行可靠、效率高、机械特性硬等优点，而且还可以采用不同的接线方式来实现恒转矩调速或恒功率调速。变极调速的缺点是：它是一种有级调速，而且只能是有限的几挡速度，只能适用于对调速要求不高且不需要平滑调速的场合。

2. 变频调速

变频调速就是通过改变三相异步电动机的电源频率 f_1，以改变同步转速 $n_1=(60f_1)/p$，从而达到调速的目的的调速方式。

可以通过平滑调节同步速 n_1，平滑改变电源频率，从而使电动机获得平滑调速。但在工程实践中，仅仅改变电源频率，还不能获得理想的调速特性，因为只改变电源频率，会影响电动机的运行性能和其它参数的变化。下面将讨论在变频的同时如何调节电压，以获得较为满意的调速性能。

1) 变频与调压的配合

忽略电动机定子漏阻抗压降时，电源电压与磁通有下述关系：

$$\dot{U}_1 \approx \dot{E}_1 = 4.44 f_1 N_1 k_{w1} \dot{\Phi}_1$$

当变频调速时的电源频率 f_1 下降时，如果电压 U_1 的大小保持不变，则主磁通将增大，使原本饱和的磁路更加饱和，导致励磁电流 I_0 急剧增大，铁芯损耗显著增加，电动机发热严重，效率降低，电动机不能正常运行。因此为了防止铁芯磁路饱和，一般在降低电源频率的同时，也成比例地降低电源电压，保持 $U_1/f_1=$常数，使 Φ_1 基本恒定。当电源频率 f_1 从基频 50 Hz 升高，由于电源电压不能大于电动机的额定电压，因此电压 U_1 不能随频率 f_1 成比例升高时，只能保持额定值不变，这样当电源频率 f_1 升高时，主磁通 Φ_1 将减小，相当于电动机弱磁调速。

2) 变频电源

工程实际中变频调速的关键是如何获得一个单独向三相异步电动机供电的经济可靠的变频电源。目前广泛使用的可控变频电源的种类有变频机组和静止变频装置，而后者又分为交—直—交变频装置和交—交变频装置。

变频机组装置由直流电动机和交流发电机组成，调节直流电动机的转速就能改变交流发电机的频率。但由于机组噪声大、效率低、不易维修，已很少使用。

目前广泛采用的静止变频电源装置是由多个晶闸管元件等组成的，它克服了变频机组装置的缺点。

交—直—交变频装置是先将三相工频交流电源经整流器整流成直流，然后再经逆变器转换频率与电压均可调节的变频电源。当然，也可以将三相工频电源直接经三相变频器转换成所需频率的交流电压，即交—交变频。这样比交—直—交变频少一道转换手续，损耗小，效率高，但需要更多的晶闸管元件。

变频调速的优点是：平滑性好、效率高、机械特性硬、调速范围宽广、转速稳定性好且可平滑改变，电源频率可连续调节，为无级调速，只要控制电压随频率变化的规律，便可以适应不同负载特性的要求。变频调速具有优越的调速性能，特别对三相笼型异步电动机，变频调速是最有发展前途的一种调速方法。变频调速的缺点是：必须设专门的变频电源；恒转矩调速时，低速段电动机的过载能力大大降低，严重时带不动负载。

3. 电磁转差离合器调速

变极调速和变频调速方法是将电动机和机械设备作硬(刚性)连接，靠调节电动机本身的转速实现对机械设备的调速。而采用电磁转差离合器的调速系统则不同，该系统中拖动机械设备的电动机并不需要速度变化，且电动机与机械设备也没有直接联系，两者之间通过电磁转差离合器的电磁作用作软连接，如图 3-28(a)所示。

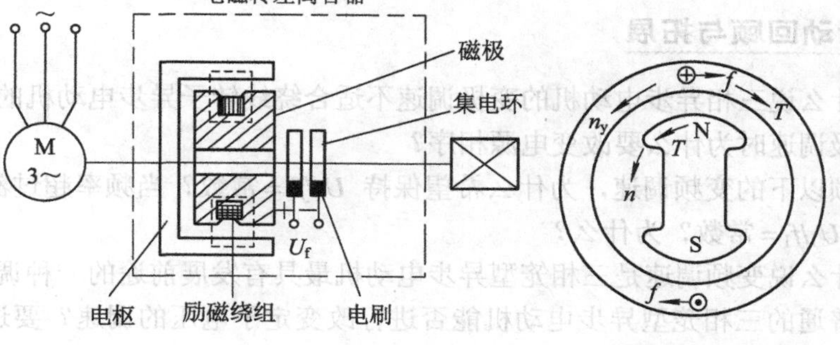

(a) 系统示意图　　(b) 工作原理图

图 3-28 电磁转差离合器调速系统

电磁转差离合器由电枢和磁极两部分组成，电枢一般是用铸刚制成圆筒状，与电动机转轴作硬连接，是离合器的主动部分；磁极包括铁芯与励磁绕组，由可控整流装置通过集电环引入可调直流电流 I_f，以建立静止磁场和进行调速，磁极与机械设备作硬连接，是离合器的从动部分。

当 $I_f=0$ 时，虽然三相笼型异步电动机以 n_y 的转速带动电磁转差离合器电枢转动，但是由于磁极没有磁性而不能受到电磁力的作用，因此它静止不动，同时机械设备也静止不动，这就使电动机和机械设备处于“离”的状态。当 $I_f\neq0$ 时，离合器磁极建立磁场，离合器电枢旋转时切割静止磁场而在电枢上感应电动势并产生涡流，该涡流与磁极磁场相互作用产生电磁力 f 及电磁转矩 T，且电磁转矩 T 与电枢转向相反，是制动性质的，如图 3-28(b)所示，企图使电枢停转，但电动机带动电枢继续转动；根据作用力与反作用力的原理，此时磁极受到与电枢大小相等方向相反的电磁力 f 和电磁转矩 T，迫使磁极沿电枢转动方向旋转，同时带动机械设备以转速 n 沿 n_y 方向旋转，这就使电动机和机械设备处于“合”的状态。机械设备的转速 n 不可能达到电动机的转速 n_y，两者必有一个转差 $\Delta n=n_y-n$，电磁转差离合器由此得名。通常把电磁转差离合器与三相笼型异步电动机装成一个整体，统称电磁调速异步电动机。

平滑调节励磁电流 If 的大小，即可平滑调速。在同一负载转矩下，If 越大，转速也越高，由于离合器的电枢是铸钢的，电阻大，转速越低，不能满足静差度的要求，调速的范围不大。为此实际中采用速度负反馈的晶闸管闭环控制系统，提高了转速，扩大了调速范围。

电磁转差离合器调速异步电动机结构简单、运行可靠、控制方便且可以平滑调速，调速范围较大，因此被广泛应用于纺织业、造纸业等行业中风机、泵类的调速系统中。

三、活动小结

三相笼型异步电动机的调速方法有变极调速、变频调速和电磁转差离合器调速三种。变极调速利用换接定子绕组的方法来实现，其调速范围小，且为有级调速，常用于不需要平滑调速的场合。变频调速的调速范围广，可实现无级调速，电动机效率也不会显著降低，调速性能可与直流电动机相媲美，广泛用于调速要求高的电力拖动系统。总之，对于三相笼型异步电动机来说，变频调速性能最优异，是最有发展前途的平滑调速方法。

四、活动回顾与拓展

(1) 为什么说三相异步电动机的变极调速不适合绕线转子异步电动机的调速？

(2) 变极调速时为什么要改变电源相序？

(3) 基频以下的变频调速，为什么希望保持 U_1/f_1=常数？当频率超过额定值时，是否也希望保持 U_1/f_1=常数？为什么？

(4) 为什么说变频调速是三相笼型异步电动机最具有发展前途的一种调速方法？

(5) 用普通的三相笼型异步电动机能否进行改变定子电压的调速？要进行哪些改进？这种调速方法有哪些优缺点？

(6) 试分析变频调速时的机械特性，它有何特点？

(7) 采用电磁转差离合器的调速系统与其它调速方式有何不同？“离”与“合”的含义各是什么？如何实现？

活动2　三相绕线转子异步电动机的调速

一、活动目标

(1) 熟悉三相绕线转子异步电动机的调速原理及方法。

(2) 掌握三相绕线转子异步电动机调速的特点及应用场合。

二、活动内容

1. 三相绕线转子异步电动机转子串电阻调速

当三相绕线转子异步电动机转子回路串电阻后，同步速不变，最大转矩不变，但临界转差率增大，机械特性运行段的斜率变大。它与直流电动机电枢回路串电阻调速相类似，在同一负载转矩下所串电阻值越大，转速越低。具体的调速过程分析从略。

经分析可知，绕线转子异步电动机转子串电阻调速的主要缺点是：

(1) 转子回路电阻较大，调速电阻 R_P 只能分级调节而且分级数又不宜太多，所以调速平滑性差。

(2) 转速上限是额定转速，而转子串电阻后机械特性变软，转速下限受静差度限制，因而调速范围不大。

(3) 空、轻载时串电阻转速变化不大，因此只宜带较重的负载调速。

(4) 转差率 sP_{em} 是转子回路的总铜耗，即转子本身绕组电阻的铜耗和外串电阻的铜耗之和，低速时，转差率大，则 sP_{em} 大，即消耗在外串电阻上的铜耗大，效率 η 低而发热严重。

但是，由于绕线转子串电阻调速方法简单方便，初期投资少，容易实现，而且其调速电阻 R_p 还可以兼作启动与制动电阻使用，因而广泛应用于起重机械的拖动系统中。

2．三相绕线转子异步电动机的串级调速

为了改善绕线转子异步电动机串电阻调速的性能，即克服该调速方法在低速时效率低的缺点，采用将消耗在外串电阻的大部分转差功率 sP_{em} 送回到电网中，或者由另一台电动机吸收或转换成机械功率去拖动负载的方法，这样既可以达到调速的效果，又可以提高系统的运行效率。这种方法称为串级调速。

1) 串级调速的原理

串级调速是指在三相绕线转子异步电动机的转子回路中串入一个与转子同频率的附加电动势 E_f 去代替原来转子回路所串的电阻而实现调速的一种调速方法。

2) 串级调速的实现

实现串级调速的关键是在三相绕线转子异步电动机的转子回路中串入一个大小、相位可以自由调节、频率能自动随转速变化而变化且始终等于转子频率的附加电动势。但由于很难获得这样一个变频电源，因此，在工程上通常是先将转子电动势通过整流装置变成直流电动势，然后串入一个可控的附加直流电动势和它作用，从而避免了随时变频的麻烦。根据附加直流电动势作用而吸收转子转差功率后回馈方式的不同，可将串级调速方法分为电动机回馈式串级调速和晶闸管串级调速两种类型。

图 3-29 是串级调速系统的原理示意图，系统工作时将绕线转子异步电动机 M 的转子电动势 E_{2s} 经整流装置整流后变为直流电压 U_d，再由晶闸管逆变器将 U_β 逆变为工频交流，经变压器变压与电网相匹配而使转差功率 sP_{em} 反馈回交流电网。这里的逆变电压可视为加在三相异步电动机转子回路中的附加电动势 E_f，改变逆变角可以改变 U_β 的值，从而达到调节绕线转子异步电动机 M 转速的目的。

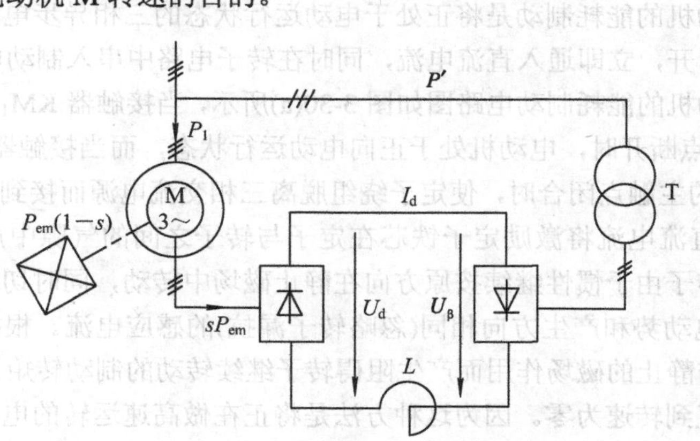

图 3-29　串级调速系统示意图

串级调速时的机械特性硬，调速范围大，平滑性好，效率高，是三相绕线转子异步电动机最具发展前途的一种调速方法。

三、活动小结

三相绕线转子异步电动机的调速方法有转子回路串电阻调速和串级调速两种。其中串级调速效率高，平滑性好，调速范围大，但功率因数低，最适用于通风机型负载。总之，对于大功率绕线转子异步电动机，串级调速性能最优异，最有发展前途。

四、活动回顾与拓展

(1) 试述三相绕线转子异步电动机转子串电阻的调速原理和调速过程，它有何优缺点？

(2) 为什么说串级调速是三相绕线转子异步电动机最具有发展前途的一种调速方法？

任务四　三相异步电动机的制动

活动　三相异步电动机的制动

一、活动目标

(1) 掌握三相异步电动机的制动方法。

(2) 掌握三相异步电动机各制动方法的特点及适用场合。

二、活动内容

对于三相异步电动机制动方法的学习，可以采用与直流电动机制动方法进行对比的方法来进行。与直流电动机一样，三相异步电动机也有能耗制动、电源反接制动、倒拉反接制动及回馈制动四种电气制动方法。

1. 能耗制动

三相异步电动机的能耗制动是将正处于电动运行状态的三相异步电动机的定子绕组从三相交流电源上断开，立即通入直流电流，同时在转子电路中串入制动电阻。

三相异步电动机的能耗制动电路图如图 3-30(a)所示，当接触器 KM_1 的主触点闭合，接触器 KM_2 的主触点断开时，电动机处于正向电动运行状态，而当接触器 KM_1 的主触点断开，接触器 KM_2 的主触点闭合时，使定子绕组脱离三相交流电源而接到直流电源上。此时流过定子绕组的直流电流将激励定子铁芯在定子与转子之间的气隙中产生一个静止的磁场，而电动机的转子由于惯性继续按原方向在静止磁场中转动，同时切割磁力线并在转子绕组中产生感应电动势和产生方向相同(忽略转子漏抗)的感应电流。根据左手定则可以判断该感应电流再与静止的磁场作用而产生阻碍转子继续转动的制动转矩 T，如图 3-30(b)所示。系统减速，直到转速为零。因为这种方法是将正在做高速运转的电动机的转子动能转化为电能，并消耗在转子回路的电阻上，动能耗尽，系统停车，所以称为能耗制动。

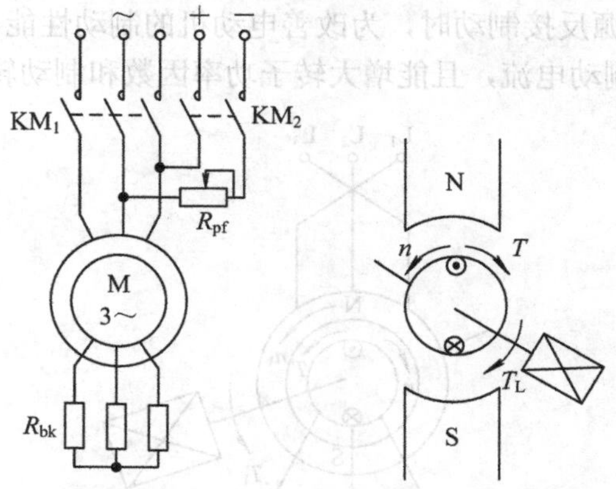

(a) 原理接线图　　(b) 制动原理图

图 3-30　三相异步电动机的能耗制动

通过上述分析可知，处于能耗制动状态的三相异步电动机实际上相当于一台发电机，只是它输入的是电动机所储存的机械能或动能，负载是转子电路中的电阻。

当三相异步电动机刚制动时，由于惯性，转速来不及变化，转速最高 $n=n_1$，转子绕组切割静止磁场的速度最高，感应的电动势最大。如果转子电路不串入制动电阻 R_{bk}，会使制动电流过大而制动转矩较小；如果转子电路中串入适当电阻 R_{bk}，则在同一转速下，限制了制动电流且得到较大的制动转矩，由此有较好的制动效果。

如果励磁电流 I_f 较小且转子电路不串制动电阻 R_{bk}，则制动瞬间的制动转矩较小而制动电流过大，不能满足系统的要求。因此对于三相笼型异步电动机来说，为了增大制动瞬间的制动转矩，就必须增大励磁电流 I_f，而对于三相绕线转子异步电动机来说，通常采用转子回路串电阻的方法来增大制动转矩。

由以上分析可知，三相异步电动机的能耗制动具有以下特点：

(1) 制动平稳，能使反抗性恒转矩负载准确快速地停车。

(2) 由于定子绕组与交流电网脱离，电动机不从电网吸取交流电能，只吸取少量的直流电能。

(3) 从能量的角度看，能耗制动比较经济，但是制动转矩较小，制动效果不理想，所以不适合要求快速停车的机械设备。

2．电源反接制动

电源反接制动是将三相异步电动机的任意两相定子绕组的电源进线对调，同时在转子电路中串入制动电阻。这种制动方法相当于他励直流电动机的电源反接制动，适用于反抗性负载快速停车及快速反向。

电源反接制动的原理图如图 3-31 所示，由于定子绕组两相对调，使旋转磁场反向，电动机转速方向与电磁转矩反向。如果是对需要快速停车的反抗性负载进行电源反接制动，应快速切断电源，否则可能会使电动机反向启动并旋转。

由于制动瞬间，$n \approx n_1$，$s \approx 2$，所以制动瞬间的转子电动势 $E_{2a} \approx 2E_2$ 比 $s=1$ 启动时的 $E_{2a}=E_2$ 还要大一倍，因此制动电流太大且因转子电流频率大，制动效果不理想。所以在生产实际中，当采用电源反接制动时，为改善电动机的制动性能，转子回路要串入制动电阻 R_{bk}，以限制过大的制动电流，且能增大转子功率因数和制动转矩。

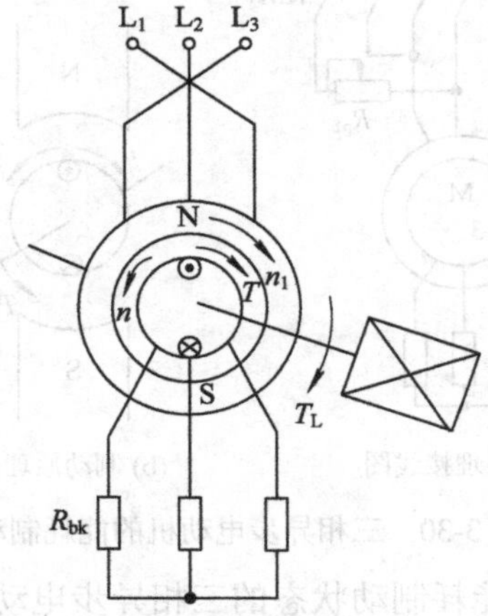

图 3-31　电源反接制动原理图

三相异步电动机电源反接制动具有以下特点：

(1) 制动转矩即使在转速降到很低时，仍较大，因此制动强烈而迅速。

(2) 能够使反抗性恒转矩负载快速实现正反转，若要停车，需在制动转速为零时立即切断电源。

(3) 由于电源反接制动时，既要从电网吸取电能，又要从轴上吸取机械能，因此能耗大，经济性较差。

3. 倒拉反接制动

倒拉反接制动的原理图如图 3-32 所示。该反接制动类似于直流电动机的倒拉反接制动。由于倒拉反接制动时，首先将重物提起，然后再将重物稳稳地下放，因此，三相异步电动机的定子绕组的接线与正向电动状态时一样。当按正向接线时，电动机处于正向电动状态，此时，如果在转子电路中串入足够大的电阻 R_{bk}，限制电动机的转子电流，电磁转矩减小，即 $T_b < T_L$，系统开始减速。当转速接近于零时，由于电动机的电磁转矩 T 仍小于负载转矩 T_L，致使位能性负载即重物的重力与电磁转矩的差迫使电动机转子反向旋转，电动机开始进入倒拉反接制动状态。在重力与电磁转矩相互配合的作用下，电动机反向加速，电磁转矩逐渐增大，直到 $T=T_L$ 时为止，电动机处于稳定的倒拉反接制动运行状态，电动机以较低的速度匀速下放重物即转速由正变负，此时 $T>0$ 而 $n<0$，电动机开始进入反接制动状态。

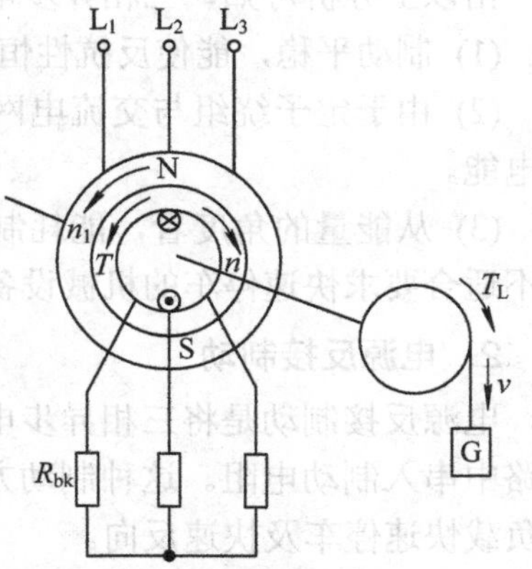

图 3-32　倒拉反接制动原理图

与电源反接制动一样，倒拉反接制动能耗大，经济性差，但它能以任意低的转速下放重物，安全性好，适用于下放很重的重物。

4．回馈制动(反向再生发电制动)

对于处于电动运行状态的三相异步电动机，由于某种原因使转子转速大于同步转速，即 $|n|>|n_1|$ 时，电动机转子绕组因切割旋转磁场的方向与电动运行状态时相反，所以转子电动势 E_{2s}、转子电流 I_2 和电磁转矩 T 的方向也与电动状态时相反，即 T 与 n 反向，T 为制动转矩，电动机便处于制动状态。(回馈制动有反向回馈制动与正向回馈制动，本书只介绍反向回馈制动。)

反向回馈制动也称反向再生发电制动，该制动方法是将电源两相对调，使得旋转磁场反向。与他励直流电动机回馈制动相似，适用于将重物高速稳定下放，如图 3-33(a)所示，三相异步电动机在电磁转矩和位能性负载转矩的共同作用下，快速反向启动后运行并加速。当电动机转速加速到等于同步速 $-n_1$ 时，尽管电磁转矩为零，但是由于重力转矩的作用，使电动机加速到高于同步速($|n|>|n_1|$)，最后电动机处于稳定反向回馈制动状态。反向回馈制动下放重物时，转子电路所串电阻越大，下放速度越高。因此，为使反向回馈制动时下放重物的速度不至于太高，通常将转子电路中的制动电阻切除或者减小。

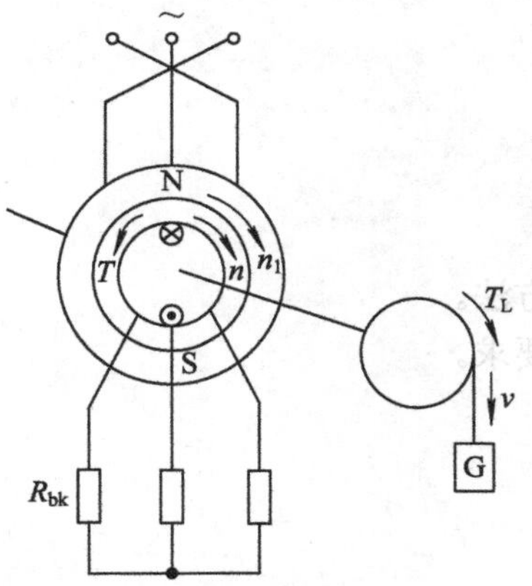

(a) 原理图

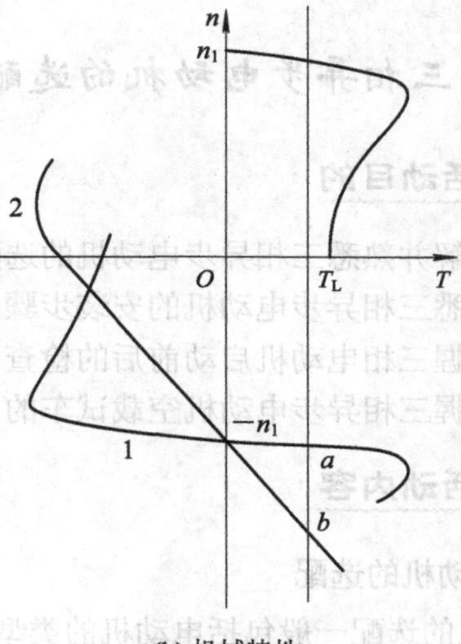

(b) 机械特性

图 3-33　反向回馈制动

反向回馈制动下放重物时，只能高速下放重物，安全性差。由于回馈制动时电动机将从轴上吸取机械能转变为电能，并反馈回电网，因此经济性较好。

三、活动小结

三相异步电动机电气制动的实质是电磁转矩与转速方向相反。制动方法与直流电动机非常相似，也有能耗制动、电源反接制动、倒拉反接制动和回馈制动四种。能耗制动的特点是制动平稳，经济性好，除了直流励磁使用少量电能外，不需要电网供电，但直流励磁需要专用的整流设备；反接制动的特点是制动比较迅速，效果好，但制动经济性较差，从电网吸收的电能以及由电动机的机械能转换成的电能消耗在转子电路的电阻上；回馈制动不需要改变电动机的接线和参数，在制动过程中，将电动机的机械能转换成电能回馈给电网，所以制动既简便又经济，而且可靠性高。

四、活动回顾与拓展

(1) 三相异步电动机有哪几种电气制动方法？各适用于什么场合？

(2) 三相异步电动机能耗制动时的制动转矩大小与哪些因素有关？

(3) 三相绕线转子异步电动机反接制动时，为什么要在转子电路中串入比启动电阻还要大的电阻？

(4) 三相异步电动机在回馈制动时，它将拖动系统的动能或位能转换成电能送回电网的同时，为什么还必须从电网吸取滞后的无功功率？

(5) 查找相关资料，熟悉三相异步电动机进行能耗制动、电源反接制动、倒拉反接制动及回馈制动时所串电阻的计算方法，此时的电流分别限制在哪个范围？

任务五　三相异步电动机的运行维护与故障处理

活动 1　三相异步电动机的选配、安装及检查试车

一、活动目的

(1) 理解并熟悉三相异步电动机的选配原则。

(2) 熟悉三相异步电动机的安装步骤及要求。

(3) 掌握三相电动机启动前后的检查内容和方法。

(4) 掌握三相异步电动机空载试车的目的及要求。

二、活动内容

1. 电动机的选配

电动机的选配一般包括电动机的类型、功率、转速和温升等方面的选择。

1) 电动机的类型选择

电动机的选配必须适应各种不同机械设备和不同的工作环境的需要，根据机械设备对电动机的启动特性、机械特性的要求选择电动机种类。选用原则如下：

(1) 无特殊的变速、调速要求的一般机械设备，可选用机械特性较硬的笼型异步电动机。

(2) 要求启动特性好、在较小的范围内需平滑调速的机械设备，应选用绕线转子异步电动机。

(3) 有特殊要求的设备，则选用特殊结构的电动机。例如小型卷扬机、升降设备及电动葫芦，就可选用锥型转子制动电动机。

(4) 根据电动机的使用场合选择电动机的结构形式。在灰尘较少而无腐蚀性气体的场合，可选用一般的防护式电动机；而潮湿、灰尘多或含腐蚀性气体的场合应选用封闭式电动机；在有易爆气体的场合，则选用防爆式电动机。

2) 电动机功率选择

要严格按机械设备的实际需要选配电动机，不可任意增加或减小功率。在具有同样功率的情况下，要选用电流小的电动机。

电动机的容量(功率)应当根据所拖动的机械设备选择。如果电动机的功率选得过小，则造成电动机过载而发热，长时间的过载将引起电动机绝缘破坏，甚至烧毁电动机。所以选择电动机容量时应留有余地，一般应使电动机的额定功率比拖动的负荷稍大一些，当然也不可过大，否则会使电动机的效率、功率因数下降，造成电力的浪费。

当电动机在恒定负荷状态运行时，功率计算公式为：

$$P=\frac{P_L}{\eta_L\eta}$$

式中：P 为电动机的功率，单位为 kW；P_L 为电动机所拖动设备的机械功率，单位为 kW；η_L 为机械设备的效率；η 为电动机的效率。

总之，应根据计算结果选择功率略大于计算结果的合适电动机。

3) 电动机的转速选择

应根据机械设备的要求选配电动机，可选择高速电动机或齿轮减速电动机，还可以选用多速电动机。

要求电动机的额定电压必须与电源电压相符。电动机只能在铭牌上规定的电压条件下使用，允许工作电压的上下偏差为–5%～10%。例如，额定电压为 380 V 的异步电动机，当电源电压在 361 V～418 V 范围内波动时，该电动机能正常使用。若超出此范围，电压过高时将引起电动机绕组过载发热；电压过低时电动机转矩下降，甚至拖不动机械设备而引起“堵转”。“堵转”时电流很大，可能引起电动机的绕组发热烧毁。如果电动机铭牌上标有两个电压值，写作 220 V/380 V，则表示这台电动机有两种额定电压。当电源电压为 380 V 时，将电动机绕组接成 Y 形使用；而电源电压为 220 V 时，将绕组接成△形使用。

4) 电动机温升的选择

应根据具体使用环境的实际要求选配电动机。高温高湿和通风不良等环境，应选用具有较高温升的电动机，当电动机允许温度越高时，价格也就越高。

2. 电动机安装的条件

(1) 安装地点尽量选择在干燥、通风好、无腐蚀气体侵害的场所；

(2) 安装高度要求不低于 150 mm；

(3) 安装时要有座墩；

(4) 要有防震措施。

3. 电动机的安装步骤

电动机的安装步骤包括搬运、安装和校正等。

1) 电动机的搬运

小型电动机常由人力来搬运，可以用铁棒穿过电动机吊环，也可以用绳子拴在电动机的吊环或底座上，用杠棒搬运。不允许将绳子套在电动机的皮带盘或转轴上来搬运电动机。大、中型电动机一般用起重设备搬运。

2) 建造电动机的座墩

一般中小型电动机大都安装在机械设备的固定底座上，无固定底座的，一定要安装在混凝土座墩上。座墩有直接安装墩和槽轨安装墩两种。建造直接安装墩时，座墩高出地面一般不应低于 150 mm，具体高度要按电动机的规格、传动方式和安装条件等决定。座墩的长和宽应根据电动机底座尺寸决定，但四周要留出 150 mm 左右的裕量，以保证埋设的地脚螺栓有足够的强度。槽轨安装墩是在直接安装墩的地脚螺栓上安装槽轨，然后再将电动机安装在槽轨上，这种结构便于在更换电动机时进行安装调整。

为保证地脚螺栓埋设牢固，用来做地脚螺栓的六角头一端要做成人字形开口，埋入长度一般是螺栓直径的 10 倍左右，人字形开口长度约是埋入长度的一半。

3) 电动机机体的安装

小型电动机可用人力抬到基础上，较大的电动机可用起重设备或滑轮来安装。为防止振动，安装时必须在电动机与座墩间衬垫一层质地坚韧的木板或硬橡皮等防振物，四个紧固螺栓上均要套弹簧垫圈；拧紧螺母时要按对角线交错依次逐步拧紧，每个螺母要拧得一样紧。电动机安装在墩座上后，先用水平仪检查它的水平情况，如有不平，可用 0.5 mm～5 mm 厚的钢片垫在机座下来矫正电动机的水平。切记，不能使用木片或竹片垫在机座下，以防在拧紧螺母或电动机运行过程中木片或竹片变形、碎裂。

4) 导线的敷设

操作开关与电动机之间的连接导线要穿管(管口要套上木圈)加以保护，机床设备上一般都有固定在床身上的电线管，活动部分用软管连接。这段导线一般分成两段，一段从控制箱(板)到操作开关，另一段从控制箱(板)到电动机，通常在控制箱 (板)内设有接线柱，供导线连接用。

5) 电动机的校正

电动机机体安装完毕以后，通常要进行校正，具体的校正内容包括以下几项：

(1) 电动机的水平校正。一般用水平仪放在转轴上进行，并用 0.5 mm～5 mm 厚的钢片垫在机座下来调整电动机的水平。

(2) 带传动装置的安装与校正。

① 电动机座与底座间衬垫的防振物不能太厚，以免影响两个带轮间距。

② 两个带轮直径大小必须配套。

③ 电动机的轴与被驱动机械设备的轴保持平行，两带轮宽度的中心线应在一条直线上。

④ 塔式三角带必须装成一正一反，以免影响调整。

⑤ 带轮连接时，必须根据带的宽度和厚度选择合适的固定螺栓，带扣不能装在带轮上，以免转动时出现碰撞现象。

(3) 联轴器传动的校正。当电动机通过联轴器与被驱动的机械设备连接时，必须使两轴的中心线保持在一条直线上，否则电动机转动时将产生很大的振动，严重时会损坏联轴器。由于电动机转子和被驱动机械转动部分的重力使轴产生一定的角度，使联轴器的两端面不平，因此要对联轴器传动装置的安装进行校正。具体的方法是，把联轴器对好方位后，可用钢尺的一边放在联轴器边缘的平面上，当电动机联轴器每转过一个 90°时测一次，共测四次。若两个外盘在同一平面，则电动机和机械设备的两根轴处于同心状态；反之，则必须通过增减机械和电动机地脚垫片的厚度来调整。所以在安装时必须使两端轴承装得稍高一些，以保证联轴器两端面平行。

(4) 齿轮传动的校正。当电动机通过齿轮与被驱动的机械连接时，必须使两轴保持平行。可用塞尺测量两齿轮的齿间间隙，应使间隙一致。同时用颜色印迹法来检查大小齿轮啮合是否良好，一般应使齿轮接触部分不小于齿宽的 2/3。

6) 电动机操作开关的安装

操作开关必须安装在既便于监视电动机和设备运行状况，又便于操作且不易被人触碰而造成误动作的位置，通常装在电动机的右侧。

如果开关需要装在远离电动机的地方，则必须在电动机附近加装紧急情况下切断电源用的应急开关，也就是所谓的机旁按钮，同时还要加装开关合闸前的预示警告装置，以便处于电动机及被拖动机械设备周围的人得到警告。

操作开关的安装位置，还应保证操作者操作时的安全。

4．电动机启动前的检查、处理和试车

为了保证设备和人身安全，使电动机能够正常启动，对于新买的或经过检修及长期未用过的电动机，在使用前应做以下检查。

1) 电动机外围部分的检查

(1) 检查启动设备是否完好。启动装置的动作是否正常，接线是否正确，是否逐级加速，电动机加速是否正常，启动时间是否超过规定值，规格是否符合电动机要求。用手扳动电动机转子和所传动机械设备的转轴(如水泵、风机等)，检查转动是否灵活，有无卡滞、摩擦和扫膛现象。确认安装良好，转动无碍。

(2) 检查传动装置是否符合要求。传动带不得过紧或过松，连接要可靠，无裂伤迹象；联轴器连接的螺钉及销子应完整、紧固，不得松动少缺。

(3) 检查所用的导线规格是否合适，电动机进出线与线路连接是否牢固，接线有无错误，端子有无松动或脱落。

(4) 检查二次回路接线是否正确。二次回路接线检查可以在未接通电动机的情况下先模拟动作一次，确认各环节动作无误，包括信号灯显示正确；检查电动机引出线的连接是否正确，相序和旋转方向是否符合要求，接地或接零是否良好，导线截面积是否符合要求。

(5) 检查保护电器(断路器、熔断器、交流接触器、热继电器等)整定值是否合适，动、静触点接触是否良好；检查熔断器和热继电器的额定电流与电动机的容量是否匹配，热继电器是否复位，熔断器的熔体是否完好，规格、容量是否符合要求和装接是否牢固。

2) 电动机机身的外部检查

(1) 检查电动机铭牌所示电压、频率与使用的电源是否一致，接法是否正确，电源的容量与电动机的容量及启动方法是否合适。电源电压是否稳定(通常允许电源电压波动范围为 ±5%)，绕组接法是否与铭牌所示相同。如果是降压启动，还要检查启动设备的接线是否正确。

(2) 检查电动机机座、端盖有无裂纹，转轴有无裂痕或弯曲变形，转轴转动是否灵活，风道是否被堵塞，风扇、散热片是否完好，接地是否可靠，地脚螺钉、端盖螺栓是否松动等。

(3) 检查电动机紧固螺栓是否松动，定子与转子的间隙是否合理，间隙处是否清洁和有无杂物，检查机械设备周围有无妨碍运行的杂物，电动机和所传动机械设备的基础是否牢固。

(4) 检查电动机的通风系统、冷却系统和润滑系统是否正常，通风装置和空气滤清器等部件应符合有关规定的要求。查看风扇叶有无损坏或变形，转子端环有无裂纹或断裂；然后再用短路探测器检验导条有无断裂。对于由外部管道引入空气冷却的电动机，应保持管道清洁畅通，连接处要严密，匝门的位置应正确；观察是否有泄漏印痕，转动电动机转轴，看转动是否灵活，有无摩擦声或其它异响。检查轴承部分，拆下轴承盖，检查润滑油质、油量。一般润滑脂的填充量应不超过轴承盒容积的70%，也不得少于容积的50%。查看轴承的内外套与轴颈和轴承室配合是否合适，同时也要检查轴承的磨损情况。

3) 电动机内部的检查与处理

(1) 检查电动机内部有无杂物。检查电动机内部有无杂物，可用干燥、清洁的压缩空气(不超过 200 kPa)或“皮老虎”吹净，但不得碰坏绕组。保持电动机周围的清洁，不准堆放煤灰，不得有水汽、油污、金属导线、棉纱头等无关的物品，以免运行时被卷入电动机内。

(2) 检查轴承是否缺油，油质是否符合标准。加油时应达到规定的油位，对于强迫润滑的电动机，启动前还应检查油路有无阻塞，油温是否合适，循环油量是否符合要求。

(3) 检查绕线转子电动机电刷接触是否良好，电刷压力是否正常，即电刷压力是否符合制造厂的规定，电刷与换向器或集电环接触是否良好。

(4) 检查铁芯部分。查看转子、定子铁芯表面有无擦伤痕迹。若转子表面只有一处擦伤，而定子表面全都擦伤，这大都是转轴弯曲或转子不平衡所造成的；若转子表面一周全有擦伤痕迹，定子表面只有一处伤痕，这是定子和转子不同心所造成的；若机座和端盖变形或轴承严重磨损使转子下落或定子、转子表面均有局部擦伤痕迹，则是由于上述两种原因共同引起的。

(5) 检查绕组端部有无积尘和油垢，绝缘有无损伤，接线及引出线有无损伤；查看绕组有无烧伤，若有烧伤，则烧伤处的颜色会变成暗黑色，若烧焦，则有焦臭味。若烧坏一个线圈中的几匝线圈，说明是匝间短路造成的；若烧坏几个线圈，最可能的是相间或连接线(过桥线)的绝缘损坏所引起的；若烧坏一相，这多为三角形接法，是有一相电源断电所引起的；若烧坏两相，这是有一相绕组断路而产生的；若三相全部烧坏，大都是由于长期过载，或启动时卡住引起的，也可能是绕组接线错误引起的；查看导线是否烧断和绕组的焊接处有无脱焊、假焊现象。经过上述检查后，确认电动机内部有问题时，就应拆开电动机，做进一步检查。

(6) 电动机绕组相间和绕组对地绝缘是否良好，测量绝缘电阻应符合要求。新安装的或停用三个月以上的电动机，用兆欧表测量电动机各相绕组之间及每相绕组与地(机壳)之间的绝缘电阻。对于绕线转子异步电动机，还要测量转子绕组、集电环对机壳和集电环之间的绝缘电阻。通常对 500 V 以下的电动机用 500 V 的兆欧表测量，对 500 V～3000 V 的电动机用 1000 V 兆欧表测量绝缘电阻，对 3000 V 以上的电动机用 2500 V 兆欧表测量绝缘电阻。

测量前应首先检查兆欧表，具体方法是：先把兆欧表端点开路，摇动手柄，观察指针是否指向∞，再把兆欧表端点短接，摇动手柄，观察指针是否指向 0 处。如果不正常说明兆欧表有故障。

验表后，在测试各相前应拆除电动机出线端子上的所有外部接线、星形或三角形连接的连片。按要求，电动机每 1 kV 工作电压，绝缘电阻不得低于 1 MΩ；电压在 1 kV 以下、容量为 1000 kW 及以下的电动机，其绝缘电阻应不低于 0.5 MΩ。如绝缘电阻较低，则应先将电动机进行烘干处理，然后再测绝缘电阻，合格后才可通电使用。

(7) 对新电动机或大修后投入运行的电动机，要检查直流电阻以及绝缘是否损坏，绕组中有无短路、断路及接地现象等。要求电动机的定子绕组、绕线转子异步电动机转子绕组的三相直流电阻偏差应小于 2%，对某些只更换个别线圈的电动机，直流电阻偏差应不超过 5%。若出现短路、断路及接地现象等，需对相关故障进行处理。

4) 试车与检查

(1) 只有当电动机的各项检查合格后，才可进行通电试车。用三相调压器开始施加约 30%的额定电压，再逐渐上升至额定电压。若发现声音不正常，或有焦味，或不转动，应立即断开电源进行检查，以免故障进一步扩大。当启动未发现问题时，要测量三相电流是否平衡，电流大的一相可能是绕组短路，电流小的一相可能是多路并联的绕组中有支路断路。若三相电流基本平衡，可使电动机连续运行 1 h～2 h，随即用手检查铁芯部位及轴承端盖，若发现有烫手的过热现象，应停车后立即拆开电动机，用手摸绕组端部及铁芯部分。若线圈过热，说明绕组短路；若铁芯过热，说明绕组匝数不足，或铁芯硅钢片间的绝缘损坏。

(2) 对不可逆运转的电动机，应检查电动机的旋转方向是否与该电动机所标出的箭头的运转方向一致。

(3) 检查电动机启动后的电流是否正常，在三相电源平衡时，三相电流中任一相与三相平均值的偏差不得超过 10%。

5．电动机的空载试车

空载试车的目的是检查电动机通电空转时的状态是否符合要求。空载试车的检查项目及要求如下：

(1) 运行时检查电动机的通风冷却和润滑情况。电动机的进风口和出风口应畅通无阻，通风良好，风扇与风扇罩无互相擦碰现象，轴承应转动均匀，润滑良好。

(2) 判断电动机运行音响是否正常。电动机运行音响应均匀、正常，不得有嗡嗡声、碰擦声等异常的声音。

(3) 测量空载电流。电动机空载试车过程中，应监视电源电压和电动机的空载电流。一般在电源配电柜上都装有电压表和电压换相开关，可以检测三相电压是否平衡。当电动机三相电流异常时，可以判断是不是电源引起的。电动机试车时，可以用电流表配用电流换相开关测定三相空载电流。检测时应注意两个问题：一是空载电流与额定电流的百分比，符合表 3-3 规定范围的为合格；二是三相电流的不平衡程度。如果电动机空载运行，三相电流不平衡程度在 5%左右即视为合格，各相电流不平衡程度超过 10%应视为不合格(即故障)。

表 3-3 电动机空载电流与额定电流的百分比

电动机极数 / 百分比 / 电动机容量	0.125	0.5 以下	2 以下	10 以下	50 以下	100 以下
2	70～95	45～70	40～55	30～45	23～35	18～30
4	80～96	65～85	45～60	35～55	25～40	20～30
6	85～98	70～90	50～65	35～65	30～45	22～33
8	90～98	75～90	50～70	37～70	35～50	25～35

如果试车电源没有设电流表，也可以用钳形电流表来检测电动机的空载电流。

(4) 测量电动机各部分温升。空载试车时，在电动机机壳各部位用手贴住片刻，如果没有明显发烫的感觉，即认为正常。若要较准确地测定电动机的温度，可采用温度计法测定铁芯温度。具体方法是：卸下电动机的吊环，将酒精温度计插入吊环孔内用棉花塞好，可以测得铁芯的近似温度。

(5) 检查电动机的振动。空载试车时，电动机的振动不应超过表 3-4 的规定。

表 3-4 电动机的允许振动值

转数/(r/min)	允许振动值/mm	
	一般电动机	防爆电动机
3000	0.06	0.05
1500	0.10	0.085
1000	0.13	0.10
750 以下	0.16	0.12

(6) 检查绕线转子异步电动机电刷与集电环的工作情况。绕线转子异步电动机空载试车时，应经常检查电刷和集电环的接触情况，不允许有严重的火花，否则应调整电刷弹簧的压力或清理集电环，必要时进行修磨或更换。

空载试车的时间一般为 1 h 左右，对重复短时工作制的电动机可适当减少空载运行时间。电动机经过空载试运行，各项检查都合格后，即可带负荷试运行。

三、活动回顾与拓展

(1) 三相异步电动机的选配原则有哪些？

(2) 三相异步电动机的安装要求包括哪些内容？

(3) 三相异步电动机试车前的检查项目包括哪些方面？

(4) 三相异步电动机空载试车的目的是什么？

活动 2 三相异步电动机运行维护与故障处理

一、活动内容

(1) 熟悉并理解三相异步电动机运行中的监视项目。

(2) 领会三相异步电动机使用时的注意事项。

(3) 掌握三相异步电动机绕组的检测方法。

二、活动内容

三相异步电动机的日常监视与内部维护至关重要。电动机在运行时，要通过“望”、“闻”、“嗅”、“切”、“察”等及时监视电动机的运行状况。使用了一段时间的三相异步电动机，由于内部堆积的灰尘和油垢附着在定子绕组上，影响散热，遇潮气会越附越厚，降低绝缘性能，影响电动机的使用寿命。因此，对三相异步电动机的日常监视、维护和检查项目与方法的理解及掌握是非常必要的。

1．三相异步电动机运行中的监视项目

电动机在运行中应进行监视，这样才能了解电动机的工作状态，及时发现异常现象，将事故消除在萌芽之中。电动机运行中的监视应做到以下几点：

(1) 望：观察电动机有无振动。电动机若出现振动，会引起与之相连的机械设备部分不同程度的振动，使电动机负载增大，出现过负荷运行，时间长了就会烧毁电动机。因此，电动机在运行中，尤其是大功率电动机要经常检查地脚螺栓、电动机端盖、轴承压盖等是否松动，接地装置是否可靠，发现问题应及时解决。

(2) 闻：听电动机在运行时发出的声音是否正常。电动机正常运行时，发出的声音应该是平稳、轻快、均匀、有节奏的。如果出现尖叫、沉闷、摩擦、撞击、振动等异常声响，应立即停机检查。例如，当电动机过负荷时，会发出较大的嗡嗡声；当三相电流不平衡或缺相运行时，则嗡嗡声特别大。

(3) 嗅：闻电动机运行时的气味。电动机过热时，绕组的绝缘物分解，可以闻到特殊的绝缘漆的气味；如轴承缺油严重而引起轴承发热或润滑油填充过量使轴承发热，可以闻到润滑油挥发的气味。噪声和异味是电动机运转异常、随即出现严重故障的前兆，必须随时发现并查明原因而排除。

(4) 切：触摸电动机外壳看有无发热发烫的感觉。

(5) 察：借助仪表观察电动机运行时的温度和电流等数据。

电动机运行时的允许温度范围由电动机所使用的绝缘材料的极限温度决定，各绝缘等级的三相异步电动机的最高允许运行温度如表 1-2 所示，电动机运行时不得超过表中所规定的温度。检查电动机的温度及电动机的轴承、外壳等部位的温度有无异常变化，尤其对无电压、电流指示和没有过载保护的电动机，对温升的监视更为重要。电动机轴承是否过热、缺油，若发现轴承附近的温升过高，就应立即停机检查。注意电动机在运行时是否发出焦臭味，如有，说明电动机温度过高，应立即停机检查并排除故障。

监视电动机运行时电流的目的之一是确保电动机在额定电流下工作。电动机过载运行，主要原因是由于拖动的负荷过大、电压过低或被拖动的机械卡滞等造成的。若过载时间过长，电动机将从电网中吸收大量的有功功率，电流便急剧增大，温度也随之上升，在高温下电动机的绝缘将加快老化失效而烧毁。因此，电动机在运行中，要注意观察传动装置运转是否灵活、可靠，联轴器的同心度是否标准，齿轮传动是否灵活等，若发现有卡滞现象，应立即停机查明原因并排除故障后再运行。监视电动机运行时的电流的目的之二是检查电

动机的三相电流是否平衡。三相电流的任何一相电流与其它两相电流平均值之差不允许超过 10%，这样才能保证电动机安全运行。如果超过则表明电动机有故障，必须查明原因并及时排除。

检查电动机运行时是否完好有以下要点：

(1) 定子电流在允许范围之内，出力能达到铭牌要求；

(2) 定子、转子和轴承的温升在允许范围之内；

(3) 各部位振动及轴相窜动不超过规定值；

(4) 绕线转子异步电动机集电环、电刷无火花运行；

(5) 电动机内部无明显积灰和油污，线圈、铁芯和槽楔无老化、松动、变色等现象；

(6) 绝缘电阻在热态时每伏不小于 1 kΩ，封闭式电动机应封闭良好；

(7) 主体清洁完整，零部件齐全完好，外壳上有铭牌；

(8) 启动、保护和测量装置齐全、选型适当、性能良好；

(9) 外观清洁、轴承不漏油、零部件和接地装置齐全；

(10) 设备履历卡片齐全，检修和试验记录齐全，3 kV 以上电动机应有运行记录。

2. 三相异步电动机使用时的注意事项

(1) 机壳破裂后必须焊接修复，焊接时注意铁芯位置不能偏移，同时还要保证铁芯在机壳内不能转动。

(2) 机壳破裂后，破坏了三相异步电动机的同心度，再加上焊接时机壳要变形，所以最好到电动机制造厂更换完好的机壳。

(3) 新电刷安装时，应用砂布研磨。研磨时，只能按顺着滑环旋转的方向拉动砂布。新电刷与滑环吻合后，应从电刷、刷架、滑环上擦去砂屑和炭屑，方可开机。

(4) 更换电刷时不可只换一只，应全部更换。否则因电刷的电阻不同，会使各电刷上通过的电流也不同，就有可能造成个别电刷过热。此外，各电刷的压力也应相同，因此还要调节各电刷的弹簧压力。

(5) 测量电刷压力时，可用一条纸带嵌入电刷与滑环的接触面上，用弹簧秤拉动电刷，到刚好能用手拉动纸片时，弹簧秤上的指示值即为刷握加在电刷上的压力。

(6) 如有个别电刷的压力太大或者太小，应校正使得刷握弹簧压力值相等。

(7) 电刷的软导线不可有断股现象，软线电刷的接触要紧密，不能有与外壳短接的现象。

(8) 如果在启动或在运行中电刷全部有火花，可用洁净而干燥的白布擦拭滑环；若仍不见效，可在白布上蘸一些四氯化碳，也可用酒精来擦拭滑环。如果还是不能消除冒火现象，则应当检查是否有别的什么原因导致冒火花。例如，电刷掉了一小块，使电刷摇摆晃动，或者是电刷研磨不好，或者弹簧压力不均等。

对于经常使用的绕线转子异步电动机，可用手风箱(俗名“皮老虎”)对滑环和电刷进行吹尘清洁(至少每周一次)。

3. 三相异步电动机的日常维护项目

1) 清洁和通风

保持电动机的清洁，特别是接线端和绕组表面的清洁是非常重要的。不允许水滴、油污及杂物落到电动机上，更不能让杂物和水滴进入电动机内部。要定期检修电动机，清洁内部，更换润滑油等。电动机在运行中，进风口周围至少 3 m 内不允许有尘土、水渍和其它杂物，以防止将异物吸入电动机内部，形成短路介质，或损坏导线绝缘层，造成匝间短路或相间短路、电流增大、温度升高而烧毁电动机。所以，要保证电动机有良好的通风冷却环境，才能使电动机在长时间运行中保持安全稳定的运行状态。

2) 定期测量电动机的绝缘电阻与直流电阻

当电动机受潮时，如发现绝缘电阻过低，要及时进行干燥处理，以保证有足够大的绝缘电阻。(具体方法见后续内容中“8)受潮三相异步电动机的干燥”。)

3) 观察绕线转子异步电动机的电刷与集电环的火花

对绕线转子异步电动机，要经常注意电刷与集电环间的火花。如火花过大要及时停机检修。若火花是由于电刷弹簧压力不足、电刷碎裂或磨损过度引起的，应进行调整、修磨或更换弹簧甚至整个电刷；若火花是由于集电环脏污引起的，则应清洁集电环。

4) 电动机启动控制设备是否正常

启动设备正常工作和电动机启动设备技术状态的好坏，对电动机的正常运行起着决定性的作用。绝大多数电动机的烧毁，大都是启动设备不正常工作所造成的。若缺相启动，会造成接触器触点拉弧、打火等。而启动设备的维护主要是清洁和紧固。如接触器触点不清洁会使接触电阻增大，引起发热烧毁触点，造成缺相而烧毁电动机；接触器电磁线圈的铁芯锈蚀或尘积，会使衔铁吸合不严，并发出强烈的噪声，增大线圈电流，烧毁线圈而引发故障。因此，电气控制柜应设在干燥、通风和便于操作的位置，同时要定期除尘。经常检查接触器触点、线圈、铁芯及各接线螺钉等是否可靠，机械部位动作是否灵活，以使启动设备及相关元器件保持良好的技术状态。

电动机的保护往往与控制设备及其控制方式有一定关系，即保护中有控制，控制中有保护。如电动机直接启动时，往往会产生 5～7 倍于额定电流的启动电流。若由接触器或断路器来控制，则相关电器元件的触点应能承受启动电流的接通和分断要求，即使是可频繁操作的接触器也会引起触点磨损加剧，以致损坏电器。对塑壳式断路器，即使是不频繁操作，也很难达到要求。因此，电动机往往与启动器串联在主电路中一起使用，此时由启动器中的接触器来承受接通启动电流的要求，而其它电器只承受通常运转中出现的电动机过载电流分断的要求，至于保护功能，则由配套的保护装置来完成。

不管采用何种保护装置，都必须考虑过载保护装置与电动机、过载保护装置与短路保护装置的协调配合。还需要电气工作者在工作中不断积累经验，判断电动机及控制设备存在的问题，找出故障原因并加以分析，及时采取应对措施，以保证电动机及传动设备的正常运行。

5) 电动机的保养和维护

要周期性地对电动机进行保养和维护，要求按电动机的功率大小、重要程度、使用状况、环境条件等因素来决定保养和维护周期，并按现场规程维护。

(1) 交接班时应做的工作：

① 检查电动机各部位的发热情况。

② 监听电动机和轴承运转的声音情况。

③ 检查各主要连接处的情况及变阻器、控制设备等的工作情况。

④ 检查润滑油的油面高度。

⑤ 检查绕线转子异步电动机的集电环和电刷配合情况。

(2) 每月应做的工作：

① 擦拭电动机外部的油污及灰尘，吹扫内部的灰尘及电刷粉末等。

② 测定电动机的转速和振动情况。

③ 拧紧各紧固螺钉。

④ 检查接地装置。

(3) 每半年应做的工作：

① 清扫电动机内部和外部的灰尘、污物和电刷粉末等。

② 调整电刷的压力，研磨或更换已损坏的电刷。

③ 擦拭刷架、刷握、集电环和换向器。

④ 调整通风、冷却系统的工作情况。

⑤ 全面检查润滑系统、补充润滑脂或更换润滑油。

⑥ 检查、调整传动机构。

(4) 每年应做的工作：

① 解体清扫电动机的绕组、通风沟和接线板。

② 测量绕组的绝缘电阻，必要时进行干燥处理。

③ 检查集电环和换向器之间的距离。

④ 调整刷握与集电环之间的距离。

⑤ 进行轴承及其波润滑系统的清洁、保养和更换。

由于轴承是三相异步电动机中的一个主要部件，它的作用是支撑转轴，轴承一旦损坏，将导致整台三相异步电动机无法转动，而润滑油的用量和质量都直接影响轴承的温度，也会影响三相异步电动机的正常运行。因此，在三相异步电动机的运行中，应注意轴承的温度和润滑油的用量。要适时清洗轴承及润滑系统，测定轴承间隙，更换磨损超出规定的滚动轴承，对损坏较严重的滑动轴承应重新挂锡；用汽油将轴承清洗干净，不要残留旧润滑油脂；用手转动轴承外圈，检查其是否转动灵活，有无过松、卡住的情况；观察滚珠、滚道表面有无斑痕、锈迹，以决定是否更换。

更换轴承时，必须用轴承拆卸工具来拆卸轴承。拆卸轴承时，拆卸工具的钩爪必须钩在轴承内圈上，缓慢拉出。工具的丝杆应保持与电动机在同一直线上，若轴承过紧可边敲击丝杆(在轴向敲)边旋动。当内圈过薄，钩爪挂不上时，可用铁板夹在其中再拉。安装新轴承要把有标志的一面朝外，用紫铜棒或套筒安装。敲打时用力要均匀。用紫铜棒敲打时要按对角进行周边敲打。

换油时，加入的润滑油脂应适量，一般以轴承室容积的 2/3 为宜。润滑油脂量过多或过少都会使电动机运转时轴承发热。

⑥ 测量并调整电动机定子与转子之间的气隙。

⑦ 清扫变阻器、启动器与控制设备、附属设备，更换已损坏的电阻、触头、元件、冷却油及其它已损坏的零部件。

⑨ 检修接地装置，调整传动装置。

⑩ 检查、校核测试和记录仪表，检查开关及熔断器的完好情况。

6) 干燥灰尘的清除

如果电动机内部积聚了干燥的灰尘，首先将电动机解体，抽出转子，用毛刷对定子和转子进行清扫或用皮老虎或压缩空气吹净灰尘垢物，此操作应在通风处进行；同时检查绕组的外观，看定子和转子绕组是否破损、绝缘是否已老化。

7) 油垢的清除

要清除灰尘和油积聚形成的油垢，也必须先将电动机局部解体，抽出转子，对定子、转子逐个进行除垢。除垢时，用细软清洁的旧布或棉纱轻拭，便可将油垢擦除。对绕组上的油垢，擦拭时不要用力过猛，以免损伤绝缘层，更不得用布浸蘸汽油、机油、煤油或香蕉水等液体去擦拭电线或绕组。它们虽然能够去垢，但会损坏三相异步电动机的绝缘性能。

8) 受潮三相异步电动机的干燥

定子绕组和转子绕组(绕线型转子)的干燥与否是十分重要的，它直接影响绕组的绝缘。绝缘不良，极易造成绕组击穿、烧毁。三相异步电动机如果长期搁置不用，或梅雨季节在室外遭受雨水浸泡，都易使电动机受潮。用兆欧表检测，如果三相异步电动机绝缘电阻小于 0.5 MΩ，则认为三相异步电动机已经受潮，就必须进行干燥。干燥处理的常用方法如下：

(1) 灯泡干燥法。如果只有一台小型三相异步电动机需要烘干定子绕组，用此方法较好。利用屋内墙角，再砌成两面小砖墙，上面覆盖薄铁皮(开数个小孔以利透气)便做成了简易烘箱。烘烤时，拆开三相异步电动机，将转子抽出，分别放入烘箱内。在定子内和四周安置红外线灯泡或 500 W～1000 W 的白炽灯泡，灯泡的总功率为 3 kW～4 kW。灯泡尽可能安装在被烘定子或转子的下方，并直射绕组。红外线灯泡有利于烘干定子内部。烘箱内的温度可通过调整顶部排气面积或改变灯泡功率来调节。

烘干时，需要把灯泡从气孔引入，悬吊在定子距地面 1/3 处，但切不可让灯泡靠在绕组上，否则会把绕组的绝缘层烤煳。如果定子内腔大，还可多装几只大功率灯泡。此外，三相异步电动机外壳下端四周要垫若干铁块或干木垫块，使定子绕组不致受压，同时可留出几个小孔，以便进气。烘烤灯泡所用的灯头必须是瓷质防潮的。

(2) 煤炉烘烤法。煤炉又叫蜂窝煤炉。用它来烘烤受潮的三相异步电动机非常方便。烘烤时，把定子用木凳支起来，在木凳正下方放煤炉加温。如果浸漆修理后焙烘，需将浸漆滴尽并晾干后再在煤炉上加上一块铁板，以防漆滴直接滴入炉内而引起燃烧。漆膜形成后，就拿开铁板，定子的上端要覆盖旧麻袋。为使线圈加热均匀，在焙烘一段时间后，要将定子倒过来再烘烤。

(3) 热风干燥法。要烘烤受潮的大型三相异步电动机或一次烘烤多台三相异步电动机时，用热吹风干燥法较好。可以用电炉丝(石英加热器)和鼓风机组装成热风干燥设备。

(4) 生石灰干燥法。刚出窑的生石灰具有很强的吸潮性能，用它来干燥受潮的三相异步电动机，既方便又经济。具体做法是：砌一个砖结构的烘室，在上、下堆放 50 kg～150 kg 生石灰(依据三相异步电动机大小而定)，要求密封。砌砖要干燥，不用水泥勾缝。加入生石灰后，为了密封，可用塑料薄膜覆盖封严。这种干燥法速度很慢，一般要经过 48 h～72 h 才能驱除绕组潮气。在干燥过程中，无须测温。为了便于掌握干燥程度，可以引出测量线以供摇表测试。待绝缘电阻稳定在 0.5 MΩ 以上，才可取出三相异步电动机。一次干燥不成功，可再换新生石灰继续焙烘。

(5) 单相电流加热干燥法。将三相异步电动机绕组的六个接线头串联起来，机壳接地，然后把绕组接到单相电源上(即一根火线和一根中性线)，即可对三相异步电动机绕组实现加热干燥。

对于 380 V 的三相异步电动机，采用的加热单相电源电压宜控制在 110 V 左右，可按图 3-34 所示方法，用一只电焊变压器，将 380 V 或 220 V 电压降低后使用。定子绕组电流应为额定电流的 70%～80%，这样通电 7 h～8 h，三相异步电动机就干燥了。

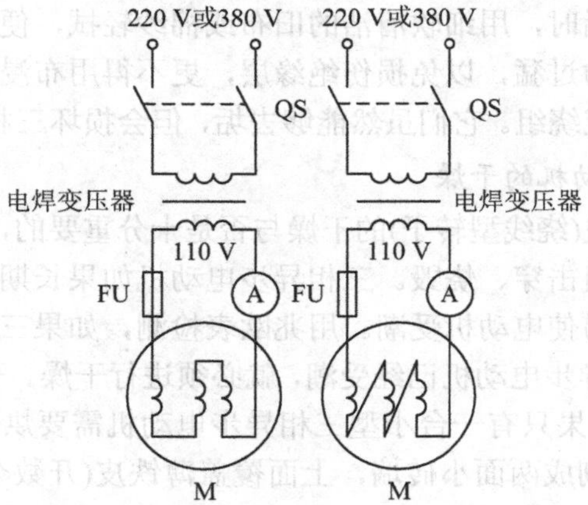

图 3-34　单相电流加热干燥法示意图

用该方法进行干燥，不必拆开三相异步电动机。

(6) 三相电流短路干燥法。如果有数台容量相同或相近的三相异步电动机，可按图 3-35 所示方法串联起来进行通电干燥。这种方法也不用拆卸三相异步电动机，而是将转子用木块卡住不让它们转动。接通三相电源后，用电流表测试通过的电流，应不超过这几台三相异步电动中最小容量那一台电动机额定值的 70%～80%。如果电流过大，可再多串联几台；太小则少串联一二台。这种方法连续通电约 7 h～8 h 就干燥了。

在干燥中，如三相异步电动机过热，可增加串联三相异步电动机台数来降低通过的电流。

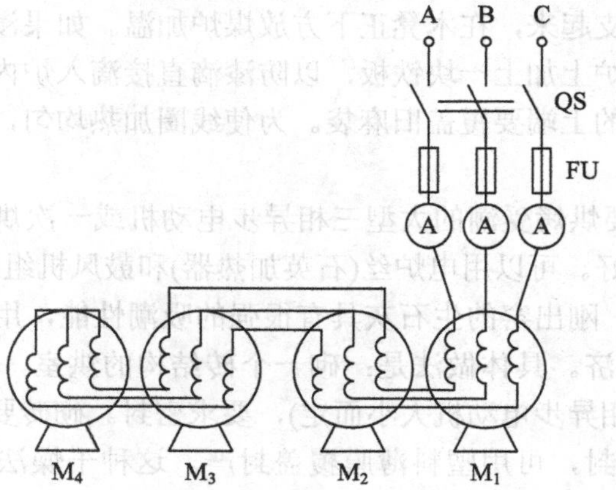

图 3-35　三相电流短路干燥法示意图

(7) 不平衡电压的电流干燥法。这种干燥法的示意图如图 3-36 所示。M_1 为待干燥的三相异步电动机，M_2 为当作调节电压用的三相异步电动机。把 M_2 的三相绕组串联起来，并引出"1"、"2"、"3"、"4"接线头，按图 3-36 所示接好。

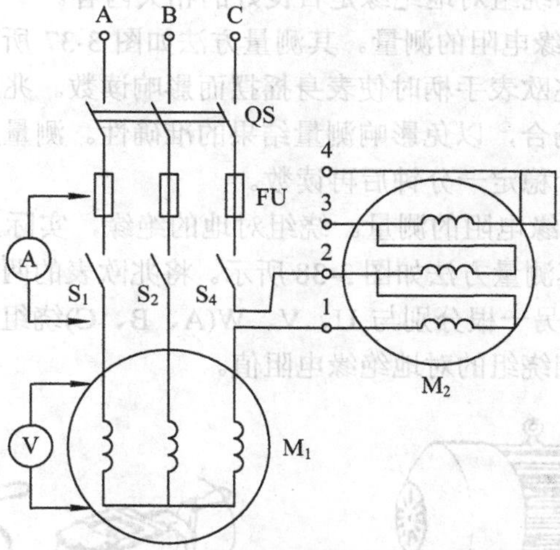

图 3-36　不平衡电压的电流干燥法示意图

作为调压用的三相异步电动机 M_2 的容量，必须大于或等于 M_1 的容量。把 M_2 的定子绕组串联到 M_1 的一相电源线中。调节单极开关 S_4 从"1"到"4"，则可改变加在待干燥三相异步电动机 M_1 的三相电压。例如，380 V 的 Y 形接法的三相异步电动机，可用电压表测量三相电压值约为 220 V 和 150 V。然后，用安培表的 A 挡测量三相电流，跨接在开关 S_1、S_2、S_3 两端(开关处于关断位置)，通过调节 S_3 与 M_2 的接头，使三相中最大的一相的线电流大约为额定电流的 70%左右，让三相异步电动机在这样不平衡三相电压下空转 7 h～8 h，三相异步电动机 M_1 就会慢慢发热，自行干燥。

在干燥过程中，每 30 min 用温度计测量一下温度。若线圈温度超过 70℃，应调节线头 S_3，使电压不平衡的情况减轻(从"4"至"1")，以减小通过线圈的电流。

烘干三相异步电动机的注意事项如下：

(1) 应有专人值班，干燥过程中不应中断值守。

(2) 必须清除烘箱周围的易燃易爆杂物。

(3) 宜在铁芯绕组等多处安置几支温度计，并严格监视，尤其注意最高温度部位。三相异步电动机绕组温度不得超过该电动机铭牌上标注的绝缘等级所对应的温度。据此选用合适量程的酒精温度计。

(4) 简易烘箱的温度应是逐步升高。在温度达到 60℃后，以 10℃/8 h 增温为宜。防止因温度急剧升高而产生膨胀和内部水分蒸发过速而破坏绕组绝缘。

(5) 在干燥过程中，每小时测量一次绝缘电阻，并做好记录。

(6) 当绝缘电阻合格且经 3 h～5 h 仍保持稳定后，才可以停止加热，干燥结束。

(7) 经自然冷却后，将三相异步电动机的转子与定子组装，再测试绝缘电阻合格后，才可试车投入使用。

4. 三相异步电动机绕组绝缘电阻的检测方法

1) 用兆欧表测定子绕组的绝缘电阻

当三相异步电动机使用太久或受潮、或在烘箱中干燥、或定期维护时，都要对三相异步电动机定子绕组的绝缘电阻进行测量。测量绝缘电阻需要用兆欧表。兆欧表的使用方法见前述电动机绕组相间和绕组对地绝缘是否良好的相关内容。

(1) 三相绕组之间绝缘电阻的测量。其测量方法如图 3-37 所示。测量时将兆欧表放在平稳的地方，以免转动兆欧表手柄时使表身摇摆而影响读数。兆欧表放置的地点应远离大电流的导体和强磁场的场合，以免影响测量结果的准确性。测量应在三相异步电动机停电的情况下进行，并在指针稳定一分钟后再读数。

(2) 三相绕组对地绝缘电阻的测量。绕组对地的绝缘，实际上是指绕组对三相异步电动机外壳的绝缘电阻。其测量方法如图 3-38 所示。将兆欧表的两根表笔中的一根接在外壳上(注意须将漆皮刮掉)，另一根分别与 U、V、W(A、B、C)绕组接线头相接，以额定转速摇动手柄，则可测出每相绕组的对地绝缘电阻值。

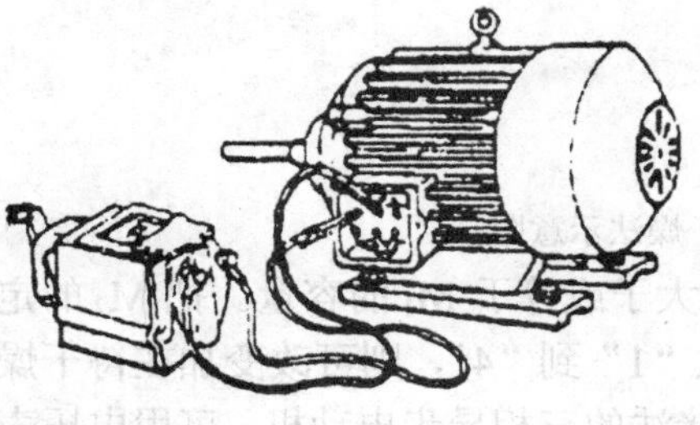

图 3-37　测量三相绕组之间的绝缘电阻值

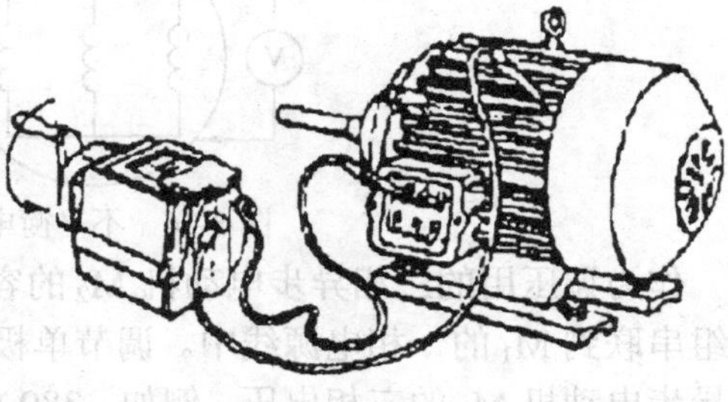

图 3-38　测量三相绕组对地的绝缘电阻值

注意：对于笼型转子绕组虽不作绝缘阻值的测量，但绕线转子绕组三相异步电动机的转子绕组是需要测量绝缘电阻的。

2) 判断电动机出线端的组别

(1) 导通法。将万用表拨到电阻 R×1 kΩ 挡，一支表笔接电动机任一根出线，另一支表笔分别接其余出线，测得有阻值时两表笔所接的出线即是同一绕组。同样可区分其余出线的组别。判断后做好标记。

(2) 电压表法。将小量程电压表一端接电动机任一根出线，另一端分别接其余出线，同时转动电动机轴。当表针摆动时，电压表所接的两根出线属同一绕组。同样可区分其余出线的组别。判断后做好标记。

用万用表的电压 1 V 挡代替电压表也可以进行判断。但应注意，必须缓慢转动电动机，防止指针偏摆幅度过大而损坏表头。

3) 判断电动机绕组的首末端

(1) 绕组串联示灯法。其测量线路如图 3-39 所示，具体操作步骤如下：

① 将调压器二次输出电压调到 36 V 后断开初级电源，将电动机任一相绕组的两根出线接到调压器次级输出端子上。

② 将电动机其余两相绕组的出线各取一根短接好，另外两根出线接指示灯。

③ 接通调压器一次电源后观察指示灯。灯亮时，表明短接的两根出线为电动机两相绕组的异名端(即一首一尾)；灯不亮则表明短接的两线为两相绕组的同名端(即同为首或尾)。

用同样的方法可判断另一相绕组的首末端。

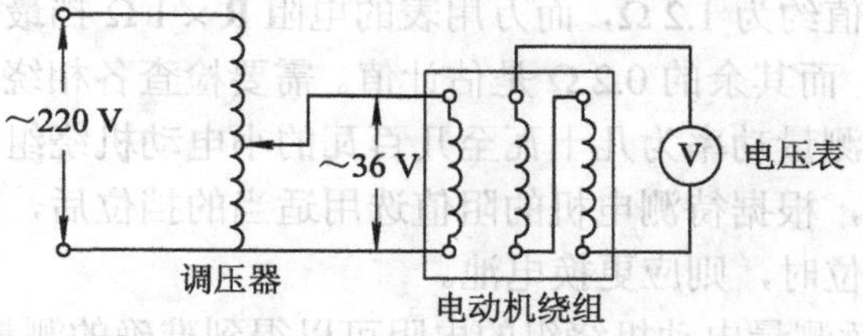

图 3-39　绕组串联指示灯法判断电动机绕组首末端

(2) 绕组串联电压表法。按图 3-40 所示接线，这种方法与示灯法的区别是用交流电压表代替示灯，操作步骤如下：

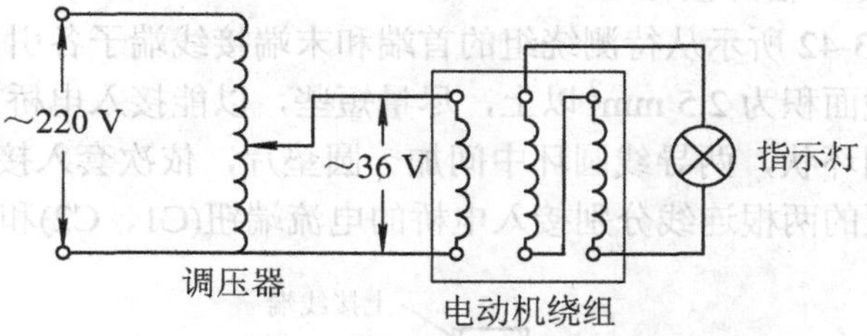

图 3-40　绕组串联电压表法判断电动机绕组首末端

① 将调压器二次输出电压调到 36 V 后断开初级电源，将电动机任一相绕组的两根出线接到调压器次级输出端子上。当电压表有显示时，接表的两根出线为电动机两相绕组的异名端。如无电压表，可用万用表交流 50 V 挡代替。

② 将万用表拨到直流 0.5 mA 挡，两支表笔接其余任意一相绕组的两根出线。

③ 注意观察表头，按下按钮时，如表针正向摆动，表明电池正极和万用表黑表笔所接的出线为电动机两相绕组的同名端；若表针反向摆动，则表明电池正极与红表笔所接的出线为两相绕组的同名端。判断后做好标记。

(3) 万用表法。用万用表检查绕组的首、尾端可参见图 3-41 进行接线，用万用表的毫安挡测试。转动电动机的转子，如表的指针不动，说明三相绕组是首首相连及尾尾相连。如指针摆动，可将任一相绕组引出线首尾位置调换后再试，直到表针不动为止。

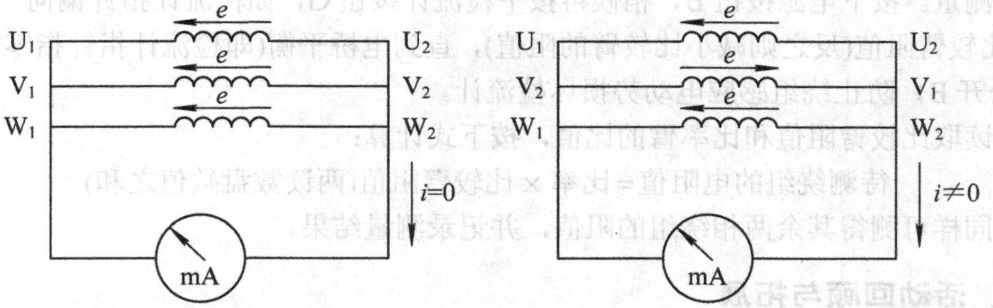

(a) 指针不动，绕组首尾连接正确　　(b) 指针摆动，绕组首尾连接错误

图 3-41　用万用表检查电动机绕组首末端

4) 测量电动机绕组的电阻值

(1) 万用表法。用万用表的电阻挡测量电动机绕组的电阻值误差很大，例如，7.5 kW

电动机的一相绕组电阻值约为 1.2 Ω，而万用表的电阻 R × 1 Ω 挡最小刻度为 1(Ω)，所以测量结果的准确值为 1 Ω，而其余的 0.2 Ω 是估计值。需要检查各相绕组的电阻值差别时是不符合要求的。用万用表测量功率为几十瓦至几百瓦的小电动机绕组时比较准确。测量前先进行万用表的机械调零，根据待测电机的阻值选用适当的挡位后，再将两支表笔短接进行调零。如指针摆不到 0 位时，则应更换电池。

(2) 电桥法。用电桥测量电动机绕组的电阻可以得到准确的测量值。使用 QJ26—1 型直流双臂电桥可以测量 110 Ω 以下的电阻，相对误差仅为 ± 2%。具体操作步骤如下：

① 验表。检查电桥的两组电源，如电池电压不足则应更换。按下检流计按钮 G，调节检流计上方的零位调节旋钮，使指针指零位；然后打开 9 V 电压开关 W，如指针偏离零位，则调节 W 使指针回零，松开按钮 G。

② 接线。按图 3-42 所示从待测绕组的首端和末端接线端子各引出两根连线(使用的导线应尽量粗一些，截面积为 2.5 mm^2 以上，尽量短些，以能接入电桥为限)。两根导线不得绞接。应各自弯成圆环状，两导线圆环中间加一圆垫片，依次套入接线端子紧固牢靠。将两接线端子上、下面的两根连线分别接入电桥的电流端钮(C1、C2)和电位端(P1、P2)。

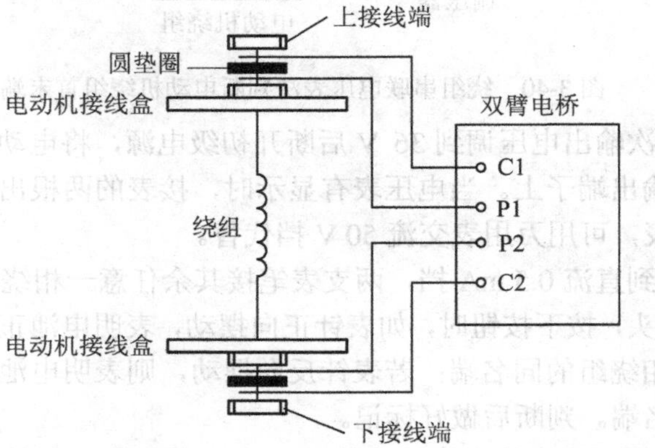

图 3-42　电桥法测量电动机绕组

③ 根据万用表测得的绕组电阻值适当选择比较臂的电阻值。

④ 测量。按下电源按钮 B，稍候再按下检流计按钮 G，如检流计指针偏向“+”方向，则增大比较臂阻值(反之则减小比较臂的阻值)，直到电桥平衡(即检流计指针指零)。先松开 G，再松开 B，防止绕组感应电动势损坏检流计。

⑤ 读取比较臂阻值和比率臂的比值，按下式计算：

待测绕组的电阻值＝比率 × 比较臂阻值(两读数盘数值之和)

⑥ 同样可测得其余两相绕组的阻值，并记录测量结果。

三、活动回顾与拓展

(1) 监视电动机运行时电流的目的是什么？

(2) 清除三相异步电动机中的油垢应注意哪些事项？

(3) 如何用兆欧表测量三相异步电动机绕组的绝缘电阻值？

(4) 如何用万用表判断三相异步电动机绕组的首末端？

活动3　三相异步电动机的常见故障与处理

一、活动目的

(1) 理解并熟悉三相异步电动机常见故障的处理步骤。

(2) 熟悉三相异步电动机常见机械故障的检查与处理方法。

(3) 掌握三相异步电动机常见电气故障的处理方法。

二、活动内容

1．三相异步电动机常见故障的处理步骤

1) 调查

当三相异步电动机出现故障时，首先了解电动机的型号、规格、使用条件、使用年限以及电动机在发生故障前的运行情况，如所带负荷的大小、温升的高低、有无不正常的声音、操作情况等，并认真听取知情人员的反映。

2) 察看故障现象

首先可以把三相异步电动机接上电源进行短时运转，直接观察故障情况，进行分析研究，或者通过仪表测量或观察来进行分析判断；然后断开电动机电源后将外部连线拆开，测量并仔细观察内部的情况，找出故障所在。

2．三相异步电动机常见机械故障的检查方法

从三相异步电动机的外表看，在机座、端盖和底脚无裂纹或缺损，转轴无断裂或弯曲，各个螺栓(或螺钉)的安装都牢固的情况下，转动转轴，若转动不灵活或转不动，说明机械上有故障。

为了确定故障的真正原因，应拆开三相异步电动机，进行以下几方面的检查。

1) 检查轴承好坏

(1) 检查轴承润滑油。如果轴承内的润滑脂因长期不换而干硬或掺有砂子、铁屑等杂物，则应将轴承室内的旧润滑脂刮去，再用煤油(或汽油)将轴承洗刷干净。若旧润滑脂干硬不易刷洗，可用煤油浸泡一段时间。轴承洗净后，必须仔细检查，先看内外圈有无裂纹，再用左手拿住内圈，右手拨动外圈，检查转动是否轻快，有无明显阻滞现象。若有明显阻滞现象，应进一步洗净。若确实已洗净而仍有明显的阻滞现象，说明轴承内部有锈或有其它问题。

(2) 检查轴承内、外圈之间是否松动。一般轴承的内、外圈之间允许有微小的间隙。如果间隙太大，转子转动时就可能与定子内径碰擦。遇到上述情况，就要换用新轴承。无论是洗净后再用的轴承还是用新轴承，都要加入适量的润滑脂(应占轴承容积的 2/3 左右)。润滑脂过多或过少，都容易在转动时过热(过少时润滑脂作用不足，过多时又会产生太大的阻力)。

2) 检查转子与定子的配合情况

(1) 判断是否碰擦。转子与定子内腔碰擦叫扫膛。检查时可先转动一下转子，有严重

的碰擦时，转子根本转不动；轻度碰擦时，用手虽可转动，但转到某一角度时，会感到比较吃力。有时碰擦较轻微，必须用手慢慢转动转轴，才会发现在某一角度时有点吃力。最好是给三相异步电动机加额定电压，让它空转，静听它发出的响声(也可以用螺丝刀来诊听)，如果在均匀的噪声中混杂有一种不均匀的“嚓嚓”声，就很有可能有碰擦。

(2) 引起碰擦的原因除了轴承内、外圈间隙太大，转子转动时与定子内径碰擦外，轴承与端盖之间太松、端盖的轴承孔磨损变大、转子因自重而下坠、转轴弯曲、端盖上口磨损以及安装时端盖平面与轴线不垂直等，也会使转子与定子内径产生碰擦。

3) 监听三相异步电动机的运转声音

(1) 新下线的三相电动机在运行时，还可能出现一种特别的机械声音。这是由于定子槽内绝缘纸或竹楔突出于槽口外，使转子外壁与之相擦而产生的。这种声音与碰擦声不同，它不像金属与金属碰擦的声音。

(2) 有些三相异步电动机会出现一种低沉的“嗡嗡”声。这种声音是由于转子和定子长度配合不好而产生的。正常的情况应该是：定子长度比转子长度略长一点。如果长得较多，就会产生“嗡嗡”声。这种声音不但影响运行的安静，而且是个隐患。如果三相异步电动机拆卸次数较多，使端盖的轴承孔磨大以后，转子就会产生轴向位移(窜动)，从而会使转子铁芯和定子铁芯在轴向错开而对不齐。这样会增大空载电流，降低三相异步电动机的电磁性能。为消除这种隐患，可以在一个或两个端盖内垫上厚度适当的垫圈。修理三相异步电动机时，如发现待修三相异步电动机有这种线圈，应记好它的安装端，并妥善保存，以便修理时按原样装好。

(3) 若挡油圈固定不好或挡油圈外径比轴承外径大，也会产生机械噪声。还有一种由于电磁原因而产生的噪声，称为电磁噪声。电磁噪声总是与磁场的存在相联系的。只要磁场一消失，这种噪声也就没有了。利用这一点，可以很快地区别机械噪声和电磁噪声。具体的方法是，启动三相异步电动机，静听一段时间的噪声后，切断电源，如果噪声中有一部分随着电源的切断而立即消失，则这部分噪声就是电磁噪声。

3. 三相异步电动机常见振动故障与检查处理

三相异步电动机在运行中有轻微的振动属于正常现象。如果振动特别严重，振动值超过允许范围，则应视为故障。三相异步电动机产生振动故障的可能原因一般有如下几种：

(1) 可能的故障原因：安装三相异步电动机的地基不平或三相异步电动机安装质量不好，以及三相异步电动机长期运行引起地脚螺栓松动，从而引起三相异步电动机振动，也可能是该电动机附近的其它设备振动而引起的。

故障的检查方法：检查三相异步电动机地基的水平程度和安装情况是否正确、牢固。

故障的处理方法：将该电动机的地基找水平，同时将地脚螺栓上紧等。

(2) 可能的故障原因：三相异步电动机轴上所连接的皮带轮、飞轮、齿轮等不平衡，以及三相异步电动机转子不平衡而引起三相异步电动机振动。

故障的检查方法：做静平衡或动平衡试验。

故障的处理方法：对不平衡的部分进行矫正使之达到平衡。

(3) 可能的故障原因：三相异步电动机轴上安装滚动轴承时，轴承盖与三相异步电动机端盖安装不良，使转子不能正常运转，严重时甚至转不动；或者是滚珠轴承有问题或磨损后间隙过大。

故障的检查方法：检查轴承盖与端盖的安装是否符合要求或滚珠轴承有问题或磨损后间隙过大。

故障的处理方法：对不符合安装要求的滚动轴承与端盖进行重新安装或者更换新端盖与轴承。

(4) 可能的故障原因：三相异步电动机轴上安装的滑动轴承与轴颈的间隙过大或过小。

故障的检查方法：检查滑动轴承与轴颈的间隙过大或过小。

故障的处理方法：对间隙过大或过小的轴承与轴径进行重新安装，使滑动轴承与轴颈的间隙在允许范围内。

(5) 可能的故障原因：三相异步电动机转子铁芯变形或轴弯曲。

故障的检查方法：在车床上用千分表检查一三相异步电动机转子。

故障的处理方法：对已变形或轴弯曲的三相异步电动机转子在车床上进行校正，直至符合要求。

(6) 可能的故障原因：转子铁芯严重歪扭，损坏了笼型转子导条。

故障的检查方法：检查是否出现由于铁芯严重歪扭而损坏笼型转子导条的情况。

故障的处理方法：将转子铁芯重新压叠，并对笼型导条重新浇铸。

(7) 可能的故障原因：三相异步电动机定子绕组有局部短路或接地故障，三相电流不平衡，使磁场不对称。

故障的检查方法：用电桥或兆欧表检查定子绕组的短路点或接地点。

故障的处理方法：对有短路或接地故障的定子绕组进行对应的处理。

(8) 可能的故障原因：绕线型转子的绕组有局部短路故障，使转子磁场不对称而引起振动。

故障的检查方法：将转子绕组开路，在定子绕组上加上三相额定电压(三相电压应平衡)，使转子不动，测量转子绕组的三相开路电压，并与三相异步电动机铭牌上的数值进行比较。

故障的处理方法：处理局部短路故障。

(9) 可能的故障原因：三相异步电动机定子铁芯硅钢片压得不紧，或定子铁芯与机座内径之间的配合不紧而引起振动。

故障的检查方法：检查定子铁芯硅钢片是否压紧及定子铁芯与机座内径之间的配合情况。

故障的处理方法：将定子铁芯重新压紧，然后用电焊点焊几处，如果定子铁芯与机座内径配合不紧，也可用电焊点焊几处，或者在机座外部向定子铁芯钻螺孔，加固定螺栓，使定子铁芯固定不动。

(10) 可能的故障原因：在采用皮带传动时，皮带安装不好而引起振动。

故障的检查方法：检查皮带安装角度是否正确及皮带的松紧程度是否合适。

故障的处理方法：紧固松动的皮带。

4. 三相异步电动机的常见电气故障与处理

三相异步电动机的故障是多种多样的，同一故障可能有不同的外表现象，而同一外表现象也可能由不同原因引起。为此，在寻找三相异步电动机故障时，必须对三相异步电动机进行全面的研究和分析。

以下各表是根据电工师傅的实践经验和理论分析列出的三相异步电动机的常见故障及其对应的处理方法，可供读者参考。

1) 故障现象：空载不能启动

可能的故障原因	对应的处理方法
三相异步电动机缺少一相电源	检查电源缺相原因。熔丝断了，则更换为同规格的新熔丝；螺丝松动了，则紧固螺母
通电后熔断器的熔丝立刻熔断，断路器跳闸	定子绕组相间短路，排除相间短路故障
	定子绕组有接地故障，排除接地点

2) 故障现象：电动机发热超过绝缘材料允许值或绕组冒烟

可能的故障原因	对应的处理方法
电压过低或过载，拖动装置有堵卡现象或润滑油不足	用万用表测量电压是否过低。如果动力线太细产生压降太大，则应更换电源线
	用钳形电流表测量三相电流值，如过载，则适当降低负载。也可用电风扇或鼓风机吹，以降低三相异步电动机的温升
	排除机械堵卡故障，给拖动装置加适量润滑油
三相异步电动机通风不良、曝晒	检查三相异步电动机风扇是否损坏或未固定好，对各种故障进行对应处理
	排除通风堵塞物
	搭防晒棚
电源电压过高、接法错误	如果电源电压太高，检查电力变压器的调节开关，调至合适位置
	△形接法误接为Y形，轻负载可运行，重负载时发热。改变接法即可
三相异步电动机的接法错误	Y形接法的三相异步电动机误接为△形，此时相电压增高$\sqrt{3}$倍，应立即停车改接，否则将很快烧毁三相异步电动机的定子绕组
笼型转子断条，绕线转子绕组接线松脱	笼型转子断条应参见本项目中对应的电气故障及其处理方法进行处理
	用万用表查出松脱处，将松脱处焊牢或用螺栓固定拧紧
三相异步电动机启动次数过多或正反转频繁	减少启动次数和正反运转次数或改用其它合适类型的三相异步电动机

定子与转子相碰擦	轴承松动，须更换新轴承
	锉去定子与转子相擦部分
	校正转轴中心线
定子绕组有局部短路或定子绕组有局部接地故障	打开三相异步电动机，通过眼看鼻闻来判断是否烧焦；用手触摸来比较温度，找出短路处，并分开短路部分
	用试灯或万用表查出接地处，垫好绝缘，刷绝缘漆烘干

3) 故障现象：不能启动

可能的故障原因	对应的处理方法
黄油太硬，小功率三相异步电动不能启动	此类故障多发生在严冬无保温场所的三相异步电动机上，可拆开油盖，加入少量机油
定子或转子绕组有断路处	用万用表或试灯检查，发现断路处修复即可
槽配合不当	将转子外圈适当车小或选择适当定子线圈跨距
	更换新转子
三相异步电动机绕组内部接反或定子出线首尾接反	给定子绕组通直流电，用指南针查极性
	采用接线错误和嵌反线圈的方法进行检查修复

4) 故障现象：合上刀开关保险丝即熔断

可能的故障原因	对应的处理方法
单相启动	检查开关、接线等处是否松脱，更换保险丝
开关到三相异步电动机接线盒等处有短路故障	拆开三相异步电动机接线头，检查导线的绝缘性能，如橡皮电缆被油泡发肿大，则该处必定短路。排除短路故障即可
三相异步电动机负载过大或有机械卡堵	用钳形电流表检查定子电流，观察电流值是否在额定值之内；检查转子有无卡堵现象。减轻负载，清除过载现象
熔断器的熔丝太小	熔丝对三相异步电动机过载不起保护作用，只能对电路的短路起保护作用，所以一般按下式选用熔丝或熔体的额定电流：熔丝额定电流≥三相异步电动机启动电流的2～2.5倍

5) 故障现象：启动困难，加负载后转速立即下降

可能的故障原因	对应的处理方法
电源电压太低	用万用表交流500 V挡检测电源电压，必要时调节电源变压器的电压调节开关
将三相异步电动机△形误接成Y形	依据三相异步电动机铭牌的相关数据进行改接
转子笼型导条松动或断裂	拆开电动机，检查笼型导条，按“笼型转子处理方法”进行处理
定子绕组内部有局部线圈接错，造成电流不平衡	拆开三相异步电动机，检查各相极性

6) 故障现象：空载运转时，三相电流不平衡

可能的故障原因	对应的处理方法
三相电源电压不平衡	检查电源电压
重绕定子绕组后三相匝数不相等	检查核实，如发现匝数相差很多，应重新绕制线圈
定子绕组内部接线错误	检查各相极性

7) 故障现象：三相异步电动机空载电流偏大

可能的故障原因	对应的处理方法
电源电压过高	检查电源电压，应在额定电压±10%内
三相异步电动机本身气隙较大	拆开三相异步电动机，用内卡、外卡测量定子内径和转子外径，并用塞尺调整气隙
电动机定子绕组匝数不够	检查绕组匝数是否够数，如不够，重绕到合适匝数
三相异步电动机装配不当	用手试转电动机，如转子转动不灵活，则可能是转子轴向位移过多或端盖螺丝不是用力均衡上紧的，可放松螺丝再试转
三相异步电动机定子绕组应该是Y形接线，误接成△形	检查定子绕组接线，检查接线盒接线是否与铭牌一致

8) 故障现象：电动机机壳带电

可能的故障原因	对应的处理方法
三相异步电动机引出线或接线盒接头的绝缘损坏碰上了机壳	检查后套上绝缘套管并包扎绝缘布
定子绕组端部太长碰上机壳	将端盖去掉后，带电现象即消除。此时应将定子绕组端部刷一层绝缘漆，并垫上绝缘纸，再装上端盖即可排除
槽子两端的槽口绝缘损坏 定子绕组在嵌线时，导体绝缘有机械损伤	小心扳动绕组端接部分，仔细找出绝缘损坏处，然后垫上绝缘纸，再涂上绝缘漆
外壳没有可靠接地	按上述几个方法排除三相异步电动机的带电故障后，必须将三相异步电动机外壳进行可靠接地或接零

9) 故障现象：绝缘电阻降低

可能的故障原因	对应的处理方法
潮气浸入或雨水滴入电动机内部	用兆欧表检查后，进行烘干处理
绕组上灰尘污垢太多	清除灰尘、油污后，进行浸渍漆处理
引出线和接线盒接头的绝缘霉变或即将损坏	重新包扎引出线接线头，套上塑料绝缘管
三相异步电动机长期过热绝缘老化	7 kW 以下三相异步电动机可以重新做绝缘漆浸渍处理，烘干即可

10) 故障现象：轴承盖发热

可能的故障原因	对应的处理方法
新换轴承没装好，有扭歪、卡住等不灵活现象	转动转子或拆端盖转动轴承即可找出问题所在，并对故障进行处理
轴承润滑油干涩，润滑油太少	清洗轴承，并给轴承加上适量润滑油
轴承盖漏油，润滑油太多	润滑油加至轴承室的 2/3，即将轴承加满，轴承盖薄薄加一层即可
皮带张力太紧或联轴器装配不在同一线上	转动转子，检查皮带张紧状况及联轴器连接情况
轴承室中的油有灰砂杂质和铁屑等物	将螺丝刀一头放在轴承端盖处，耳朵紧贴螺丝刀木柄上细听，轴承运转有杂声，应立即停车清洗轴承，并加符合要求的适量润滑油
轴承已损坏	换上同型号同规格的轴承
端盖与机座不同心，转动起来很紧	检查端盖同心度，并予以校正

11) 故障现象：通电后电动机不能转动，但无异响，也无异味和冒烟

可能的故障原因	对应的处理方法
电源未接通(至少两相未接通)	检查电源回路开关，熔丝、接线盒处是否有断点，若有则予以修复
熔丝熔断(至少两相熔断)	检查熔丝型号、熔断原因，更换新熔丝
过流继电器调得过小	调节继电器整定值与电动机配合
控制设备接线错误	改正接线

12) 故障现象：通电后电动机不转，随后熔丝烧断

可能的故障原因	对应的处理方法
缺一相电源，或定子线圈一相反接	检查刀闸是否有一相未合好，或电源回路有一相断线
定子绕组接地	消除接地点
定子绕组接线错误	查出误接，予以更正
熔丝截面过小	更换熔丝
电源线短路或接地	消除接地点

13）故障现象：通电后电动机不转但有“嗡嗡”声

可能的故障原因	对应的处理方法
定子、转子绕组有断路(一相断线)或电源一相失电	查明断点并予以修复
绕组引出线始末端接错或绕组内部接反	检查绕组极性；判断绕组末端是否正确
电源回路接点松动，接触电阻大	紧固松动的接线螺丝，用万用表判断各接头是否假接，若是则予以修复
电动机负载过大或转子卡住	减载或查出并消除机械故障
电源电压过低	检查是否把规定的△形接法误接为Y形，或者是由于电源导线过细使压降过大，对此予以纠正
小型电动机装配太紧或轴承内油脂过硬	重新装配使之灵活；更换合格油脂
轴承卡住	检查卡住原因，并修复轴承

14）故障现象：电动机启动困难，额定负载时，电动机转速低于额定转速较多

可能的故障原因	对应的处理方法
电源电压过低	测量电源电压，设法改善到额定值
△形接法电动机误接为Y形	纠正接法
笼型转子开焊或断裂	检查开焊和断点并修复
定子、转子局部线圈接错、接反	查出误接处，予以改正
修复电动机绕组时增加匝数过多	恢复正确匝数
电动机过载	减轻负载

15）故障现象：电动机空载，过负载时，电流表指针不稳、摆动

可能的故障原因	对应的处理方法
笼型转子导条开焊或断条	查出断条予以修复或更换转子
绕线型转子故障(一相断路)或电刷、集电环短路装置接触不良	检查绕线转子回路并加以修复

16）故障现象：电动机空载电流平衡，但数值大

可能的故障原因	对应的处理方法
修复时，定子绕组匝数减少过多	重绕定子绕组，恢复正确匝数
电源电压过高	设法恢复到额定电压
Y形接法电动机误接为△形	改接为Y形
电动机装配中，转子装反，使定子铁芯未对齐，有效长度减短	重新装配
气隙过大或不均匀	更换新转子或调整气隙
大修拆除旧绕组时，使用热拆法不当，使铁芯烧损	检修铁芯或重新计算绕组，适当增加匝数

17) 故障现象：电动机运行时响声不正常，有异响

可能的故障原因	对应的处理方法
转子与定子绝缘纸或槽楔相擦	修剪绝缘，削低槽楔
轴承磨损或油内有砂粒等异物	更换轴承或清洗轴承
定子、转子铁芯松动	检修定子、转子铁芯
轴承缺油	加油到合适油量
风道填塞或风扇碰撞风罩	清理风道；重新安装该装置
定子、转子铁芯相擦	消除擦痕，必要时车内小转子
电源电压过高或不平衡	检查并调整电源电压
定子绕组错接或短路	消除定子绕组故障

18) 故障现象：运行中电动机振动较大

可能的故障原因	对应的处理方法
由于磨损轴承间隙过大	检修轴承，必要时更换
气隙不均匀	调整气隙，使之均匀
转子不平衡	校正转子动平衡
转轴弯曲	校直转轴
铁芯变形或松动	校正重叠铁芯
联轴器(皮带轮)中心未校正	重新校正，使之符合规定
风扇不平衡	检修风扇，校正平衡，纠正其几何形状
机壳或基础强度不够	进行加固
电动机地脚螺丝松动	紧固地脚螺丝
笼型转子开焊断路；绕线转子断路；定子绕组故障	修复转子绕组；修复定子绕组

19) 故障现象：电动机接通电源启动时不转但有“嗡嗡”声

可能的故障原因	对应的处理方法
由于电源的接通问题，造成单相运转	检查电源线，主要检查电动机的接线与熔断器是否有线路损坏现象
电动机的运载量超载	将电动机卸载后空载或半载启动
被拖动机械卡住	卸载被拖动机械，从被拖动机械上找故障原因
绕线转子电动机转子回路开路或断线	检查电刷、滑环和启动电阻各个接触器的接合情况
定子内部首端位置接错，或有断线、短路	重新判定三相的首尾端，并检查三相绕组是否有断线和短路

20）故障现象：电动机启动后发热超过温升标准或冒烟

可能的故障原因	对应的处理方法
电源电压达不到标准，电动机在额定负载下升温过快	调整电动机电网电压
电动机运转环境的影响，如湿度高等原因	检查风扇运行情况，加强对环境的检查，保证环境的适宜
电动机过载或单相运行	检查电动机启动电流，发现问题及时处理
电动机启动故障，正反转过多	减少电动机正反转的次数，及时更换适应正反转的电动机

21）故障现象：绝缘电阻低

弯曲的	对应的处理方法
电动机内部进水、受潮	烘干电动机内部
绕组上有杂物、粉尘影响	处理电动机内部杂物
电动机内部绕组老化	检查绕组老化情况，及时更换绕组

22）故障现象：电动机外壳带电

可能的故障原因	对应的处理方法
电动机引出线的绝缘或接线盒绝缘线板损坏	恢复电动机引出线的绝缘或更换接线盒绝缘板
绕组端盖接触电动机机壳	如卸下端盖后接地现象即消失，可在绕组端部加绝缘后再装端盖
电动机接地	按规定重新接地

23）故障现象：绝缘电阻低

可能的故障原因	对应的处理方法
电动机内部因进水而受潮	对电动机内部进行烘干处理
绕组上有杂物，受到粉尘影响	处理电动机绕组上的杂物
电动机绕组绝缘老化	检查绕组老化情况，及时更换绕组

24）故障现象：电动机振动

可能的故障原因	对应的处理方法
电动机安装地面不平	处理电动机安装处的底座平面，保证平衡性
电动机内部转子不稳定	校对转子平衡
皮带轮或联轴器不平衡	将皮带轮或联轴器校平衡
电动机转头弯曲	校直弯曲的转轴，将皮带轮找正后镶套重车
电动机风扇有问题	校正风扇

25) 故障现象：绕线式电动机电刷冒火花

可能的故障原因	对应的处理方法
绕线型转子异步电动机的电刷在长期运行中由于磨损使接触面不平	可用细砂纸将接触面磨光
电刷压力不够、滑环不圆	适当调整电刷的压力，并检查滑环是否圆
轴承上的油滴或其它杂物落到滑环与碳刷之间	用干净的棉纱蘸少许汽油擦净滑环和碳刷，消除轴承及碳刷上的油污，做好滑环与碳刷的防护措施

26) 故障现象：电动机发热

可能的故障原因	对应的处理方法
运行过载。三相异步电动机所带负载功率超过三相异步电动机的额定功率，导致三相异步电动机过载运行，使定子和转子电流都大于额定值，机内温度升高，绕组绝缘迅速老化。严重过载时，绝缘很快烧坏	根据负载功率选用合适功率的三相异步电动机，或减少负载
负载不正常，会引起三相异步电动机的电压、电流、功率因数、转速等不正常。电压太高，则三相异步电动机铁损增大，铁芯发热严重，因而使线圈也产生过热。如电流过大，则线圈铜损增大，线圈产生过热，使铁芯温度也升高。对于绕线转子三相异步电动机，定子电流过高，将会使转子电流过高，转子线圈也同时过热	查找负载不正常的原因，并予以排除
长时间过载。如果用连续定额的三相异步电动机来拖动短时或周期性冲击负载，要求三相异步电动机的容量一般选得略小些，以使其既能满足平时轻载的需要，同时又能满足冲击时暂时过载的需要。若带冲击负载时间过长，就会使三相异步电动机过热，温度升高	减少负载或减少过载运行的时间，同时注意三相异步电动机在运行中的温升情况
通风不足引起三相异步电动机的温升过高	检查三相异步电动机风扇旋转的方向，风扇及风扇罩是否完好及安装是否牢固，风扇罩上的通风孔是否受堵，并按要求予以处理
周围环境温度过高而引起进风温度太高	当无法解决周围环境温度过高的情况时，可采用允许温升值大、耐热等级高的三相异步电动机(如 B 级或 F 级绝缘)，或者采用管道通风
定子铁芯部分硅钢片之间绝缘不良或有毛刺，导致铁芯铁损增大而过热	检查定子铁芯，并对铁芯部分硅钢片之间的绝缘不良或毛刺进行处理

三相异步电动机受潮或浸漆后没有烘干，使电动机绝缘电阻降低而产生过热	对三相异步电动机进行彻底烘干处理
绕线转子三相异步电动机绕组焊接点脱焊，使转子过热，转速与转矩明显降低	抽出转子，仔细检查转子绕组各焊点，把脱焊处焊牢
三相异步电动机定子绕组短路或有接地故障。对于重换线圈后的三相异步电动机，更容易出现接线错误，或绕制线圈时匝数错误，以及在运行中的三相异步电动机一相断路，都会使三相异步电动机过热	处理短路、接地、断路、线圈接地等故障，并检查三相异步电动机的温升情况，可以用手触摸三相异步电动机机壳、轴承等部位。三相异步电动机壳的温度与手感的大致情况可参见表 3-5

表 3-5　手感热量与机壳温度参考表

手感热量	机壳温度/℃	人对机壳温度的感觉
稍冷	30	由于机壳是金属制造的，比体温低
稍温	40	感觉温暖，有洗澡水那样的温度
温暖	45	感觉温暖，如同手插入洗脸水中一样
稍热	50	触摸时间稍长则手掌会变红
热	55	手接触机壳可忍耐 6 s
热	60	手掌接触机壳可忍耐 4 s
非常热	65	手掌接触机壳可忍耐 2 s，松手后还感觉热
非常热	70	手指接触机壳可忍耐 4 s
极热	75	手指接触机壳可忍耐 2 s
极热	80	手掌靠近机壳时有烧灼的感觉
极热	85～90	手掌靠近机壳时有靠近火炉的感觉

三、活动小结

三相异步电动机的常见故障有机械故障与电气故障，只有当查明故障原因后，才能正确处理故障，使电动机尽快正常运转。常见的电气故障有：空载不能启动、电动机发热超过绝缘材料允许值或绕组冒烟、合上刀开关保险丝即熔断、电动机空载电流偏大、电动机机壳带电、绝缘电阻降低、轴承盖发热等。重点掌握这些常见故障现象对日后的电气现场维护及故障分析、诊断和处理是大有益处的。

四、活动回顾与拓展

(1) 引起三相异步电动机振动的主要原因有哪些？

(2) 在更换或给轴承室加润滑脂时，如果过多或过少会产生什么情况？合适的量应为多少？

(3) 什么叫做扫膛？扫膛的后果是什么？应怎样处理和避免？

(4) 三相异步电动机轴承装配不良或轴承有问题所引起的后果是什么？应怎样处理？

(5) 三相异步电动机机壳带电的可能原因有哪些？对应的处理方法是什么？

(6) 三相异步电动机空载电流偏小的可能原因有哪些？对应的处理方法是什么？

(7) 三相异步电动机不能启动的其它原因还有哪些？对应的处理方法是什么？

(8) 三相异步电动机空载不能启动的其它原因还有哪些？对应的处理方法是什么？

(9) 一般轴承的内、外圈之间允许有微小的间隙。如果间隙太大，会产生什么样的后果？间隙太小呢？

项目四　其它电机

本项目主要介绍单相异步电动机、同步电动机、伺服电动机、步进电动机、直线电动机及测速发电机等其它用途的电机，重点介绍它们的结构、工作原理、特点及应用。

任务一　单相异步电动机

活动 1　单相异步电动机的认识

一、活动目标

(1) 熟悉并理解单相异步电动机的工作原理。

(2) 掌握单相异步电动机的结构特点及适用场合。

二、活动内容

单相异步电动机由单相电源供电，它的转子与三相笼型异步电动机的转子基本相似，即属于笼型转子。单相异步电动机具有供电方便、结构简单、成本低廉、噪声小、运转可靠等优点，因此被广泛应用在家用电器、医疗器械、自动控制系统及小型电气设备中。但与同容量的三相异步电动机相比，单相异步电动机的体积大、运行性能差，所以单相异步电动机一般只制成容量在 1 kW 以下的小容量电动机。

1. 单相单绕组异步电动机的工作原理

当给单相单绕组异步电动机定子上的单绕组外加一个单相正弦交流电源后，就有单相正弦交流电流通过该单绕组，该单绕组上流过的电流激励定子铁芯在气隙中产生一个脉振磁动势，并建立脉振磁场。该脉振磁场分解为两个旋转方向相反的圆形旋转磁场。在正向旋转磁场的作用下产生正向电磁转矩，在反向旋转磁场的作用下产生反向电磁转矩。其中正向电磁转矩使电动机正转，反向电磁转矩使电动机反转，正、反方向电磁转矩叠加合成即为单相单绕组异步电动机的合成转矩，由于合成转矩为零，故单相单绕组异步电动机不能自行启动。

要使单相单绕组异步电动机像三相异步电动机那样能够自行启动，就必须有外力作用使合成转矩不为零，单相单绕组异步电动机就转动起来，而且即使去掉外力，电动机仍能沿所施外力的方向继续旋转(合成转矩大于负载转矩)，并且达到某一稳定转速运行。

根据单相单绕组异步电动机施加外力的方法不同，把单相异步电动机分为两种，即单相分相式异步电动机和单相罩极式异步电动机。

2．单相分相式异步电动机

1) 工作原理

单相分相式异步电动机是在电动机定子上嵌放两相绕组，如果这两相绕组的参数相同，而且在空间相位上相差 90°电角度，则为两相对称绕组，此时若在两相对称绕组中通入大小相等、相位相差 90°电角度的两相对称电流，则可以证明两相合成磁场为圆形旋转磁场，其转速为 $n_1=(60f)/p$，与三相对称交流电流通入三相对称绕组产生的旋转磁场性质相同。而当两相绕组不对称或通入的两相电流不对称时，两相的合成磁场为一椭圆形旋转磁场。

2) 常见类型及其特点

(1) 单相电阻分相式异步电动机。这种电动机是在定子上嵌有两相绕组，如图 4-1(a)所示，一个为主绕组(上述所说的单绕组)U_1U_2，另一个为辅助绕组(帮助产生外力的另一相绕组)V_1V_2。要求这两相绕组在空间相位上相差 90°电角度，它们接在同一个单相电源上，辅助绕组串联一个离心开关 S。在制造单相电阻分相式异步电动机时，通常主绕组用的导线较粗而电阻小，辅助绕组用的导线较细而电阻大，也可在辅助绕组中串电阻，以增大辅助绕组的阻抗值。这样，启动时由于主绕组和辅助绕组两个支路的阻抗不同，使得流过两相绕组的电流相位不同。一般辅助绕组的电流超前于主绕组中的电流，以形成一个两相电流系统，如图 4-1(b)所示。这样电动机启动时就产生了一个椭圆形旋转磁场，从而产生了启动转矩。电动机启动以后，当转速达到同步转速的 70%～80%时，离心开关 S 断开，将辅助绕组 V_1V_2 以及电阻 R 从电源上切除，剩下主绕组 U_1U_2 进入稳定运行，因此通常将辅助绕组又称为启动绕组，而将主绕组称为工作绕组。

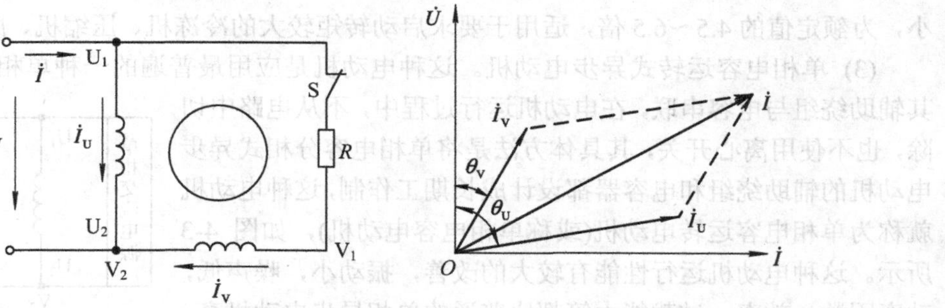

(a) 接线图 (b) 相量图

图 4-1 单相电阻启动电动机

也可采用测量电流数值的方法来切除辅助绕组。具体方法是将电流继电器的线圈串联在主绕组的电路中，而将电流继电器的动合触点串联在辅助绕组的电路中。由于启动时的电流大，使该电流继电器的辅助动合触点闭合，将辅助绕组接入电源，随着电动机转速的上升，启动后主绕组的电流随之下降，当转速达到同步转速的 70%～80%时，主绕组中电流下降到某一数值后，电流继电器的辅助动合触点断开，使辅助绕组脱离电源，剩下主绕组进入稳定运行。

由于电阻分相启动时，主、辅绕组的阻抗都是感性的，因此两相电流的相位差较小，所以启动时在电动机的气隙中建立的旋转磁场椭圆度较大，产生的单相电阻启动电动机的启动转矩较小，它是额定转矩的 1.1～1.6 倍，启动电流较大。

这种电动机结构简单，成本低，小型车床、鼓风机、医疗器械、电冰箱、搅拌机都适用。

(2) 单相电容分相式异步电动机。这种电动机与单相电阻分相式异步电动机相似，只是将上述辅助绕组电路中所串的电阻换成了电容，目的是增加启动转矩，如图 4-2(a)所示。如果电容器选择适当，则可以在启动时使辅助绕组通过的电流 I_V 在时间相位上超前主绕组通过的电流 I_U 90°，如图 4-2(b)所示。这样在启动时就可以获得一个较接近圆形的旋转磁场，从而获得较大的启动转矩。同样，当电动机转速达到同步转速的 70%～80%时，离心开关 S 将辅助绕组从电源上自动切除，靠主绕组单独进入稳定的运行状态。

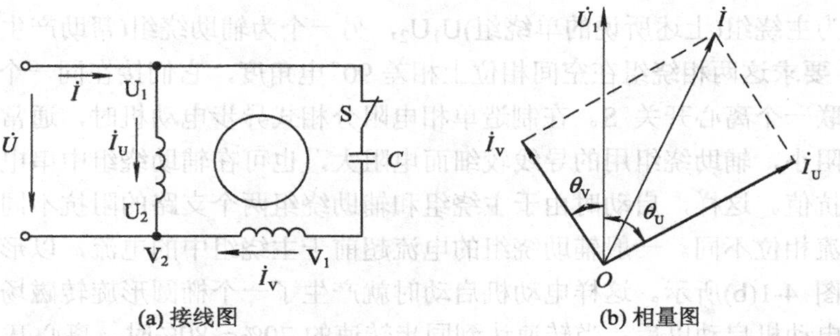

图 4-2　单相电容启动电动机

单相电容分相式异步电动机的启动转矩较大，为额定值的 2.5～2.8 倍，而启动电流较小，为额定值的 4.5～6.5 倍，适用于要求启动转矩较大的冷冻机、压缩机、磨粉机等机械。

(3) 单相电容运转式异步电动机。这种电动机是应用最普遍的一种单相异步电动机。其辅助绕组与电容串联，在电动机运行过程中，不从电路中切除，也不使用离心开关，其具体方法是将单相电容分相式异步电动机的辅助绕组和电容器都设计成长期工作制，这种电动机就称为单相电容运转电动机(或称单相电容电动机)，如图 4-3 所示。这种电动机运行性能有较大的改善，振动小，噪声低，功率因数、效率、过载能力等都比普通的单相异步电动机高，但启动转矩只有额定值的 35%～70%，所以适合于电风扇、空调器压缩机、电子仪器等空载或轻载启动的机械。运转电容的电压为 500 V。

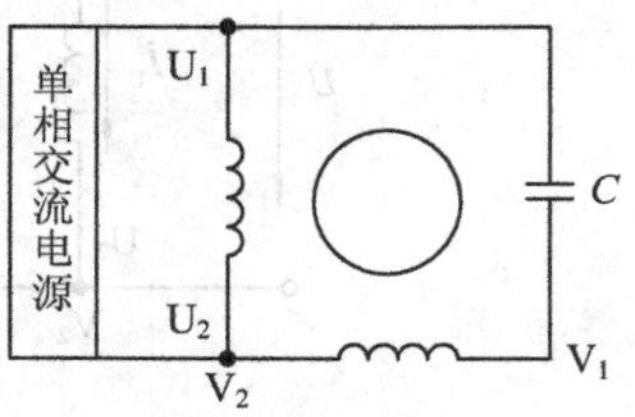

图 4-3　单相电容运转电动机

单相电容运转式异步电动机的电容器电容量的大小，对电动机的启动性能和运行性能影响较大。如果电容量取得大，则启动转矩也大，而运行性能下降；如果电容量取得小，则启动转矩也小，但运行性能较好。所以综合考虑，为了保证有较好的运行性能，单相电容运转式电动机的电容器的电容量比同容量的单相电容分相式异步电动机所用电容器的电容量要小，因此其启动性能不如单相电容分相式异步电动机。

(4) 单相电容启动及运转电动机。如果单相异步电动机既要有较大的启动转矩，又要有良好的运行性能，则可以采用两个电容器并联后再与辅助绕组串联的形式，称这种电动机为单相电容启动及运转电动机或单相双值电容电动机，如图 4-4 所示。图中电容器 C_1 的容量较大，C_2 为运行电容器，容量较小，C_1 和 C_2 共同作为启动时的电容器；S 为离心开关。

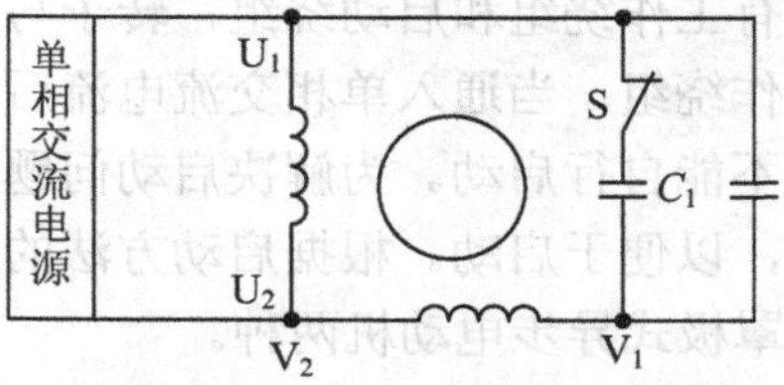

图 4-4 单相电容启动及运转电动机

启动时，C_1 和 C_2 两个电容器并联，总电容量大，所以电动机有较大的启动转矩。启动后，当电动机转速达到 70%～80%同步转速时，通过离心开关 S 将电容器 C_1 切除，此时只有电容量较小的 C_2 参与运行，因此电动机又有较好的运行性能。这种电动机常用在家用电器、泵、小型机械等场合。

对于单相分相式异步电动机，如果要改变电动机的旋转方向，可以对调主绕组或辅助绕组的两个接线端，对调后产生的旋转磁场的旋转方向发生改变，所以电动机的转向也随之改变，也就实现了电动机的反转。

3. 单相罩极式异步电动机

单相罩极式异步电动机结构简单，转子也是笼型的。小功率罩极式异步电动机的定子是凸极式的，如图 4-5 所示。在凸极的 1/3 处开有凹槽，嵌放一只短接铜环(又称罩极线圈)，套有短路铜环的磁极部分称为被罩部分，其余部分称为未罩部分。当定子绕组通以交流电流时，磁极中就会产生交变主磁通，罩极线圈被感应出电流，该感应电流又会在磁极的被罩部分形成磁通，以阻碍主磁通的变化。磁极的未罩部分只有主磁通。在定子绕组电流的一个周期中，磁极表面合成磁场的中心线会从未罩部分向被罩部分移动，从而形成旋转磁场，使得转子自行启动。

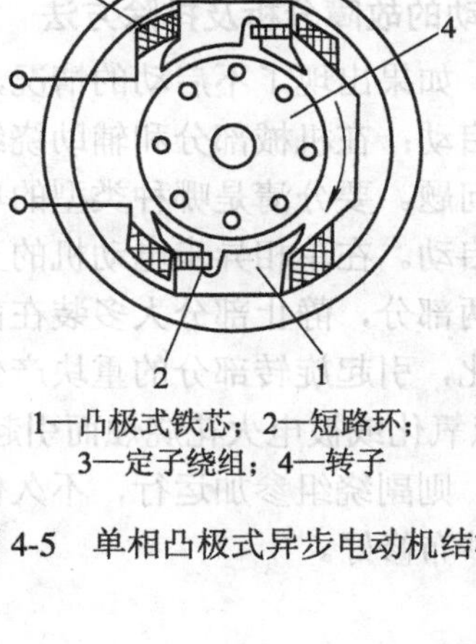

1—凸极式铁芯；2—短路环；
3—定子绕组；4—转子

图 4-5 单相凸极式异步电动机结构

单相罩极式异步电动机的启动转矩小，只有额定值的 0.3~0.5 倍，功率因数和效率也都很低，但结构简单、维护方便、成本低、噪声小，适用于小型风机、电唱机等。功率较大的罩极式电动机，不用凸极定子，而采用齿槽式。

三、活动小结

单相异步电动机的定子嵌有工作绕组和启动绕组，转子与三相笼型异步电动机的转子基本相同。如果定子上仅有工作绕组，当通入单相交流电流后，将产生一个脉振磁动势，在脉振磁场的作用下，电动机不能自行启动。为解决启动问题，在定子上装设启动绕组，使电动机启动时产生旋转磁场，以便于启动。根据启动方法的不同，单相异步电动机分为单相分相式异步电动机和单相罩极式异步电动机两种。

四、活动回顾与拓展

(1) 单相单绕组异步电动机为什么不能自行启动？

(2) 单相分相式异步电动机有哪几种类型？它们的启动或运行性能各有何特点？

(3) 如何改变单相异步电动机的转动方向？

(4) 一台单相电容运转式台式电风扇，通电时有振动，但不转动，如用手正向拨动或反向拨动风扇叶，都会转动且转速较高，其原因是什么？

活动 2　单相异步电动机的常见故障与处理

一、活动目标

(1) 熟悉检测单相异步电动机好坏的方法。

(2) 熟悉几种家用电器的故障检查与处理方法。

二、活动内容

1. 单相异步电动机好坏的检测方法

用 500 V 兆欧表测量单相异步电动机绕组与外壳的绝缘电阻，不应小于 0.5 MΩ；用万用表测量绕组各引线，没有断线。如果上述两项都符合要求，则电动机就是好的。

2. 单相异步电动机不能启动的故障分析及排除方法

对于单相异步电动机来说，如果出现了不启动的情况，首先检查是由于机械原因卡住还是辅助绕组出现故障导致不启动；在机械部分和辅助绕组阻值都正常的情况下，电动机不启动一般情况下就是电容的问题。要分清是哪种类型的单相异步电动机，例如罩极式异步电动机的罩极绕组烧了就不启动。在单相异步电动机的五种类型的电动机中，有三种有离心开关，它包括静止和旋转两部分，静止部分大多装在前端盖内，旋转部分则装在相应的轴上，它利用转子转速的变化，引起旋转部分的重块产生离心力大小的变化，通过滑动机构来闭合，分开触点。如触点氧化或被电火花烧烛而引起接触不良，则电动机不能启动；如电动机启动后重块不能飞离，则副绕组参加运行，不久便会高温烧毁。离心开关损坏后则必须更换。触点氧化可用细砂布修好。

对于有电容器连接的单相异步电动机，除了考虑上述各种原因外，还应考虑电容器本身是否损坏或者该支路的连接线是否松脱等。对于电容器本身要首先检查是否完好，具体的检测方法是：将指针万用表(也有带电容挡的数字表，可直接测量)拨到 1 k 或 10 k 电阻挡，测电容器的两个引线，表针快速向右偏转后慢慢回到左侧说明电容器是好的，始终偏向右侧说明电容器被击穿了，指针不动则电容器内部断线或没有容量了。用这种方法只能判断电容器的好坏，要判断容量的大小就需要长期的经验积累了。而对于回路就应检查连接导线是否断开或者禁锢连接螺钉等。

总之，当单相异步电动机出现不启动的故障时，一定要首先分清属于哪种类型，然后再按原理进行故障排除。

3．油烟机类单相异步电动机各类故障及案例分析

1) 油烟机电动机常见主要故障

(1) 没有及时清擦油烟机各部器件上的油污、灰尘，使电动机启动困难，直至不能启动，使用者又没能及时切断电源，造成电动机绕组温升过高而烧毁。

(2) 长期使用后，由于振动使端盖螺丝松动，造成定子、转子间隙不匀，甚至定子与转子相摩擦(扫膛)导致温升过高而烧毁绕组。

(3) 个别电动机配置的电容器质量欠佳，如电容器短路(击穿) 和断路等。电动机不能启动，如不及时切断电源就会发热而烧毁绕组。

(4) 因绕组受潮使绝缘能力降低，造成匝间短路而烧毁电动机。

(5) 滑动轴承老化使定子与转子间隙过大，电动机不能启动而烧毁电动机。

此外，在清擦油烟机时，由于不慎人为碰坏局部绕组等。

由于上述几种原因而损坏的油烟机电动机，在修理检查时，一般直观可见损坏的部位，根据实际情况对绕组进行局部或全部更换即可。

2) 采用电阻测量法查找油烟机电动机故障

采取断开各绕组的连接线，分别测量各绕组电阻值的办法查找故障。在测量主绕组时发现有 3 个绕组的电阻值相同，分别为 90 Ω；还有一个绕组的电阻值为 80 Ω，断定这个绕组局部有轻微短路。用烘箱加热后拆除时发现，该绕组有几匝线圈短路，但没有明显烧坏的痕迹，还有数十匝线圈处在短路点内，形成一个导线截面较小的短路绕组，类似吹风机的启动绕组，电动机运转一段时间后会使温升过高。重新换上数据相同的绕组，连好接线，经给电试车运行后，电动机温升正常，故障排除了。

这种故障的主要原因是漆包线质量欠佳，部分绝缘漆皮脱落所致。在修理该类电动机时，因其定子内径太小，不能用短路探测器来检查绕组的短路故障。类似的单相异步电动机采用电阻测量的办法，诊断绕组是否有短路故障，是比较可行的办法。

3) 油烟机电动机特殊故障案例分析

难以断定故障原因的特殊情况有：油烟机电动机运转不到 5 min 就温升很高，按照常规方法，用万用表电阻挡分别检查主绕组、辅助绕组均无断路、接地故障，电容器也没问题。又分别测其主、辅助绕组电阻值，主绕组为 350 Ω，辅助绕组为 440 Ω，认为也没问题。只能在调整定子与转子间隙上找问题。由于该油烟机电动机为 4 极电动机，转速不高，制造厂家为减少噪声、降低成本而使用滑动转承。电动机端盖为薄钢板模压制成，在组装时

稍不注意，定子与转子间隙就有可能达不到所要求的同心度，致使电动机发热。经多次调整，电动机转动轻松自如，但给电试车温升依然如故。电动机绕组看不出有何异常，不能轻易将其全部拆除。

4. 冰箱压缩机电动机不能正常运转的可能故障原因、分析检查与处理

(1) 可能的故障原因：电动机绕组接线或引线断开，电动机引线与压缩机壳内三个接线柱脱落而造成电动机断路。

分析检查与处理：处理这种故障时，如果电源电压正常，冰箱接通电源后，压缩机电动机不运行，可用万用表电阻挡测量启动绕组和运行绕组，如果阻值无穷大，说明电动机有断路处，对断路处重新接线或引线。

(2) 可能的故障原因：电动机运行绕组匝间短路。

分析检查与处理：这种情况下电动机能勉强启动运行，但响声明显比原来大，运行电流比正常值大 1 倍以上，用万用表电阻挡测运行绕组的阻值比正常值小，具体的处理方法是重新绕线并嵌线。

(3) 可能的故障原因：电动机启动绕组和运行绕组短路。

分析检查与处理：用万用表电阻挡检查，启动和运行绕组的阻值比正常值明显减小。现象为在电源电压、启动继电器等控制电路都正常的情况下，启动继电器连续过载，热继电器触点断开，如换一台压缩机电动机就正常了，同时处理短路绕组。

(4) 可能的故障原因：电动机接线柱公用引线与机壳相碰。

分析检查与处理：此种情况下电动机能启动和运行，但在冰箱电动机接地良好的情况下处处漏电。处理的方法是将电源插头反插一下即可。为了防止触电，应将电源插座换成三孔的。

5. 引起冰箱压缩机电动机故障的其它原因

(1) 由于制冷系统的故障，使得电动机长时间运转不停，温升过高，漆包线老化而烧毁。

(2) 电动机经常在过压或欠压的情况下启动和运行。

(3) 曲轴吸油不畅，造成电动机抱轴，卡缸长时间又未被发现，使电动机绕组烧毁。

(4) 化霜不及时，使冰箱的负荷加重，造成电动机过早损坏。

(5) 一会停电，一会来电，造成冰箱频繁启动，影响了电动机寿命。

(6) 修理中充灌甲醇，造成电动机过早损坏。

(7) 电动机本身质量不过关，绕组所用漆包线不是耐氟的高强度漆包线。

6. 电风扇电动机常见故障分析检查与处理

电风扇电动机的故障除外部电源电压、控制装置等因素以外，还有加上电源后电动机不转、反转、难以启动、噪声大、漏电等现象，而且往往是几种故障现象同时存在。因此，在处理故障时应从多方面考虑，逐一处理。风扇电动机故障包括电气故障与机械故障。在此仅介绍风扇电动机常见的机械故障及其维修。

1) 故障现象：电动机转子卡死或偏心

分析检查与处理：取下风叶，用手指拧转轴，如转不动，可认为是转子卡死，这时应将电动机解体，找出卡死的原因，并予以处理。转子偏心一般表现为低速挡难以启动，高速挡也只能勉强启动，这在采用滑动轴承的风扇中极为普遍。检查时先断电拨动转轴，应无明显卡阻现象，但一通电，就会发现转轴已被牢牢吸着不动。这是由于转子偏心，定子与转子之间气隙不均匀而形成单边磁拉力所致。重新装配，通过小心调整端盖螺钉，使气隙均匀，即可解决。如果故障不严重，可在原电容器旁并上 1 μF～2 μF 的新电容器，也能解决问题。如转轴或轴承已严重磨损，只有更换被损件。

2) 故障现象：机械噪声大

分析检查与处理：轴承是主要的噪声源之一，检查轴承是否磨损、缺油。吊扇常采用滚动轴承，运行 1～2 年后应进行清洗、加油。发现轴承损坏应及时更换。采用含油滑动轴承的风扇，轴承与轴接触处应有油膜存在，可在其油毡中滴入数滴优质机油，使其保持良好润滑。如磨损太严重，则应更换为同型号的轴承。

3) 故障现象：吊扇轴承与轴之间相对滑动

分析检查：这种故障表现为转速变慢、输出效率降低、高温、噪声大等。

处理方法如下：

(1) 采用 gy—260 型厌氧胶黏结。要求将两接触面清除干净，否则难以成功。

(2) 采用轴承内圈镀锡法。先用砂布将轴承内壁打毛，用盐酸清洗，均匀地镀上一层薄锡，再将轴承压入轴，因锡材质较软，压入后，内壁多余的锡就会自然脱落。

这两种方法同样适用于轴承在轴承室内的滑动。

7. 电风扇电动机出现故障的原因分析

(1) 保养差，长期缺乏润滑油。这是电风扇电动机不转最普遍的原因，因此应首先考虑。风扇转轴部分要确保有润滑油，否则电动机拖动不了风叶。如果属于家用，可以选择关闭电源，然后拨动风叶，当旋转僵硬时，说明没有润滑油了。

(2) 用久了引起的磨损。如果一台电风扇用久了，电动机就会损耗，电动机的轴套磨损后会很容易烧掉。而且这个时候电动机的内阻也变大了，带负载能力变低，风叶很容易转动不了。长期的磨损也会让轴与轴之间的空隙太大，让风叶不转。

(3) 过热引起的风扇不转。在风扇电动机内有过热断路器，如果线圈绕组发生短路，会让发热量短时间内增加，这种情况下电动机都会不转。另外，如果电动机温度太高，负载能力会相应变差，也会引起功率变低，无法带动风叶旋转。

(4) 启动电容器容量变小。当风扇用久了，电容器容量会降低，导致电动机启动转矩变小，无法带动负载。

(5) 电气故障问题，例如线路损坏等。

无论使用什么电器，都应该注意保养，否则电动机慢慢老化都会影响使用功能。

8. 电风扇电动机常见电气故障

1) 故障现象：通电后电动机有“嗡嗡”声

(1) 故障原因：定子绕组断路或烧坏。

处理方法：接通或更换绕组。

(2) 故障原因：电动机轴承磨损，定子与转子相擦。

处理方法：更换同规格的轴承。

(3) 故障原因：电容器损坏、开路、容量变小。

处理方法：更换同规格的电容器。

2) 故障现象：电动机响或不转动

(1) 故障原因：电抗器断路。

处理方法：修复或更换电抗器。

(2) 故障原因：调速开关接触不良。

处理方法：修理或更换调速开关。

9. 全自动洗衣机电动机接通电源后，电动机不旋转，也没有“嗡嗡”声的故障分析

该现象可能是控制电路有故障，导致电动机绕组上没有得到工作电压，也可能是电动机绕组开路，只要测量电动机各绕组引出线间是否有较小电阻值，就可以大致判断故障部位。如果没有直流阻值，说明电动机线圈绕组之间有开路(全自动洗衣机的电动机绕组内一般都装有过热保护器，测量时要考虑到保护器开路损坏或因电动机超温断开的情况)，可拆开电动机，对线圈绕组进行检测。如果线圈没有明显的烧毁痕迹，则将线圈加热使线圈变软后，查找开路点，再将开路点接通即可。如果阻值为$R_{AC}+R_{AB}=R_{BC}$，同时$R_{AC}=R_{AB}$(图4-6 所示为两种绕组展开图，此处参见该图进行测量)，可判断电动机基本正常，故障原因多属控制电路问题。注：采用电阻法判断绕组是否正常，只能大致判断电动机绕组的情况，电动机主、辅绕组在离公共端不远的地方发生短路，也会出现阻值看似正常，而电动机绕组已损坏，电动机不能正常运行的现象。

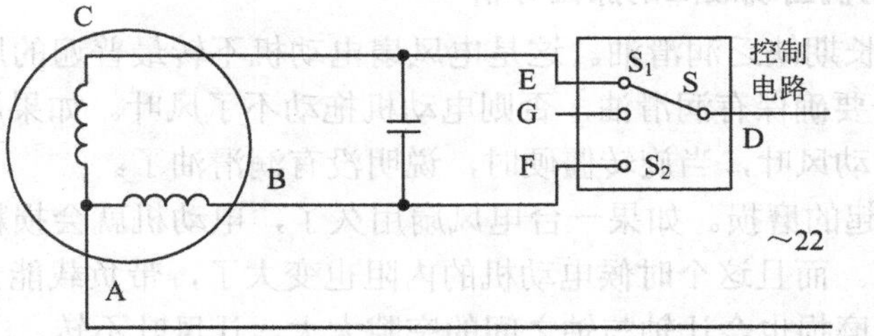

图 4-6　全自动洗衣机线圈故障查找图

维修提示：遇到电子控制回路损坏故障时，一定要先检查电动机是否正常，最好是单独加电进行试验，确保电动机正常后，才能更换或检修控制电路，防止因电动机故障而损坏控制电路。

10. 洗衣机电动机常见故障现象分析检查与处理

(1) 故障现象：洗衣机电动机不启动。

分析检查与处理：先用万用表电阻挡检查电路导线及接头是否完好，如果完好，而电动机不启动，应拆开电动机引线以外的导线，并测量主、辅绕组的电阻，两次测量的阻值应相等。如果发现有一次测量的阻值为无穷大，则说明有一相绕组断路。如果阻值正常，就应检查主、辅绕组及电容器三处的对地电阻，看绕组是否接地。如果没有接地现象，则电动机应能启动。如果不能启动且有“嗡嗡”声，可用手帮助旋转，若能按手转的方向继续旋转，则说明电容器损坏，可对损坏的电容器进行更换。

(2) 故障现象：通电后熔丝立即熔断。

分析检查与处理：电动机通电后熔丝立即熔断，说明绕组短路或绝缘损坏。用摇表测量并找出短路或接地部位，若短路或接地部位是在表面，可进行局部绝缘处理，否则拆除绕组，重新绕制并嵌线。

(3) 故障现象：洗涤电动机启动缓慢。

分析检查与处理：其原因是筒内衣物过多，造成电动机过载，或是电动机与波盘相接的皮带过紧。可减少衣物或调松皮带，若不能解决，再进一步检查电动机。

(4) 故障现象：洗涤电动机不能正反转。

分析检查与处理：其原因多是时间继电器器触点接触不良，使电动机不能改变接法。出现这种情况时，可将定时器拆开检查弹簧触点片动作是否正常。

11. 空调压缩机电动机常见故障——电动机不转或运转不灵活的原因分析与处理

电动机不转或运转不灵活是常见故障，其原因是轴承已磨干，加点润滑油后可恢复正常。凡带有加油孔的电动机每年均应加一次润滑油。

检查电动机的轴承时，事先应断开电源，然后用手转动风扇叶片。风扇应能自由转动一会儿。然后用手推拉风扇叶片，以检查其轴向间隙是否正常。

如果风扇转轴被卡滞或转动不灵活，说明需要加油。加油时，润滑油应加在靠近轴承处，并使轴不断转动和前后移动。这样则可使所加之油进入轴承。如果发现一点轴向间隙都没有，可用榔头轻轻敲打轴端，这样往往会使轴与轴承之间恢复一定间隙。然后在其间隙中加一点渗透油，使其转动自如后，再边转动边加些润滑油，使其沿转轴进入轴承。对转动不灵活的电动机，可通过调压器提高其工作电压，使电动机自行转动，把所加润滑油吸入轴承。

12. 空调压缩机电动机的常见电气故障分析

空调压缩机电动机常见的故障有短路、断路和碰壳接地。

(1) 短路。电动机短路一般是由于绕组的绝缘层损坏，使相邻的导线发生匝间短路而引起的。这种短路使工作电流增大，会烧坏电动机。检查时先将电动机的外部接线拆去，用万用表 $R\times 1\,\Omega$ 的欧姆挡测试电阻值。若某一绕组端子间的阻值小于已知的正常电阻值，则表明该绕组发生了短路。

(2) 断路。电动机绕组断路有两种：一种是接线端子引出线断开引起的断路，这容易检查和排除；另一种是因短路严重，产生电流过大，使绕组烧毁引起的。检查时先将电动机的外部接线拆去，用万用表的电阻挡检查一个端子与其它端子的导电情况，若发现某两个端子间的电阻为无穷大，则此绕组必为断路。

(3) 碰壳接地。它是指电动机的绝缘损坏，使导线和压缩机外壳接触引起绕组接地。用万用表的一支表笔与公共端连接，另一表笔接触压缩机工艺管上露出的金属部位，或把其外壳上的漆皮刮去一块，对露出的金属部件测量，如电阻很小，则表明绕组已碰壳接地。

(4) 压缩机电动机机壳上三只接线柱的识别。为了准确判断全封闭式压缩机的故障，应先要搞清楚机壳上每个接线柱与电动机绕组的连接情况，分清运行、启动和公用绕组接头，其中启动接头与公用接头分别接在电动机启动绕组的两个接头上，运行接头与公用接头分别接在运行绕组的两个头上。具体的识别方法是：先在机壳上的三个接线柱上做“1”、

“2”、“3”记号，将万用表置于 R×1 Ω 电阻挡测量接线柱间的电阻值。例如，某压缩机接线柱“1”和“2”之间电阻值为 10 Ω，“1”与“3”之间电阻值为 40 Ω，“2”与“3”之间电阻值为 50 Ω。一般压缩机电动机绕组值具有这样一种规律，即启动绕组的电阻大于运行绕组的电阻，而最大电阻值是启动绕组与运行绕组的串联绕组。根据这一规律及测量阻值，就可以识别接线柱“3”是启动绕组的抽头，“2”是运行绕组的抽头，接线柱“1”是公用绕组(中线、公用端子)。

近年来，电动机启动大多采用 PTC 元件，它具有零件少、无噪声、工作可靠、寿命长、成本低等特点。用 PTC 元件启动电动机的运转绕组阻值比启动绕组阻值大，而用电流启动继电器启动的电动机一般运转绕组的阻值比启动绕组的阻值大。

13. 空调器压缩机电动机的常见电气故障案例分析

空调器压缩机电动机和风扇电动机除部分使用三相异步电动机外，使用最为普遍的是单相分相电容运行式电动机。该电动机有两个绕组，即启动绕组(辅助绕组)和运行绕组(主绕组)。电动机运行时，启动绕组串联一交流电容器，使启动绕组电流超前运行绕组电流 90°电度角，即产生分相感应电流，使电动机启动并保持运转。在空调器电气系统故障中，电容器故障占有一定比例。举例如下：

(1) 柜机常见故障现象：不制冷。检修时试机，压缩机刚启动，室内风机吹出冷风，约 30 s 后，却吹出热风，然后空调自保停机，显示过压故障代码。分析：制冷系统压力过高，一般有制冷剂太多、系统内有空气、室外热交换器散热不良等原因。拆开外机检查，发现风机电容击穿短路。由于电容器短路，导致风机不转，从而使外机热交换器不散热，造成系统压力过高。更换风机电容器，故障即排除。

(2) 分体挂机常见故障现象：不制冷。试机，室外机能够启动，室内运行灯指示正常，但室内风机不送风，经检查，室内风机电容开路，导致风机不运转。更换风机电容，制冷工作正常。

14. 空调压缩机电动机烧毁故障原因分析

空调压缩机电动机作为制冷机的“心脏”，一旦出现故障如烧毁，制冷机将彻底瘫痪。造成压缩机电动机烧毁的原因如下：

(1) 系统清洁度不够，其中如有水分驻留则为最重要的问题，因为水分会导致电动机绝缘不良；水分和冷媒及冷冻油在系统中循环，经高温和低温等状态变化，会产生酸性物质，进而会破坏电动机的绝缘层，长时间运转会导致电动机绝缘不良而烧毁电动机。

(2) 电源不稳定。电源质量不良，如电压过高或过低(对自发电电源较多出现)都对电动机有不良影响，尤其是超出压缩机电动机额定电压范围使用最为不当，长期运转使电动机处于低效过热状态，造成绝缘不良，电动机烧毁。此外，三相电压或三相电流不平衡，也会造成电动机损耗(铁损和铜损)增加，电动机线圈温度升高，如保护不当，破坏电动机绝缘会有不良后果发生。

(3) 压缩机频繁启动。电动机启动过程中，虽经降压启动，但是启动电流仍是额定电流的几倍，故电动机启动过程中温升很快。如果制冷机组冷量范围选择不当，控制上超出压缩机启停频率范围，造成压缩机频繁开关机，将缩短压缩机电动机的使用寿命。

(4) 电动机烧毁后系统未清理干净。对于曾经有压缩机烧毁故障的系统，一定要把系统彻底清理，因为电动机烧毁时会有强酸产生并在系统中驻留，如处理不干净，当新的电动机运转后，残留酸性物质会腐蚀电动机绝缘层，造成新电动机再次烧毁的故障。

(5) 压缩机转动部件卡死。出现这种情况时，如果电动机保护动作失灵，电动机就可能过载烧毁。压缩机卡死是压缩机内有异物进入，抛油无润滑运转，部件松脱，机体过热烧结，轴承磨损等原因造成的。

(6) 电动机本身有制造上的瑕疵。一般短期内电动机即烧毁，就可能是电动机本身制造上的问题。

(7) 启动接触器故障。接触器选择不当或质量不良，造成触点电阻过大或烧结，导致电动机短路烧结。

(8) 电动机冷却不良。系统回气过热控制不良，回气温度太高或回气量偏低，使电动机冷却不足。对风冷热泵机组这种情况较多发生，而且回气温度过高也会导致排气温度过高，造成一系列问题出现，因此压缩机厂商会提出一些使用限制条件和采取一些保护措施如加液喷射冷却等，防止其发生。

总之，正确应用和正确周密地保护压缩机是防止压缩机电动机烧毁的两个重要因素。

15. 空调电动机常见电气故障现象、可能原因及对应的处理方法

1) 故障现象：压缩机电动机不能运行

可能的故障原因	对应的处理方法
电源故障	用万用表、电笔逐项检查排除故障。保险丝坏则更换保险丝，电线断则更换电线
电源电压太纸	用万用表测量电压值，必要时配用电源稳压装置
电线连接松脱或断路	检查电线连接部位，松脱的接插件应重新插牢、插紧，应由专业人员检修

2) 故障现象：风机不能运行

可能的故障原因	对应的处理方法
主控开关接触不良	用万用表测量主控开关触点电阻，电阻太大或为零时，应做修复或更换处理
风扇电动机线圈损坏	用万用表检查，更换相同规格、相同转速的风扇电动机
风机的电动机与风叶间紧定螺钉松脱	将紧定紧钉紧
风扇电容器断路或短路	检查电容器，更换相同规格的电容器

三、活动回顾与拓展

(1) 如何检测单相异步电动机的好坏？

(2) 单相异步电动机不能启动的故障原因及排除方法有哪些？

(3) 电风扇电动机常见的电气故障有哪些？

(4) PTC 元件中各字母的含义分别是什么？用 PTC 元件启动电动机的优点有哪些？

(5) 空调压缩机电动机的常见电气故障有哪些？

任务二　三相同步电动机

活动 1　三相同步电动机的认识

一、活动目标

(1) 熟悉三相同步电动机的概念、分类、结构及基本工作原理。
(2) 熟悉三相同步电动机的功率因数调节、启动方法、应用及特点。

二、活动内容

1. 三相同步电机的概念及分类

同步电机就是转子的转速始终与定子旋转磁场的转速相同的一类交流电机。它可分为同步发电机、同步电动机和同步调相机三类。同步发电机将机械能转换成电能，主要用于现代发电厂(站)；同步电动机将电能转换成机械能，主要用于大型设备的拖动；同步调相机实际上就是一台空载运转的同步电动机，专门用来调节电网的无功功率，改善电网的功率因数。按结构形式，同步电机又可分为旋转电枢式和旋转磁极式两种，旋转电枢式只在小容量同步电机中有应用，而旋转磁极式按磁极形状又分为隐极式和凸极式两种。

2. 三相同步电动机的结构和基本工作原理

1) 三相同步电动机的结构

图 4-7 是三相旋转磁极式同步电机(同步发电机、同步电动机、同步调相机的结构相同)的结构示意图。三相旋转磁极式同步电机的定子(或称电枢)与三相异步电动机的定子结构相同。定子铁芯由厚 0.5 mm 的硅钢片叠成，在内圆槽内嵌放三相对称绕组。隐极式转子(如图 4-7(a)所示)做成圆柱形，转子上没有明显凸出的磁极，气隙是均匀的，励磁绕组为分布绕组，转子铁芯上由大小齿分开，一般用于两极或四极的电机；而凸极式转子(如图 4-7(b)所示)的结构和加工工艺比较简单，且过载能力大、稳定性高。因此，同步电动机的转子一般采用凸极式，在其磁极的铁芯上套装励磁绕组，所有励磁绕组串联后通过两个滑环和电刷与直流励磁电源接通，用于产生恒定的转子主磁场，一般用于四极及以上的电动机。

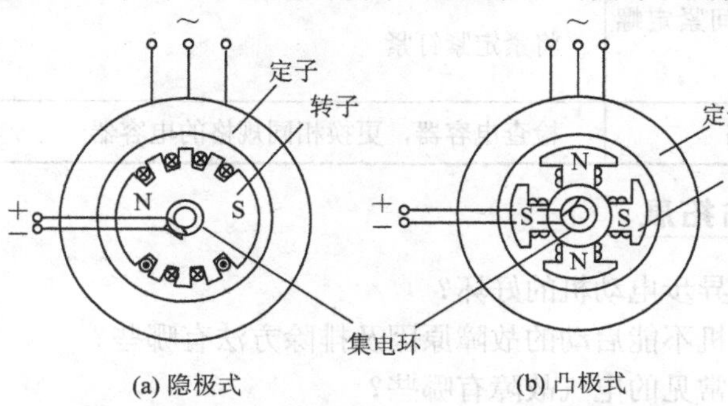

图 4-7　三相旋转磁极式同步电机的结构示意图

供给同步电动机励磁电流的直流电源及附属装置称为励磁系统。目前用得较多的励磁系统主要采用晶闸管整流装置，将交流电变成直流电，然后送入励磁绕组。

2) 三相同步电动机的基本工作原理

当在三相同步电动机的定子绕组上加上三相交流电源时，便有三相对称交流电流流过定子的三相对称绕组，并产生旋转速度为 $n_1=(60f)/p$ 的旋转磁场。如果转子已经通入直流励磁电流，产生了固定的磁极极性，则根据同名磁极相斥、异名磁极相吸的原理，此时转子磁极就会被旋转磁场的磁极所吸引而作同步旋转，转子以接近于旋转磁场的同步转速转动，故称为同步电动机，如图 4-7(b)所示。

三相同步电动机的转向取决于其所加三相电源的相序，与转子直流励磁电流的极性无关。定子绕组通电产生的旋转磁场的转向，即为三相同步电动机的转向。因此改变同步电动机的转向与改变三相异步电动机的转向的方法相同，即将三相电源进线中的任意两相对调即可。

3．三相同步电动机的功率因数调节

三相同步电动机在运行中的一个重要特性是改变励磁电流，可以改变三相同步电动机定子端电压 U_1 与定子绕组电流 I_1 之间的相位差 φ，从而使三相同步电动机运行在电感性、电容性和电阻性三种状态。

同步电动机在运行时所需的磁动势是由定子与转子共同产生的，三相同步电动机转子励磁电流产生转子主磁通 Φ_0，定子电流产生定子磁通，两者合成总磁通为 Φ。当外加三相交流电的电压 U_1 一定时，由于 $U_1\approx E_1$，因此合成总磁通 Φ 基本为定值。当改变三相同步电动机励磁电流使转子主磁场 Φ_0 改变时，因总磁通 Φ 不变，故产生定子磁场的定子电流 I_1 必然随之改变。当负载转矩不变时，三相同步电动机的输出功率也不变，若略去三相同步电动机的内部损耗，则输入功率 $P_1=3U_1I_1\cos\varphi$ 也不变。由此可见，改变励磁电流 I_1 的大小，功率因数 $\cos\varphi$ 也随之改变。

当输出功率一定时，电网供给三相同步电动机的有功电流 $I_1\cos\varphi$ 是一定的，调节励磁电流 I_f 只能引起定子电流 I_1 的无功分量的变化，为保持有功电流不变，因而定子电流 I_1 的大小和相位一定发生变化。具体的变化情况如下：

(1) 当调节励磁电流 I_f 为某一值时，恰使同步电动机功率因数 $\cos\varphi=1$(即 $\varphi=0$)，此时，电动机的全部磁动势都是由直流电流产生的，交流不供给励磁电流。在这种情况下，定子电流 I_1 最小，且与外加电压 U_1 同相，电动机相当于纯电阻性负载，称此时的 I_f 为正常励磁电流。

(2) 以正常励磁电流为基准，励磁电流值减小到小于正常励磁电流时，称为欠励状态。直流励磁的磁动势不足，此时的定子电流将要增加一个励磁分量，即交流电源需要供给电动机一部分励磁电流，以保证总磁通不变，且定子电流 I_1 滞后于外加电压 U_1，降低了电网的功率因数，这时的同步电动机和异步电动机一样，相当于感性负载。但值得注意的是通常不允许三相同步电动机在欠励状态下工作。

(3) 当调节直流励磁电流超过正常励磁电流时，称为过励状态，此时定子电流也增大，在交流方面，不需电源供给励磁电流，而且还从电网吸取超前的无功电流，恰好补偿了电感性负载的需要，使整个电网的功率因数提高。定子电流 I1 超前于外加电压 U1，功率因

数是超前的，这时的同步电动机就相当于一个电容性负载。

根据上述分析情况，可以作出当三相同步电动机的励磁电流 I_f 改变时定子电流 I_1 变化的曲线，由于此曲线形似 V 形，故称为三相同步电动机的 V 形曲线，如图 4-8 所示。由图可见，在 $\cos\varphi=1$ 处，定子电流最小；欠励时，功率因数滞后；过励时，功率因数超前。

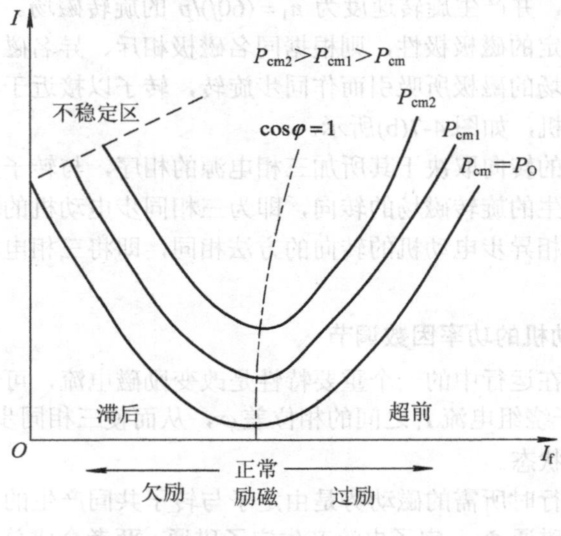

图 4-8　同步电动机的 V 形曲线

4. 三相同步电动机的启动

1) 三相同步电动机不能自行启动的原因

三相同步电动机的缺点是启动性能差，这是因为其自身没有启动转矩。当三相同步电动机的定子绕组和转子绕组分别接入三相交流电源和直流电源时，定子绕组的三相对称电流将在定子与转子之间的气隙中产生旋转磁场。设通电合闸瞬间定子磁极和转子磁极的位置如图 4-9(a)所示，由于异性磁极相吸，转子受到顺时针方向的吸引力，但由于旋转磁场的转速很快，在转子由于惯性还来不及转动时，而旋转磁场已转到图 4-9(b)所示位置，这时转子又受到逆时针的斥力。可见电流在一个周期内，三相同步电动机产生的平均启动转矩为零，因此三相同步电动机不能自行启动。

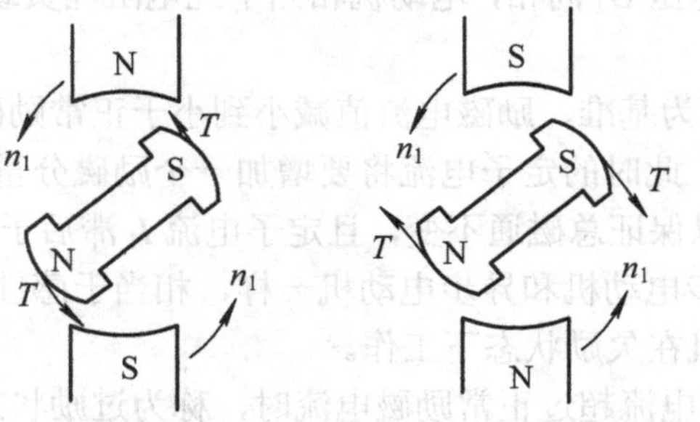

图 4-9　同步电机的启动

2) 三相同步电动机的启动方法

(1) 异步启动法。现在大多数三相同步电动机都采用异步启动法来启动，即在凸极式三相同步电动机的极靴上开有若干个槽，槽中装有铜导条，在转子的两个端面上各用一个短路的铜环将铜导条连接起来，构成一个完整的笼型绕组。启动时，通过这个笼型绕组，根据异步电动机的原理可获得启动转矩，使电动机启动，当转速升至接近同步转速时再加上直流励磁，产生同步转矩将转子牵入同步运行。异步启动时，为了避免励磁绕组在开路情况下绝缘被感应的高压击穿，必须将励磁绕组短接起来，但短接的励磁绕组中会流过较大的感应电流。因此，在启动时，励磁绕组回路中应串联一个启动电阻，其阻值约为励磁绕组电阻的5～10倍，以限制感应电流。当三相同步电动机转速达到95%的同步转速时，切除串入的启动电阻而通入适当的直流励磁电流，从而产生同步转矩将转子牵入同步运行。

(2) 变频启动法。该方法需要一个频率可调的变频电源，启动时，给转子施加直流励磁，然后在定子三相绕组上加低频交流电，低频旋转磁场可以拖动转子启动，此后逐渐提高电源频率，将电动机启动到要求的转速为止。这种方法能耗少，启动平稳，其缺点是需要一个变频电源，且提供励磁的设备必须是非同轴的，否则在低速时，励磁设备无法提供所需的励磁电流。

5．三相同步电动机的应用及特点

三相同步电动机主要应用在重工业企业的大型生产机械上，如空压机、球磨机、风机等，这是因为三相同步电动机在运行中具有下述特点：

(1) 通过调节励磁电流可以使其工作在电容性状态，从而提高了电网的功率因数。

(2) 由于 $n = n_1 = (60f)/p$，因此同步电动机的转速始终与定子旋转磁场的转速相同，故当电源频率不变时，同步电动机的转速恒为常值而与负载的大小无关。

(3) 同步电动机的气隙较大，便于安装，在运行性能上具有较高的效率和较大的过载能力。

(4) 同步电动机的结构复杂，需要交直流两种电源。

改变励磁电流可以调节三相同步电动机的功率因数，这是三相同步电动机的优点。由于电网上的负载多为三相异步电动机、变压器等感性负载，因此如果使运行在电网上的三相同步电动机工作在过励状态下，则除拖动生产机械外，还可用它吸收超前的无功电流去弥补三相异步电动机吸收的滞后无功电流，从而可以提高工程或系统的总功率因数。所以为了改善电网的功率因数，现代三相同步电动机的额定功率因数一般均设计为 1～0.8 (超前)。

三、活动小结

三相同步电动机的定子与三相异步电动机的定子具有相同的结构，转子有凸极式和隐极式两种。转子安装有直流励磁绕组，定子绕组通入三相交流电流后，产生旋转磁场，转子绕组通入直流励磁，产生恒定磁极，正常运行时，定子旋转磁极吸引转子磁极跟随定子磁极旋转，二者相对静止，因此转子转速等于同步转速，故称为三相同步电动机。三相同步电动机的转速不受负载变化的影响。

三相同步电动机电枢电流与励磁电流的关系可用V形曲线表示。每一条V形曲线对应一定的输出功率。当$\cos\varphi=1$时，电枢电流最小，这时的励磁状态称为正常励磁；当励磁电流小于正常励磁电流时，称为欠励状态，电动机从电网吸取感性无功电流；当励磁电流大于正常励磁电流时，称为过励状态，电动机从电网吸取容性无功电流。由于电网上负载一般都是感性负载，为此三相同步电动机一般都工作在过励状态，向电网提供容性无功功率，以改善电网的功率因数。

三相同步电动机不能自行启动，因此在转子上加装启动的笼型绕组，利用异步电动机原理异步启动，待转速接近于同步转速时，励磁绕组通入直流电流，将转子牵入同步，启动结束。

四、活动回顾与拓展

(1) 三相同步电机的概念是什么？它有哪些分类？
(2) 试述三相同步电动机的结构特点和工作原理。
(3) 三相同步电动机的特点及应用各是什么？
(4) 为什么三相同步电动机不能自行启动？通常采用何种方法来启动三相同步电动机？

活动2　三相同步电动机的常见故障与处理

一、活动目标

(1) 熟悉大型同步发电机、同步电动机定子绕组故障的分析方法。
(2) 熟悉同步电动机的常见故障及处理方法。

二、活动内容

1. 大型同步发电机、同步电动机定子绕组故障分析

同步电动机定子绕组内部故障主要包括同支路的匝间短路、同相不同支路的匝间短路、相间短路和支路开焊等。同步电动机定子绕组内部故障是电动机中常见的破坏性很强的故障，很大的短路电流会产生破坏性严重的电磁力，也可能产生过热而烧毁绕组和铁芯。定子绕组的单相接地也是发电机、电动机最常见的一种故障，通常指定子绕组与铁芯间的绝缘破坏。通过定性和定量分析故障电流后，机组需要设置相应的保护。

定子故障通常都是由定子绕组绝缘损坏引起的。定子绕组绝缘损坏通常有绝缘体的自然老化和绝缘击穿。当发电机、电动机端口处发生相间短路时，发电机、电动机可能出现4～5倍于额定电流的大电流，急剧增大的短路电流及其产生的巨大的电磁力和电磁转矩，对定子绕组、转轴、机座都将产生极大的冲击力，巨大的冲击力将直接损坏发电机、电动机定子端部线棒，使其严重变形、断裂，造成绝缘损坏。由外部原因引起的绕组绝缘损坏也很常见，如定子铁芯叠装松动、绝缘体表面落上磁性物体、绕组线棒在槽内固定不紧，在运行中因振动使绝缘体发生摩擦而造成绝缘损坏；在发电机、电动机制造中因下线安装不严格造成的线棒绝缘局部缺陷、转子零部件在运行中端部固定零件脱落、端部接头开焊等都可能引起绝缘损坏，从而进一步造成定子绕组接地或相间短路故障。其处理方法与三相异步电动机相同。

同步电动机启动时，相当于一台异步电动机，在转子磁极表面又有一套完整的鼠笼，启动时，先不给转子加励磁，定子供给三相电源，转子在鼠笼的作用下，和异步电动机相似启动并旋转，但转速低于同步转速。当电动机启动到亚同步转速(转差率 5%)时，投入直流励磁电压，这时在直轴力矩的作用下，同步电机转子就被牵入同步，并正常运行。

2. 同步电动机的常见故障及处理

同步电动机的故障率比异步电动机高，由于在转子回路里运用了可控励磁装置，励磁系统使用一段时间后由于电子元件老化性能就会变差，因此软故障会经常发生，查找故障很困难。

同步电动机经常出现的故障有四种情况：一是电动机自身的故障，二是定子回路故障，三是负载故障，四是转子回路故障。

前三种故障和三相异步电动机出现的故障基本相同，处理方法也一样，因此这里只简单介绍一下，下面主要介绍第四种故障现象及其处理。

(1) 电动机自身的故障：由于使用时间过长，绝缘老化，定子与转子间隙不均匀造成扫膛，特别是电动机抽芯，重装和地脚螺栓松动，紧固后必须检查间隙，电动机油瓦严重磨损也会引起电动机自身故障。

(2) 定子回路故障：定子线圈是高压 6 kV 电压供电，使用高压真空断路来分合定子电源，合闸回路故障，主触点接触不好而缺相，三相电压电流不平衡，电压过低。

(3) 负载故障：同步电动机拖动的磨机齿轮被卡住，引起电动机负荷过重从而使电动机不能正常运转。

(4) 转子回路故障：又分为碳刷与滑环火花过大故障和励磁系统故障。

① 碳刷与滑环火花过大故障。其危害及处理方法与直流电动机相似。

② 励磁系统故障。同步电动机的主要故障经常发生在励磁系统上，如果在使用中发生故障或调节失灵，应在停机后仔细检查设备内外有无短路断开现象，快速熔断器是否熔断及热继电器是否动作。然后根据故障现象，判断故障是在哪一个环节。这时在励磁装置单独送电的情况下，测量各交流及直流电压和有关的控制电压，只有在故障排除之后，设备才可继续使用，以免故障扩大。

三、活动回顾与拓展

(1) 如何分析大型同步发电机、电动机定子绕组的故障？

(2) 同步电动机的常见故障及处理方法有哪些？

任务三　控 制 电 机

控制电机是指在自动控制系统中传递信息、变换和执行控制信号用的电机。它们广泛应用于国防、航天航空技术、民用领域之尖端技术与现代化装备中。控制电机主要是完成对机电信号的检测、解算、放大、传递、执行或转换，对它们的要求主要是运行可靠性高、精度高及对控制信号的快速响应等。

控制电机的机座外径一般为12.5 mm～130 mm，其重量从数克到数千克，功率从数百毫瓦到数百瓦，因此控制电机一般体积小、重量轻、耗电少。但是在较大的控制系统(如轧钢、数控机床等的自动控制系统)中，这类电机的外径可达300 mm～400 mm，重量可达数十千克至数百千克，功率也可达数十千瓦至数百千瓦。

本任务重点介绍伺服电动机、步进电动机、直线电动机、测速电动机等几种常用的控制电机。

活动1　伺服电动机

一、活动目标

(1) 熟悉伺服电动机的功能、特点以及适用场合。

(2) 熟悉直流、交流伺服电动机的结构、工作原理及控制方式。

(3) 熟悉伺服电动机的应用。

二、活动内容

伺服即准确、精确、快速定位之意。伺服电动机能够将输入的电信号变换为电机轴上的角位移或角速度输出。它的最大特点是可控，即有控制信号时才转动，且转速正比于控制电压，而去掉控制电压后立即停转。伺服电动机在控制系统中常作为执行元件，所以又称为执行电动机。改变输入电压的大小和方向就可以改变转轴的转速和转向。

伺服电动机可分为直流伺服电动机和交流伺服电动机两大类。在小功率的自动控制系统中大多采用交流伺服电动机，而在功率稍大的系统中通常采用直流伺服电动机。控制系统要求伺服电动机无自转现象，快速响应性能好，灵敏度高和调速范围宽。

1. 直流伺服电动机

直流伺服电动机具有线性的机械特性和调节特性、快速响应能力强、电磁转矩与输入电流成线性关系等特点。

直流伺服电动机主要有两种类型，即永磁式和电磁式。

1) 永磁式直流伺服电动机

永磁式直流伺服电动机的定子磁极采用永久磁铁，其磁通是不可控制的。SYK系列永磁式直流伺服电动机的电枢为空心杯状圆柱体，电枢绕组直接分布在杯状转子表面，用环氧树脂固化，杯形转子内外两侧分别为内、外定子，定子磁极一般采用永久磁铁。由于电枢转子无铁芯，转动惯量小、电感小，具有动作灵敏、启动电压低、耗电少、换向器火花小、运行稳定、效率高、寿命长等优点，因此适合于计算机外围设备、视听设备等。

2) 电磁式(即他励)直流伺服电动机

电磁式直流伺服电动机的结构和工作原理与普通直流电动机的基本相同。其转速表达式为：

$$n=\frac{E}{K_1\Phi}=\frac{U_a-I_aR_a}{K_1\Phi}$$

式中：K_1是常数，R_a是电枢直流电阻。

从上式可知，改变 U_a 和 Φ 均可改变 n。改变 U_a，为电枢控制方式，一般系统多采用电枢控制；改变 Φ，即为磁场控制方式，一般只用于小功率电动机。

直流伺服电动机的优点是启动转矩大，机械特性与调节特性的线性度好，控制回路电感小，响应迅速，调速范围大，不会出现“自转”现象，所以常用于功率稍大的系统中；缺点是电刷和换向器之间的火花会产生无线电干扰信号，结构复杂，维修比较困难。

2．交流伺服电动机

1) 交流伺服电动机的基本结构

交流伺服电动机在结构上类似于单相异步电动机。它在自动控制系统中也是作为执行元件，故又称为执行电动机。其结构主要由定子和转子两部分组成。定子包括铁芯和绕组，定子铁芯由硅钢片叠压而成，在铁芯槽内安放空间互差 90°电角度的两相定子绕组，一相是励磁绕组，另一相是控制绕组，如图 4-10 所示。

励磁绕组主要用来建立旋转磁场，控制绕组两端接控制信号，如图 4-11 所示，所以交流伺服电动机是两相的交流电动机。

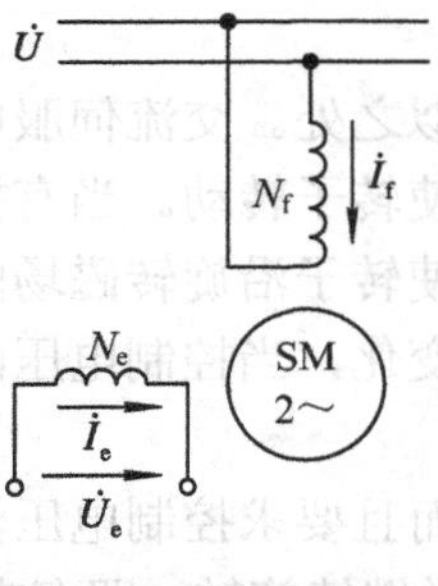

图 4-10 交流伺服电动机原理图

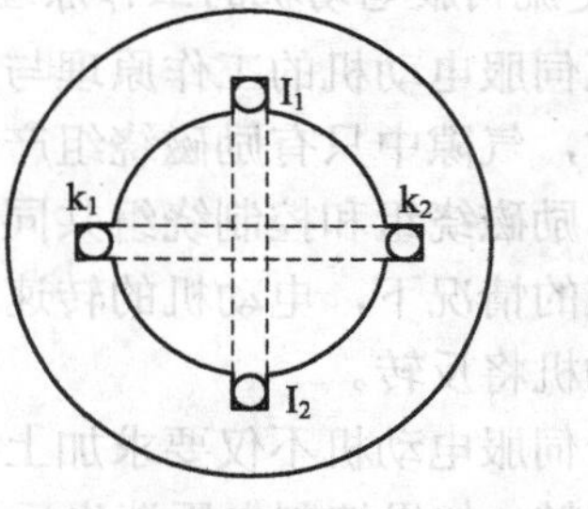

图 4-11 两相绕组分布图

根据转子结构的不同，交流伺服电动机可分为笼型转子交流伺服电动机和杯形转子交流伺服电动机两种形式。

笼型转子交流伺服电动机的笼型导条采用高电阻率的导电材料，以获得转差率在 0～1 范围内都能稳定运转的机械特性，其低速运转时不够平滑，有抖动现象。笼型转子交流伺服电动机广泛应用于小功率自动控制系统中。为了降低转动惯量，笼型转子做得细而长，如图 4-12 所示。

在杯形转子交流伺服电动机中，最常用的是非磁性杯形转子交流伺服电动机，其外定子与笼型转子伺服电动机的定子完全一样，内定子由环形钢片叠成，通常内定子不安置绕组，只是代替转子的铁芯，作为磁路的一部分。在内、外定子之间有细长的空心转子装在转轴上，空心转子做成杯形，由非磁性材料铝或铜制成，杯壁极薄，一般为 0.3 mm，如图 4-13 所示。虽然杯形转子与笼型转子外形不同，但实际上杯形转子可以看做是笼条很多、条与条之间紧靠在一起的笼型转子，杯形的两端相当于短路环。

与笼型转子相比，非磁性杯形转子转动惯量很小，运行平滑，轴承摩擦阻转矩小，无抖动现象。由于转子无齿和槽，所以定子、转子之间没有齿槽效应，转矩不会随转子的位置而发生变化。

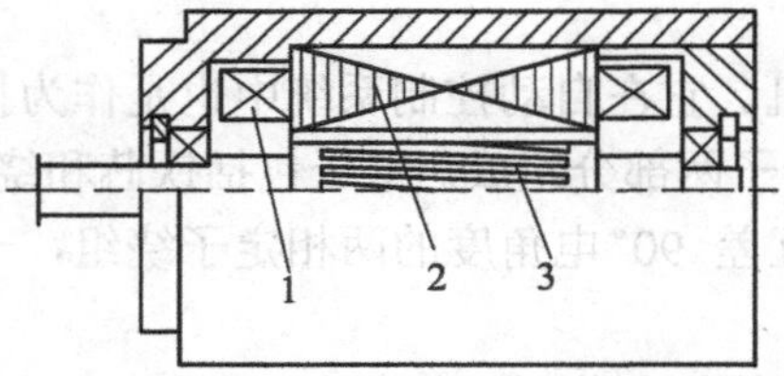

1—定子绕组；2—定子铁芯；3—鼠笼转子

图 4-12　笼型转子交流伺服电动机

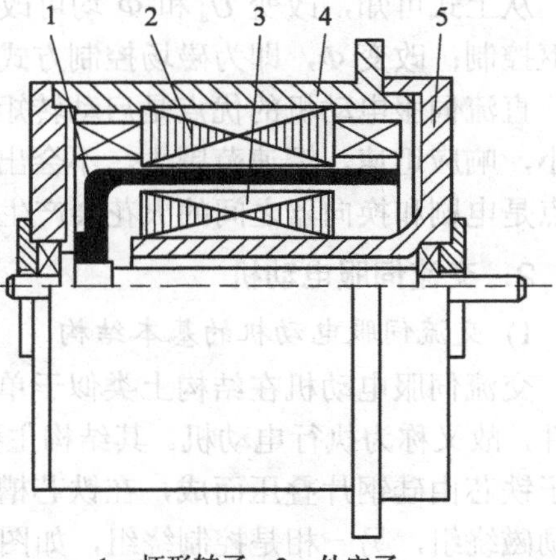

1—杯形转子；2—外定子；
3—内定子；4—机壳；5—端盖

图 4-13　杯形转子伺服电动机

2) 交流伺服电动机的工作原理

交流伺服电动机的工作原理与单相异步电动机有相似之处。交流伺服电动机在没有控制电压时，气隙中只有励磁绕组产生的脉振磁场，不能使转子转动。当有控制信号即控制电压时，励磁绕组和控制绕组共同产生一个旋转磁场，使转子沿旋转磁场的方向旋转，在负载恒定的情况下，电动机的转速随控制电压的大小而变化，当控制电压的相位相反时，伺服电动机将反转。

对于伺服电动机不仅要求加上控制电压就能旋转，而且要求控制电压消失后电动机应能立即停转。如果控制电压消失后像单相异步电动机那样继续旋转，即存在“自转”现象，这就意味着失去控制，是不允许的。为了达到无自转、反应速度快的要求，必须将交流伺服电动机做成较大的转子电阻和较小的转动惯量，即使其转差率

$$S_m = \frac{r_2'}{X_1 + X_2'} \geqslant 1$$

3) 交流伺服电动机的参数及特点

交流伺服电动机的输出功率一般是 0.1 W～100 W。当电源频率为 50 Hz 时，电压有 36 V、110 V、220 V、380 V 等；当电源频率为 400 Hz 时，电压有 20 V、26 V、36 V、115 V 等。

交流伺服电动机的工作原理与单相分相式异步电动机虽然相似，但前者的转子电阻比后者大得多，所以交流伺服电动机与单相异步电动机相比，有三个显著特点：启动转矩大、运行范围较广、无自转现象。除此之外，交流伺服电动机具有较强的过载能力和电动机运行平稳、噪音小等优点，但控制特性是非线性，并且由于转子电阻大、损耗大、效率低，因此与同容量直流伺服电动机相比，体积大、重量重，所以只适用于 0.5 W～100 W 的小功率控制系统。

4) 交流伺服电动机的控制方式和特性

改变控制电压的大小和相位，可以控制交流伺服电动机的转速和转向。交流伺服电动

机的控制方式有三种：幅值控制、相位控制和幅—相控制。

(1) 幅值控制。这种控制方式是保持控制电压和励磁电压之间的相位差为 90°，仅改变控制电压的幅值来改变转速，其原理图如图 4-14 所示。控制电压的幅值在额定值与零值之间变化，励磁电压保持为额定值。当控制电压为零时，气隙磁场为脉振磁场，无启动转矩，电动机不转动；当控制电压与励磁电压的幅值相等时，所产生的气隙磁场为一圆形旋转磁场，产生的转矩最大，伺服电动机的转速也最高；当控制电压在额定电压与零电压之间变化时，气隙磁场为椭圆形旋转磁场，伺服电动机的转速在最高转速与零之间变化，而且，气隙磁场的椭圆度越大，产生的电磁转矩越小，电动机转速越慢。

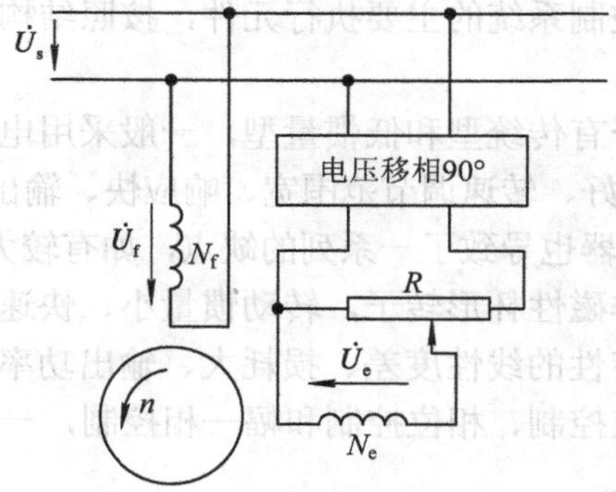

图 4-14 交流伺服电动机幅值控制接线图

(2) 相位控制。这种控制方式是保持控制电压的幅值不变，通过改变控制电压与励磁电压的相位差来改变电动机的转速，其原理图如图 4-15 所示。控制电压的幅值不变，它与励磁电压的相位差可通过调节移相器来改变，以实现控制交流伺服电动机转速的目的。

(3) 幅—相控制。励磁绕组串电容器后接交流电源，控制绕组也接到同一电源上，如图 4-16 所示。控制电压与电源同频率、同相位，但大小可以通过可调电阻器来调节。当改变控制电压的大小时，由于转子绕组的耦合作用，励磁绕组中的电流会发生改变，使励磁绕组上的电压及电容上的电压也随之改变，控制电压与励磁电压的相位差也会发生变化，从而改变电动机的转速。

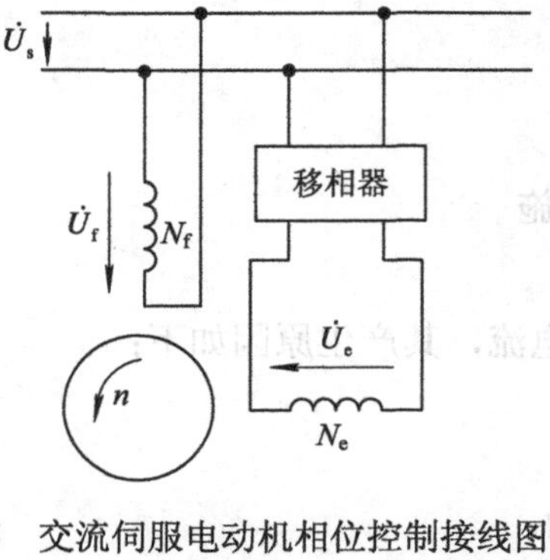

图 4-15 交流伺服电动机相位控制接线图

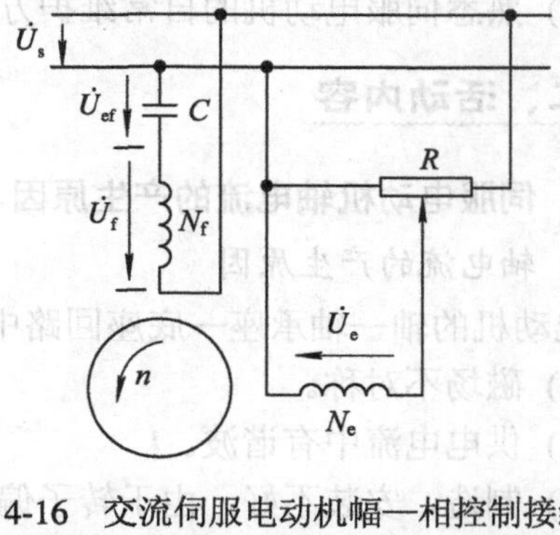

图 4-16 交流伺服电动机幅—相控制接线图

综上所述，幅—相控制的机械特性和调节特性的线性度没有幅值控制和相位控制的好，但由于幅—相控制方式的设备简单，不用移相装置，并有较大的输出功率，因此其应用最广。

3. 伺服电动机的应用

对动力源和精度有要求的一般设备都可能用到伺服电动机，如机床、印刷设备、包装设备、纺织设备、激光加工设备、机器人、自动化生产线等；对工艺精度、加工效率和工作可靠性等要求也相对较高的伺服电动机在数控机床上用得更多，例如一台小型数控机床，它的主轴部分和进给部分分别需要一台伺服电动机。

三、活动小结

伺服电动机属于自动控制系统的主要执行元件，按照结构原理可分为直流伺服电动机和交流伺服电动机两大类。

直流伺服电动机的转子有传统型和低惯量型，一般采用电枢控制方式，具有良好的机械特性和调节特性、线性度好、转速调节范围宽、响应快、输出功率大等特点。但是直流伺服电动机由于有电刷和换向器也导致了一系列的缺点，如有较大的摩擦转矩、火花干扰等。

交流伺服电动机采用非磁性杯形转子，转动惯量小、快速性好，但是交流伺服电动机也存在着机械特性和调节特性的线性度差、损耗大、输出功率小等缺点。交流伺服电动机的控制方式有三种，即幅值控制、相位控制和幅—相控制，一般采用幅—相控制。

四、活动回顾与拓展

(1) 自动控制系统对伺服电动机有哪些要求？何谓“自转”现象？
(2) 直流伺服电动机常用哪种控制方式？为什么？
(3) 如何克服交流伺服电动机的“自转”现象？
(4) 交流伺服电动机的控制方式有哪几种？各有什么特点？

活动2 伺服电动机的常见故障与处理

一、活动目标

(1) 熟悉伺服电动机的常见故障及处理方法。
(2) 熟悉伺服电动机的日常维护方法。

二、活动内容

1. 伺服电动机轴电流的产生原因、危害及预防措施

1) 轴电流的产生原因

电动机的轴—轴承座—底座回路中的电流称为轴电流，其产生原因如下：

(1) 磁场不对称。
(2) 供电电流中有谐波。
(3) 制造、安装不好，由于转子偏心造成气隙不匀。
(4) 可拆式定子铁芯两个半圆有缝隙。
(5) 由扇形叠成式的定子铁芯的拼片数目选择不合适。

2) 轴电流的危害

轴电流会使电动机轴承表面或滚珠受到侵蚀，形成点状微孔，使轴承运转性能恶化，摩擦损耗和发热增加，最终造成轴承烧毁，导致电动机不能正常运转而停止。

3) 轴电流的预防措施

可采取以下措施来预防轴电流：

(1) 消除脉动磁通和电源谐波(如在变频器输出侧加装交流电抗器)。

(2) 在设计伺服电动机时，将滑动轴承的轴承座和底座绝缘及滚动轴承的外端和端盖绝缘。

2. 直流伺服电动机在使用中出现的几种故障现象与可能原因

1) 过流和过载

造成过流和过载的主要原因如下：

(1) 机械负载过大，是机械原因造成的，在排除故障后对电动机不会有影响，但电动机经常在过流状况下运行，会造成电动机损坏。

(2) 电动机电刷和其它部分对地短路或绝缘不良。

(3) 控制器的输出功率元件和相关部分有故障。

2) 转矩减小、无力，稍加阻力就会报警

造成该类故障的原因如下：

(1) 电动机有退磁的可能。

(2) 电刷接触电阻过大或接触不良。

(3) 电刷弹簧烧坏，压力变小，造成电刷下火花过大。

(4) 控制器有故障。

3) 电动机旋转有噪声或异常声

造成该类故障的原因如下：

(1) 电动机内有异物或磁体脱开。

(2) 机械连接部分安装不正确。

(3) 换向器粗糙或已烧毛。

(4) 轴承损坏或有其它机械故障。

4) 电动机旋转时振动

造成该类故障的原因如下：

(1) 换向器短路。

(2) 换向器表面烧坏，高低不平。

(3) 油渗入了电刷或在换向器表面粘有油污。

5) 制动器故障

在垂直轴上使用的电动机大多数都带制动器，制动器出现故障时会使电动机过流、过热和产生其它故障。修理带制动器的电动机时应先使制动器脱开，常用的方法是将电源直接接入制动器线圈，使其脱开，如带机械松开装置则更加方便。有些制动器带整流器，在有故障时要检查一下。

3. 直流伺服电动机几种故障现象案例分析与处理

(1) 故障现象：机床相关的机械尺寸不准，并有“过流”报警现象。

分析：尺寸不准的原因有间隙过大、导轨无润滑等因素，出现“过流”，说明电气绝缘不符合要求以及有短路存在。

处理：拆开电动机检查，发现因电刷磨损过度，碳粉堆积，造成对外壳无规则短路，清除干净并修理后，测量绝缘符合要求，装上后使用正常。

说明：该故障在换向器端面结构并垂直安装时出现的机会较多，电刷过软和换向器表面粗糙极易出现，因此对电动机最好能定时保养，或定时用干净的压缩空气将电刷粉吹去。

(2) 故障现象：1 台 XH715 加工中心的 X 轴在移动中有时出现冲击，并发出较大的声响，随即出现驱动报警。

分析：移动时产生振动或冲击是由控制器或电动机引起的。检查 X 轴在快速移动时故障频繁，经更换控制板故障仍时有发生，所以确定故障在电动机中。

处理：开始仅将电刷拆开检查，电刷、换向器表面较光滑，因此认为无故障，但装上后开机故障仍存在，所以将整个电动机拆开检查，发现在换向器两边部分表面上有被硬擦过的痕迹。仔细查看，认为是因安装不正确造成电刷座与换向器相擦，引起短路，当电动机转速高时引起转速失控。将电刷高起部分锉去，修理换向器上的短路点，故障排除。

(3) 故障现象：加工中心在使用中出现“误差”报警，经检查驱动器已跳开。查看控制器上有“过流”报警指示。

分析：出现“误差”报警时的旋转指令，但电动机不转，有“过流”报警时，故障大多在电动机内部。

处理：将电动机电刷拆下检查，发现电刷的弹簧已烧坏，由于电刷的压力不够，引起火花增大，并将换向器上的部分换向片烧伤。弹簧烧坏的原因是因电刷连接片和刷座接触不好，使电流从弹簧上通过发热烧坏。根据故障情况将烧伤的换向器进行车削修理，同时改善电刷与刷座的接触面。按以上处理后试车，但电动机出现了抖动现象，再次检查，原来是因车削时方法不对，造成换向器表面粗糙，因此重新修去换向片毛刺和下刻云母片，并经打磨光滑后使用正常。

在对电动机的换向器进行车削修理时要注意方法，一般的原则是车光即可，车削时吃刀深度和进刀量不要过大，进刀量在 0.05 mm/r～0.1 mm/r 较好，吃刀深度在 0.1 mm 以下，速度采用 250 m/r～300 m/r，分几次切削，并使用相应的刀具。

(4) 故障现象：XH755 加工中心的转台在回转时有“过流”报警。

分析：有“过流”报警故障先检查电动机，用万用表测量绕组对地电阻已很小，判定是电动机故障。

处理：拆开电动机检查，因冷却水流入，造成短路过流。检查电动机磁体有退磁现象，更换 1 台电动机后正常。

直流伺服电动机在使用中出现故障是比较多的，大部分在电刷和换向器上，所以，如有条件，进行及时的保养和维护是减少故障的唯一办法。

在对直流伺服电动机进行检查时，测量电流是常用的检查方法，由于使用一般的电流表测量很麻烦，所以最好使用直流钳形表。

4. 伺服电动机的日常维护

1) 伺服电动机的基本检查

由于交流伺服电动机内含有精密检测器，因此，当发生碰撞、冲击时可能会引起故障，维修时应对电动机做如下检查：

(1) 是否受到机械损伤；

(2) 旋转部分是否可用手转动；

(3) 有转动器的电动机转动器是否正常；

(4) 是否有螺钉松动或存在间隙；

(5) 是否安装在潮湿、温度剧烈变化和有灰尘的地方等。

2) 伺服电动机的安装注意点

(1) 由于伺服电动机防水结构不是很严密，如果切削液、润滑油等渗入内部，会引起绝缘性能降低或绕组短路，因此，应注意电动机尽可能避免切屑液的飞溅。

(2) 当伺服电动机安装在齿轮箱上时，加注润滑油时应注意齿轮箱的润滑油的油面高度必须低于伺服电动机的输出轴，防止润滑油进入电动机内部。

(3) 固定伺服电动机联轴器、齿轮、同步带等连接件时，在任何情况下，作用在电动机上的力不能超过电动机容许的径向、轴向负载。具体的径向、轴向负载读者可参考其它资料。

(4) 按相关规定，在连接伺服电动机和控制电路时，如果出现连接中的错误，可能会引起电动机的失控或振荡，也可能使电动机或机械件损坏。当完成接线后，在通电之前，必须对电源接线和电动机壳体之间的绝缘进行测量，测量用500 V兆欧表进行；然后再用万用表检查信号线和电动机壳体之间的绝缘。注意：不能用兆欧表测量脉冲编码器输入信号的绝缘。

三、活动回顾与拓展

(1) 伺服电动机的常见故障及处理方法有哪些？

(2) 伺服电动机的日常维护方法有哪些？

活动3 步进电动机的结构与工作原理

一、活动目标

(1) 熟悉步进电动机的功能、特点及分类。

(2) 熟悉步进电动机的结构和工作原理。

(3) 熟悉步进电动机的应用。

二、活动内容

步进电动机又称为脉冲电动机，它是由电脉冲信号进行控制的，在不同的控制方式下，将得到不同的步距角以及不同的矩角特性。

步进电动机可以看做是一种特殊运行方式的小功率(微型)同步电动机，是数字控制系统中的一种执行元件，其功能是将电脉冲信号转换成直线位移或角位移。电脉冲由专用驱动电源供给，每输入一个脉冲，步进电动机就前进一步，故称为步进电动机。步进电动机角位移量或转速与电脉冲数或频率成正比，通过改变脉冲频率就可以在很大范围内改变电动机的转速，而且能够快速启动、停步和反转。

步进电动机的角位移量或线位移量与脉冲数成正比，电动机的转速 n 或线速度 v 与脉冲频率 f 成正比，如图 4-17 所示。在负载能力范围内这些关系不因电源电压、负载大小、环境条件的波动而变化，因此步进电动机适用于开环系统中作执行元件，使控制系统大为简化。步进电动机每转一圈都有固定的步数，在不丢步的情况下运行，其步距角误差不会长期积累，如果停机后某些相绕组仍保持通电状态，还有自锁能力。由于具有以上这些特点，步进电动机在自动控制系统中得到了广泛的应用。

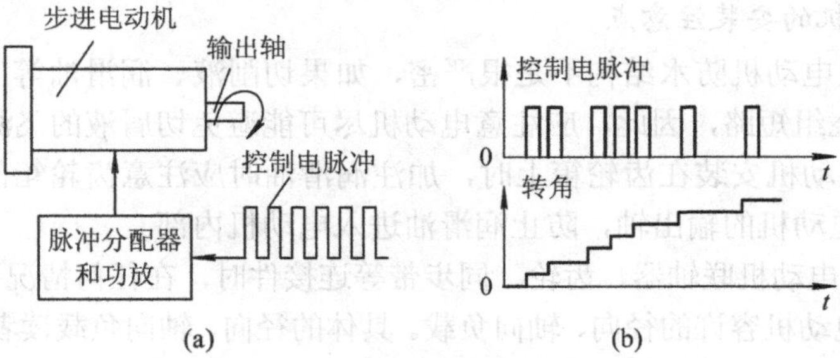

图 4-17　步进电动机的功用

步进电动机的结构形式和分类方法较多，一般按产生力矩的原理可以将步进电动机分为反应式(亦称磁组式)、永磁式和感应式(亦称混磁式)三大类，按相数可分为单相、两相、三相和多相等形式。下面以应用较多的三相磁阻式步进电动机为例，介绍其结构和工作原理。

1．三相磁阻式步进电动机的结构

三相磁阻式步进电动机模型结构示意图如图 4-18 所示。它的定子、转子铁芯和转子都是由硅钢片或其它软磁材料制成的。定子上共有 6 个磁极，每个磁极上都有许多小齿。在径向的两个磁极线圈串联组成一相绕组，而将三相绕组接成星形，作为控制绕组。转子铁芯上没有绕组，沿外圆上也有许多齿，定子磁极上的磁距与转子齿距相等。图 4-18 中只有 4 个齿。

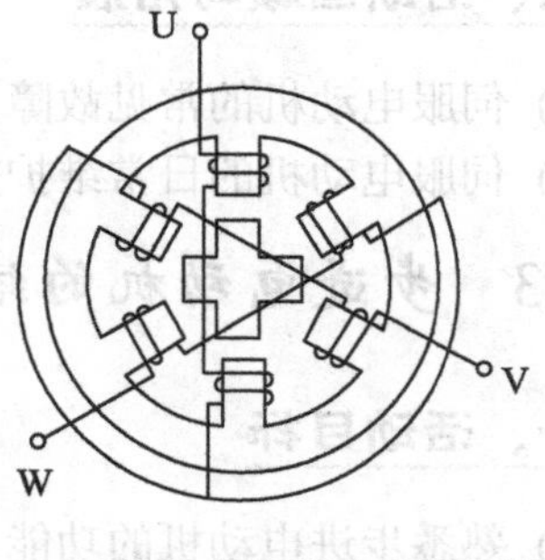

图 4-18　三相磁阻式步进电动机结构示意图

2．三相磁阻式步进电动机的工作原理

三相磁阻式步进电动机是基于电磁感应原理而工作的，如图 4-19 所示。在该图中，三相绕组接成星形，三相绕组按“U—V—W—U…”的顺序轮流通电。当 U 相控制绕组通电，而 V 和 W 两相控制绕组均不通电时，转子将受到电磁转矩的作用，使转子齿 1 和 3 与定子 U 相极轴线对齐，如图 4-19(a)所示，此时电磁力线所通过的磁阻最小，磁导最大，转子只受到径向力而无切向力作用，磁阻转矩为零，转子停止转动；同理，当 V 相绕组通电，而 U 和 W 两相断电时，将使转子逆时针方向转过 30° 空间角，即转子齿 2 和 4 与定子 V 相极轴对齐，如图 4-19(b)所示；当 W 相绕组通电，而 U 和 V 两相断电时，由于同样原因，将使转子在磁阻转矩的作用下按逆时针方向转过 30° 空间角，即如图 4-19(c)所示；依次类推，这样三相绕阻按“U—V—W—U…”的顺序通电时，转子将在磁阻转矩的作用下按逆时针方向一步一步地转动。步进电动机的转速取决于控制绕组变换通电状态的频率，即输入脉冲频率，频率越高，转速越高。旋转方向取决于控制绕组轮流通电的顺序，若通电顺序为“U—W—V—U…”，则步进电动机反向旋转。

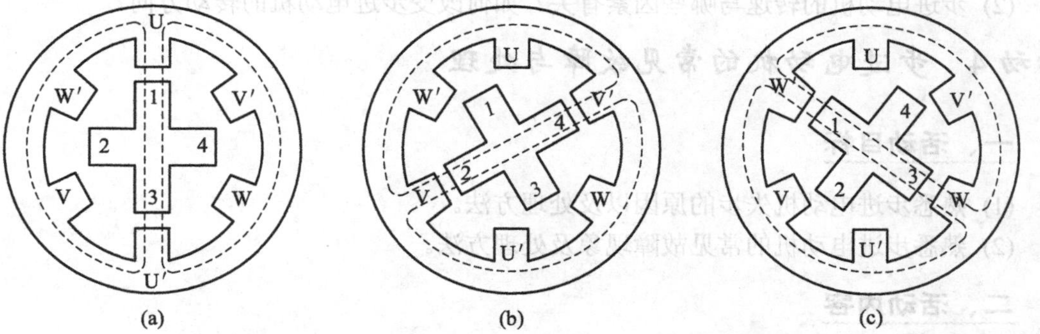

图 4-19 三相磁阻式步进电动机单三拍控制时的工作原理

控制绕组从一相通电状态变换到另一相通电状态叫做“一拍”，每一拍转子转过一个角度，这个角度叫步距角 θ_s。当转子齿数为 Z_R 时，N 拍磁阻式步进电动机转子每转过一个齿距，相当于在空间转过 360° $/Z_R$，而每一拍转过的角度是齿距的 $1/N$，因此步距角 θ_s 的表达式为：

$$\theta_s = \frac{360^\circ}{N \cdot Z_R}$$

上述三相依次单相通电的方式叫做“三相单三拍运行”方式，“三相”是指定子为三相绕组，“单”是指每拍只有一相绕组通电，“三拍”是指三次换接通电为一个循环，第四次换接通电重复第一次情况。实际应用中，三相单三拍运行方式很少采用，因为这种运行每次只有一相绕组通电，使转子在平衡位置附近来回摆动，运行不稳定。三相磁阻式步进电动机的通电方式除“三相单三拍”外，还有“三相双三拍”运行方式，即按 UV、VW、WU 的顺序两相同时通电。此外，还有“三相六拍”即按 U—UV—V—VW—W—WU—U 的顺序通电，每一循环接六次，三相六拍运行方式的步距角比三相单三拍和三相双三拍运行减小了一半，即 $\theta_s = 15^\circ$。

双三拍和六拍通电方式在切换过程中总有一相绕组处于通电状态，转子磁极受其磁场的控制，因此不易失步，运行也比较平稳，在实际工作中应用较广泛。

3. 步进电动机的应用

步进电动机具有步距角小、结构简单等特点，广泛应用于各种数控机床、自动记录仪、计算机外围设备、绘图机构等设备中。

三、活动小结

步进电动机是将由脉冲信号转换成角位移或线位移的电动机，通过控制输入脉冲的个数和输入脉冲的频率即可控制步进电动机的位移量和转速，改变输入脉冲的相序就可以改变步进电动机的旋转方向。三相磁阻式步进电动机常用的运行方式有三种，即三相单三拍、三相双三拍和三相单、双六拍。

四、活动回顾与拓展

(1) 简述三相磁阻式步进电动机的工作原理。

(2) 步进电动机的转速与哪些因素有关？如何改变步进电动机的转动方向？

活动 4　步进电动机的常见故障与处理

一、活动目标

(1) 熟悉步进电动机失步的原因以及处理方法。

(2) 熟悉步进电动机的常见故障现象及处理方法。

二、活动内容

1. 步进电动机失步的原因以及处理方法

1) 转子的加速度低于步进电动机的旋转磁场

转子的加速度低于步进电动机的旋转磁场，即低于换相速度时，步进电动机会产生失步。这是因为输入电动机的电能不足，在步进电动机中产生的同步力矩无法使转子速度跟随定子磁场的旋转速度，从而引起失步。由于步进电动机的动态输出转矩随着连续运行频率的上升而降低，因此，凡是比该频率高的工作频率都将产生失步。这种失步说明步进电动机的转矩不足，拖动能力不够。

处理方法：

(1) 使步进电动机本身产生的电磁转矩增大。为此可在额定电流范围内适当加大驱动电流；在高频范围转矩不足时，可适当提高驱动电路的驱动电压；改用转矩大的步进电动机等。

(2) 使步进电动机需要克服的转矩减小。为此可适当降低电动机运行频率，以便提高电动机的输出转矩；设定较长的加速时间，以使转子获得足够的能量。

2) 转子的平均速度高于定子磁场的平均旋转速度

转子的平均速度高于定子磁场的平均旋转速度，这时定子通电励磁的时间较长，大于转子步进一步所需的时间，则转子在步进过程中获得了过多的能量，使得步进电动机产生的输出转矩增大，从而使电动机越步。当用步进电动机驱动那些使负载上、下动作的机构时，更易产生越步现象，这是因为负载向下运动时，电动机所需的转矩减小。

处理方法：减小步进电动机的驱动电流，以便降低步进电动机的输出转矩。

3) 步进电动机及所带负载存在惯性

由于步进电动机自身及所带负载存在惯性，使得电动机在工作过程中不能立即启动和停止，而是在启动时出现丢步，在停止时发生越步。

处理方法：通过一个加速和减速过程，即以较低的速度启动，而后逐渐加速到某一速度运行，再逐渐减速直至停止。进行合理、平滑的加减速控制是保证步进驱动系统可靠、高效、精确运行的关键。

4) 步进电动机产生共振

共振也是引起失步的一个原因。步进电动机处于连续运行状态时，如果控制脉冲的频率等于步进电动机的固有频率，将产生共振。在一个控制脉冲周期内，振动得不到充分衰减，下一个脉冲就来到，因而在共振频率附近动态误差最大并会导致步进电动机失步。

处理方法：适当减小步进电动机的驱动电流；采用细分驱动方法；采用阻尼方法，包括机械阻尼法。以上方法都能有效消除电动机振荡，避免失步现象发生。

2. 步进电动机常见故障现象案例分析

1) 启动和运行速度减慢

故障的可能原因：引起运行速度减慢的原因有两方面，下面分别说明。

(1) 检修时将定子各相控制绕组中串入的小电阻拆下而未接入，或该小电阻已损坏失灵。

故障的处理方法：将未接入的电阻重新接入回路，注意应串接在每相绕组内；如电阻失灵损坏，应选用同规格的电阻换上。注意选用的电阻阻值应等于或大于原电阻阻值，不可用小阻值电阻代替，因为阻值越大，电流电压越高，脉冲电流特性越好，但阻值也不能选得过大，否则会使电动机效率降低。

(2) 因定子、转子气隙不均造成定子与转子相擦。就原因(1)来说，因步进电动机控制绕组中输入为脉冲电流，且绕组中有电感存在，它会使脉冲电流的上升时间和下降时间增长，影响步进电动机的启动和运行速度，从而使两者速度减慢。原串入的电阻使绕组回路时间常数减小，改善了启动和运行特性；当检修时未接入该电阻或电阻损坏(短路、开路、击穿等)，则回路时间常数增大，使脉冲电流上升沿和下降沿由陡直变为平坦，恶化了频率特性。由于气隙不均会造成定子与转子相擦故障，加大了步进电动机静态力矩，因此使动态特性(力矩)变差，导致启动和运行速度减慢。

故障的处理方法：仔细检查出定子与转子相擦的原因，解决气隙不均匀的情况。

2) 运行中失步

(1) 故障的可能原因：步进电动机带大惯量负载而产生振荡，造成在某一运行频率下启动失步或停转滑步。

故障的处理方法：通过加大负载的摩擦力矩或采用机械阻尼的方法，用以消除或吸收振荡能量，改善运行特性，消除失步。因为步进电动机是受控于电脉冲而产生步进运动的，采取如上措施能使电脉冲正常，不受干扰，从而消除失步的可能性。

(2) 故障的可能原因：原采用双电源供电的而改为单电源供电，使启动频率和运行频率降低，转矩频率特性恶化而失步。

故障的处理方法：恢复双电源供电。有些使用单位或部门，为简化电路采用单电源供电，造成步进电动机运行失步。这是一种错误的做法。采用双电源是为了提高启动及运行两种效率，改善转矩频率特性，从而改善输入步进电动机绕组中脉冲电流的上升沿及下降沿。用单电源供电，脉冲稳定电流得不到维持，步进电动机功率相应减小，所以在驱动中相当于容量小而过载，效率降低而失步。采用双电源供电，用高、低压两套电路，即在步进电动机绕组脉冲电流通入瞬间(上升沿阶段)，对其施以高电压，强迫电流上升加速；当电流达到一定值后，再改为低压，使电动机正常运行。这种措施不仅使驱动电源容量大大减小(比单电源供电小)，提高了运行效率，也改善了运行特性，电动机亦不会出现失步运行情况。

3) 控制绕组一相绕组反接

故障的可能原因：一相绕组反接相当于通电电流方向相反，电流相互抵消，电动机在此相内运行失常或根本不能运行。

故障的处理方法：用仪表检测出反接相后，将该相绕组头尾调换，按△形接法接好。

4) 控制绕组开路、短路与绝缘击穿

(1) 定子控制绕组开路的可能原因：引线开焊、虚焊、机械损伤而折断。

故障的处理方法：开焊或虚焊，应重新焊好、焊牢；如因折断，将折断处头尾拧紧在一起再焊牢，焊接处包好绝缘。

(2) 定子控制绕组短路及击穿的可能原因：导线绝缘层质量差而露铜，使匝间短路；绕线或套入磁极过程中损伤绝缘层；电动机运行年久又过热，使绝缘毛化或烤焦，造成短路或击穿。

故障的处理方法：如仅表面一匝或几匝绝缘受损，可剥去旧绝缘。按规定包好新绝缘；如整个绕组绝缘老化，造成严重匝间短路或击穿，因无法局部修理，只有按原线规格、原匝数重绕线圈换上。

5) 电源装置故障使步进电动机不能运行

故障的可能原因：功率放大器失灵、门电路中电子开关损坏、计数器失灵。

故障的处理方法：用万用表及示波器等仪器，按照线路图逐步检查。如测出放大程序逻辑部分无信号或信号弱，说明功率驱动器有问题，应对其进行进一步检查和修理；若电子开关中启动开关损坏，应更换；如反馈信号没有，即没有反馈电压值，说明反馈环节有故障，应检测脉冲数选器、整形反相环节等，找出问题予以调整；如门电路不关闭、步进电动机不停机，说明计数器有故障，应检测计数器找出问题，使之调整灵活，达到计数器在规定的脉冲数后电动机停转，即达到当输入脉冲数正好为所选定的数字时，门电路就关闭，电动机就停转；当发现电动机通电次序不对，不符合设定顺序时，说明环形分配器失灵，因它的级数应等于步进电动机的相数，在此情况下它才按规定逻辑给电动机各相绕组依次通电，使之顺转或逆转。总之，对电源装置应经常检测和调整，使之正常，才能保证步进电动机工作正常。

三、活动回顾与拓展

(1) 步进电动机失步的原因及处理方法有哪些？

(2) 步进电动机的常见故障现象及处理方法有哪些？

活动5　直线异步电动机的结构与工作原理

一、活动目标

(1) 熟悉直线电动机的分类。

(2) 熟悉直线异步电动机的工作原理和基本结构。

(3) 熟悉直线异步电动机的应用。

二、活动内容

直线异步电动机是将电能转换成直线运动的机械能，是近年来发展很快的一种新型电动机。对于做直线运动的生产机械，使用直线电动机可以省去一套将旋转运动转换成直线运动的中间转换机构，可提高系统的运行效率、精度及响应速度，在实践中得到了广泛的应用。

1．直线电动机的分类

直线电动机分为直线直流电动机、直线异步电动机和直线同步电动机三大类，其工作原理与旋转电动机的基本相同，在此仅介绍直线异步电动机，以便对这类电动机有所了解。

2．直线异步电动机的工作原理

直线异步电动机是一种将电能直接转换成直线运动的机械能，而不需要任何中间转换机构的传动装置。它可以看成是一台旋转电动机按径向剖开，并展成平面而成，如图 4-20 所示。

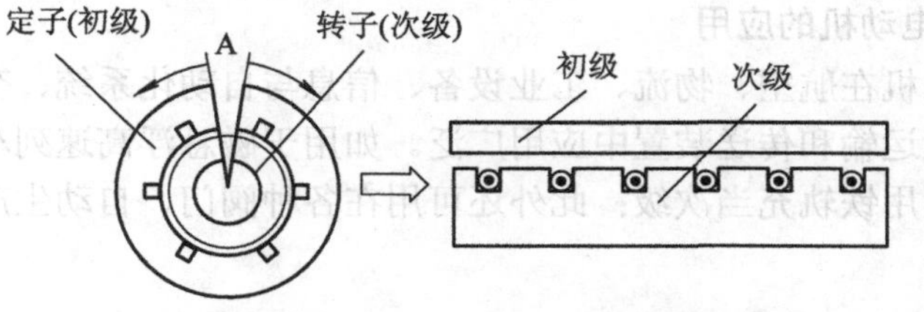

(a) 沿径向剖开　(b) 把圆周展成直线

图 4-20　直线异步电动机的转换过程

由定子演变而来的一侧称为初级，由转子演变而来的一侧称为次级。在实际应用时，通常将初级和次级制造成不同的长度，以保证在所需行程范围内初级与次级之间的耦合保持不变。直线异步电动机可以是短初级长次级，也可以是长初级短次级。考虑到制造成本和运行费用，目前一般均采用短初级长次级，且初级嵌放绕组。

直线异步电动机的工作原理与旋转电动机相似。以直线感应电动机为例，当初级绕组通入交流电源时，便在气隙中产生行波磁场，次级在行波磁场切割下，将感应出电动势并产生电流，该电流与气隙中的磁场相互作用而产生电磁推力，如果初级固定，则次级在推力作用下做直线运动；反之，则初级做直线运动。

3．直线异步电动机的基本结构

直线异步电动机的结构形式有平板型、管型和圆盘型三种。以平板型直线异步电动机为例，其单边型和双边型原理结构分别如图 4-21 和图 4-22 所示。其初级铁芯也由硅钢片叠成，铁芯槽中嵌放三相、两相或单相绕组，单相直线异步电动机可用电容分相式或罩极式；而次极铁芯通常用整块钢板或铜板制成，或者直接利用角钢、工字钢等来制成。对采用双边型的，其次级则放在两个初级中间，以利于消除对次级的电磁拉力。

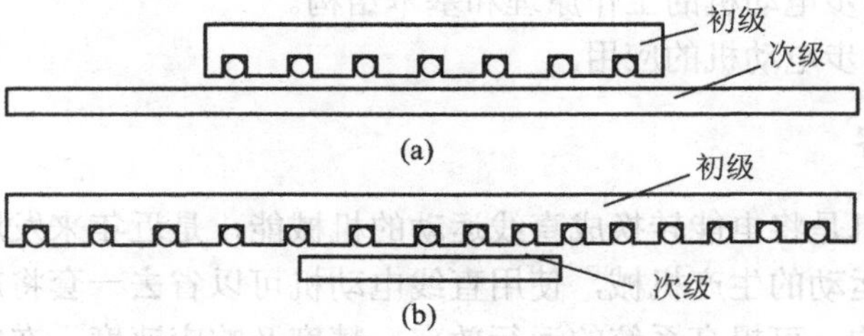

图 4-21　平板单边型直线异步电动机

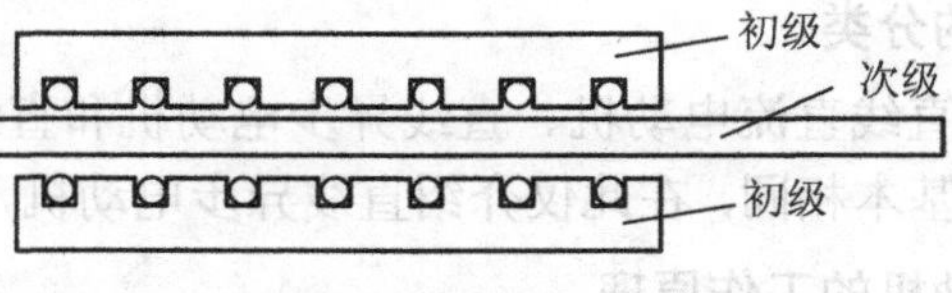

图 4-22　平板双边型直线异步电动机

直线异步电动机的固定部件和移动部件如果一样长，在实际中是不合理的。这是因为，由于相对运动，移动部件必然远离固定部件，以致两者失去耦合作用，最后导致移动部件停止移动。

4．直线异步电动机的应用

直线异步电动机在航空、物流、工业设备、信息与自动化系统、交通与民用、军事方面，尤其是在交通运输和传送装置中应用广泛。如用于磁悬浮高速列车，将初级绕组和铁芯装在列车上，利用铁轨充当次级；此外还可用在各种阀门、自动生产线上的机械手、传送带上等。

三、活动小结

直线异步电动机是由旋转的异步电动机演变而来的，是一种能做直线运动的异步电动机，在结构上分为固定的和可移动的两部分，分别称为初级和次级。当初级通入三相交流电流后，产生一个合成磁场，它不再是旋转的，而是按一定的相序直线移动的磁场，称为行波磁场。行波磁场与次级条铁相互作用产生电磁力，使条铁做直线运动。

四、活动回顾与拓展

(1) 直线异步电动机的工作原理是什么？它与旋转异步电动机有何区别？
(2) 直线异步电动机有哪几种结构形式？

活动 6　直线异步电动机的常见故障与处理

一、活动目标

熟悉直线异步电动机的常见故障现象、可能故障原因及对应的处理方法。

二、活动内容

以下各表是根据电工师傅的实践经验和理论分析列出的直线电动机的常见故障及其对

应的处理方法，可供读者参考。

1. 直线电动机常见故障现象、可能原因及对应的处理方法

1) 故障现象：直线电动机发热超过标准或冒烟

可能的故障原因	对应的处理方法
电压过低或电源线太细	测量电压是否过低，如果是电源线太细，造成压降太大，可更换电源线
过载	用电流表测量电流，若过载可适当更换大容量的电动机或减轻负载
拖动的装置卡住或摩擦系数增加	排除机械故障，添加润滑油
电压过高	如果电压超过标准很多，可与供电部门协商解决
	误将Y形连接的电动机接成△形工作，应立即停电改接，否则将烧毁电动机
初级绕组有小范围短路或初级绕组有接地	通过眼看鼻闻，判断是否有烧焦情况；用手触摸比较温度，找出短路处
	用万用表找出短路处和接地处，垫好绝缘，刷绝缘漆烘干

2) 故障现象：电动机不能启动

可能的故障原因	对应的处理方法
有某相线路不通造成单相运行	开关与初级绕组的接头处接触不良
	电源线不通，有断线或假接，用万用表或试灯法查找并修复
	熔丝熔断
电压过低	电源线太细，线路压降大，应更换成粗导线
	设法提高电源电压
初级绕组断路	用万用表或试灯检查断路处并予以修复
初级绕组的内部接线接反或出现首尾接反	检查初级接线并改接
双边型直线电动机两边的极性没有对好	两边的初极性没有使N极始终对准S极，造成磁路增长，磁阻增大，推力下降。改正接线，使N极和S极始终对准
初、次级没有对准	初级没有对准次级的中心线，造成推力下降，调整机械尺寸，使初、次级中心线对准
安装时气隙比设计值大	检查气隙是否大于设计值，气隙增大，使电动机推力下降，调整电动机的气隙
次级板的宽度小于设计值	检查次级板的宽度是否小于设计值，改用符合设计值的次级板
次级板的材料不符合要求	非磁性直线电动机误用了磁性次级，铜次级的直线电动机用了铝次级导电板，更换次级板材料
电动机吸住	钢次级电动机气隙过小或次级材料的刚度不够，变形吸住，适当增加初、次级的刚度

3) 故障现象：直线电动机的电流偏大

可能的故障原因	对应的处理方法
电源电压高	检查电源电压
推力大	检查接线，是否将串联误接成并联，造成电流增大，推力也增大，改正接线
初级绕组的匝数比设计值少	重绕初级绕组，增加匝数

4) 故障现象：电动机带电

可能的故障原因	对应的处理方法
引出线或接线盒接头的绝缘损坏	检查出故障后，套上绝缘套管或包上绝缘材料，将绝缘烘干
槽内有铁销等杂物，未除尽，导线潜入后绝缘损坏接地	拆开每个线圈接头，逐一找出接地的线圈，进行局部修理
嵌线时将导线的绝缘损坏	逐一检查，找出接线的线圈，进行局部修理
槽的两边槽口绝缘损坏接地	找出损坏的绝缘后，垫上绝缘纸，再涂上绝缘漆并烘干

5) 故障现象：绝缘电阻降低

可能的故障原因	对应的处理方法
电动机受潮或有水进入电动机绕组内	检查后，进行烘干处理
电动机绝缘老化	重新浸漆，老化严重者需大修
引出线处的绝缘老化或损坏	重新包扎引出线
绕组端部灰尘污垢太多	消除灰尘污垢后，进行浸漆处理

活动 7　测速发电机

一、活动目标

(1) 熟悉直流测速发电机的分类、结构及工作原理。

(2) 熟悉交流测速发电机的分类、结构及工作原理。

(3) 熟悉测速发电机的应用。

二、活动内容

测速发电机是一种能够将旋转机械的转速转换为电信号输出的小型发电机，它可分为直流测速发电机和交流测速发电机。在自动控制及计算装置中，测速发电机可以作为检测元件、阻尼元件、计算元件和角加速信号元件。在实际应用中，要求它的输出电压必须精确地与转速成正比。

1. 直流测速发电机

1) 直流测速发电机的分类和结构

直流测速发电机的结构与普通小型直流发电机相同，按励磁方式可分为永磁式和他励式两种。永磁式采用高性能永久磁钢励磁，受温度变化的影响较小，输出变化小，斜率高，线性误差小。电磁式采用他励式，不仅复杂且因励磁受电源、环境等因素的影响，输出电压变化较大，用得不多。按电枢结构不同，又可分为有槽电枢、无槽电枢、空心杯电枢和盘式印刷绕组等。

由于测速发电机的功率小，而永磁式又不需另加励磁电源，且温度对磁钢特性的影响也没有因励磁绕组温度变化而影响输出电压那样严重，所以应用很广。

2) 直流测速发电机的工作原理

直流测速发电机的工作原理和直流发电机相同，其工作原理图如图 4-23 所示。在恒定磁场中，当发电机以转速 n 旋转时，电刷两端产生的空载感应电动势 E_0 为：

$$E_0 = C_e \Phi_0 n \tag{4-1}$$

由上式可知，空载运行时，直流测速发电机的空载感应电动势与转速成正比，电动势的极性与转速的方向有关。由于空载时 $I_a = 0$，直流测速发电机的输出电压就是空载感应电动势，即 $U_0 = E_0$，因而输出电压与转速也成正比。

有负载时，因电枢电流 $I_s = U/R_a$，若不计电枢反应的影响，直流测速发电机的输出电压应为：

$$U = E_0 I_a R_a = E_0 - U\frac{R_a}{R_L} \tag{4-2}$$

式中：R_a——电枢回路的总电阻，它包括电枢绕组电阻和电刷接触电阻；

R_L——测速发电机负载电阻。

将式(4-1)代入式(4-2)，并整理后可得

$$U = \frac{C_e \Phi_0}{1+\dfrac{R_a}{R_L}} n \tag{4-3}$$

在理想情况下，R_a、R_L 和 Φ_0 均为常数，直流测速发电机的输出电压 U 与转速 n 仍成线性关系。只不过对于不同的负载电阻 R_L，测速发电机的输出特性的斜率也有所不同，它随负载电阻 R_L 的减小而降低，如图 4-24 所示。

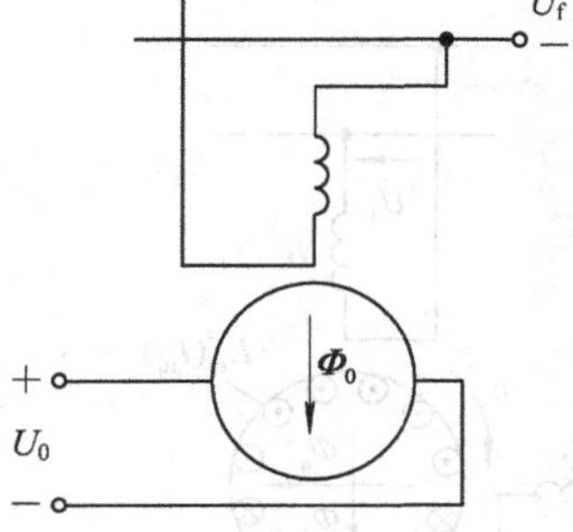

图 4-23　直流测速发电机的工作原理

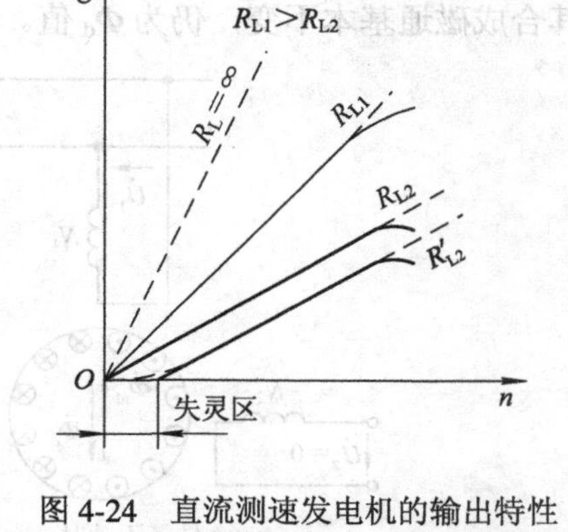

图 4-24　直流测速发电机的输出特性

实际中，直流测速发电机带上负载后，由于电枢电流的去磁作用和电机温度变化等因素，都会使输出电压下降，从而破坏了输出电压和转速的线性关系，特别是当负载电阻较

小、转速较高、电流较大时，输出电压和转速将不再保持线性关系，造成一定的误差。在测速发电机的技术数据中，提供了最小负载电阻和最高转速，使用时需要注意。

直流测速发电机的优点是灵敏度高，没有相位误差；主要缺点是常因电刷与换向器的滑动接触不良而影响测量的准确度。

2．交流测速发电机

1) 交流测速发电机的分类和结构

交流测速发电机有空心杯转子异步测速发电机、笼型转子异步测速发电机和同步测速发电机三种。

(1) 空心杯转子异步测速发电机：主要由内定子、外定子及在它们之间的气隙中转动的杯形转子所组成。励磁绕组、输出绕组嵌在定子上，彼此在空间相差 90°电角度。杯形转子是由非磁性材料制成的。当转子不转时，励磁后由杯形转子电流产生的磁场与输出绕组轴线垂直，输出绕组不感应电动势；当转子转动时，由杯形转子产生的磁场与输出绕组轴线重合，在输出绕组中感应的电动势大小正比于杯形转子的转速，而频率和励磁电压频率相同，与转速无关。反转时输出电压相位也相反。杯形转子是传递信号的关键，其质量好坏对性能起很大作用。由于它的技术性能比其它类型交流测速发电机优越，结构较简单，同时噪声低，无干扰且体积小，因此是目前应用最为广泛的一种交流测速发电机。

(2) 笼型转子异步测速发电机：与交流伺服电动机相似，因输出的线性度较差，主要用于要求不高的场合。

(3) 同步测速发电机：以永久磁铁作为转子的交流发电机。由于其输出电压和频率随转速同时变化，又不能判别旋转方向，使用不便，在自动控制系统中用得很少，主要用于转速的直接测量。

2) 交流测速发电机的工作原理

交流测速发电机的工作原理图如图 4-25 所示。励磁绕组直接接在恒定的单相交流电源上，其电压为 U_f，频率为 f_1。当转子不动时，励磁绕组中通过单相交流电流产生的脉振磁通穿过转子绕组，在转子绕组中产生感应电动势，这个电动势叫做变压器电动势。变压器电动势是转子产生电流，转子电流产生磁通 $\boldsymbol{\Phi}_{rd}$，由于磁通势平衡关系，且 U_f 和 f_1 一定，因此其合成磁通基本不变，仍为 $\boldsymbol{\Phi}_d$ 值。

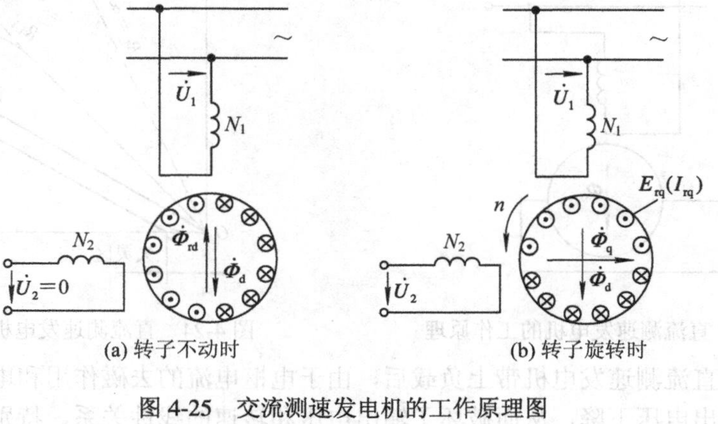

图 4-25　交流测速发电机的工作原理图

从图 4-25(a)可以看出，合成磁通 Φ_d 的方向与励磁绕组的轴线方向一致，而与输出的轴线方向垂直，所以合成磁通 Φ_d 不会在输出绕组中产生感应电动势，输出绕组的输出电压为零。当转子以转速 n 旋转时，在转子绕组中，除了产生变压器电动势外，由于转子切割磁通 Φ_d 而产生另一个电动势，称为旋转电动势。该旋转电动势在转子中产生另一个电流，并在气隙中产生脉振磁通 Φ_q，如图 4-25(b)所示。Φ_q 的轴线与输出绕组的轴线相重合，所以在输出绕组中会产生感应电动势 E_{rq}。这个电动势就是发电机的输出电动势，并有以下关系：$E_{rq} \propto \Phi_q \propto n$。

由此可见，在励磁电压 U_f 和频率 f_1 一定，且输出绕组负载很小及接高阻时，交流测速发电机的输出电压与转速成正比，频率始终等于电源的频率。若被测机械的转向改变，则交流测速发电机的输出电压相位也随之反向。这样，根据异步测速发电机的输出电压的大小及相位就可以测定电机的转速及方向。杯形转子测速发电机与直流测速发电机相比，具有结构简单、工作可靠等优点，是目前较为理想的测速器件。

3. 测速发电机的应用

测速发电机广泛用于各种速度或位置控制系统中。在自动控制系统中它可作为检测速度的元件，以调节电动机转速或通过反馈来提高系统稳定性和精度；在解算装置中它可作为微分、积分元件，也可作为加速或延迟信号用或用来测量各种运动机械在摆动或转动以及直线运动时的速度。

三、活动小结

测速发电机分为直流测速发电机和交流测速发电机。直流测速发电机的结构与普通小型直流发电机相同，按励磁方式可分为永磁式和他励式两种，其工作原理与直流发电机相同。交流测速发电机有空心杯转子异步测速发电机、笼型转子异步测速发电机和同步测速发电机三种。测速发电机广泛用于各种速度或位置控制系统中。

四、活动回顾与拓展

(1) 为什么直流测速发电机的使用转速不能超过规定的最高转速？

(2) 交流测速发电机励磁绕组与输出绕组在空间互相垂直，没有磁路的耦合作用，为什么励磁绕组接交流电源，发电机旋转时输出绕组有输出电压？若将输出绕组移到与励磁绕组同一位置上，发电机工作时，输出绕组输出电压与转速是否有关？

(3) 测速发电机还应用于哪些场合？

项目五　电动机的选择

任务　电动机类型、结构及容量的选择

活动1　电动机类型、结构、额定电压及额定转速的选择

一、活动目标

(1) 熟悉电动机选择的基本原则。

(2) 掌握电动机类型选择、结构选择、额定电压选择及额定转速选择的依据及方法。

二、活动内容

1. 电动机选择的基本原则

(1) 电动机的机械特性应满足生产机械的要求，要与生产机械即负载特性相适应，以确保在一定负载下运行时的转速稳定，且具有一定的调速范围和良好的启动、制动性能。

(2) 电动机在运行过程中，额定功率应能得到充分利用，即温升接近而又不会超过电动机自身所允许的额定温升。

(3) 电动机的结构形式应满足生产机械提出的安装要求，同时要适应周围环境的工作条件。

(4) 根据电动机所带负载和工作方式，正确而合理地选择电动机的容量。

2. 电动机类型的选择

电动机类型的选择是在能够满足生产机械技术性能指标的前提下，优先选用结构简单、工作可靠、维修方便、运行经济及价格便宜的电动机。常用电动机的类型有三相笼型异步电动机、三相绕线转子异步电动机、他励直流电动机及同步电动机等。选择电动机类型的基本原则如下：

(1) 对负载平稳、启动、制动及调速性能要求不高的生产机械，应优先选用三相异步电动机，而对各种三相异步电动机，应按照下列原则选用：

① 对普通机床、风机、水泵等可选用三相笼型异步电动机。

② 对空压机、皮带运输机等生产机械，要求电动机有较好的启动性能，可选用深槽式或双笼型异步电动机。

③ 对电梯、桥式起重机等起重设备，由于启动、制动都比较频繁，应选用三相绕线转

子异步电动机；对电动机的启动、制动、调速有一定要求的生产机械，也应选用三相绕线转子异步电动机。

(2) 对于拖动功率大，需要提高电网功率因数以及运行速度稳定的生产机械，如大功率水泵、空压机等，优先考虑选用三相同步电动机。

(3) 对于调速范围要求较宽，且能快速而平滑调速的生产机械，如轧钢机、龙门刨床、造纸机、大型精密机床等，应选用他励直流电动机或交流变频调速系统。

(4) 对于调速范围要求较低，并可由机械变速箱配合的生产机械，可选用多速笼型异步电动机。

3．电动机结构形式的选择

电动机的结构形式包括安装方式和各种防护形式。

1) 安装方式

安装方式是指根据机械设计的要求确定电动机安装时的放置方式。通常电动机有立式和卧式两种放置方式。

(1) 立式：指电动机转轴与水平面垂直。

(2) 卧式：指电动机转轴与水平面平行。

一般情况下，电动机都是按卧式方式安装的。

2) 电动机防护形式的选择原则

(1) 开启式电动机。该类电动机的特点是价格便宜，散热好，但由于定子、转子均暴露在空气中，因而容易进入铁屑、粉尘、油垢等，由此会影响电动机的使用寿命，因此该类电动机适宜在干燥而清洁的室内环境中使用。

(2) 防护式电动机。该类电动机的特点是防滴、防雨、防溅及能够防止其它异物进入电动机内部，但不能防止灰尘和腐蚀性气体，因此该类电动机适宜在干燥、灰尘少、无腐蚀性及爆炸性气体的环境中使用。

(3) 封闭式电动机。该类电动机的特点是能够防止水和灰尘等进入电动机内部，因此该类电动机适宜在潮湿、具有腐蚀性气体及灰尘多的环境中使用。

(4) 防爆式电动机。该类电动机的特点是具有防爆功能，因此该类电动机适宜在易燃易爆的环境中使用。

4．电动机额定电压的选择

1) 交流电动机额定电压的选择

交流电动机额定电压主要依据该电动机安装场所供电电源的电压等级进行选择。一般有以下几种情况：

(1) 当低压电网的电压为 380 V 时，与此对应的中小型三相异步电动机的额定电压的选择有以下几种情况：

① 电动机绕组为 Y/△形接法时，额定电压应选 380 V；

② 电动机绕组为△/Y 形接法时，额定电压应选 220 V/380 V；

(2) 电动机绕组为△/Y 形接法时，额定电压应选 380 V/660 V。

(3) 单相异步电动机的额定电压多选用 220 V。

(4) 高压电动机的额定电压有 3000 V、6000 V 及 10 000 V 等几种。

2) 直流电动机额定电压的选择

直流电动机额定电压应根据安装地点供电电源的电压等级进行选择，通常可分为以下几种情况：

(1) 对于由直流发电机供电的直流电动机，额定电压一般选择 110 V 或 220 V。

(2) 大功率直流电动机可提高到 600 V～1000 V，当电网电压为 380 V，且直流电动机由晶闸管整流电路供电时，采用三相整流，可选额定电压为 440 V，采用单相整流，可选额定电压为 160 V 或 180 V。

5. 电动机额定转速的选择

电动机的额定转速是根据生产机械传动系统的要求来选择的。电动机的功率一定时，额定转速越高，体积越小，重量越轻，成本越低，价格也就越低，故选择高速电动机较经济。但是当电动机的额定转速选择较高，而生产机械要求的转速较低时，就会使所配用的齿轮变速级数可能增多，反而会引起整个装置的造价升高，效率降低，因此，选择电动机的额定转速时应从机械和电气两个方面综合考虑，以取得最佳的运行经济效果。

三、活动小结

电力拖动系统电动机的选择包括电动机的类型、结构形式、额定容量、额定电压和额定转速的选择，其中正确选择电动机的容量最为重要，这将在活动 2 中讲述。

四、活动回顾与拓展

(1) 电动机选择的基本原则是什么？

(2) 电动机类型和结构形式选择的依据分别是什么？

(3) 电动机的额定电压和额定转速各应如何选择？

活动 2　电动机容量的选择

一、活动目标

(1) 熟悉电动机温升的概念及绝缘关系。

(2) 熟悉电动机发热和冷却过程的特点。

(3) 熟悉电动机三种工作制的特点。

(4) 熟悉电动机容量选择的统计法和类比法的运用。

二、活动内容

1. 电动机容量选择的基本知识

1) 电动机的温升和绝缘

电动机在负载运行时，其内部总损耗转变为热能使电动机温度升高。而电动机中耐热最差的是电动机定子绕组的绝缘材料，在实际运行中，若电动机所拖的负载过大、损耗太大而使绝缘材料的温度超过所允许的限度时，绝缘材料的寿命就会急剧缩短，严重时会使绝缘遭到破坏，使电动机冒烟而烧毁。把绝缘材料的温升限度称为绝缘材料的允许温度。

由此可见，绝缘材料的允许温度就是电动机的允许温度，绝缘材料的寿命就是电动机的寿命。

不同的绝缘材料有不同的允许温度，根据国家标准规定，将电动机定子绕组所使用的绝缘材料分成若干等级，见表 1-2 中所列。

表 1-2 中的绝缘材料的最高允许温升(也称允许温升)就是电动机定子绕组的组成材料即绝缘材料的最高允许温度与标准环境温度 40℃的差值，它表示一台电动机能带负载的限度，而电动机的额定功率就表征了这一限度。电动机铭牌所标注的额定功率，表示在环境温度为 40℃时，电动机长期连续运行的情况下，电动机的绝缘材料即定子绕组所能达到的最高温度不超过绝缘材料最高允许温度时的输出功率。当环境温度低于 40℃时，电动机的输出功率可以大于铭牌上所示的额定功率，否则，电动机的输出功率将低于额定功率，以保证电动机最终都能达到或低于绝缘材料的最高允许温度。

通过上述分析可知，对于电动机容量选择的依据主要是电动机的允许温升，下面重点分析电动机的温升、发热及冷却方面的一些知识，以满足电动机能够长期、稳定、可靠运行的需要。

2) 电动机的发热和冷却

(1) 电动机的发热过程。电动机从启动到稳定运行的过程中，由于总损耗转换的热量不断产生，电动机温度升高，因而就有了温升，此时的电动机要向周围散热，温升越高，散热越快。当单位时间内电动机发出的热量等于散出的热量时，电动机温度不再增加，而保持一个稳定不变的温升，即处于发热与散热平衡的状态。此过程是温升升高的过程，称为发热。

经过对电动机发热过程的分析及根据实践经验可知：电动机发热初级阶段，由于温升小，散发出的热量较少，大部分热量被电动机吸收，所以温升增长较快；过一段时间以后，电动机的温升增加，散发的热量也增加，而电动机产生的热量因负载恒定而保持不变，电动机吸收的热量不断减少，温升变慢，温升曲线趋于平缓；当散发热量与发出热量相等时，电动机温升趋于稳定，温度最后达到稳定值。

(2) 电动机的冷却过程。对负载运行的电动机，在温升稳定以后，如果使负载减少或使电动机停车，那么电动机内总损耗及单位时间的发热量都将随之减少或不再继续产生。这样就使发热少于散热，破坏了热平衡状态，电动机的温度要下降，温升降低。在降温过程中，随着温升的降低，单位时间的散热量也减少。当达到发热量等于散热量时，电动机不再继续降温，其温升又稳定在一个新的数值上。在停车时，温升将降为零。温升下降的过程称为冷却。

上面所分析的电动机发热和冷却情况，只适用于电动机拖动恒定负载连续运转的情况。

3) 电动机的工作制

电动机的发热和冷却情况不但与所拖动的负载有关，而且与负载持续的时间有关。负载持续的时间不同，电动机的发热情况也有所不同。所以，还要对电动机的工作方式进行分析。为了便于电动机的系列生产和供用户选择使用，按国家标准将电动机的工作方式分为以下三类：

(1) 连续工作制(恒定负载长期工作制)(即 S1 工作制)。连续工作制是指电动机工作时间

t_g很长，大于发热时间常数τ的3～4倍，即t_g>(3～4)τ。一般t_g可达几小时、几昼夜甚至更长时间。电动机的温升可以达到稳定温升，所以，该工作制又称长期工作制。电动机所拖动的负载是恒定不变的，如水泵、通风机、造纸机、大型机床的主轴拖动电动机等。

(2) 短时工作制(即S2工作制)。短时工作制是指电动机的工作时间较短，即t_g<(3～4)τ，在工作时间内，电动机的温升达不到稳定值；而停歇时间t_o相当长，即t_o>(3～4)τ，在停歇时间里足以使电动机各部分的温升降为零，其温度和周围介质温度相同。电动机在短时工作时，容量往往只受过载能力的限制，因此这类电动机应设计成有较大的过载系数。国家规定的短时工作制的标准时间有15 min、30 min、60 min和90 min四种。属于这种工作制的电动机，常见的有水闸闸门、车床的夹紧装置、转炉倾动机构的拖动电动机等。

(3) 断续周期工作制(即S3工作制)。断续周期工作制是指电动机的工作与停歇周期性交替进行，但时间都比较短。工作时，t_g<(3～4)τ，温升达不到稳态值；停歇时，t_o<(3～4)τ，电动机温升也降不到零。按国家标准规定每个工作与停歇的周期(t_g+t_o)≤10 min。断续周期工作制又称为重复短时工作制。电动机经过一个周期时间(t_g+t_o)，温升有所上升。经过若干个周期后，温升在最高温升τ_{max}和最低温升τ_{min}之间波动，达到周期性变化的稳定状态。其最高温升仍低于拖动同样负载连续运行的稳态温升τ_w。

在断续周期工作制中，负载工作时间与整个周期之比称为负载持续率(或称暂载率)FC%，国家标准规定的负载持续率有15%、25%、40%和60%四种。

起重机械、电梯、轧钢机辅助机械、某些自动机床的工作机构等的拖动电动机都属于这种工作制。但许多生产机械周期性断续工作的周期并不相等，这时负载持续率只具有统计性质。由于断续工作制的电动机启动和制动频繁，要求过载能力强，对机械强度的要求也高，所以应用时要特别注意。

以上是电动机最常见的三种基本工作制，生产实践中，电动机的工作方式不同，发热和温升情况就不同。因此，从发热观点选择电动机的方法也就不同。

2. 电动机容量的选择

电动机的容量表明了它所带负载的能力，选择电动机容量的基本原则是在满足拖动要求的条件下，使电动机的容量得到充分利用。电动机的容量能否充分利用，关键在于电动机运行时的温升能否达到绝缘材料所允许的最高温升。如果电动机的容量选大了，不能充分利用电动机的工作能力，效率降低，增加设备投资，运行时浪费较大；容量选小了，会使电动机在运行时温升超过容许温升，缩短电动机的使用寿命，甚至烧毁电动机。而电动机温升的高低主要取决于负载的大小、类型及其工作方式。

选择电动机的容量较为繁杂，不仅需要一定的理论分析计算，还需要经过试验校准。所以，在比较简单、无特殊要求、生产数量不多的电力拖动系统中，常采用统计类比法或工程估算的方法选择电动机的额定功率，这样有较大的余量，会造成一定的浪费。批量生产的产品，必须根据拖动系统的工作条件，合理而正确地选用电动机的额定功率。选用电动机的基本步骤是：根据生产机械拖动负载提供的功率负载图$P_L=f(t)$或转矩负载$T_L=f(t)$，并考虑电动机的过载能力预选一台电动机，然后根据负载图进行发热校验，将校验结果与预选电动机的参数进行比较，若发现预选电动机的容量太大或太小，再重新选择，直到容量得到充分利用，最后再校验过载能力与启动转矩是否满足要求。

对于三种不同工作制下电动机容量的选择方法，读者可参见附录2。

电动机容量的选择方法有统计法和类比法。前面讨论的选择电动机的方法，是以电动机的发热和冷却理论为基础的，但实际上，由于电动机运转情况有所区别，而所推导的容量选择公式都是在某些限定的条件下得到的，使计算结果存在一定的误差，又由于采用公式运算比较复杂，计算工作量很大，另外在某些特殊情况下，要作出电动机的负载图比较困难，因此，实际选择电动机容量时，往往采用统计法或类比法。

(1) 统计法。统计法就是对大量的拖动电动机容量进行统计分析，找出电动机容量与生产机械主要参数之间的关系，得出实用的经验公式的方法。

(2) 类比法。类比法是指在调查同类型生产机械所采用的电动机容量的基础上，对主要参数和工作条件进行类比，从而确定新的生产机械所采用的电动机的容量的方法。

三、活动小结

在电动机运行过程中，必然产生损耗。损耗的能量在电动机中全部转化为热能，一部分热能被电动机本身吸收，使其内部的各部分温度升高，另一部分热能向周围介质散发。随着损耗的增加，电动机的温度不断上升，散发的热量不断增加。当损耗转化的热能全部散发出去时，电动机的温升稳定。电动机发热和冷却过程的温升都是随时间按指数规律变化的。

如果电动机带某一负载连续工作时，只要稳定温度接近并略低于绝缘材料所允许的最高温度，电动机将得到充分利用且不过热，此时的负载称为电动机的额定负载，对应的功率即为电动机的额定功率。

电动机工作时按负载的持续时间不同，可分为三种工作方式：连续工作制、短时工作制和断续周期工作制。

正确选择电动机额定容量的原则是，以电动机能够满足生产机械的要求为前提，最经济、最合理地选取。实际选择电动机容量时，通常采用统计法或类比法。

四、活动回顾与拓展

(1) 绝缘材料的最高允许温升是如何规定的？

(2) 确定电动机额定容量时，主要考虑哪些因素？

(3) 电动机的发热过程与冷却过程各有何特点？两台同样容量的电动机，如果通风冷却条件不同，则它们的发热情况是否一样？为什么？

(4) 电动机的工作制分为哪几种？各有何特点？

(5) 连续工作制下，电动机容量选择的一般步骤是什么？

(6) 电动机周期性地工作 15 min、休息 85 min，其负载持续率 FC% = 15%对吗？它应属于哪种工作方式？

(7) 对于短时工作的负载，能否选择连续工作制的电动机？连续工作制电动机的容量如何确定？

(8) 查找相关资料，了解一般旋转机械、泵类、风机类电动机功率的表达式。

(9) 查找相关资料，熟悉常见机床主拖动电动机容量的统计数值公式。

项目六　三相异步电动机综合实训

实训一　实训的基本要求

1. 实训的目的和要求

“电机运行维护与故障处理”是电气自动化技术专业的专业基础课程，其实用性很强。课程的目的是培养学生掌握电机与电力拖动的基本理论、计算方法和对电机的基本操作和维护技能；通过实训培养学生在给定的项目活动中能根据实训任务、目的及要求，拟定线路，选择所需设备、仪器、仪表和操作工具等，确定实验实训步骤，观察实验现象、测取并记录所需数据，从而熟悉各种电机及变压器的结构、工作原理及其日常运行中可能出现的故障现象。通过实训使学生对所学理论知识有进一步的理解，对电机、变压器的特性有一定的感性认识，并锻炼学生的实际动手能力，进而掌握如何诊断、分析和处理电机及变压器等重要设备的日常维护方法及其注意事项，同时也熟练掌握常用电工工具及仪器仪表的使用方法，逐步积累理论和实践经验，为学习后续课程和从事实际工作打下良好的基础。

2. 实训前的准备工作

实训前应认真预习相关内容，熟悉实训目的、内容、方法及步骤，明确实训过程中应注意的相关事宜，尤其是安全注意事项，并熟悉对所需设备、仪器、仪表的功能及性能，为完成实训任务做好准备工作。

实训前应写好预习报告，经指导教师确认后，方可开始做实训。

认真做好实训前的准备工作，对于培养学生的安全生产意识、建立正确的工作流程和独立工作的能力，以及提高实训质量和保护实训设备都是很重要的。

3. 实训过程

(1) 建立小组，合理分工。实训项目都以小组为单位进行，每组由3～5人组成，实训中的接线、调节负载、保持电压或电流值不变、记录数据等工作，严格分配到人并轮换操作，以保证实训操作协调，记录数据准确可靠，同时达到人人参与并熟悉整个实训的各个环节。

(2) 选择实训所需的设备、仪器和仪表。先熟悉本次实训所用的设备、仪器和仪表，记录电机铭牌上的有关数据、根据项目要求选择仪表量程和所用电工器械，然后依次排列，以便于测取数据或拆装电机时使用。

(3) 按图接线。根据实训线路图将所选组件、仪表按图接线，线路力求简单明了，接线原则是先接串联主回路，再接并联支路。为查找线路方便，每路尽可能用相同颜色的导线或插头。

(4) 启动电动机，观察仪表。送电启动前，应先校准各仪表零位，熟悉仪表刻度，记下倍率，然后按实训要求启动电动机、变压器等设备，同时观察所有仪表是否正常(如指针正、反向，是否超满量程等)。如果出现异常，应立即切断电源，并排除故障；如果一切正常，即可继续完成实训。

(5) 认真负责，保质保量完成实训。实训完毕，须将数据或相关记录交指导教师审阅。经指导教师认可后，才允许拆线或组装电机等，并把实训所用的设备、组件、导线及仪器、仪表等物品归位。

4. 实训报告的具体要求

实训报告是对实训完成情况的总结，是通过对实测数据、实际操作及在操作过程中观察和发现的问题，经过分析、讨论或研究后写出的小论文。实训报告要简明扼要、字迹清楚、图表规范、结论明确、体会深刻。

实训报告主要包括以下内容：

(1) 写清实训名称、任务、目的、要求及注意事项、专业班级、学号、姓名、同组实训人员和实训日期。

(2) 列出实训项目中所使用的工器具及绘制实训时所用的原理图、线路图，注明仪表量程。

(3) 根据结果数据，进行计算分析、得出实训结论，对实训中的某些现象或问题进行讨论分析并提出一些自己的见解感想。

5. 考核

考核是对学生实训任务完成情况的综合评价。采用过程评价体系，该体系由实训态度、实训任务和实训报告三部分组成，通过对学生在实训过程中所承担的角色、态度、团队合作意识、任务完成情况以及实训报告的完成情况，由个人、小组和老师共同评定，量化地给出学生的实训成绩。

(1) 实训态度，权重 20%，包括考勤、卫生、回答问题及在实训小组中的表现等；

(2) 实训任务，权重 40%，包括小组中的分工、表现、与组员的合作、角色任务的完成情况等；

(3) 实训报告，权重 40%，包括格式、图表、计算、结论及认识等。

实训二　实训常用工器具及材料的认识

1. 常用手工工具

(1) 螺钉旋具(螺丝刀、改锥、旋凿或起子)。螺钉旋具是一种紧固或拆卸螺钉的工具。螺钉旋具根据头部的形状可分为一字形(平口)和十字形(梅花)两种。

① 一字形螺钉旋具常用的规格有 50 mm、100 mm、150 mm 和 200 mm 等。电工必备的是 50 mm 和 150 mm 两种。

② 十字形螺钉旋具专用于紧固或拆卸十字槽的螺钉。根据适用的螺钉的直径，常用的规格有Ⅰ号(适用于直径为 2 mm～2.5 mm)、Ⅱ号(3 mm～5 mm)、Ⅲ号(6 mm～8 mm)和Ⅳ号(10 mm～12 mm)四种。

目前广泛使用的刀口端焊有磁性金属材料的磁性旋具，可以吸住待拧紧的螺钉，使用时能够准确定位、拧紧螺钉。

螺钉旋具的使用方法：

① 大螺钉旋具一般用于紧固较大的螺钉。使用时除大拇指、食指和中指要夹紧握柄外，手掌还要顶住柄的末端，这样就可防止旋具转动时滑脱。

② 小螺钉旋具一般用于紧固电气装置接线头上的小螺钉。使用时可用手指顶住木柄的末端捻旋。

使用螺钉旋具的安全常识：

① 电工不可使用金属杆直通柄顶的螺钉旋具(穿心螺丝刀)，否则易造成触电事故。

② 使用螺钉旋具紧固或拆卸带电的螺钉时，手不可触及旋具的金属杆，以免发生触电事故。

③ 为了避免螺钉旋具的金属杆触及皮肤或邻近带电体，应给金属杆套一段绝缘管。

(2) 钳子(钢丝钳)。电工钢丝钳是一种用来钳夹和剪切的工具，它由钳头、钳柄和绝缘管三部分组成。其中钳头由钳口、齿口、刀口和铡口四部分组成，钳口用来弯绞和钳夹导线线头，齿口用来紧固或起松螺母，刀口用来剪切或剖削导线绝缘层，铡口用来切电线线芯、钢丝或钳丝等较硬金属丝。电工所用的钢丝钳在钳柄上应套上耐压 500 V 以上的绝缘塑料管。

使用电工钢丝钳的安全常识：

① 使用前必须检查绝缘柄的绝缘是否良好。如果绝缘损坏，进行带电作业时会发生触电事故。

② 剪切带电导线时，不得用刀口同时剪切相线和零线，或同时剪切两根相线，以免发生短路事故。

(3) 电工刀。电工刀是一种用来剖削电线绝缘层、切割圆木、方木等木台的缺口及削制木榫等的专用工具。

使用电工刀的安全常识：

① 使用时应将刀口朝外剖削。

② 剖削导线绝缘层时，应使刀面与导线成较小的锐角，以免割伤导线。

③ 使用电工刀时应注意避免伤手，不得传递刀身未折进刀柄的电工刀。

④ 电工刀用完后，应将刀身折进刀柄。

⑤ 电工刀刀柄无绝缘保护，不能用于带电作业。

(4) 剥线钳。剥线钳是用来剥削 6 mm 以下塑料或橡胶电线的绝缘层的专用工具，它由钳头和手柄两部分组成。钳头部分由压线口和切口构成，分有直径为 0.5 mm～3 mm 的多种切口，以适用于不同规格的芯线。它的手柄是绝缘的，耐压为 500 V。

使用时，必须将导线放在大于芯线直径的切口上切剥，否则会切伤芯线。把电线头放进合适的刀口上后，用手握住钳柄，用力使两个钳柄靠拢，使压线口压住线芯，而塑料绝缘层被刀口推开掉落。

(5) 尖嘴钳。尖嘴钳是用来剪断、钳夹或制作导线弯头的工具。它的头部尖细，适宜于在狭小的工作空间操作，能夹持较小螺钉、垫圈、导线等并能在装接控制线路时将单股导线弯成所需的各种形状。尖嘴钳刀口还能用来剪断细小金属。绝缘柄的耐压为 500 V。

(6) 断线钳(斜口钳)。断线钳是专供剪断较粗的金属丝、线材及导线电缆时使用的。其钳柄有铁柄、管柄和绝缘柄三种。其中电工用的绝缘柄断线钳的耐压为500 V。

(7) 电烙铁。电烙铁是烙铁钎焊的热源，通常用电热丝作为热元件，分为内热式和外热式两种。其常用的规格有25 W、45 W、75 W等多种。

使用电烙铁焊接时要选取合适的功率。焊接弱电元件时，宜采用25 W和45 W两种规格；焊接强电元件时，宜使用45 W以上的规格。如果选取的功率过大，不仅浪费电力，而且易烧毁元件；功率过小时，会因热量不够而影响焊接质量。电烙铁使用后，要随时拔去电源插头，以节约用电，延长使用寿命。

使用电烙铁的安全常识：在导电地面(如混凝土和泥土地面)使用时，电烙铁的金属外壳必须妥善接地，以防止漏电时触电。

(8) 活扳手(活络扳手)。活扳手是一种旋紧或拧松有角螺丝钉或螺母的工具，电工常用的有150 mm × 19 mm(6英寸)、200 mm × 24 mm(8英寸)、250 mm × 30 mm(10英寸)、300 mm × 36 mm(12英寸)四种。

使用活扳手时要根据螺母的大小选用适当规格的。扳手过大，会损伤螺母；螺母过大，扳手过小，会损伤扳手。扳动大螺母时，常用较大的力矩，手应握在柄尾处；扳动较小螺母时，所用力矩不大，但螺母过小易打滑，故手应握在接近扳头的地方，这样可随时调节蜗轮，收紧活动扳唇，防止打滑。

活扳手不可反用，以免损坏活动扳唇，也不可用钢管接长手柄来施加较大的扳拧力矩，亦不可当做撬棍和手锤使用。

(9) 榔头(锤子、铁锤)。榔头是一种敲打工具。在修理三相异步电动机绕组的时候，常用木榔头和橡皮榔头，由于它们较铁榔头质软，在整理绕组端部时，漆包线线皮不易受到损伤。

(10) 喷灯。喷灯是火焰钎焊的热源，电工常用来焊接较大铜钱鼻子、铅包电缆的外皮(铅包层)、大截面铜导线连接处的加固焊锡以及其它电连接表面的防氧化镀锡等。

使用喷灯时的安全常识：使用喷灯时要让无关人员远离，切勿灯口对人，要防止火焰烧伤人员和烧坏工件。对离焊接处较近的绝缘体和其它物件，要采取有效的隔热措施，如垫石棉被、石棉纸，或用干净水打湿。在有易燃易爆物品的环境周围不准使用喷灯，以防火灾。使用结束，将放油调节阀关闭，即可熄灭喷灯。

(11) 剪刀。修理三相异步电动机槽绝缘纸时，常用到剪刀。手术用弯头长柄剪刀的剪刃能贴紧定子铁芯及槽口，而手持的长柄又可远离槽口不会划伤持剪人的手指。

(12) 划线板(滑线板、理线片)。划线板是嵌线时将线圈漆包线从引槽纸槽口划入槽内的工具，它也是作为理顺槽内导线的工具，故又叫做理线片。

(13) 压线板。压线板是将槽内导线压实、压平的工具，它和卷纸划片配合作为摺槽口绝缘之用。压线板应根据电动机槽形制作，一般压线板的压脚宽度为槽上部宽度减去0.6 mm～0.7 mm为宜，压脚尺寸要合适，便于封合槽口。

(14) 整形敲棒与撬板。它们是绕组端部喇叭口整形的辅助工具。敲棒用硬木制成，长度约为20 cm～30 cm，宽度约为3 cm，厚度约为2.5 cm～3 cm。

(15) 卷纸划片。卷纸划片是作为包卷摺边或槽口绝缘的专用工具。其形状像钳工的划针，因此有人也把它叫做划针。它的长度约为15 cm～20 cm，末端厚度约为1 mm～2 mm。

(16) 刮线刀。在绕组的接线操作中，用刮线刀将漆包线的线头线尾处的漆皮刮干净。使用刮线刀时，不要刮伤导线，刮去漆皮后应用00号细砂纸将线芯上的油漆擦拭干净，直至露出铜线的原样为止。

(17) 清槽铲刀(电工凿)。在三相异步电动机绕组拆除后，用清槽铲刀清刮槽内由于绝缘漆的黏结作用而产生的污物。

(18) 塞尺(厚薄规或间隙规)。塞尺由一组薄钢片制作而成，其形状像扇子，每片上都刻有自身的尺寸。在维护、修理三相异步电动机时，测量其气隙、滚动轴承等中常用到塞尺。塞尺的品种很多，常见规格如表 6-1 所示。

表 6-1　常见塞尺的规格

组别	尺寸范围/mm	尺　寸　排　列
Ⅰ	0.02～0.10	0.02，0.03，0.04，0.05，0.06，0.07，0.08，0.09，0.10
Ⅱ	0.03～0.50	0.03，0.04，0.05，0.06，0.07，0.08，0.09，0.10，0.15，0.20，0.25，0.30，0.40，0.45，0.50
Ⅲ	0.03～0.50	0.03，0.04，0.05，0.06，0.07，0.10，0.15，0.20，0.30，0.40，0.50
Ⅳ	0.05～1.00	0.05，0.06，0.07，0.08，0.09，0.10，0.10，0.15，0.20，0.25，0.30，0.40，0.45，0.50，0.75，1.00
Ⅴ	0.50～1.00	0. 50，0.55，0.60，0.70，0.75，0.80，0.85，0.90，0.95，1.00

塞尺的使用方法：测量时，先把塞尺及工件(如轴承)间隙内清理干净，然后视间隙大小，先用较薄的塞尺塞入间隙中，如果还有间隙，再补充另一个薄塞尺，如果仍有空隙，再增补一个薄塞尺，直到待测间隙塞满且塞尺无松动感，但又能顺利地将叠加的所有塞尺同时拔出来时为止，将所塞入的尺寸相加，即可测得间隙尺寸。

(19) 验电器。验电器是检查导线和电气设备是否带电的一种电工常用检验工具。它分为低压验电器和高压验电器两种。

① 低压验电器。低压验电器俗称“试电笔”，亦叫“验电笔”、“测电笔”，简称“电笔”。常见的低压验电器有笔式和螺丝刀式(起子式)两种，其检测范围一般在 60 V～500 V。使用低压验电器时，将氖管小窗背光朝自己，同时要防止金属杆触及人体皮肤，以免触电。

低压验电器的作用：

• 区别电压高低。测试时可根据氖管发光的强弱来估计电压的高低。

• 区别相线和零线。在交流电路中，当验电器触及导线时，氖管发光的即为相线，正常情况下，触及零线时是不会发光的。

• 区分直流电和交流电。交流电通过验电器时，氖管里的两个极同时发光；而通过直流电时，只有一个极发光。

• 区别直流电的正、负极。把验电器连接到直流电的正、负极之间，氖管中发光的一极即为直流电的负极。

• 识别相线碰壳。用验电器触及电动机、变压器等电气设备外壳，氖管发光，则说明该设备相线有碰壳现象。如果机壳上有良好的接地装置，则氖管是不会发光的。

• 识别相线接地。用验电器触及正常供电的星形接法三相三线制交流电时，有两根比较亮，而另一根较暗，则说明亮度较暗的相线与地有短路现象，但不太严重。如果两根相线很亮，另一根不亮，则说明这一根相线与地肯定短路。

② 高压验电器。高压验电器又称高压测电器。10 kV 的高压验电器由金属钩、氖管、

氖管窗、固紧螺钉、护环和握柄组成。使用高压验电器时，要特别注意手握的部位不得超过护环。

使用验电器的安全常识：

① 使用验电器前，应在已知带电体上测试，证明验电器确实良好才可使用。

② 使用时，应使验电器逐渐靠近被测物体，直到氖管发亮；只有在氖管不发亮时，人体才可以与被测物体接触。

③ 室外使用高压验电器时，必须在气候条件良好的情况下才能使用。在雨、雪、雾及湿度较大的天气中不宜使用，以防发生危险。

④ 测试高压验电器时，必须戴上符合要求的绝缘手套；不可一人单独测试，身旁必须有人监护；测试时要防止相间或对地短路事故；人体与带电体应保持足够的安全距离，10 kV高压的安全距离在0.7 m以上。

2. 常用机械工具

(1) 多用绕线机。多用绕线机具有结构简单、操作方便、变换灵活、用途多样、数字显示、准确无误、顺增逆减的特点。绕完一组线圈，只需按动一下计数清零键，即可瞬间复位。调动线模装卸手柄，便可改变线模尺寸，以适应绕制多种规格的线圈或线圈绕组。

(2) 中型多用绕线机。中型多用绕线机适用各类中小型(0.1 kW～400 kW)三相异步电动机、变压器线圈的绕制，具有手摇、电动两用功能。它能自动计数(正转加，反转减)，按动“置零开关”，计数复零。拧下元宝螺丝即可拆下线模，线模在模架上可调，因此仅用线模就可绕制多种规格的线圈。

3. 常用仪器仪表

1) 兆欧表(摇表、绝缘电阻表)

兆欧表是一种高阻表，是专门用来测量三相异步电动机、发电机、变压器、电缆和各种电器设备的绝缘电阻值的便携式仪表，在电气安装、检修和试验中应用十分广泛。

兆欧表主要依据电压及其测量范围来选择。高压电气设备绝缘电阻要求高，须选用电压高的兆欧表进行测试；低压电气设备内部绝缘材料所能承受的电压不同，为保证设备的安全，应选择电压低的兆欧表。

选择兆欧表测量范围的原则是：不使用超过被测绝缘电阻阻值过多的兆欧表，以免因刻度较粗而产生较大的误差。另有一种兆欧表的起始刻度不是零，而是1 MΩ或2 MΩ，这种兆欧表不宜用来测量处于潮湿环境的低压电气设备的绝缘电阻，因为在这种环境中的设备的绝缘电阻较小，有可能小于1 MΩ，在仪表上读不到数，容易误认为是绝缘电阻为1 MΩ或零值。

绝缘电阻测定用兆欧表的选用要求如表6-2所示。

表6-2　绝缘电阻测定用兆欧表的选用

电机类型	电机电压/V	选用兆欧表规格/V
低压电机	≤127	250
	200～500	500
中压电机	600～1000	1000
高压电机	3 k～6 k	2500～5000

兆欧表的使用方法及注意事项：

(1) 测量前要先切断被测设备的电源，并将设备的导电部分与大地接通，进行充分放电，以保证安全。用兆欧表测量过的电气设备，也要及时接地放电，方可进行再次测量。

(2) 测量前要先检查兆欧表是否完好，即在兆欧表未接上被测物体之前，摇动手柄使发电机达到额定转速(120 r/min)，观察指针是否指在标尺的“∞”位置。将接线柱“线”(L)和“地”(E)短接，缓慢摇动手柄，观察指针是否迅速指在标尺的“0”位。若指针不能指到该指的位置，则表明兆欧表有故障，应处理后再用。

(3) 根据测量项目正确接线。兆欧表上有三个接线柱，分别标有 L(线路)、E(接地)和G(屏蔽)。其中，L 接在被测物和大地绝缘的导体部分；E 接在被测物的外壳或与其它相关导体部分相接或接大地；G 接在被测物的屏蔽环上或不需要测量的部分。

一般测量时被测的绝缘电阻接到“L”或“E”两个接线端子上；如测三相绕组之间的绝缘电阻，即测量相间绝缘时，应将两表笔分别接 U–V、V–W、W–U(A–B、B–C、A–C)接线端子，接线图如图 6-1(a)所示；若被测对象为线路对大地的绝缘电阻，应将被测端接到“L”端子，被测外壳接到“E”端子；如测三相电动机绕组对外壳的绝缘电阻时，接线图如图 6-1(b)所示。

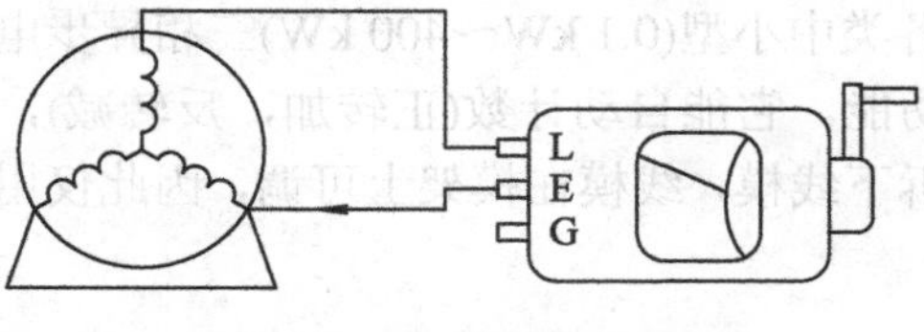

(a) 摇测相间绝缘电阻

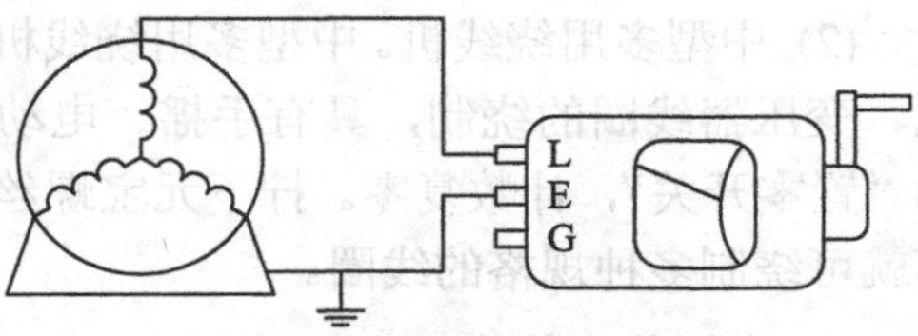

(b) 摇测相对(地)绝缘电阻

图 6-1　摇测电机绝缘的接线示意图

接线柱“G”是用来屏蔽表面电流的。如测量电缆的绝缘电阻时，由于绝缘材料表面存在漏电电流，会导致测量结果不准确，尤其是在湿度较大或电缆绝缘表面不干净的情况下，会造成较大的测量误差。为避免表面电流的影响，可在被测物体表面加一个金属屏蔽环，与兆欧表的“屏蔽”接线柱相连。

(4) 接线柱与被测设备间连接的导线不能用双股绝缘线或绞线，应该用单股线分开单独连接，避免因绞线绝缘不良而引起误差。为获得准确的测量结果，被测物的表面应擦拭干净。

(5) 摇动手柄应由慢变快，若发现指针为零，说明被测绝缘物可能发生短路，这时就不能继续摇动手柄，以防表内线圈发热损坏。手摇发电机要保持匀速，不可忽快忽慢而使指针不停地摆动。通常最适宜的速度为 120 r/min。若指示正常，应使发电机转速达到120 r/min ± 20%，并稳定 1 min 后读数。

(6) 测量具有大电容设备的绝缘电阻，读数后不能立即停止摇动兆欧表，应在读数后一边降低手柄转速，一边拆除“L”端子接线，否则已被充电的电容器将对兆欧表放电，有可能烧坏兆欧表。在兆欧表停止转动和被测物充分放电前，不能用手触及被测设备的导电部分。

(7) 测量设备的绝缘电阻时，还应记下测量时的温度和被测物相关的状况等信息，以便于对测量结果进行分析。

2) 钳形电流表(详见项目二)

钳形电流表的使用方法及注意事项：

(1) 测量前，应先估计一下待测线路电流的大小或电压的高低，选择适当的量程。若无法估计，则应先从最大的那挡测起，再逐挡减小，直至合适为止。在换挡前，应先退出载流导线，否则极易造成电流表超过量程而打弯表针，损坏电表。

(2) 测量时，被测载流导线应放在钳形铁芯的中央，并应将钳口紧密接合。若钳口接合不紧而产生杂声，则应检查钳口有无污垢。清除污垢后可抹少许工业凡士林。

(3) 家用电器的电流一般小于5 A。用钳形电流表测量时，为了得到较准确的电流值，可将载流绝缘线在钳形活动铁芯上多绕几匝，这时的实际电流值I_S可按下式计算：

$$I_S=\frac{I_B}{n}$$

式中：I_S——被测电流的实际数值；

I_B——钳形电表的读数；

n——在钳形活动铁芯绕的匝数。

(4) 测量结束后，一定要把选择量程开关拨在最大量程挡位上，以免下次测量时由于未选择合适量程，而损坏钳形电表。

(5) 钳形电表只适用于低压交流电路的测量，切勿用来检测高压电气设备。

3) 数字显示式钳形电流表

数字显示式钳形电流表的种类很多，但使用方法基本相同。

数字显示式钳形电流表的使用方法及注意事项：测量时需用手压下“钳口打开按钮”，张开钳夹，将待测导线夹在钳口中间，才能测量出通过导线的电流值。钳形电流表使用时一定要将导线置于钳口中间，如果偏了，就会产生涡流而使测量不准。

4) 短路侦探器

短路侦探器是按照变压器原理制成的检测仪器，适用于中小型三相异步电动机定子、转子绕组及直流电动机电枢绕组短路故障的测试，也可用于笼型转子笼条断路以及质量的检查。对定子绕组有没有闭合回路(绕组内有三角形接法，有并联支路等)也可进行准确的判定。

检查绕组匝间短路的有效方法是短路侦探器法。短路侦探器通常制成铁芯线圈，铁芯用H形硅钢片叠成，凹槽中绕有线圈。测试时，侦探器线圈的两端接上单相交流电源，将侦探器铁芯的开口部分放在定子铁芯的槽口上。若槽中线圈无短路，则侦探器的电流表读数小；若有线圈短路，则电流表的读数增大。也可将一块薄钢片或手锯片放在被测线圈的另一边槽口上，若被测线圈短路，则此钢片就会产生振动。把侦探器沿定子铁芯内圆逐槽移动检查，便可查出短路的线圈。

5) 匝间绝缘试验仪

匝间绝缘试验仪有脉冲发生器和示波器组合仪器两种，其使用方便、迅速、可靠，常用来检测绕组匝间短路。

6) 数字转速表

在三相异步电动机正常运行的监视、故障修理后的检测中常用数字转速表。常见的数字转速表有 CCL—2290A 型，它用液晶数码显示转速。它的转速探头有顶针式和反射式两种。用反射式探头时，可在三相异步电动机旋转轴的任一回转半径点测量转速。

7) 线圈测量仪

线圈测量仪常用来测量各种类型三相异步电动机线圈的匝数、电阻等。

线圈测量仪的使用方法：

(1) 固定测量传感器：抽出仪器顶部的活动抽板，将传感器向上翻，然后将活动抽板插入原来的位置，并固定传感器。再将红、黑两个测试夹分别接入仪器后部相应的接线孔内。

(2) 接入电源：将电源线插入仪器后部的插座中，合上电源开关，预热 5 min。

(3) 把测量传感器上的水平转臂向逆时针方向转到适当位置，转角不宜超过 45°，然后先把中心孔的橡皮垫套入传感器测量棒，以保护仪器顶部面板，再把被测线圈套入传感器测量棒，并将传感器的水平转臂复位。

(4) 测量：将被测线圈的两端分别与红、黑测试夹连接(注：一定要电气连接良好，漆包线要彻底去掉漆皮)，尽量减少接触电阻的影响。然后通过仪器面板上的按钮，完成线圈的连续测量或单次测量。

① 连续测量：当绕制线圈较多时，通常采用连续测量。具体的操作方法如下：

• 按一下“微机复零”键，使仪器的微机电路复零。

• 按下“连续”键后，再按下“线圈测量”键，这时线圈测量仪已经进入连续测量状态。

• 按下“启动”键，此时便开始对线圈进行测量。仪器显示窗口中的“-”表示线圈的头、尾绕线的方向，其后的五位数字表示被测线圈的匝数。

• 当一个线圈测量完毕，从仪器上取下后，可以直接把下一个线圈换上，把测量导线夹与新线圈端子接牢，无须进行重复操作，便可读取新线圈匝数数据。

• 测试完毕，按下“停止”按钮。

② 单次测量：如果只有一个线圈，则可进行单次测量。具体操作方法如下：

• 按下“微机复零”键。

• 按下“单次”键，再按下“线圈匝数”键，仪器进入单次匝数测量状态。

• 按下“启动”键，仪器显示线圈匝数及绕线方向。

(5) 在测试时，如果线圈断路、连接线断开或者被测线圈电阻大于 50 kΩ，则仪器显示“ERROR”、“断路”等字样，提醒操作者及时采取措施。

(6) 当线圈与传感器测量棒电气碰触时，仪器显示“碰壳”。

仪器周围有电磁干扰不能正常工作时，应及时予以排除。使用线圈测量仪的注意事项如下：

(1) 在仪器周围不允许有电磁铁、接触器之类的强磁电器，以免影响仪器测量精度。

(2) 当被测线圈绕组自身有匝间短路时，也会影响测量精度。

(3) 被测线圈套入测试棒内，应使绕组下端贴近测试台面，令测试棒处于线圈中心位置，否则会增大测量误差。

(4) 线圈两端的引出线线头一定要刮尽漆皮，并与测试夹接触良好。

(5) 不可撞击传感器。水平转臂转动范围在 45° 内，不可超过范围，以免损坏。

(6) 测试传感器部分已用专门仪器调试好，操作者不得任意拆卸、调动，否则会影响测试的准确性。

(7) 仪器不使用时，应放在环境温度为0℃～40℃、相对湿度不超过85%的环境内储存，并采用防尘、防潮、防霉、防酸碱侵蚀等措施。

4. 导电材料(电磁线)

电磁线是一种有绝缘层的导电金属线，它可以用来绕制线圈或绕组，故也称为绕组线。电磁线按照绝缘层的特点和用途可分为漆包线、绕包线、无机绝缘电磁线以及特种电磁线等。按照制造导线的金属材料来分，导线有铜制的、铝制的和铁制的。

1) 漆包线

漆包线是在导电金属线上(一般是铜线)涂以绝缘漆膜为绝缘层的，因此在型号中冠以汉语拼音字母 Q，根据它们使用的截面形状不同而有所区别。具体型号可查阅相关说明书或资料。

2) 引出线

修理电动机时，从绕组引出的三相引出线有6根，一般情况下首选原装线(或称原配引出线)。若原配引出线的绝缘层已经破损或烧毁，则首选的是电动机绕组专门引接电缆，也可根据具体情况自行选择导线。

3) 导线

三相异步电动机绕组间连线通常采用铜芯软线。其中 BVR—105 适合于交流 500 V 以下，最高耐热温度可达105℃。但不管采用何种导线的电缆，均应套上玻璃丝作绝缘套管。

选择三相异步电动机内部引线要考虑导线的允许载流量，导线的温度是由导线中所通过的电流及散热情况等多种因素决定的。

4) 移动橡套电缆

移动橡套电缆的导电线芯是由软铜线绞制而成的。线芯外包有绝缘，通常用耐热无硫橡皮，绝缘线芯上有橡胶布带或填充麻线，外面再包有橡皮护套。

电缆的长度一般为 100 m，电缆线芯的长期允许工作温度不超过55℃。移动橡套电缆的载流量可通过相关资料查得。

实训三　三相异步电动机定子绕组的认识

【实训目的】

(1) 熟悉三相异步电动机交流绕组的基本构成及其关系。

(2) 熟悉定子绕组的布线方法，为三相异步电动机定子绕组的重绕和嵌线奠定基础。

【实训器材】

漆包线、线圈、绕组、三相异步电动机定子铁芯。

【实训步骤】

绕组是三相异步电动机进行电磁能量转换与传递，实现电能转化为机械能的关键部件。三相异步电动机的绕组一旦烧毁，即使只有几个线圈出现故障，也需进行故障处理或线圈重绕。而在电动机修理过程中，拆除一组或几组线圈的困难程度，远大于拆除全部绕组，但由于重绕绕组能较好地保证电动机的维修质量，因此必须掌握重绕绕组的基本技能。为此，在对电动机绕组拆除之前，很有必要掌握重绕绕组的一些相关基础知识，同时，掌握这些基础知识对电动机的日常维护和检修工作也很重要。

1. 交流绕组的几个基本概念

1) 线圈

线圈是由绝缘导线(即漆包铜线或铝线)按一定形状、尺寸在绕线模上绕制而成的，如图 6-2 所示。线圈嵌入定子铁芯槽内，按一定规律连接成绕组，故线圈是交流绕组的基本单元，又称元件。其中线圈所放在铁芯槽内的两竖直长边称为有效边，槽外部分为端部。为节省材料，在嵌线工艺允许的情况下，端部应尽可能短。

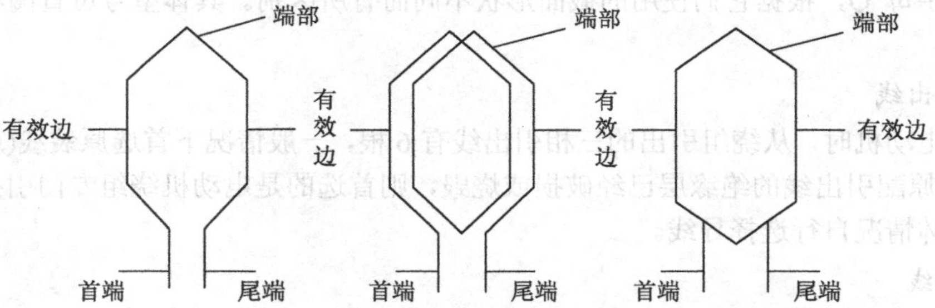

图 6-2 线圈示意图

2) 线圈匝数

对于每槽只有一个线圈，而且每线圈的并绕导线为 1(即 1 根)，这时的每槽匝数即为线圈匝数。如果线圈是由多根线圈并绕而成的，那么该线圈的匝数就等于这只线圈实际查出的总导线根数除以线圈的并绕根数。

3) 绕组

几个线圈顺接串联构成线圈组，按一定规律分布在铁芯槽内的几个线圈组，就连接成一相绕组。

4) 线圈总数

在单层绕组中，线圈总数等于铁芯总槽数的一半。在双层绕组中，线圈总数与铁芯总槽数相等。这是因为，单层绕组中，一个线圈要占据两个槽；而双层绕组中，每个槽要嵌入两个不同线圈的两个不同的有效边(分上、下两层)。

5) 并绕根数

大功率的三相异步电动机通常不是采用单根大截面的导线，而是用小截面的几根导线合并在一起来绕制线圈。这合并在一起的导线根数即“并绕根数”。在拆除旧线圈时，必须弄清被拆电动机的并绕根数。

6) 槽距角 α

相邻两槽之间的电角度称为槽距角，用 α 表示。由于定子槽在定子圆周内分布是均匀

的，所以

$$\alpha = \frac{p \times 360^\circ}{z_1}$$

式中，z_1 为定子槽数，p 为磁极对数。

7) 每极每相槽数 q

三相异步电动机每相绕组在每个磁极下所占的槽数称为每极每相槽数，常用 q 表示。q 可用下式求出：

$$q = \frac{z_1}{2m_1 p}$$

式中，z_1 为定子铁芯槽数，p 为磁极对数，m_1 为定子绕组相数。

8) 相带

每个磁极下的每相绕组(即 q 个槽)所占的电角度为相带。因为每个磁极所占的电角度为 180°，被三相绕组均分，所以其相带为 180°/3=60°，即在一个磁极下一相绕组占 60° 电角度，称为 60° 相带。

9) 极相组(线圈组)

将一个相带内的 q 个线圈串联起来就构成一个极相组，又称为线圈组。

10) 每槽线数

每槽线数亦叫“每槽导体数”，即铁芯的每个槽中所嵌入的导线根数。

对于单层绕组而言，每槽线数即是一个线圈的匝数；对于双层绕组来说，每槽线数的一半才是一个线圈的匝数。

对于有多根导线并绕的线圈，则应考虑并绕根数。如某三相电动机在拆除绕组时，数出线圈有 36 根导线，查出是 3 根导线并绕，则每槽线数应是 36÷3=12 根。

11) 磁极对数 p

磁极对数 p 简称极数。三相异步电动机绕组在通电后便形成以 N 和 S 成对的极数，N 为北极，S 为南极。在三相异步电动机的铭牌上型号的末位数中注有“2”、“4”、“6”、“8”、“10”等数字，就表示该型号三相异步电动机的极数。2 极三相异步电动机的磁极对数 $p=1$，4 极的磁极对数 $p=2$，8 极的磁极对数 $p=4$，依此类推。

12) 极距 τ

每个磁极沿定子铁芯内圆所占的范围称为极距。极距 τ 可用磁极所占范围的长度或定子槽数 z_1 表示：

$$\tau = \frac{\pi D}{2p} \quad \text{或} \quad \tau = \frac{z_1}{2p}$$

式中，D 为定子铁芯的圆直径，z_1 为定子槽数，p 为磁极对数。

13) 节距 y

节距是指一个线圈的两条有效边之间所跨定子内圆上的距离。一般节距 y 用槽数表示，当 $y=\tau=z_1/(2p)$ 时，称为整距绕组；当 $y<\tau$ 时，称为短距绕组；当 $y>\tau$ 时，称为长距绕组。长距绕组端部较长，费导线，故较少采用。

14) 槽数、铁芯长、内径及外径

三相异步电动机有定子和转子两大部分。定子铁芯一般用 0.5 mm 厚的硅钢片叠压成圆筒形并固定在机座内，如图 6-3 所示。在定子铁芯内圆，均匀地冲有许多形状相同的孔，即定子的槽，用来嵌放定子的绕组。槽的形状随电动机的容量、电压和绕组形式而不同。100 kW 以下的小型电动机通常采用半闭口槽。

定子铁芯的内径、外径如图 6-3(a)所示。铁芯有 24 个槽，如图 6-3(b)所示，即槽数为 24。硅钢片迭压成的筒长即为铁芯长，单位均为 mm。

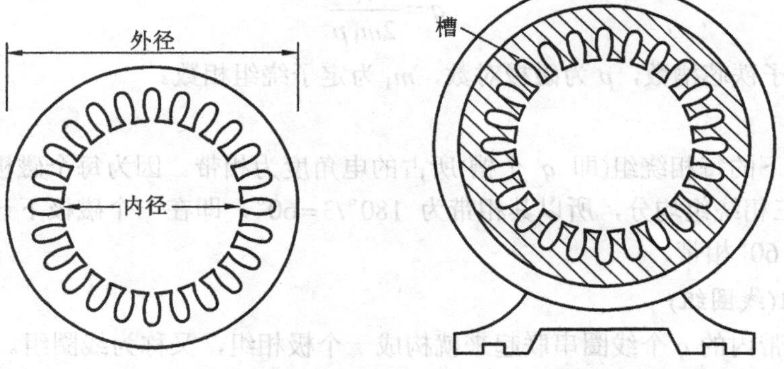

(a) 定子铁芯片　　(b) 定子铁芯在机座内膛

图 6-3　定子铁屑芯槽示意图

2. 手工嵌线操作的有关术语

1) 线圈引出线的极性

对于一个独立的线圈，它的引出线是没有极性的，只有当线圈嵌入铁芯槽后并与其它线圈相连接时才产生极性(即头或尾)关系。通常把铁芯槽内每个线圈靠左手侧的引线设定为头，则另一侧引线为尾，如图 6-4 所示。

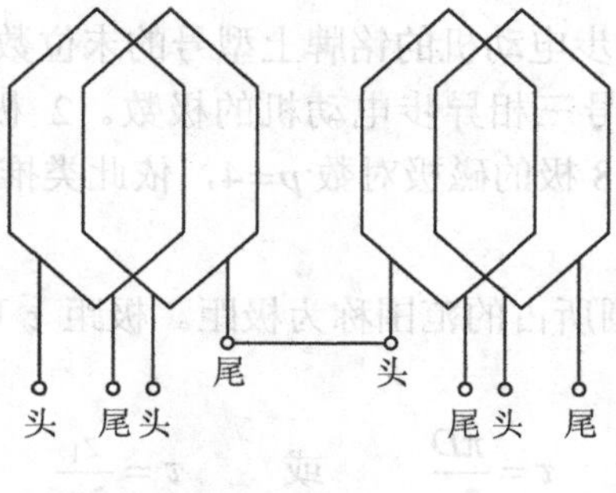

图 6-4　线圈及线圈组引线的极性设定

2) 线圈组引出线的极性

线圈组是由线圈顺向串联而成的，对于引出线的头、尾设定的要求和线圈是一样的。但是，对于连绕的线圈组，嵌线时只能按先后次序嵌入，当嵌第一个线圈时，其它线圈将同时被牵着动，因此必须松开下一个线圈的扎线，牵出一匝线长以便于嵌线。为此，在绕制线圈时应先做好安排，第一个(即带挂线的)线圈是满匝数绑扎的，其余连绕线圈有一匝作为过线，捆扎时须少一匝。因此嵌线时一定要把这个有挂线的线圈的引线设定为首端。

3) 线圈边在嵌线操作中的叫法和含义

由于绕组结构不同，线圈有效边在嵌线操作中的叫法也不同。

(1) 上层边与下层边。双层绕组一个线圈先嵌入的有效边处于槽的下层，所以称为下层边或底边；另一边则称为上层边。

(2) 浮边与沉边。单层绕组在槽中没有层次之分，但先嵌有效边的端部将被后嵌的压住，由此先嵌的有效边称为沉边，而后嵌的边将浮现在表面，称为浮边。

(3) 前端与后端。线圈有引线的端部嵌在右手侧，称为前端，也叫接线端；无引出线的端部在左手侧，称为后端。

3. 吊把嵌线

“吊边”也叫“吊把”，“吊把嵌线”是指三相异步电动机定子绕组嵌线，采用双层嵌线方法时，开始嵌入定子槽内的一个极相组的线圈的尾端边，把它的首端边暂时不嵌入槽内，而是用绝缘带捆好放置于定子槽的外边(铁芯上放绝缘纸，以保护漆包线的绝缘层不受损坏)，等这几个线圈的首端边所占的槽内都嵌入其它线圈的尾端边，并加入槽内层间绝缘之后，再把这些没嵌入的线圈首端边嵌入槽内。

采用吊把嵌线是“双层叠绕”绕组嵌线常用的方法，而中小型三相异步电动机用“双层叠绕”者居多，因此要求必须掌握吊边嵌线方法。采用吊边嵌线，目的是使定子绕组端部为一个线圈的首端边压着另一个线圈的尾端边，从而使绕组端部排列整齐有序。这样便于检查绕组嵌线是否正确；便于对绕组端部相间绝缘处理及对绕组绑扎和整形。更为重要的是，采用双层叠绕吊边嵌线法，能使极相组的两条引出线有规律地分布在外层和内层，比如首端边引出线都在内层，而尾端边引出线都在外层(靠近机壳)，这样三相异步电动机定子绕组最后极相组之间接线和外引线层次分明，有规律可循，不易产生接线错误。

嵌线一般采用顺时针后退式，如图 6-5 所示。嵌线时，应使线圈间的连接线(即过桥线)的跨距比节距大一槽，把连接线处理在线圈内侧，不致使连接线拱出到外面，造成端部外圆上的导线交叉而不整齐。

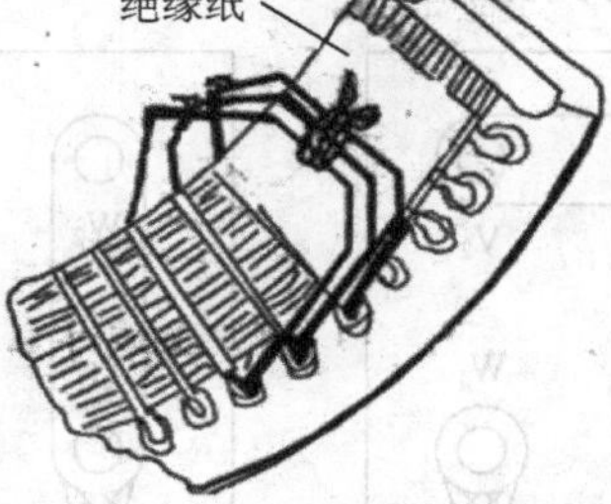

图 6-5　顺时针倒退法嵌线示意图

4. 三相绕组接线图的认识

1) Y(星形)形接法

图 6-6 所示是三相异步电动机三相绕组的 Y 形接线。

Y 形接法的 U_1、V_1、W_1(三相绕组的起端)经开关 QS 接三相电源。U_2、V_2、W_2(绕组

的终端)连接在一起，如同字母 Y，所以叫 Y 形接法，简称 Y，亦称为星形接法。

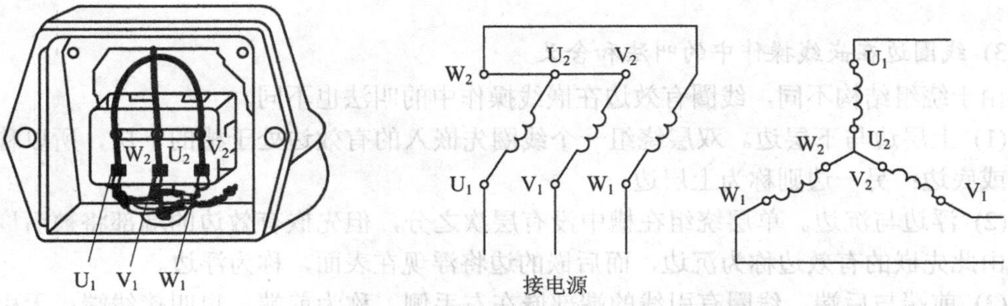

图 6-6　Y 形接法

2) △(三角形)形接法

图 6-7 所示是三相异步电动机三相绕组的△形接线。

在△形接法中，每相绕组的尾端与次相绕组的首端相接，即图 6-7 中的 U 相(A 相)尾端 U_2 与 V 相(B 相)首端 V_1 相接，V 相的尾端 V_2 与 W 相(C 相)的首端 W_1 相接，W 相的尾端 W_2 与 U 相的首端 U_1 相接。在两相绕组的连接处，引出导线与电源相接。

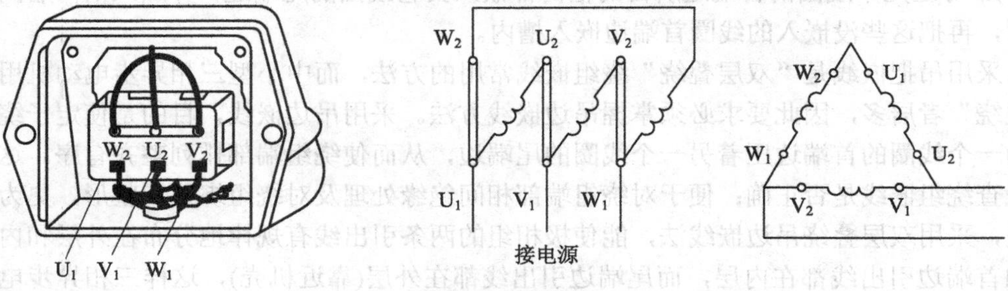

图 6-7　△形接法

3) 绕组 Y、△形简图

图 6-8 所示为接线盒内的接线。图中，不论是 U 相，还是 V、W 相，都是一个线圈或一个绕组。而在实际中，通常每相都是由几个线圈或绕组串联而成的。现以三相四极串联的 Y 形连接的三相异步电动机为例分析如下。

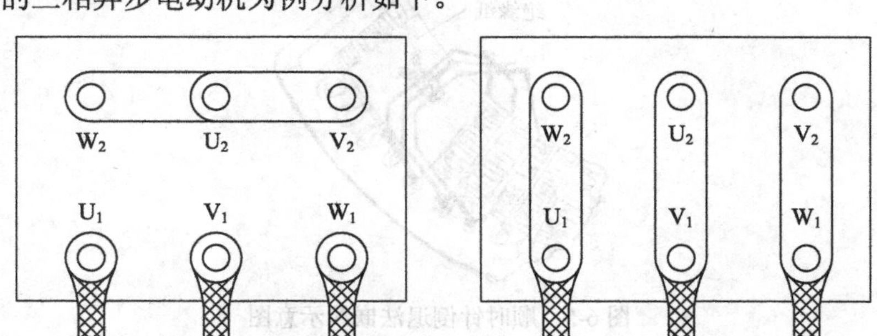

(a) Y 形连接　　(b) △形连接

图 6-8　接线盒内接线

图 6-9 所示为绕组 Y 形简图。图中，每相有四个线圈，这四个线圈决定了三相异步电

动机的极数。三相异步电动机的极数等于每相线圈数，从简图只要算出每相线圈的个数，也就知道了三相异步电动机的极数。在实际中，三相异步电动机内部并未接成星点，而是将 U_1、U_2、V_1、V_2、W_1、W_2 六根引线引至接线盒中，如图 6-8(a)所示。

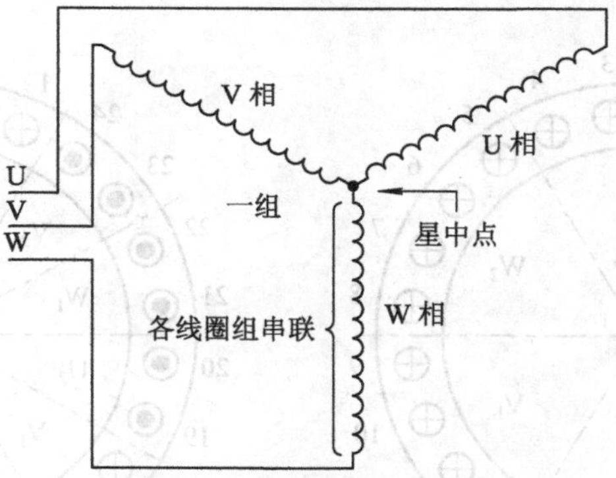

图 6-9　绕组 Y 形简图

图 6-10 所示为绕组△形简图。图中，各线圈互相串联，同时每相有四个线圈，所以这是一台四极三相异步电动机。在该图中是 U 相的尾端接于 W 相的首端，W 相的尾端接于 V 相的首端，V 相的尾端接于 U 相的首端，因此这是三相四极串联绕组的△形简图。在实际中，三相异步电动机的三相绕组将 U_1、U_2、V_1、V_2、W_1、W_2 六根引线引到接线盒中，如图 6-8(b)所示。

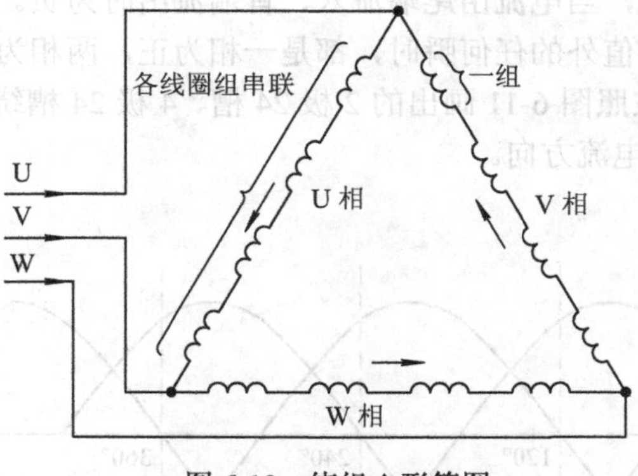

图 6-10　绕组△形简图

5．三相异步电动机定子绕组的分布原则

三相异步电动机的定子绕组是按一定规律分布的。把三相对称交流电通入定子绕组，便可以产生沿定子圆周均匀分布的旋转磁场。三相异步电动机应具有三相对称绕组，在空间上均匀分布且互差 120° 电角度，并且相邻磁极下的导体的感应电动势方向相反，所以三相异步电动机绕组的排列应遵循以下原则：

(1) 每相绕组所占槽数应相等，且均匀分布。把定子总槽数 z_1 平均分为 $2p$ 个等分，每一等分表示一个极距；再将每一个极距内的槽数按相数分成 3 组，每一组所占槽数即为每极每相槽数($z/6p$)。

(2) 根据节距的概念，节距 y 应等于或接近于极距，所以沿一对磁极对应的定子内圆相

带的排列顺序 U_1、W_2、V_1、U_2、W_1、V_2，这样各相绕组线圈所在的相带 U_1、V_1、W_1(或 U_2、V_2、W_2)的中心线恰好为 120°电角度。

图 6-11 所示为 2 极 24 槽、4 极 24 槽绕组分布图。图中所标的为 60°电角度，即 60°相带。

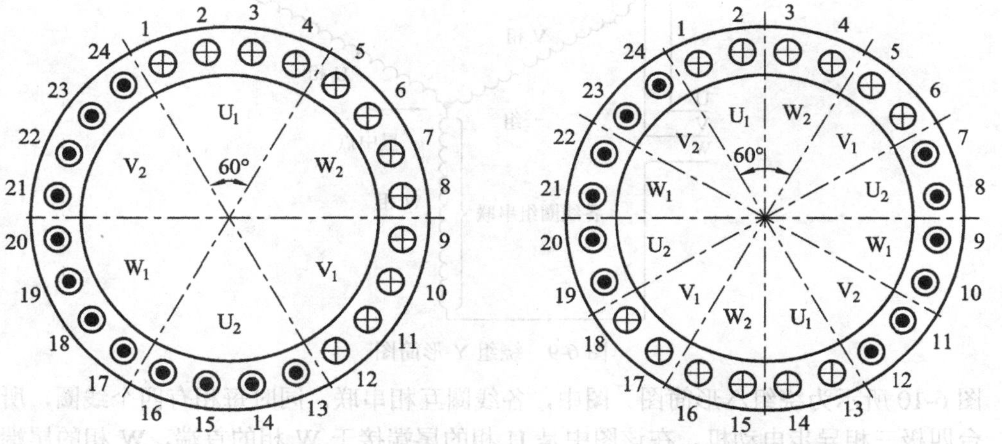

图 6-11　三相绕组分布端面图

(3) 规定 U_1、V_1、W_1 为绕组的首端，U_2、V_2、W_2 为绕组的尾端，且规定当电流由首端流入、尾端流出时为正，当电流由尾端流入、首端流出时为负。这样从正弦交流电波形图的角度看，除电流为零值外的任何瞬时，都是一相为正，两相为负，或两相为正，一相为负，如图 6-12 所示。按照图 6-11 画出的 2 极 24 槽、4 极 24 槽绕组分布状况，表明了当 i_U、i_V 为正，i_W 为负时的电流方向。

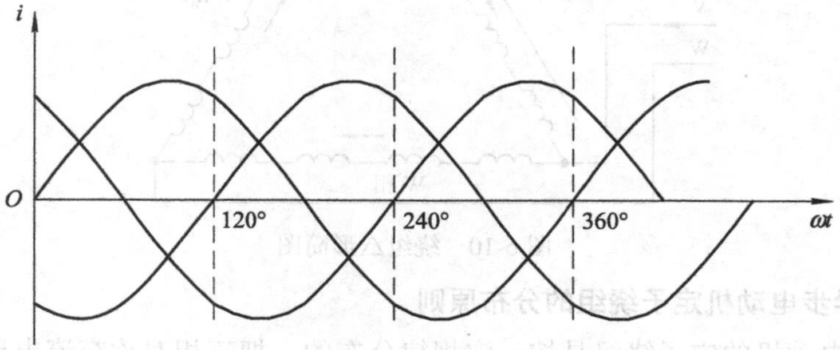

图 6-12　三相对称交流电波形图

6．对三相绕组的基本要求

(1) 三相绕组在空间布置上必须对称。即要求每相绕组的匝数、线径及在圆周上的分布情况相同，而且要求三相绕组上的轴线空间互差 120°电角度，因此一对磁极范围内六个相带的顺序为 U_1、W_2、V_1、U_2、W_1、V_2。

(2) 三相绕组通过电流之后，必须形成规定的磁极对数。这是由正确的线圈节距及线圈间的连线来确定的。

(3) 三相绕组通过三相交流电流所建立的磁场在空间的分布应尽量为正弦分布，且旋转磁场在三相绕组中的感应电动势必须随时间按正弦规律变化。为此，必须采用分布绕组，最好采用短距绕组。

(4) 在一定的导体数之下，建立的磁场最强且感应电动势最大。为此，线圈的节距 y 尽可能接近极距 τ。

(5) 用铜量少，嵌线方便，绝缘性能好，机械强度高，散热条件好。

7. 三相单层绕组

单层绕组在每一个槽内只嵌放一个线圈边，所以三相绕组的总线圈数等于槽数的一半。现以 $z_1=24$，绕成 $2p=4$，$m_1=3$(m_1 表示定子绕组的相数)的单层绕组为例，说明三相异步电动机单层绕组的排列和连接的规律。

1) 计算绕组数据

极距：

$$\tau=\frac{z_1}{2p}=\frac{24}{4}=6$$

每极每相槽数：

$$q=\frac{z_1}{2m_1 p}=\frac{24}{2\times3\times2}=2$$

2) 划分相带

在平面上画 24 根垂直线表示定子 $z_1=24$ 个槽和槽中的线圈边，并且按 1、2…顺序编号；根据 $q=2$ 即每极每相槽组成一个相带来划分相带，也就是相邻两个槽组成一个相带，两对极共有 12 个相带。每对极按 U_1、W_2、V_1、U_2、W_1、V_2 的顺序给相带命名，如表 6-3 所示。由表可知，划分相带实际上是给定子上每个槽划分相属。如属于 U 相绕组的槽号 1、2、7、8、13、14、19、20 这 8 个槽。

表 6-3　槽号与相带对照表

	U_1	W_2	V_1	U_2	W_1	V_2
第一极对	1、2	3、4	5、6	7、8	9、10	11、12
第二极对	13、14	15、16	17、18	19、20	21、22	23、24

3) 画绕组展开图

先画 U 相绕组，如图 6-13(a)所示，从同属于 U 相槽开始，根据 $y=\tau=6$，把 1 号槽的线圈边和 7 号槽的线圈边组成一个线圈，2 号槽的线圈边和 8 号槽的线圈边组成一个线圈，把这同一极下相邻的 $q=2$ 的两个线圈串联成一个 $U_{11}U_{22}$ 线圈组(又称极相组)。同理 13、19 和 14、20 号槽中的线圈边分别组成线圈后再串联也组成一个 $U_{13}U_{14}$ 线圈组。

可见，此例的 U 相绕组有等于极对数 $p=2$ 的两个线圈组。而且这两个线圈组所处的磁极位置完全相同，它们既可以串联也可以并联，从而组成相绕组。线圈之间串联或线圈组之间并联的原则是，同一相的相邻极下的线圈边电流方向应相反，以形成规定的磁场极数。如图 6-13(a)所示的是 $p=2$ 个线圈组串联的情况，即每相绕组并联支路数 $a=1$。

由此可见，单层绕组每相共有 p 个线圈组，而且这 p 个线圈组所处的磁极位置完全相同，它们既可以串联也可以并联，从而组成相绕组。进而得出，单层绕组每相的并联支路数 $a_{max}=p$。

8. 三相单层绕组的改进

图 6-13(a)所示的绕组是一整距($y=\tau$)的等元件绕组，称为单层整距叠绕组。为了缩短端部连线，节省用铜以及便于嵌线、散热，在电动机制造中，单层绕组常采用以下几种改进的形式。

1) 链式绕组

仍以上例 U 相绕组为例。保持图 6-13(a)中 U 相绕组的各线圈边槽号及电流方向不变，按图 6-13(b)所示，仅将各线圈边按照 $y=\tau-1=5$ 的规律连接起来组成线圈。而各线圈之间的连线仍按同一相的相邻极的线圈边电流应相反的原则，串联成一相绕组($a=1$)，其连接规律是：线圈之间尾尾相连，头头相连，视一相绕组的形状，称之为链式绕组。显然，由于 U 相所属的槽号未变，图 6-13(b)所示的 U 相绕组所产生的磁场和感应电动势与图 6-13(a)相同。所以从电磁观点来看，图 6-13(b)的链式绕组与图 6-13(a)的单层整距绕组是等效的。链式绕组不仅仍为等元件(线圈和匝数相同的元件)，而且每个线圈跨距小，端部短，可以省铜，并且 $q=2$ 的两个线圈各朝两边翻，散热效果好。

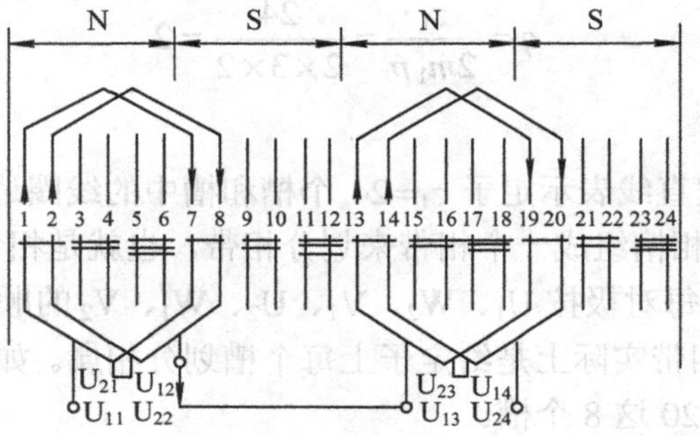

(a) 整距叠绕组

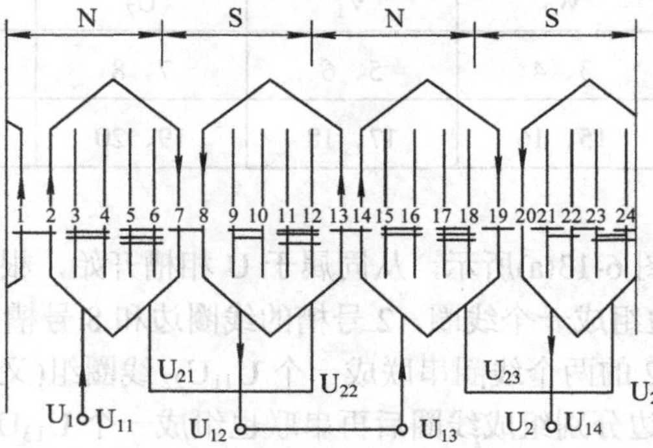

(b) 链式绕组

图 6-13　三相单层($q=2$)U 相绕组展开图

由于定子三相绕组依次相差 120° 电角度，因此仿照 U 相绕组，可以分别画出与 U 相相差 120° 的 V 相(从 6 号槽开始)、相差 240° 的 W 相(从 10 号槽开始)的绕组展开图，从而得到三相对称绕组 U_1U_2、V_1V_2、W_1W_2，如图 6-14 所示。然后根据铭牌要求，将引线引至接线盒上连接成Y形或△形。注意在实际嵌线中，三相绕组并不是一相一相分开嵌线，而是三相连续、轮换地嵌线而构成三相对称绕组。

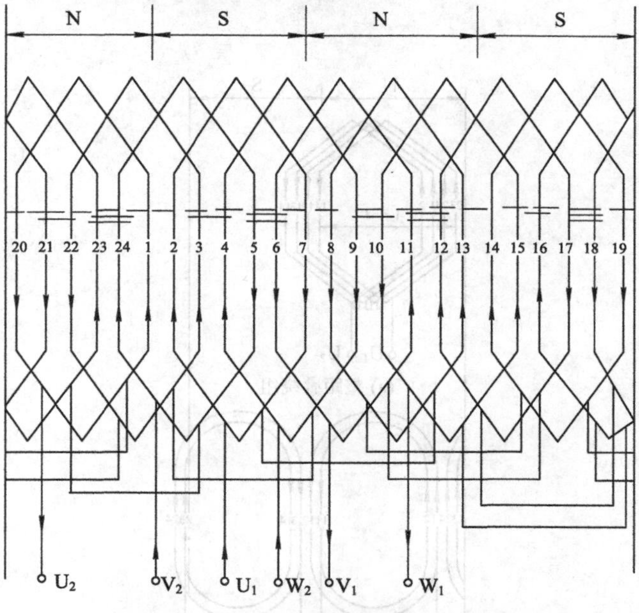

图6-14　三相单层链式绕组展开图

2) 交叉式绕组

以4极36槽电动机为例，其极距$\tau=9$，每极每相槽数$q=3$(如$z_1=36$，$2p=4$，$m_1=3$)，同样可以从如图6-15(a)所示的单层整距叠绕组形式转化成如图6-15(b)所示的形式。其连接规律是把$q=3$的三个线圈分成$y=\tau-1$的两个大线圈和$y=\tau-2$的一个小线圈各朝两面翻，因此一相绕组就按“两大一小”顺序交叉排列，故称交叉式绕组。同上分析，从电磁观点看，交叉式绕组与单层整距叠绕组是等效的，但交叉式绕组比链式绕组省掉端部连线，散热性好，因此，$p\geqslant2$，$q=3$的单层绕组常采用交叉式绕组。

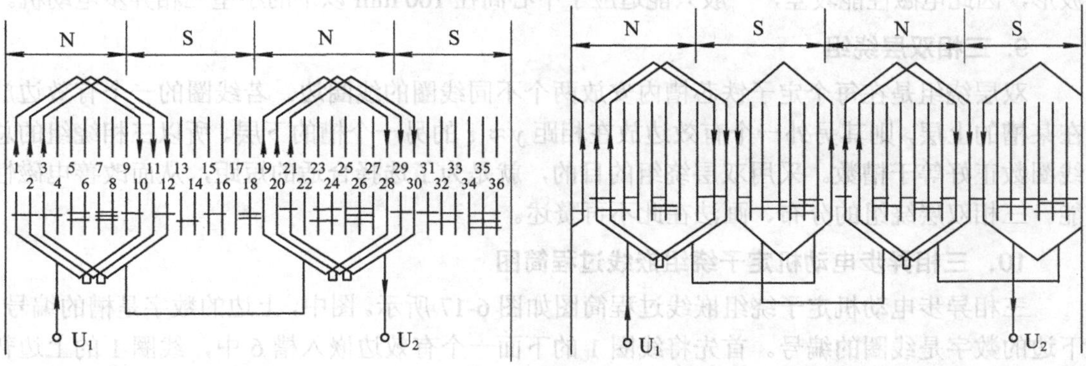

(a) 整距叠绕组　　(b) 交叉式绕组

图6-15　三相单层($q=3$)U相绕组展开图

3) 同心式绕组

以2极24槽电动机为例，其极距$\tau=9$，$q=4$，$m_1=3$，同样可以从如图6-16(a)所示的单层整距叠绕组形式转化成如图 6-16(b)所示的形式。图 6-16(b)所示的线圈轴线重合，故称之为同心式绕组。在 $p=1$ 时，同心式绕组嵌线较方便。因此，$p=1$ 的单层绕组常采用同心式绕组。

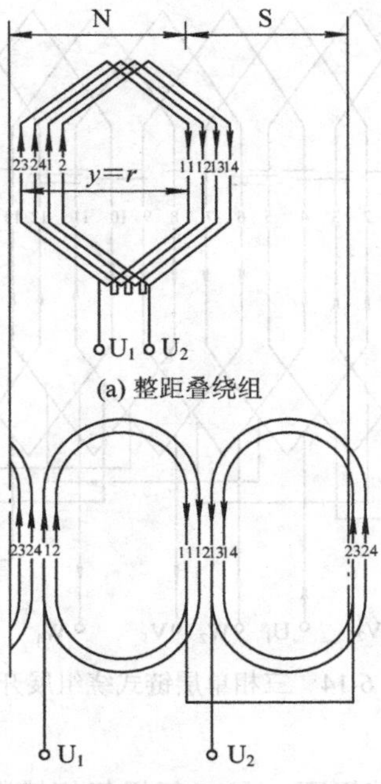

图 6-16　三相单层($q=4$)U 相绕组展开图

单层绕组的优点是每槽只有一个线圈边，嵌线方便，槽利用率高，而链式或交叉式绕组的线圈端部也较短，可以省铜。但是，它们都是从单层整距叠绕组演变而来的。所以从电磁观点来看，其等效节距仍然是等距的，不可能用绕组的短距来改善感应电动势及磁场的波形，因此电磁性能较差，一般只能适应于中心高在 160 mm 以下的小型三相异步电动机。

9. 三相双层绕组

双层绕组是在每个定子铁芯槽内安放两个不同线圈的线圈边。若线圈的一个有效边放在某槽的上层，则其另外一个有效边放在相距 $y\approx\tau$ 的另一个槽的下层。所以三相绕组的总线圈数正好等于槽数。采用双层绕组的目的，就是为了选择合适的短距，从而改善电磁性能。三相双层绕组的分布、画法在此不再赘述。

10. 三相异步电动机定子绕组嵌线过程简图

三相异步电动机定子绕组嵌线过程简图如图 6-17 所示。图中，上边的数字是槽的编号，下边的数字是线圈的编号。首先将线圈 1 的下面一个有效边嵌入槽 6 中，线圈 1 的上边暂时不能下到槽 1 中，这是因为线圈 1 的上边要压着线圈 11 及线圈 12，要待线圈 11、线圈 12 下到槽 2、槽 4 中之后，线圈 1 的上边才能嵌入槽 1 中。然后，空一槽把线圈 2 的下边下到槽 8 中；同理，线圈 2 的上边要等线圈 12 下好后，才能嵌入槽 3 中。

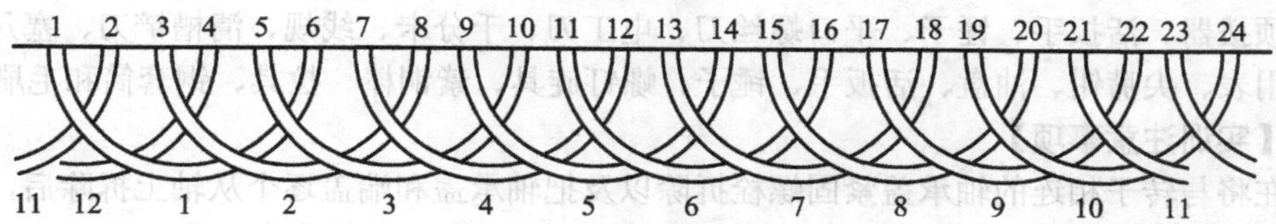

图 6-17　嵌线工艺简图

11. 端面布线接线图

三相异步电动机绕组的连线以及引出线的连接都是在定子端部进行的。端面布线接线图能逼真地反映出三相异步电动机的绕组布线、引出线的实际情况，给三相异步电动机的定子嵌线与接线提供了方便。图 6-18 所示为三相单层叠式 24 槽二极三相异步电动机的布线接线图，以它为例来说明如何来识图。

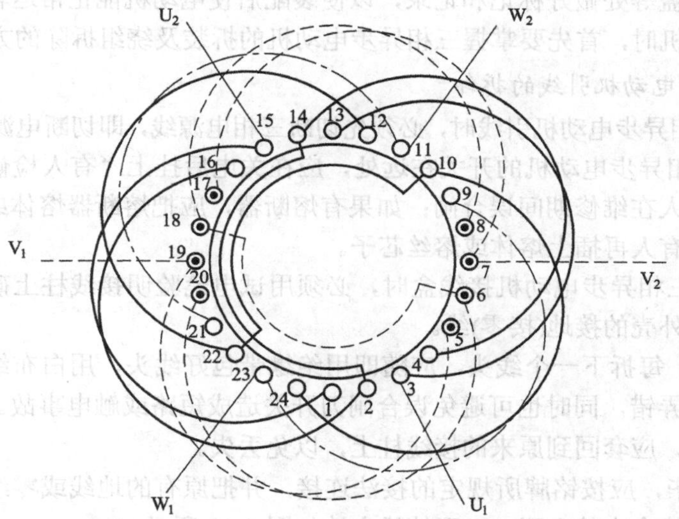

图 6-18　单层端面布线接线图

这是一个单层叠式绕组，每组由两只等跨距线圈组成，是老式三相异步电动机最为常用的形式。同相相邻组间是反极性连接。绕组实际应用有 JW—11 三相电动机和 ZW—6 振动器三相异步电动机等。这种图采用了不同的线条来表示相属，如实线表示 U 相各线圈的端部(有效边嵌在槽内，所以看不见，从略)，虚线表示 V 相，点画线表示 W 相。大圆圈为定子铁芯，小圆圈以及两个同心圆均代表有效边，旁边的数字为槽号。

实训四　三相异步电动机的拆卸

【实训目的】

(1) 熟悉三相异步电动机的结构。

(2) 掌握三相异步电动机的拆卸方法。

(3) 掌握三相异步电动机旧绕组的拆除方法。

【实训器材】

顶拨器、活扳手、锤子、平口螺丝刀、电工刀、千分卡、线规、清槽铲刀、塞尺、数字万用表、尖嘴钳、油盘、活扳手、锤子、螺钉旋具、紫铜棒、拉具、钢套筒和毛刷等。

【实训注意事项】

在将与转子相连的轴承盖紧固螺栓拆除以及把轴承盖和端盖逐个从轴上拆除后，应用手将端盖和转子一起从定子中抽出。抽出转子时应小心，不要擦伤定子绕组。

【实训步骤】

1．三相异步电动机的解体步骤和拆卸方法

在三相异步电动机的清扫、加油、绕组重绕、故障处理等方面，都需要拆卸和安装电动机。但是如果操作方法不当，将会引起新的故障甚至损坏三相异步电动机，达不到维修的目的。为了保证三相异步电动机拆装顺利，延长其使用寿命，在拆卸前应在三相异步电动机接线头、端盖等处做好标记和记录，以便装配后使电动机能正常运转。因此在学习维修三相异步电动机时，首先要掌握三相异步电动机的拆装及绕组拆除的方法。

1) 三相异步电动机引线的拆卸

(1) 拆卸三相异步电动机引线时，必须先切断三相电源线，即切断电源开关，以防触电。

(2) 如果三相异步电动机的开关在远处，应在关电后挂上“有人检修，禁止合闸”的警示牌，以免有人在维修期间误合闸；如果有熔断器，应把熔断器熔体或熔丝卸掉，最好随身带上，以免有人再插上熔体或熔丝芯子。

(3) 在打开三相异步电动机接线盒时，必须用试电笔验明接线柱上确实无电后，才能动手拆除引线和外壳的接地(接零)线。

(4) 拆线时，每拆下一个线头，应随即用绝缘带包好线头，用白布线做好标记，以便恢复接线时不会弄错，同时也可避免误合闸刀开关造成短路或触电事故。拆下的平垫圈、弹簧垫圈和螺母，应套回到原来的接线柱上，以免丢失。

(5) 维修完毕，应按铭牌所规定的接法连接，并把原有的地线或零线与外壳接牢。三相异步电动机接线盒中的△形、Y 形接线方法如图 6-19 所示。

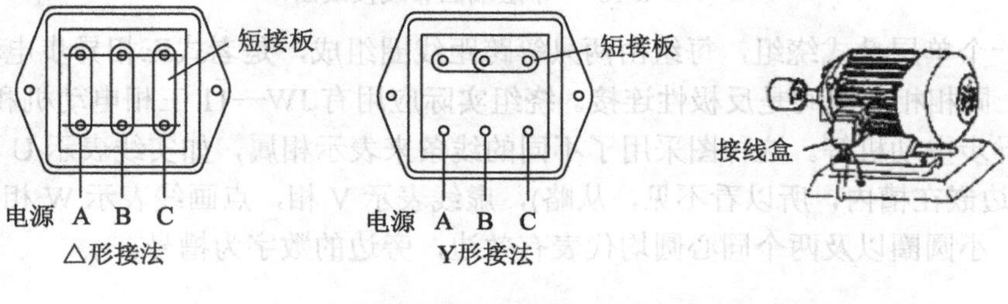

图 6-19 三相异步电动机接线盒接线示意图

2) 三相异步电动机常规拆卸步骤 (适用于普通小型三相异步电动机的常规拆卸)

(1) 安全拆下引线并做好绝缘带包好线头(如上所述)。

(2) 卸下皮带：对较窄的皮带通常是用手盘动皮带，边盘边用力向外拉，让皮带自然脱离皮带轮。对厚平皮带和三角皮带，边用手盘动皮带，边用铁杠将皮带向外撬，使皮带一点点地脱出皮带轮。

(3) 用扳手拆卸三相异步电动机底脚螺母、弹簧垫圈和平垫圈。可将它们放到柴油盆中浸泡，以利清洗。

(4) 卸下皮带轮或联轴器。

(5) 卸下前轴承外盖。

(6) 卸下前端盖。

(7) 卸下风叶罩。用螺丝刀将风叶罩四周的三颗螺钉拧下，用力将风叶罩往外一拔，风叶罩便脱开机座。

(8) 卸下风叶(即风扇)。风叶通常是用一颗螺钉固定在转子轴上的，卸开时，只需用螺丝刀旋松固定螺丝，即可拿下风叶。

(9) 卸下后轴承外盖。

(10) 卸下后端盖。

(11) 抽出或吊出转子(注意不要损伤绕线转子电动机滑环面和刷架)。

(12) 卸下前后轴承及其内盖。

为了便于安装三相异步电动机零部件，可将拆下的零部件按顺序摆放在一块干净的布片或旧报纸上。

3) 三相异步电动机主要零部件的拆卸步骤

(1) 拆卸带轮或联轴器。

① 用粉笔标记好联轴器的正反面，以免安装时装反。

② 在带轮或联轴器上的轴伸端做好标记。

③ 松下带轮或联轴器上的压紧螺钉或销子。

④ 在螺钉孔内注入煤油。

⑤ 按图 6-20(e)所示的方法装好拉具，拉具螺杆的中心线要对准电动机轴的中心线，转动丝杆，把带轮和联轴器慢慢拉出，切忌硬拆。如果带轮和电动机较紧，按此方法拉出时比较困难，可用喷灯等急火在带轮外侧轴套四周加热，使其膨胀就可拉出。在拆卸过程中，严禁用手锤直接敲出带轮。

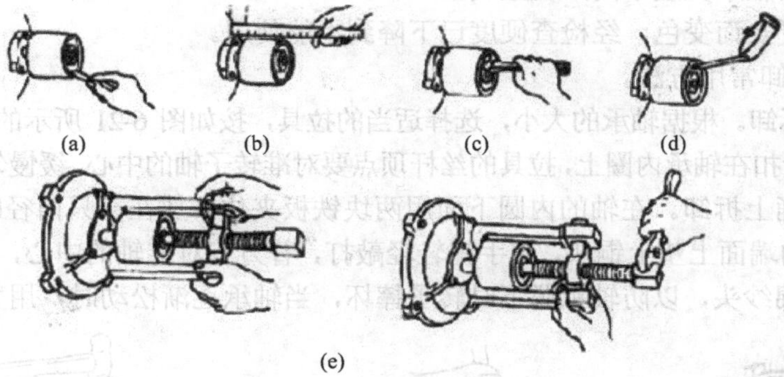

图 6-20 带轮或联轴器的拆卸

(2) 拆卸电机端盖。

① 先用平口螺丝刀的刀口在端盖与机座的接合处划上对正标志记号，然后用活扳手旋下固定端盖的螺丝，用平口螺丝刀的刀口或电工刀等工具刮去端盖与机座结合处的漆膜等脏物。三相异步电动机有前端盖和后端盖，为了不致弄错，都要做下标志记号，且标志记号互不相同。

② 拿一把大小适宜的螺丝刀，插入端盖的螺丝盘根部，把端盖按对角线一先一后地向

外撬动。

③ 在端盖另外两对角和螺丝盘根部插入螺丝刀，撬动端盖。依次轮流撬动，直到端盖拆下为止。

④ 后端盖的拆卸与前端盖的拆卸方法相同，只不过得先将风罩、风叶、轴承外盖拆下后，才可拆卸后端盖。

(3) 拆卸轴承盖。轴承盖的拆卸非常方便，只需用活扳手将固定轴承盖的螺丝旋松，就可以把三只固定螺丝取下。

(4) 拆卸刷架、风罩和风扇叶。

① 绕线转子三相异步电动机电刷拆卸前应先做好标记，以便于复原。然后松开刷架弹簧，抬起刷握，卸下电刷，取下电刷架。

② 封闭式电动机的带轮或联轴器的带轮或联轴器拆除后，就可以把风罩的螺栓松脱，取下风罩，再将转子轴尾端风扇上的定位销或螺栓拆下或松开。用手锤在风扇四周轻轻敲打，慢慢将扇叶拉下，小型电动机的风扇在后轴承不需要加油，更换时可随转子一起抽出。若风扇是塑料制成的，可用热水加热使塑料风扇膨胀后旋下。

(5) 拆卸轴承。

① 轴承的拆卸条件。电动机解体后，对轴承应认真检查，了解型号、结构特点、类型及内外尺寸。轴承在拆卸时因轴颈、轴承内环配合度会受到不同程度的削弱，除非有必要，一般情况下不要随意拆卸轴承，只有在下列情况下才需拆卸轴承：

- 轴承磨损超过极限，已影响电动机的安全运行。
- 构成轴承的配件有裂纹、变形、缺损、剥离、严重麻点或拉伤。
- 由于潮湿和酸类物质的侵入，轴承配件上有严重锈蚀，在轴上无法处理。
- 发现内外环配合有松动，外环和端盖镗孔配合太松，需要调换轴承或对轴颈进行维修。
- 发现轴承不符合技术要求，如超负荷、转速太快等需要更换。
- 发现前后轴承类型不同，位置调错。
- 轴承因受热而变色，经检查硬度已下降到不能使用。

② 轴承拆卸常用方法。

- 用拉具拆卸。根据轴承的大小，选择适当的拉具，按如图 6-21 所示的方法夹住轴承，拉具的脚爪应紧扣在轴承内圈上，拉具的丝杆顶点要对准转子轴的中心，缓慢匀速地扳动丝杆。
- 放在圆桶上拆卸。在轴的内圆下面用两块铁板夹住，放在一只内径略大于转子的圆桶上面，在轴的端面上垫上铜块，用手锤轻轻敲打，着力点对准轴的中心，如图 6-22 所示。圆桶内放一些棉纱头，以防轴承脱下时转子摔坏，当轴承逐渐松动时，用力要减弱。

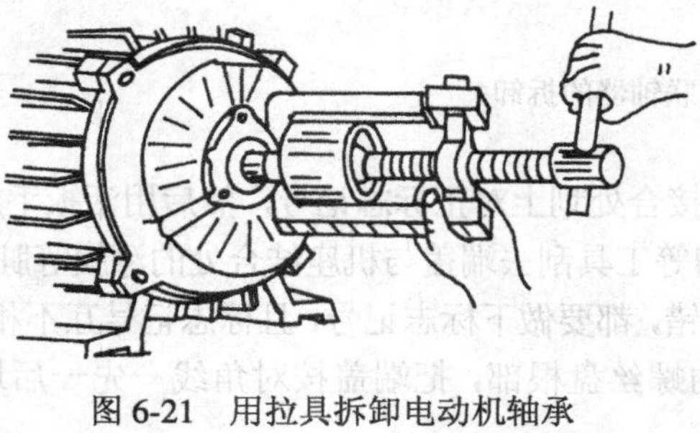

图 6-21　用拉具拆卸电动机轴承

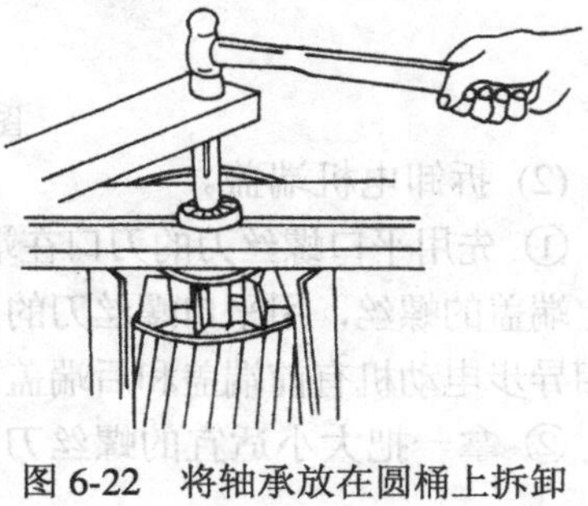

图 6-22　将轴承放在圆桶上拆卸

● 加热拆卸。因轴承装配过紧或轴承氧化锈蚀不易拆卸时，可将 100℃的机油淋浇在轴承内圈上，趁热用上述方法拆卸。为了防止热量过快扩散，可先将轴承用布包好再拆卸。

③ 轴承的清洗与检查。

● 将轴承放入煤油桶内浸泡 5 min～10 min。待轴承上油膏落入煤油中，再将轴承放入另一桶比较洁净的煤油中，用细软毛刷将轴承边转边洗，最后在汽油中洗一次，用布擦干即可。

● 检查轴承有无裂纹、滚道内有无生锈等，再用手转动轴承外圈，观察转动是否灵活、均匀，是否有卡位或过松的现象。小型轴承可用左手的拇指和食指捏住轴承内圈并摆平，用另一只手轻轻地用力推动外钢圈旋转。如轴承良好，外钢圈应转动平稳，并逐渐减速至停止，转动中没有振动和明显的停滞现象，停止转动后的钢圈没有倒退现象。如果轴承有缺陷，转动时会有杂音和振动，停止时像刹车一样突然，严重的还会倒退反转，这样的轴承应及时更换。

● 用塞尺或熔丝检查轴承间隙。将塞尺插入轴承内圈滚珠与滚道间隙内并超过滚珠球心，使塞尺松紧适度，此时塞尺的厚度即为轴承的径向间隙。也可用一根直径为 1 mm～2 mm 的熔丝将其压扁(压扁的厚度应大于轴承间隙)，把这根熔丝塞入滚珠与滚道间隙内，转动轴承外圈，把熔丝进一步压扁，然后抽出，用千分尺测量熔丝弧形方向的平均厚度，即为该轴承的径向间隙。

2．三相异步电动机绕组的拆除

当三相异步电动机发生故障时应进行必要的检查和测试，切不可随意拆除绕组。只有确认定子绕组烧毁或严重短路时，才能拆除绕组。下面介绍绕组拆除的一些常用方法及拆除步骤。

1) *绕组的拆除方法*

由于电动机绕组经过了浸漆、烘干等处理，故不易拆除。拆除时，首先应将绝缘层软化或烧掉。为了保证电动机修理质量，一般不把定子放在火中加热，因为这样会破坏硅钢片的片间绝缘，既增加了涡流损耗，又造成铁芯朝外松弛。同时，硅钢片经加热后性能变差。拆除旧绕组时，切勿损伤铜线，要保持成圈，以便回收利用。

(1) 几种常见的拆除方法。

① 冷拆法。首先，用刀片把槽楔从中间破开、取出。若为开口槽，就很容易将绕组一次或分几次取出；若为半开槽口，可用钳子把绕组一端的端接部分逐根剪断，同时在另一端用钳子把导线逐根从槽内拉出。在取出旧导线时，应按顺序逐一拉出，切勿用力过猛或多根并拉，以免损坏槽口。

为了保证导线的完整，应将焊接头熔断，并用扁锉锉平，使其容易通过槽口。若拆下的绕组还可以利用，应妥善保存，以便回收利用。

② 通电加热法。通电加热时需将转子抽出，拆开定子绕组端部各连接线，在一相绕组中通入单相低压大电流加热(也可三相绕组一起通电或单个绕组通电)，当绝缘层软化、绕组端部冒烟时，切断电源，打出槽楔，趁热迅速拆除绕组。

通电加热的方法如下：

● 380 V △形接法的一般小型电动机可改成 Y 形接法，通入 380 V 电源加热。

● 用三相调压器接入约 50%的额定电压，通电加热。

● 把电动机接成开口三角形，通入 220 V 单相交流电加热。

• 如电源容量不够，可用单相3 k・VA～10 k・VA、380 V/12 V～16 V的降压变压器，也可用交流或直流电焊机，先对一组或一个绕组加热。一边加热一边拆除，直到绕组全部拆除为止。

③ 局部加热法。先把槽楔敲出，然后把绕组两端剪断，用喷灯对准槽口加热，待绝缘材料软化后将导线逐对从槽口取出。在加热过程中应特别防止烧坏铁芯，以免硅钢片性能变差。

另外，也可用烘箱、煤炉、煤气或乙炔等加热，其方法基本相同，但加热温度不宜超过200℃，否则，容易损坏铁芯或烧裂机座。

④ 溶剂溶解方法。用溶剂溶解绝缘层，以便拆除旧绕组。使用溶剂溶解法必须注意防火措施与通风条件，以免发生火灾或苯中毒。

溶剂溶解方法如下：

• 把小容量电动机直接浸入苯中，约24 h后，可使绕组绝缘层软化，取出后立即拆除绕组。

• 拆除0.5 kW及以下电动机绕组时，可用丙酮25%、酒精20%及苯55%配成的混合溶剂浸泡，约几十分钟后，绝缘层软化，即可拆除绕组。

• 拆除3 kW以上的小型电动机绕组时，用上述溶剂就很不经济，可改用丙酮50%、甲苯 45%及石蜡 5%配成的溶剂刷浸。具体的方法是将石蜡加热融化后，移开热源，先加入甲苯，后加入丙酮搅和；把电动机立放在有盖的铁盘内，用毛刷将溶液刷在绕组的两个端部和槽口，然后加盖防止挥发太快，1 h～2 h后，即可取出拆除绕组。

• 用氢氧化钠(工业烧碱)做腐蚀剂，把定子绕组浸入由氢氧化钠 1 kg配成的溶液中，氢氧化钠能把槽楔与绝缘层腐蚀掉，但不腐蚀硅钢片。浸溶2 h～3 h时，如需加快速度，可将溶液加热至80℃～100℃，定子绕组从溶液中取出后，必须用清水冲洗干净(切勿让皮肤接触溶液)，然后按顺序逐一拆除绕组。

注意：铝壳或铝线电动机不宜采用此法，电动机上的铝制铭牌也应取下，以免受腐蚀。

(2) 几种拆除方法的比较。冷拆法因绕组在冷态时很硬，拆除较困难；通电加热法使用较普遍，温度容易控制，但必须具有足够容量的电源设备，最适用于中大型电动机；局部加热法方法简单，但往往使铁芯质量变差；溶剂溶解方法费用较贵，只适用于小型电动机，尤其是1 kW左右的电动机。

2) 绕组拆除的步骤

(1) 绕组拆除前的数据记录。在对故障三相异步电动机进行处理时，首先要进行看、闻、调查和必要的测试。所谓看，就看绕组线圈的颜色，有故障的线圈必然与正常的不一样；所谓闻，就是判断有无煳味，正常电动机没有煳；所谓调查，就是要调查故障是怎样发生的，有什么症状，并进行记录。

对于电动机常见故障的测试与修理详见项目三。只有确诊绕组已经烧毁或严重短路，且必须重新绕制线圈时，才可拆除电动机定子绕组。

(2) 待绕三相异步电动机原始数据的记录。三相异步电动机的种类颇多，型号各异，自然数据是不一样的。拆前有必要对这些数据进行记录，以备积累经验，更重要的是这对重绕时设计线圈、制作绕线模具以及嵌线等工艺是个重要的依据。数据的查取或确定的具体方法如下：

① 铭牌数据。铭牌一般在电动机接线盒的上方，铭牌数据可在铭牌上抄录。如铭牌丢失，务必找到该电动机的确切数据，才能进行电动机修理。

② 绕组形式的判断。弄清待修理三相异步电动机原绕组的实际嵌线情况，为重绕绕组取得可靠依据。

③ 单层绕组与双层绕组的判断。拆除旧绕组时，首先要仔细观察三相异步电动机的端部，查看有多少槽，每个槽端部有几个线圈边。如果在槽内只有一个线圈边，则是单层绕组；如果槽中有两只线圈边，两只线圈之间还垫有一层绝缘层，那么就可肯定这是双层绕组。三相异步电动机绕组是单层还是双层，也可以通过定子槽数和定子绕组线圈个数来判断。如果绕组线圈数目等于定子铁芯的槽数，则是双层绕组；如果线圈数目只有槽数的1/2，则是单层绕组。

④ 双层叠绕的判断。如果三相异步电动机的喇叭口处(即端部)，一个线圈端部压着另一个线圈端部，且整个喇叭口都是这样，则可判断这台三相异步电动机采用的是双层叠绕。

⑤ 单层同心的判断。如果同一极相组的线圈跨距不同，且大圈套小圈，则可判断这是单层同心。

⑥ 单层交叉、单层同心交叉的判断。三相异步电动机定子绕组采用“单层交叉”或“单层同心交叉”时，每相所占的槽数 a 为奇数3槽(如图6-23和图6-24所示)，而且属于单层绕组。单层交叉与单层同心交叉的区别也十分明显：同槽中有两只线圈交叉压叠者为“单层交叉”，同槽中有两只线圈端部属大圈套小圈者则为“单层同心交叉”。

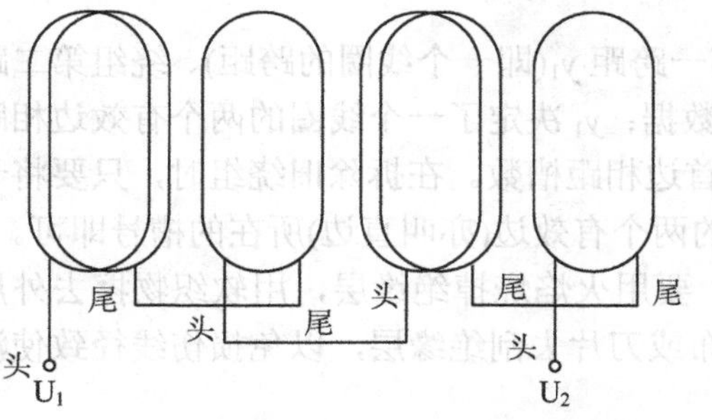

图6-23　单层交叉

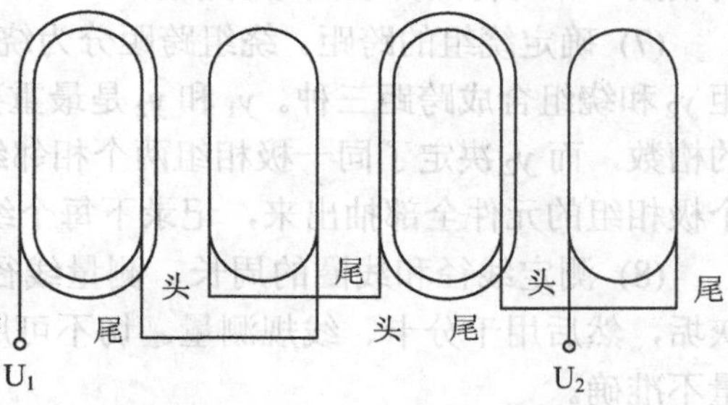

图6-24　单层同心交叉

(3) 判别三相异步电动机的极数。三相异步电动机定子磁场的磁极数可以从三相异步电动机铭牌上的数据直接看出来。

① 看型号。通常三相异步电动机铭牌上型号的最后一个数即为三相异步电动机的极数，如Y160M—4，该型号后面的数子4即表示该电动机是四极电动机。

② 看三相异步电动机的转速。三相异步电动机铭牌上的转速一般为额定转速 n_N。而定子磁场转速(同步转速 n_0)永远高于 n_N，但又十分接近转子的额定转速 n_N。已知转速或同步转速，便可通过表6-4查出电动机的磁极数。

表6-4　转速与磁极数对照表

额定转速/(r/min)	2700～2985	1300～1450	750～950	650～730	550～670	450～490
同步转速/(r/min)	3000	1500	1000	750	600	500
磁极数	2	4	6	8	10	12

如三相异步电动机铭牌丢失，可用转速表实测三相异步电动机的空转(不带负荷)速度，空转速度一般接近同步转速 n_0，由此亦可查表 6-4 求得磁极数。

(4) 确定线圈的跨距。绕组的线圈跨距可在拆线中查出。但必须注意同一绕组中可能有不等跨距的线圈(如交叉式、同心式等)。这些在拆线时要仔细记录。

(5) 确定线圈的并绕根数和线圈匝数。线圈并绕根数是绕组的重要参数，倘若有错，就会引起一连串的问题。因为绕组有 Y 形、△形接法，又可采用并联支路，它们都与线圈有直接的关系，所以在查线时容易出错。正确的确定方法如下：

① 线圈并绕根数的确定。剪断两线圈组间连接处，所数出的导线根数就是线圈并绕根数。

② 线圈匝数的确定。对于每槽只有一个线圈，且每线圈的并绕导线为 1(即 1 根)，这时的每槽匝数即为线圈匝数。如果这只线圈由多根导线并绕，那么线圈匝数 $C_0=N_y/n$(整数，C_0 为线圈匝数，N_y 为这只线圈实际查出的导线根数，n 为线圈并绕根数)。

如果是双层叠绕，那么每槽匝数除以 2，再除以并绕根数，才是线圈匝数。

(6) 确定并联支路。三相异步电动机的定子绕组并联支路数指的是一相绕组同时有几个电流支路数。一般来说，四极以上的三相异步电动机定子绕组出现的并联支路的可能性较大，而两极三相异步电动机都是单一支路。当三相异步电动机功率大于 7.5 kW 时，定子绕组常采用多路并联，所以拆线时一定要注意。

确定并联支路数的简便方法，就是剪断定子绕组引出线与绕组焊接处，只要查出导线的根数，即可得知并联支路的根数。

(7) 确定绕组的跨距。绕组跨距分为绕组第一跨距 y_1(即一个线圈的跨距)、绕组第二跨距 y_2 和绕组合成跨距三种。y_1 和 y_2 是最重要的数据；y_1 决定了一个线圈的两个有效边相距的槽数，而 y_2 决定了同一极相组两个相邻线圈首边相距槽数。在拆除旧绕组时，只要将一个极相组的元件全部抽出来，记录下每个线圈的两个有效边(亦叫直边)所在的槽号即可。

(8) 测定线径和线圈的周长。测量线径时，要用火焰烧掉绝缘层，用软织物擦去外层灰垢，然后用千分卡、线规测量。切不可用砂布或刀片去刮绝缘层，以免损伤线径致使测量不准确。

测量线圈周长时，要选出线圈中几匝最短线圈，取出测量的平均值。

在拆除旧绕组时，要保留一个极相组的线圈作样品，供制作新绕组线模时参考。

(9) 判别 Y 形/△形内接。如三相异步电动机只有三根引出线，那么就一定要判断该三相异步电动机的接法。

① Y 形内接的判别。如果三相异步电动机只有三根引出线，可先在接线端找星点，找到后剥开绝缘确认是 Y 形接法。

② △形内接的判别。如果在三根引出线的三相异步电动机中没有星点，则说明是△形接法。这时可查出与引出线连接的导线剪断后的根数，再由下式推算：

$$\alpha=\frac{N_e}{2n}$$

式中，α 为并联支路数，N_e 为查数出的导线根数，n 为并绕根数。若算得 α 为一整数，则说明△形判断无误，否则须再查数导线根数。

(10) 测量槽形尺寸。槽形尺寸可按图 6-25 所示进行测量。测量时，可用一张较厚的白纸按在槽口，摸压数下，根据留下的槽形痕迹即可绘出实际槽形。在槽形痕迹上可量出尺寸。

(11) 测量铁芯长度。铁芯长度又分为铁芯总长和铁芯净长。铁芯总长是指包括通风沟在内的长度，铁芯净长则需除去通风沟的长度。

(12) 测量绕组端部伸出铁芯的长度。在拆除绕组前，还须量取绕组端部伸出铁芯的长度，如图 6-26 所示，以便下线后端部整形时参考。

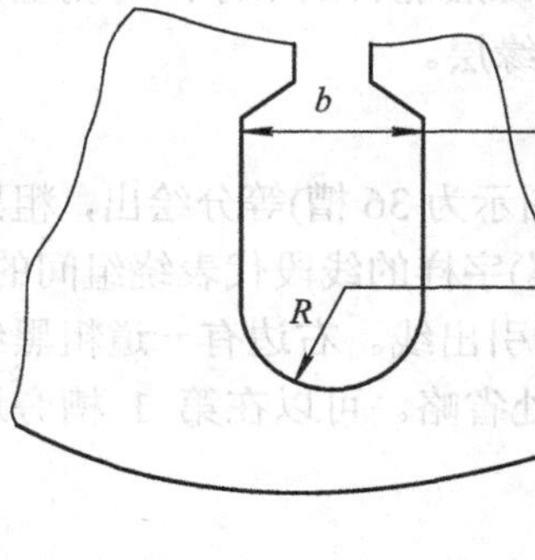

图 6-25　槽形尺寸

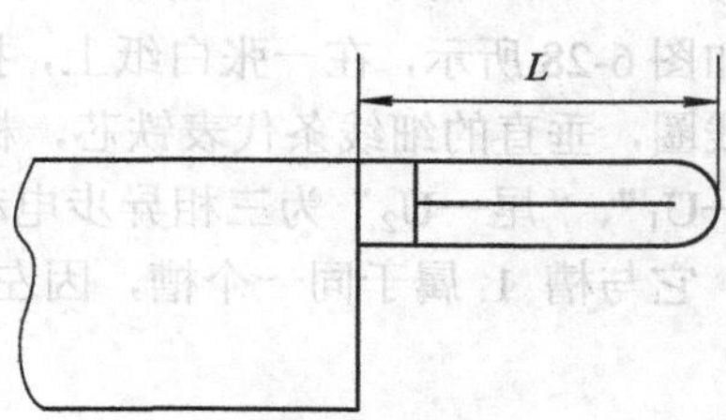

图 6-26　绕组端部伸出铁芯的长度

(13) 测量气隙。气隙通常用塞尺(亦叫厚薄规)来测量。测量气隙的方法如图 6-27 所示。三相异步电动机定子与转子间的气隙在各处均应相等，其尺寸应符合规定值。

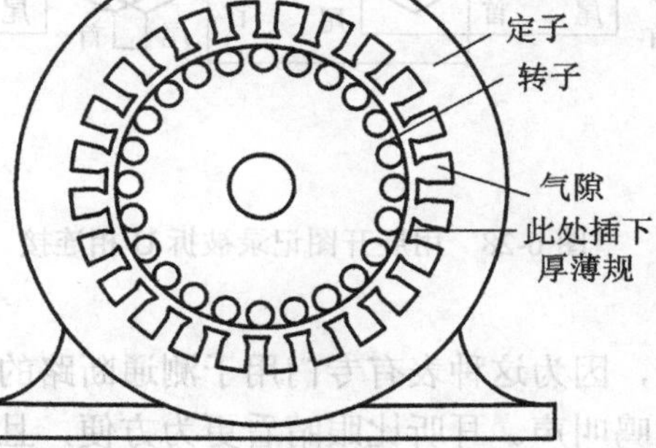

图 6-27　测定气隙示意图

3. 绘制绕组接线图

在拆除故障绕组之前，除了做好三相异步电动机原始数据记录卡以外，绘制绕组接线图也是非常重要的。三相异步电动机原始接线图可为重绕后三相异步电动机的接线提供方便。绘制绕组接线图的具体步骤如下：

1) 拆开端部绑带

三相异步电动机的所有接线一般都集中在一端。制作者将这些接线用绝缘带捆绑在线圈端部上，并同绕组一起经绝缘漆浸渍，然后做烘干处理，使它们成为一体。为了工艺美观，这些接线做得比较平滑，有的还比较隐蔽，因此如果不拆开端部的绑线，是很难查清接线的。

拆除绑扎带可用电工刀、尖嘴钳等工具。因绑扎时大多用玻璃丝带、黄绸带之类质地很好的绝缘带，又经绝缘漆烘干处理，在绕组上附着十分坚固，因而最好用锋利的电工刀将绑扎带切断，然后用尖嘴钳把绑扎带逐一撕下，使接线全部与绕组端部分离。

2) 刮去接点的绝缘层

三相异步电动机的绕组与绕组、绕组与外接引线之间的连接，采用的连接方法尽管各异，但都有接点，这个接点一般用玻璃丝套管护套着，由于浸渍了绝缘漆，所以这些接点不仅有护套层保护着，而且接点本身也附有一层漆痂。在查看接线时，如果用肉眼不能准确判断，就需要用万用表或通灯来测量，因此，接点的绝缘层能否刮干净，对测量误差至关重要。当然，能直观判断的接线接点，也可以不刮去绝缘层。

3) 绘出铁芯槽形，标出槽号

如图 6-28 所示，在一张白纸上，按铁芯的实际槽数(图示为 36 槽)等分绘出，粗黑线条代表线圈，垂直的细线条代表铁芯，标有“首尾”(或头尾)字样的线段代表绕组间的接线，“首—U_1”、“尾—U_2”为三相异步电动机到接线盒之间的引出线。右边有一道粗黑线没标槽号，它与槽 1 属于同一个槽，因左边已标出，所以此处省略。可以在第 1 槽旁边做个记号。

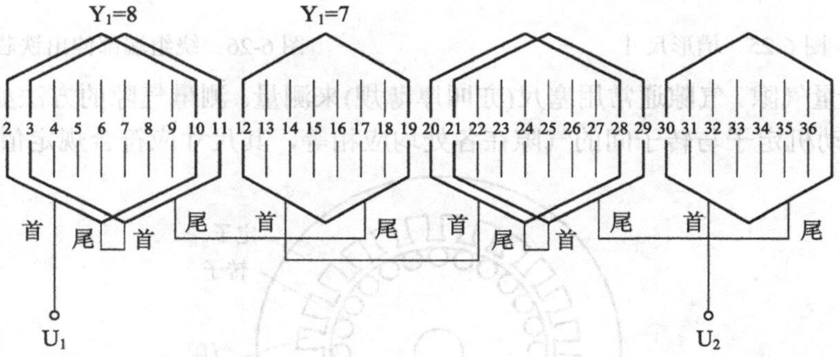

图 6-28　用展开图记录被拆 U 相连接

4) 顺藤摸瓜查接线

可用数字万用表来查，因为这种表有专门用于测通断路的挡位，如果被测线是通的，它就会发出“嘀——”的鸣叫声。耳听比眼睛看更为方便，且可用眼睛观察。万用表表笔最好是用鳄鱼夹。因为鳄鱼夹能牢固地将线头夹住，可用一只手来拨拉线。但为了叙述方便，这里仍用表笔来讲解测试方法。

首先查看 U、V、W 三相是否断线，绕组之间、绕组对地是否绝缘良好。测量从 U 相开始。红表笔接在接线盒 U_1 端，黑表笔分别碰及槽“2”、槽“11”、槽“12”、槽“19”、槽“20”、槽“29”、槽“30”、槽“1”等处线头，万用表都会发出“嘀”的鸣叫，表示这几处都是相通的，因为三相异步电动机绕组阻值很小。但是，这些地方的接线仅凭通断是无法确定接线顺序的，所以必须边测边拆边绘出线条。

将红表笔接在接线盒的 U_1 端子上，将槽“11”上的尾端接点拆开，再用黑表笔测槽“11”以后各点就不通了。这表明 U_1 到槽“2”首端接线是通的，用笔将这条线在图上绘出。然后，用红表笔与刚从槽“11”上拆下的导线连接，再将槽“19”拆下的“尾”线接黑表笔，万用表发出“嘀”声，表示这根导线是相通的，而用黑表笔与槽“12”中的线圈接触，万用表无反应，则表示这根导线拆下前是接在槽“11”与槽“19”这两个线圈的接线上的，用笔在图上把这两点连接起来。

依次类推，边拆边测边绘，将所有第U相的各接线绘出，便成了图6-28所示的U相绕组展开图。图绘完后，应根据前面已学知识，认真检查一下是否有错。

然后，以同样的方法，测绘出V相、W相的接线，并将这两相的接线图与U相相对照，除它们所处的槽号不同外，接法应是一致的。

绘制完毕，再认真检查三相异步电动机的端部，应是再无一根接线，才算是完全拆下了。所有拆下的导线及其绝缘套管，应该保管好以便重绕接线使用。

用端面布线接线图来记录拆线，既简便又直观。

这里以一台三相单层交叉式36槽四极三相异步电动机为例，其拆线过程与绘制展开图一样也是边测边拆边绘，绘制完毕应如图6-29所示。

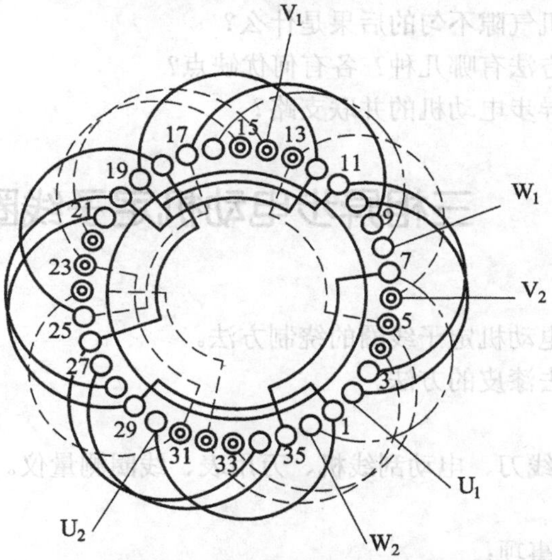

图6-29　用端面布线接线图记录被拆接线

4．旧绕组的拆除

旧绕组的拆除方法见前面有关内容。

5．定子的清理与修理

清理铁芯内残存绝缘物和修复铁芯冲片位移是故障绕组拆除的最后一道工序。这也是为重新嵌线做好准备。

1) 残存绝缘物的清理

绕组拆除后，黏结在槽内槽外的绝缘漆粘痂堵塞着槽口和定子内腔，会严重影响嵌线，因此必须设法铲除。

铲除漆痂常用的工具是清槽铲刀，用它将槽内槽外的漆痂铲除，使槽口平整，再用钢丝通条在槽中来回推拉，将残余物清刷干净即可。

2) 位移铁芯冲片的修理

不论是用什么方法拆线，都有可能造成槽内或槽口的槽齿钢片变形或位移。这给嵌线造成困难，极易磨损或划伤漆包线，留下重绕后的故障隐患，所以必须在清理后再仔细检查铁芯冲片是否有位移的现象。

发现位移后，可用一块铜板压在凸出部位，再用手锤轻轻敲其背，使钢片恢复原位。对于槽口不齐的地方，也可用同样的方法进行处理。

如果铁芯第一片冲片损坏十分严重，它的存在会留下严重隐患，或不起作用，这时应把铁芯扣片松开，将其卸弃，然后再把扣片压紧。但这样弃去的钢片不宜过多，否则会严重影响重绕三相异步电动机的各项参数。

如槽内凸出的钢片无法复位或因短路造成烧结点时，可用钢凿凿去或用锉刀修平。

最后用压缩空气或皮老虎吹扫干净，再涂上一层稀释的绝缘漆，烘干以待嵌绕组。

【思考题】

(1) 三相异步电动机拆卸的一般方法有哪些？

(2) 三相异步电动机的简便拆卸方法是什么？

(3) 三相异步电动机气隙不匀的后果是什么？

(4) 旧绕组的拆除方法有哪几种？各有何优缺点？

(5) 如何确定三相异步电动机的并联支路？

实训五　三相异步电动机定子线圈的绕制

【实训目的】

(1) 掌握三相异步电动机定子线圈的绕制方法。

(2) 熟悉线圈头尾去漆皮的方法。

【实训器材】

千分尺、线规、刮线刀、电动刮线机、万用表、线圈测量仪。

【实训注意事项】

绕制线圈时的注意事项：

(1) 操作者须带干净的纱手套(最好是浸石蜡)，以免弄脏弄破电磁线。切忌徒手放线，因为手上有油渍汗迹，这些脏物会影响线圈的绝缘。

(2) 用绕线机绕制时，转速不宜太快。太快容易发生拉断漆包线或排列不齐，发生导线交叉等现象。通常，绕线机的转速为 150 r/min～200 r/min 为宜。

(3) 绕线时要求拉力均匀，不论是用紧线夹还是人手放线排线，均不可拉线过紧或过松。要求导线在绕线模模心上排列整齐、紧密，不得有并交叉现象。

(4) 绕制线圈时必须使导线排列整齐，避免交叉。因为交叉导线会增大导线在铁芯槽中的面积，使嵌线困难，而且容易造成匝间短路。

(5) 线圈的匝数必须合乎设计要求。匝数不可过多，因为多了不仅浪费铜线，而且会因过多而使槽内容纳不下，并使漏抗增大，最大转矩和启动转矩降低；匝数也不能少了，因为少了会使三相异步电动机的空载电流增大，功率因数降低。

(6) 三相绕组匝数必须相等。倘若有一相不等，则会造成三相电流不平衡，也会使三相异步电动机性能变坏。

(7) 导线的线径必须符合设计要求。如果线径粗了，则嵌线困难，同时也浪费线材；

如果线径细了，则不仅容易拉断、拉得更细，而且会增大三相异步电动机绕组的直流电阻，直接影响三相异步电动机的运行性能。

(8) 绕线时必须保护好导线的绝缘层，不允许有丝毫的破损，否则就会造成线圈的匝间短路故障。

(9) 导线的接头或损伤，在每只线圈中不得超过一处，在每相绕组中不得超过两处，在每台三相异步电动机中不得超过四处。接头必须在线圈端部，不允许将接头留在铁芯槽内。

(10) 如果一组线圈是不等节距的，应将最小节距线圈列为第1只，然后顺次排列绕线。

(11) 为了便于多线并绕，转轴可以适当做长一些，在绕制线圈时必须用紧线夹把导线夹紧，以便把导线拉直、拉紧。紧线夹应垫有浸过石蜡的毛毡，并调整夹的夹紧程度。

【实训步骤】

1．三相异步电动机定子线圈绕制过程

线圈的绕制一般在绕线机上进行。线圈的绕制有两种形式：一种是一相线圈连绕，所用线模数量大，适用于大规模制造，也用于单层链式电动机修理；另一种是目前电动机绕组修理中普遍采用的极相组连绕。

1) 绕制前的准备

(1) 准备好漆包线。根据三相异步电动机原用电磁线的型号、线径，或根据重新设计的线圈所选用的导线，取出线材，检查牌号、线径和并绕根数，在确认正确无误后才可装上放线架。

注：导线购回后在正式绕线之前要用千分尺或线规等量具检查导线厚度是否符合要求。

(2) 检查绕线机械并确定挡位。线圈通常是在绕线机上利用绕线模来绕制的。在正式绕制线圈之前，必须认真检查绕线机的计数装置是否能正确计数，同时也要确定自己选用表盘上的哪一挡记录绕制的线圈数，而对于数字式表盘来说，直接从表盘读数即可。检查操作机构是否灵活、可靠，接地是否良好，安全是否有保障，在必要的情况下要进行检修和试绕。

(3) 试绕试嵌。

① 从放线架上抽出导线，平行排列(并绕时)穿过浸蜡毛毡压线板，经模夹板引出线槽，预留一定引接长度后，缠绕固定在左边轴(即俗称的“左手挂线”)上；用制作好的或购买的多挡线模绕线，此时须将绑扎线先放入线模的扎线槽内，再把漆包线线头固定在绕线机转轴上。

② 开动绕线机，先绕一个线圈或若干匝，按要求往槽内嵌，检查端部是否过长或过短，嵌线是否困难。如果过长或过短，应修改绕线模(模心)的尺寸或换挡以调整至大小合适才可正式用线模绕制线圈。

2) 线圈绕制操作步骤

(1) 按规定的规格，根据一次连绕的个数、组数及并绕根数剪制绝缘套管，依次套入导线。

(2) 经过上述绕制后，就可按此方法绕制第一个线圈，将导线始端按规定留出适当的长度嵌入绕线模的引出线槽内并使之固定，导线在槽内自左至右排列整齐，不得有交叉现象，直至绕到规定的匝数为止。

(3) 留出连接线，移出近处的一个绝缘套管，按规定留出连接线长度并予以固定。

(4) 引入扎线，将扎线引入绕线模扎线槽内，并依次扎紧。

(5) 按规定长度留出末端引线头，并剪断导线。

(6) 拆下绕线模，取出线圈，将线圈整齐地放置好。

(7) 按此步骤绕完其余线圈。

相关说明：

(1) 连绕处理。如果是连绕，不要把导线剪断，只是把导线通过隔板的过线槽，在第二个模心上先绕 1 圈(匝)，然后再放扎线，绕足匝数(包括先绕的上匝)后，将线圈扎好，再过模，依此类推。线圈绕满规定的匝数之后，留足尾线接线长度(为了区别于“挂线端”，最好在线圈末端套上蜡管做记号)，并剪断尾线。

(2) 极相组的线圈连绕时，过线不用套绝缘管。每相的线圈连绕时，极相组之间，有的用中间套管套着，也有的连接线在绕组内部通过，不用套管。

(3) 用嵌入绕线模夹板扎线槽内的绑扎线扎好线圈，以防线圈散乱。

2. 线圈头尾去漆皮

绕制好的线圈或线圈组的头尾端，必须去掉漆皮即去掉绝缘层，才能连接和测试。除去漆皮的长度由线径大小、接头的长短而定。除去漆皮的方法有以下几种：

1) 刮线刀刮漆皮

漆包线上附着一层较薄但又很结实的漆皮，为了去掉它，可采用火烧，但火烧会使铜导线变软，影响导线的机械强度，在电动机修理中一般不采用。

较简单的方法是用刮线刀来刮。刮线刀外形酷似指甲剪，可以自行加工。刮线操作时，用左手握住漆包线，右手持刮线刀，让刀刃“咬”住线头的一定长度，顺线往下一拉，漆皮便掉了下来，然后再“咬”住线头的另一处刮，直至线头全部呈现铜的本色为止。

如果加工刮线刀不便，也可用断锯条来刮线。利用锯条的断口来刮去漆皮，其操作没有刮线刀方便，但只要细心，也能将漆皮刮尽刮好。

2) 化学除漆

化学除漆用的药水可由甲酸(又名蚁酸，工业用，浓度为 88%)6 g、香蕉水 1 g 和适量白蜡(防止液体蒸发)，按重量比配备，放到玻璃或陶瓷器皿里，加热到 85℃～90℃，使溶化了的白蜡浮在液体上面达 100 mm 厚即可。

把待去漆皮的线头线尾浸在上述溶液中(深度由去皮长短来决定)，大约浸 3 min，漆层便与铜线分离。取出线头，用布擦掉残留液和漆皮即可。

注意：这种溶液具有很强的腐蚀性，并有较大的刺激臭味。操作中，必须戴好口罩、眼镜、手套等劳保用品，不可让手和皮肤直接触及去漆溶液，以免受伤。万一有微量的去漆溶液溅到皮肤上，可立即用清水冲洗。

3) 电动刮线机去漆

采用漆包线电动刮线机去漆的操作十分方便，只要将待去漆皮的线头插入电动刮线机的“口”中，按动开关，漆皮便会立即被去掉。

3. 线圈的检查

绕制后的线圈必须进行检验，才能将所存隐患在嵌入铁芯槽之前得以解决，从而避免了返工，提高了工效。具体的检验方法如下：

1) 眼看

在光线好的地方仔细观察线圈有无漆皮破裂处，若有怀疑，可用放大镜进一步观察。对有裂纹的线圈，如果裂纹在线圈端部，可以用毛笔蘸绝缘漆进行涂补；如果裂纹处于有效边(直边)上，则不可使用此线圈。

2) 用表测量

如果遇到线径较细、匝数较多且不易用肉眼观察的线圈，可用万用表(R×1 Ω挡)来检查导线是否折断，可与正常线圈进行比较，了解是否短路；如果想知道线圈是否有漆皮受损现象，可将线圈放在清水中，线头在水外(注意线头不得弄湿)，将万用表打在 R×1 kΩ挡，红表笔接线圈的一头，黑表笔放在水中。线圈正常时，表针不动，指在500 kΩ或∞处，有漆皮破损时，导线与水接触，万用表指示数 kΩ 甚至更低，且黑表笔离线圈漆皮破损处越近，电阻越小。浸水线圈出水后，必须做烘干处理，才可用于三相异步电动机定子的嵌线。

3) 线圈测量仪检查

用线圈测量仪检查三相异步电动机的线圈，既快又准确。该仪器不仅能检查线圈有无破损引起的匝间短路，而且能准确地测出线圈阻值。

【思考题】

(1) 在绕制线圈前应做好哪些准备？

(2) 线圈的绕制过程有哪几点？

(3) 线圈绕制完后为什么还要对线圈头尾去漆皮？

(4) 线圈头尾去漆皮后为什么要对线圈进行检查？

实训六 三相异步电动机线圈重绕后的嵌线

【实训目的】

(1) 掌握三相异步电动机定子绕组的嵌线方法。

(2) 熟悉嵌线过程中的注意事项。

【实训器材】

压线板、划线板、打槽楔专用工具、木槌(或橡皮锤)、手术长柄剪刀、尖嘴钳、斜口钳。

【实训注意事项】

(1) 清理定子铁芯时，不宜在正在嵌线的三相异步电动机旁边进行，以免铁屑等杂物飞溅掉落到线槽中，破坏线圈和槽内绝缘层，影响电动机质量。

(2) 定子的引出线孔应放在右手侧，以便于观看嵌线图或嵌线表。把裁好的槽绝缘插入槽内，并使槽绝缘均匀地伸出铁芯两端。由于线圈嵌线时左右拉动，易使槽绝缘走偏，因此每嵌完一个线圈边，要检查槽绝缘的位置是否仍在正确的位置上。

(3) 装好槽绝缘后，将线圈有效边经槽口分散嵌入槽内。嵌线时，槽口须垫引线纸(即将内层槽绝缘伸出槽口)，以防槽口棱角刮伤导线绝缘。虽然绕组对导线排列无严格要求，但导线在槽内不能太乱，更不得有过多的交叉线，以免线槽容纳不下和损伤导线绝缘。对槽满率太高的电动机，更要注意将线圈导线理整齐。在嵌线过程中，须随时注意将线圈的端部整形，两端部的长度必须整齐对称。每嵌完一组线圈，即应压出端部斜边。

(4) 对于双层绕组，槽内层间绝缘须在纵向弯成 U 形垫条插入槽内后，再包住下层线圈边，不允许有个别导线跳到层间绝缘之上。当把线圈的上层边嵌入槽内后，将槽盖绝缘插入，或沿槽口用弯剪剪平槽绝缘纸，将槽口的横绝缘纸摺边复叠入槽，折复槽绝缘须重叠 2 mm 以上。再用压纸板将绝缘纸压平，然后打入槽楔。在进行此项工作时不得损伤导线和槽绝缘。

(5) 端部绝缘的放置有两种方法：一种是每嵌入一组即垫入，全部嵌好后校正、整理一遍；另一种是全部绕组嵌完后，用理线板撬开端部插入绝缘纸，这种方法在小型三相异步电动机嵌线中采用较多。垫入的绝缘纸必须到位，对双层绕组端部绝缘要与层间绝缘交叠，对于单层绕组端部绝缘要与槽盖绝缘交叠，否则容易造成绕组短路故障。

【实训步骤】

1. 三相异步电动机定子绕组的嵌线

1) 熟悉对嵌装线圈的要求

为了确保三相异步电动机定子绕组重绕后的质量，对线圈的嵌装有以下要求：

(1) 绕组的槽距、连接方式、引出线与出线孔必须正确无误，嵌入槽内的线圈匝数必须无误。

(2) 绝缘良好。绝缘材料的质量和结构尺寸必须符合要求。在嵌装过程中，槽口、通风沟边缘对地绝缘最易受机械损伤，造成电压击穿。线圈端部最易扭伤、与槽口摩擦受伤，造成匝间短路或与铁芯相碰发生接地。所有这些，在嵌线时都应引起高度重视。

(3) 线圈尺寸要合适。如果线圈有损坏，应用同级绝缘材料修补；对损坏严重的线圈，必须废除，重新绕制。已经成形的线圈，如果形状不正确，须重新整形后再嵌。在正式嵌装之前要进一步试验、查看，尺寸不符合要求的不能勉强装入。

(4) 对线圈本身的绝缘做最后的检查。由于种种原因，比如存放过夜、有老鼠咬及人为碰伤等，使绕制后已经检查合格的线圈在嵌线前又遭到绝缘层的损坏。

(5) 嵌入槽内的线圈端部要扎牢，以防绕组受电磁力而发生移动，使绝缘损坏。

(6) 槽楔要求排列整齐，不得突出铁芯。

(7) 导线接头要焊接良好。焊接处不应因焊接不好而引起过热，或发生脱焊断裂等现象。

(8) 嵌装时，严防铁屑、铜末、焊渣、焊锡等掉进绕组或线槽中，以免损伤导线及绝缘层，造成短路、接地故障。

(9) 槽内导线及绕组端部导线应排列整齐，无严重交叉现象，端部绝缘形状应符合规定。

(10) 嵌线之前，用压缩空气将铁芯吹干净，槽内不应有用肉眼能看得到的毛刺或焊渣。

2) 铁芯的清理

(1) 定子内圆表面如果有突出之处，应加以修理。

(2) 铁芯压圈等焊接处如果有凸出不平，会对嵌线和线圈绝缘产生影响，都应铲平或锉平。

(3) 对将要嵌线圈的槽内要严加检查。如果有突出的硅钢片应锉平。

(4) 铁芯表面和槽内如果有焊渣、粘物、油脂等污物，应清除干净。

(5) 槽口处若不平或有毛刺时都必须锉光，锉后用压缩空气吹去铁芯表面和槽内铁屑等杂物。

2. 准备嵌线工具

1) 检查设备

对于嵌线时所用到的工器具，应认真检查，以确保嵌线工作的顺利进行。

2) 配备工具

嵌线常用的工具有压线板、划线板、打槽楔专用工具、木锤(或皮锤)、手术长柄剪刀、尖嘴钳、斜口钳等，这些工具都应配备齐全。

3) 配备仪表

根据实训项目，准备常用的仪器仪表。

3. 制作绝缘件

小型电动机的绝缘主要包括槽绝缘、层间绝缘、端部绝缘、相间绝缘、槽口绝缘以及接线头的绝缘等，分为 A、B、E、F、H 等五级。目前普遍采用 E、B 两种绝缘，而 Y 系列等新产品多采用 B 级绝缘。

1) 绝缘材料裁剪要求

(1) 裁剪玻璃丝漆布时，应与纤维方向成45°角裁剪，这样不宜在槽口处撕裂。

(2) 裁剪绝缘纸时，应使纤维方向(即压延方向)与槽绝缘和层间绝缘的宽度方向(长边)相一致，以免折叠封口时困难。

(3) 绝缘材料应保持清洁、干燥和平整，不得随意折叠。

2) 槽绝缘

所谓槽绝缘，实质上是一种绝缘垫。槽绝缘是线圈与铁芯电隔离的主绝缘，同时还作为防止槽壁损伤的机械保护层。在电压相同的条件下，电动机槽绝缘不是常数，它随着电动机容量的增加绝缘厚度也增加，这是因为线圈电流增大，电动力也随之增大，从而引起线圈振动加剧。

对槽绝缘垫的剪裁除了在形状上有所区别外，对槽绝缘垫的长度与宽度也有所要求，具体要求如下：

(1) 槽绝缘垫长度的要求。一般要求两端各伸出槽外 5 mm～10 mm，功率大的三相异步电动机槽绝缘垫伸出槽外尺寸应放长。

(2) 槽绝缘宽度的要求。两层槽绝缘的宽度要求不同，外层槽绝缘与槽周长相等，内层槽绝缘要比槽周长长一些，即内层槽绝缘要伸出槽外 5 mm～10 mm；若只有一层槽绝缘则槽绝缘应伸出槽外 5 mm～10 mm。槽绝缘的宽度应使主绝缘放到槽口下转角处为宜。如果过宽会影响嵌线，过窄则包不住导线。

3) 层间绝缘

层间绝缘是双层绕组槽内上、下层线圈的隔电绝缘，是电动机绝缘的重要部位，其选用的材质和厚度一般可与槽绝缘相同。槽内层间电压较高，容易造成层间线圈短路，因此要求其宽度要可靠地包住下层线圈边。

4) 端部绝缘

绕组端部绝缘是相间绝缘，即极相线圈组之间的绝缘。其形状如半月形，大小要求能隔开整个极相组线圈的端部，尺寸没有严格规定，但裁剪时可适当放大些，待整形时再将多余部分修剪掉。它的绝缘结构要求与主绝缘相同。

对于大容量的电动机还要求端部同相线圈之间也加一层绝缘纸隔开。若线圈节距较大，每只线圈端部还要进行“包尖”处理。

5) 槽楔

槽楔一般用环氧玻璃布板(或钢板纸、空气介质绝缘纸板等)加工，也可用竹料、木材或胶木制作槽楔。槽楔长度一般比槽绝缘短 2 mm～3 mm。槽楔截面呈梯形或半圆形。槽楔形状尺寸是否符合要求，可通过在线槽内试放，以能顺利推入而松紧适宜为准。两端下边的棱角，须用砂布打磨掉，表面平整光滑，以免打入时损伤槽内绝缘层，划伤漆包线。槽楔加工后，在使用前必须做烘干处理，以除掉槽楔中所含水分。对于防潮要求高的三相异步电动机，槽楔应先烘干，然后做浸漆处理，再烘干待用。浸渍槽楔广泛使用的浸漆是三聚氰胺醇酸漆。

槽楔是在封口绝缘后加在槽口内的压紧元件，它有阻止槽内导线滑出槽外和保护导线不致因电动力而松动的作用。它的选用也应与绝缘等级相适应。表 6-5 是电动机常用槽楔及其规格。

表 6-5　电动机常用槽楔及其规格

电动机规格(中心高)/mm	B 级绝缘	E 级绝缘	A 级绝缘
	玻璃布层压板、MDB 复合槽楔	3020～3023、3025、3027 层压板槽楔	竹制槽楔
80～160	0.5～0.6	1.5～2.0	2.0～3.0
180～315	0.6～0.8	2.0	3.0～3.5

根据重绕三相异步电动机嵌线线圈所需要的槽绝缘、端部相间绝缘、层间绝缘和扎带等选配绝缘材料。在加工绝缘材料的场所，应保持清洁干燥。

4．嵌线前的准备

嵌线俗称下线。嵌线需要精工细作，认真对待，因为嵌线的水平关系到电动机的质量，直接影响到新电动机及重绕三相异步电动机的电气性能。

1) 嵌线电动机的放置

通常把待嵌线的电动机定子放在工作台上，工作台一定要牢固。大电动机定子嵌线要双人操作，一般采用纵向放置在嵌线台上，两人分别在铁芯两端配合嵌线。较小的定子可由单人操作，这时定子应横向稍偏斜一点放置，偏斜度大小以便于两手分别从两端进入铁芯内腔操作为宜。

2) 嵌线材料的选取和放置槽绝缘

制作重绕三相异步电动机的槽绝缘，一般要按照拆除旧绕组时所作的“记录卡”取材，即拆下的是什么绝缘材料，那么重绕时仍选取同样的材料。

通常，根据三相异步电动机功率和三相异步电动机的绝缘等级的不同，槽绝缘材料的选取略有差别。

槽绝缘按设计尺寸将两边反折，反折长度为$(e_z + 0.5)$(cm)，然后将绝缘纸纵向折成“U”形插入槽中。一般是将槽绝缘全部放满，但对内孔较小的定子，可先插满一个线圈节距的槽，然后加插一槽嵌一槽。微型电动机内腔特别窄小时，则可放置一槽嵌一槽。

3) 槽位置的选定原则

电动机定子出线盒端应在操作者的右手一侧，1 号槽的位置应在嵌线后的引出线位于出口两侧，并使之最短。

4) 线圈组的放置

线圈组的放置方向是引线端向着电动机铁芯，并使第 1 个挂线的全匝数线圈叠放在最上面，其余线圈依连绕的先后顺序叠放，嵌线时要将每个线圈向电动机方向翻转，如图 6-30 所示。

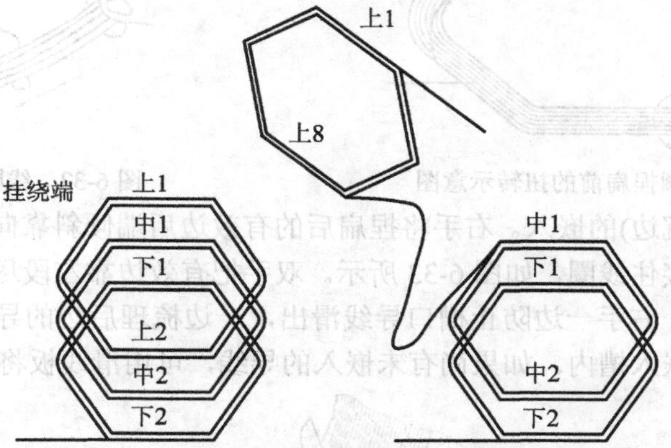

图 6-30　电动机连绕线圈组嵌线前的放置及反转情况示意图

注意：

(1) 工作台要清扫干净，待嵌的线圈组放在电动机的右手侧(单人操作)，如工作台有油污或不够清洁时，要先用纸垫铺。

(2) 层叠绕的引出始端或终端应该同在底层或同在上层，这样做可避免绕组引出线接错，也方便查对引线。

(3) 嵌线方向不一定要完全一致，但每个线圈导向必须一致。通常采用顺时针倒退法嵌线。

(4) 为了便于嵌线、接线，在同一台三相异步电动机定子腔中，所有线圈的头和尾引出线或过渡线都应在定子腔右侧，这样也便于查线。

5．嵌线

1) 线圈引线应套好玻璃漆管

绕好的线圈在正式嵌入线槽之前，须将引线理直，套上玻璃漆管。为防止玻璃漆管丢失，可在套管套上之后，将线头弯个小钩。

2) 线圈造形的一些常用方法

(1) 捏扁。因为软线圈嵌入的是半闭口槽，小型电动机的槽口宽一般只有 2.5 mm～

3.5 mm，因此需将软线圈捏扁到相应尺寸才能通过槽口进入槽内。具体的操作方法如下：

① 缩宽。用两手的拇指和食指分别抓压线圈直线转角部位，使线圈宽度压缩到进入定子内腔时不致碰铁芯。对于节距大的线圈，则将线圈横着并垂直于台面，用双手向下压缩线圈。

② 扭转。把欲嵌线圈的下层边扎线解开，左手大拇指和食指捏住直线边靠转角部分，同样用右手指捏住上层边相应部位，将两边同向扭转(如图 6-31 所示)，使上层边外侧导线扭到上面，下层边外侧导线扭到下面。

③ 捏扁。将右手移到下层边与左手配合，尽量将下层直线边靠转角处捏扁，然后左手不动，右手指边捏边向下滑动(如图 6-32 所示)，使下层边梳理成扁平的一排形状，如扁度不够可多梳理几次。

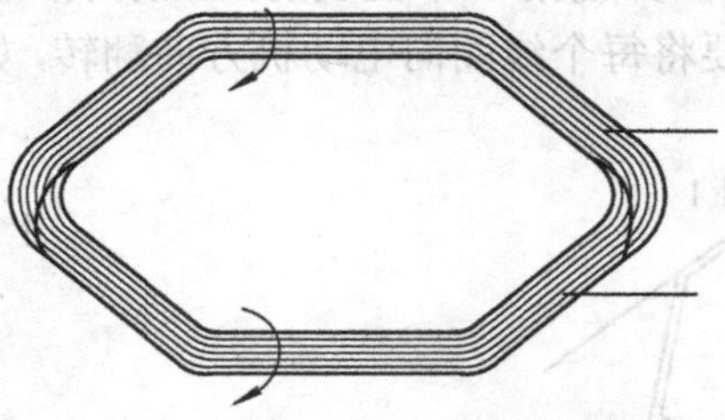

图 6-31　线圈捏扁前的扭转示意图

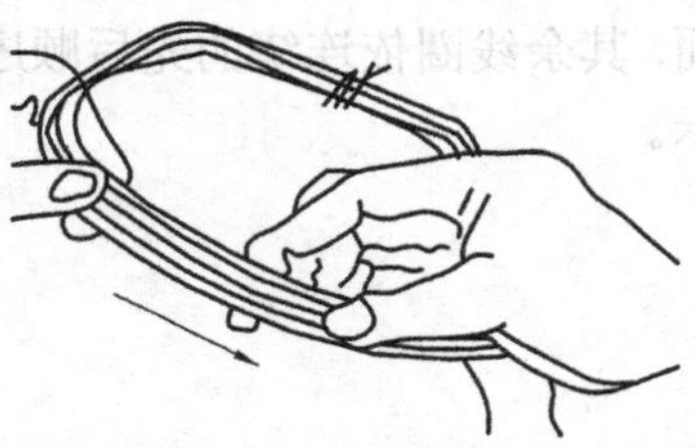

图 6-32　线圈的捏扁梳理示意图

(2) 下层边(或沉边)的嵌入。右手将捏扁后的有效边后端倾斜靠向铁芯端面槽口，左手从定子另一端伸入接住线圈，如图 6-33 所示。双手把有效边靠左段尽量压入槽口内，然后左手慢慢向左拉动，右手一边防止槽口导线滑出，一边梳理后边的导线，边移边压，来回扯动，使全部导线嵌入槽内。如果尚有未嵌入的导线，可用滑线板将导线逐根划入槽内。

图 6-33　电机绕组嵌线操作示意图

导线嵌入后，用滑线板将槽内导线单向梳理顺直，然后把层间绝缘(对双层绕组而言)折成“∩”形，插入槽中包住槽内导线。这时，线圈的另一边要吊起，以备后面嵌上层时不致松散损坏。

(3) 双层绕组的嵌线。它适用于三相双层叠式绕组和双层同心式绕组，也可用于单相双层绕组以及直流电枢的单叠绕组和单波绕组的嵌线。

双层绕组嵌线的基本规律为：每嵌好一槽(边)向后退，再嵌入一槽(边)再后退。依次逐槽嵌线，直至完成。

双层绕组嵌线的工艺过程如下：

以 $z=24$ 槽、$2p=4$ 极、节距 $y=5$ 槽、每组元件数 $S=2$ 的三相双层叠绕组的典型范例用图 6-34 说明嵌线过程(设下层边槽号为线圈号)。

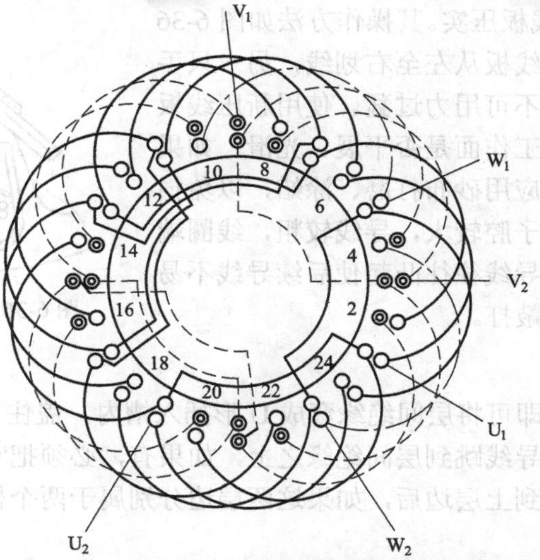

图 6-34　三相双层叠式 24 槽四极绕组布线接线图

嵌线准备工作完毕并放置槽绝缘后，将准备好的线圈组上面第一个(带挂线的)线圈向左翻起。

将线圈有效边嵌入选定的槽 2 下层，放置层间绝缘后将另一边吊起；同样翻起第二个线圈，向后退一槽，先把过线放入槽内，随后把下层边嵌入槽 1。放置层间绝缘，吊起上层边；依次嵌入槽 24、23、22，即共需吊起 5 个上层边($y=5$)，亦即嵌入 5 个下层边。

6．理线

理线俗称划线。在线圈的下层边(又叫尾端边、沉边)拉入槽内后，将上层边(首端边、浮边)推至槽口，这时应将上层边理直导线，左手拇指和食指把槽外的线圈边捏扁，把导线一根或几根不断地送入槽内的同时，右手用理线板在槽内线圈边两侧交替划拨导线，使槽内导线理直、平行。当大部分导线被嵌入到槽内之后，两掌向里向下按压线圈端部，使端部压下去一点，从而使线圈张开一些，迫使已嵌入的漆包线不堆积在槽口，以便槽外的线顺利进入槽内。其操作方法如图 6-35 所示。

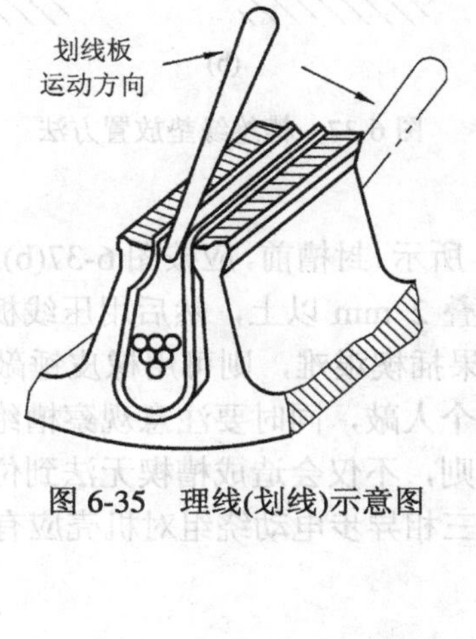

图 6-35　理线(划线)示意图

7. 压线

当漆包线在槽内占据较高时，除了用划线板划线理顺导线外，还须用压线板压实。其操作方法如图 6-36 所示。通常是一手持划线板从左至右划线，另一只手拿着压线板压线。压线不可用力过猛。使用新压线板时，要仔细检查压线板工作面是否平展、光滑，如果表面粗糙、有棱有角，应用砂布打磨、涂蜡，以免损伤漆包线的外皮。当定子腔较大，导线较粗，线圈端部在槽口转角处，线圈导线往往凸起使后续导线不易嵌入时，可以垫入竹板敲打。

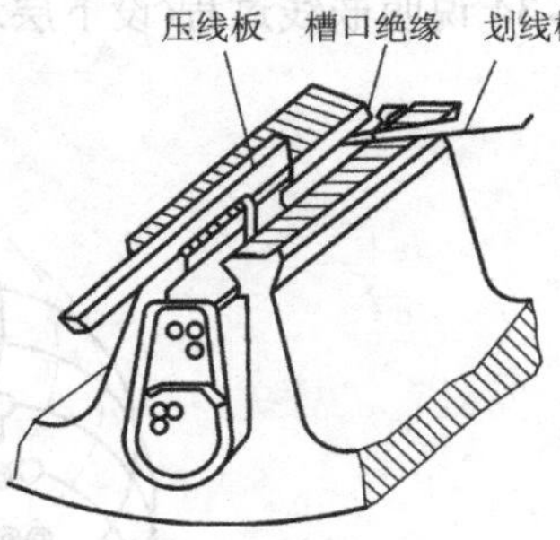

图 6-36　压线与划线联合行动

8. 垫入层间绝缘

当下层边嵌完后，即可将层间绝缘弯成 U 形插入槽内，盖住下层边，如图 6-37 所示。插后须仔细观察是否有导线跳到层间绝缘之上，如果有，必须把它压下去，盖在下面。这是因为下层边的导线跳到上层边后，如果这两层边分别属于两个极相组，极易造成短路或相间击穿等故障。

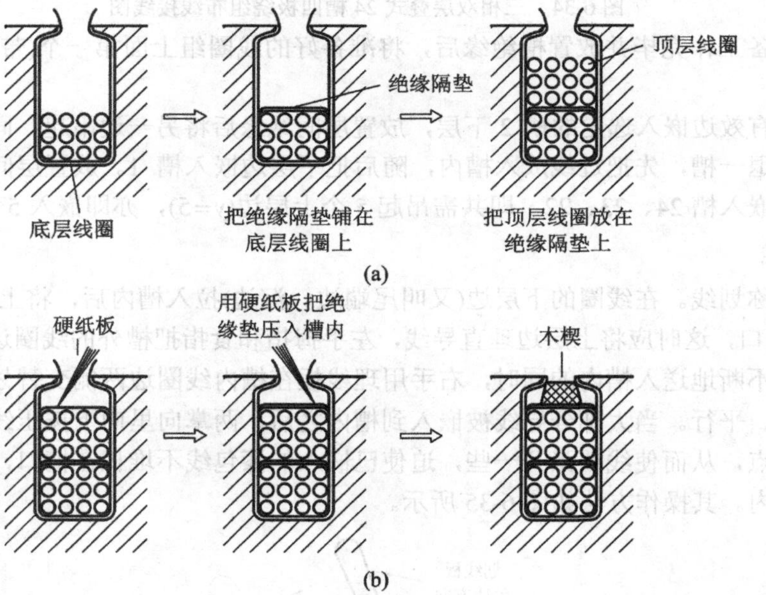

图 6-37　槽绝缘垫放置方法

9. 楔板封槽

楔板封槽的方法如图 6-38 所示。封槽前，应按图 6-37(b)所示的方法将槽绝缘垫压入槽，包封住导线，折复槽绝缘须重叠 2 mm 以上，然后用压线板压实绝缘纸，跟随着压线板压出的空隙插入槽楔(楔板)，如果插楔艰难，则可用橡皮锤敲打。若一个人不好操作，可请助手，一个人用压线板，另一个人敲，同时要注意观察槽绝缘包封面是否被槽楔撕破，如果受损，应及时采取措施，否则，不仅会造成槽楔无法到位，还很可能损伤漆包线，造成更大的返工。一般来讲，低压三相异步电动绕组对机壳应有 7 mm～10 mm 的隔电距离。

10. 端部相间绝缘

端部相间绝缘如图 6-39 所示。放置前应将绝缘纸裁剪成半月状(先剪一张插入端部绕组试一下，经试修几次认可后再行裁剪)，然后仔细辨认极相组，再逐个分别插入绝缘纸。插时必须将绝缘纸塞到槽绝缘处，并与之吻合(至压住层间绝缘为止)。

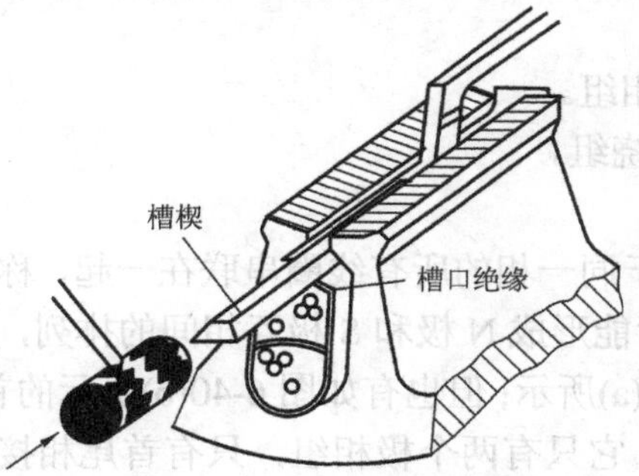

图 6-38　楔板封槽示意图

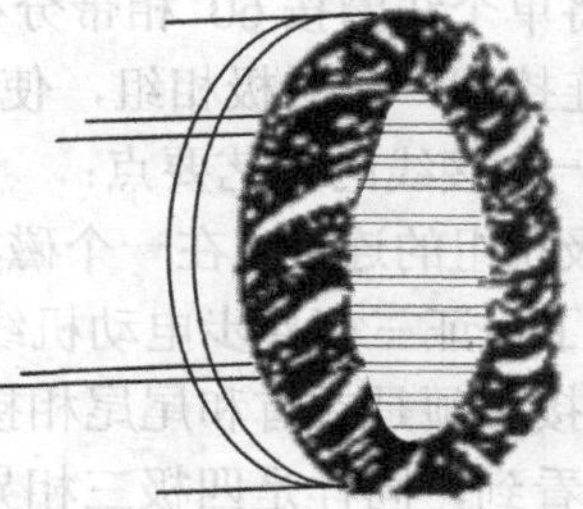

图 6-39　端部相间绝缘示意图

【思考题】

(1) 在嵌线前为什么要对定子铁芯进行清理？

(2) 使用各种绝缘的目的是什么？

(3) 为什么要对线圈进行造形？

(4) 使用槽楔的目的是什么？

(5) 在使用槽楔前为什么必须要做烘干处理？

实训七　三相异步电动机重绕线圈的连接与焊接

【实训目的】

(1) 掌握三相异步电动机重绕后的连接方法。

(2) 掌握三相异步电动机定子绕组重绕后的一、二次接线。

(3) 熟悉焊接工艺及焊料使用及其注意事项。

【实训器材】

砂纸、喷灯、电烙铁、焊条、焊药、焊锡、压接钳、铜鼻子、压接钳。

【实训注意事项】

在对定子绕组进行端部造形时，喇叭口直径大小要合格，锤成歪嘴或扁嘴、偏向某一边都不合格，因为这会影响定子散热通风，甚至使转子放不进定子腔内。喇叭口也不能很大，因为这会使线圈端部碰触机壳，影响绝缘性能。敲好喇叭口后，修剪相间绝缘纸，绝缘纸边缘应高出线圈 3 mm～5 mm。修完后，把转子放进定子腔内试一下，观察线圈和转子的配合是否匹配。

【实训步骤】

1. 三相异步电动机绕组的接线

绕组嵌线结束后，要将各线圈连成三相绕组，同时将各相绕组端部的始末端引出，称为接线。接线分为一次接线和二次接线。一次接线是将属于同一相的所有线圈按一定原则连接起来构成一相绕组的连接方式；二次接线是将三相绕组的三个首端和三个末(尾)端引出到接线盒的一段引出线的连接方式。

1) 一次接线

绕组的一次接线必须保证槽内的电流方向与槽矢量图相符。

(1) 一次接线的连接步骤：

① 将单个线圈按 60°相带分布连接成极相组。

② 连接同一相的极相组，使之成为各相绕组。

(2) 一次接线的工艺要点：

① 极相组的连接。在一个磁极下的，属于同一相的所有线圈串联在一起，称为一个极相组。为了保证三相异步电动机线圈连接之后能形成 N 极和 S 极互相间的排列，各极相组之间的连接必须是首首和尾尾相接，如图 6-40(a)所示；但也有如图 6-40(b)所示的首尾相接，这时可以看到，同样是四极三相异步电动机，它只有两个极相组，只有首尾相接，才能形成四极的磁场，这种接法通常用于单绕组多速三相异步电动机。在中小型三相异步电动机中，一个极相组内的线圈一般是连续绕制的，因此不用接头。

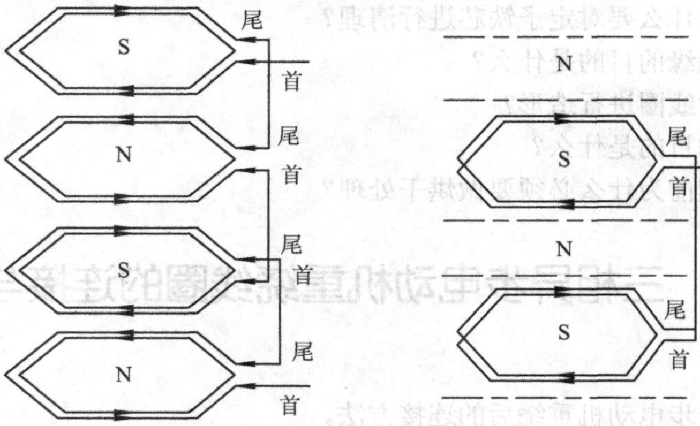

(a) 首首和尾尾相接　　(b) 首尾相接

图 6-40　极相组的接线

② 相绕组的连接。凡属于同一相的极相组绕组，才能彼此连接，在一相绕组中，处于相邻极下线圈的电流方向必须相反，即首与首、尾与尾连接。按顺序连接完毕后，用箭头标出每个极相组的电流方向，其箭头总是两两相对的，如图 6-41 所示。

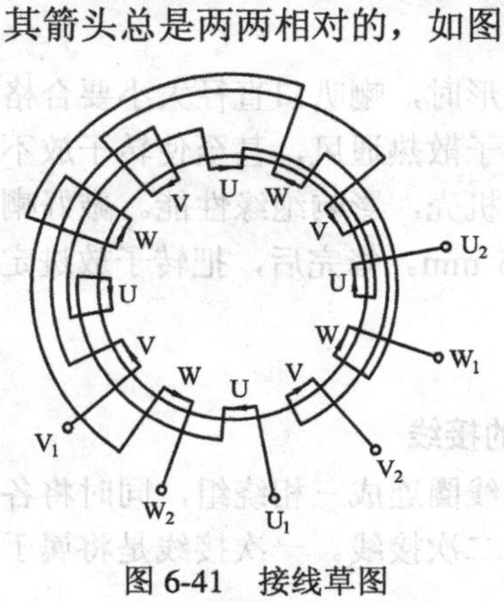

图 6-41　接线草图

③ 并联支路的连接。双层绕组中并联支路的连接原则是：各支路均顺着箭头方向连接，使得各支路箭头均是由相头到相尾；并联后各支路线圈组数必须相等。具体方法可采用底面线并联或底线并联，如图 6-42 所示。

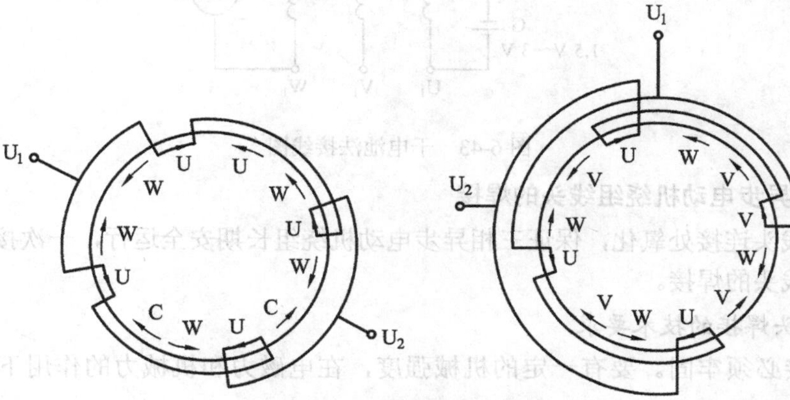

图 6-42　并联接线草图

2) 二次接线

(1) 二次接线的步骤：

① 把引出线接到接线盒中的接线板上。

② 以不同的颜色区分首尾，用 U_1、V_1、W_1 标明三相绕组的首端，用 U_2、V_2、W_2 标明三相绕组的末端。

(2) 二次接线工艺要点：

① 绕组的引出线应尽可能靠近接线盒，以便缩短引出线的长度，节约材料。

② 绕组引出线的规格应按三相异步电动机的额定功率选择，见表 6-6。也可参照三相异步电动机原有引出线的规格选用。

表 6-6　三相异步电动机绕组引出线截面积

功率/kW	引出线截面/mm^2	功率/kW	引出线截面/mm^2
1.1 以下	1	30～37	10
1.5～4	1.5	45～55	16
5.5～7.5	2.5	75～90	25
11～15	4	110～132	35
18.5～22	6	160	50

③ 绕组引出线一般采用铜接线头与接线板连接，并用绝缘套管加强引出线端部绝缘。在连接时，还采用铜接线片使其接成 Y 形或△形。

④ 当三相绕组的首端和末端标记不能辨认时，可用干电池进行鉴别。首先用万用表找出各相绕组的接头，然后按图 6-43 所示接线。当合上开关 QS 的瞬间，毫伏表的指针应指示正向(大于 0)，否则，将两探棒(表笔)调换。这时，电池的“+”极与表头的“−”极同为被测线圈的首或尾(同名端)。同理，经过两次试验，便可找出三相绕组的首尾。毫伏表也可用万用表的毫伏挡代替。

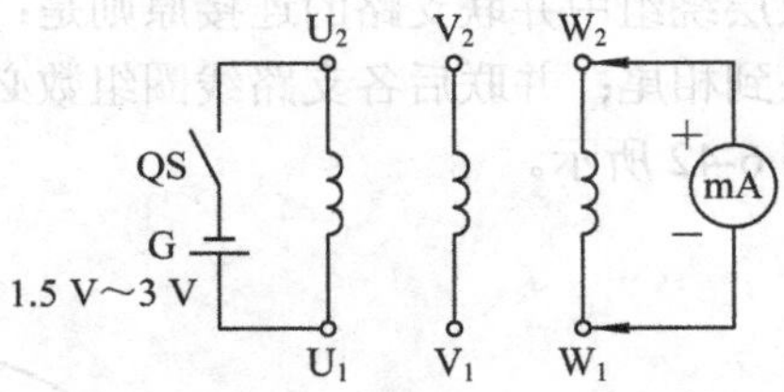

图 6-43　干电池法接线图

2．三相异步电动机绕组线头的焊接

为避免线头连接处氧化，保证三相异步电动机绕组长期安全运行，一次接线与二次接线都要进行线头的焊接。

1) 对线头焊接的技术要求

(1) 焊接必须牢固。要有一定的机械强度，在电磁力和机械力的作用下不致脱焊、断线。

(2) 接触电阻要小。与同样截面的导线相比，电阻值应相等甚至更小，以免运动中产生局部过热。电阻值要稳定，运行中无大变化。

(3) 焊接操作方便。要求焊接操作容易，不影响周围的绝缘，且成本尽可能低。

2) 焊接前的准备工作

(1) 配置套管。通常线圈引出线的套管在绕线时已套上，接线时可根据情况适当修剪一下长短，再串套上长度为 40 mm～80 mm 且较粗的醇酸玻璃丝漆管。

(2) 刮净线头(详见实训五实训步骤之"2．线圈头尾去漆皮")。

(3) 搪锡。为了保证锡焊焊接质量，一般在绕线后就将每个线圈的线头刮净搪锡，然后再嵌线、接线。搪锡在搪锡槽内进行，搪锡后应抛光或擦净。

(4) 绞合线接与扎线。由于接线导线太细，可用线头直接绞合，要求绞合紧密、平整、可靠。当导线较粗时，应用 0.3 mm～0.8 mm 的细铜线扎在线头上，如图 6-44 所示。

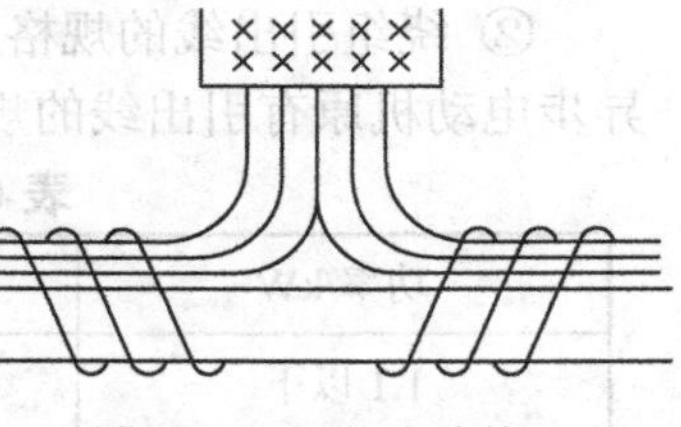

图 6-44　用扎线连接

3) 焊接工艺要点

导线连接是将线头互相绞合，通电时，只能在绞合导线的表面传递电流。三相异步电动机在长时间运行中，传递电流的导线表面会在空气中因发热而氧化，而氧化物是不良导体，久而久之会成为绝缘体，从而造成三相异步电动机单相运行故障。因此，必须采用焊接工艺。

由于接头尺寸小，数量多，接线处空间狭窄，邻近绝缘物易损坏，而且不允许焊锡掉入线槽、绕组之中，因此，三相异步电动机绕组焊接难度大。此外，在确定焊接方法时，必须是在确保焊接质量的前提下，尽量选用通用性强、不具磨蚀性、不影响邻近线圈及绝缘性能，且经济而又简便的焊接方法。

(1) 熔焊。熔焊就是被焊接的金属本身在焊接处加热融化成液体，冷却后即成为一体。一般都采用低压大电流的焊接变压器通电加热进行焊接，其二次侧电压还可根据焊接导线的截面大小进行调节，焊接效果较好。

操作时将碳极轻触线头，使焊接过程连续发生弧光，溶化后应迅速移去碳极，使导线融成一个球形。

熔焊应用较广，对较细的导线焊接更为合适。其优点是不加焊剂，简捷方便；其缺点是多路并联、线头较多时，若操作不熟练，往往会使其中某根导线焊接不牢。

(2) 锡焊。锡焊利用铅锡合金做焊料，含锡越高，流动性越好，但要求工作温度较低，助焊剂是酒精、松香或焊油，最好采用松香酒精溶液，酒精是去氧剂，将氧化铜还原成铜，松香融化后覆盖在焊接处，防止焊接处氧化。焊油有焊锡膏和焊锡药水两种，焊接完后应用酒精棉纱擦洗干净。焊锡药水虽然使用方便，但盐酸具有强烈的腐蚀作用，在电工焊接中严禁使用。焊锡的加热可用烙铁或专用工具，如焊锡槽等。烙铁有电热丝烙铁和变压器快速烙铁等，烙铁的热容量视焊头的大小而定。焊锡槽可用于浇锡和浸锡，其焊接质量比烙铁高。

锡焊的优点是熔点低，焊接温度在 400℃以下，操作方便，对周围绝缘影响小；其缺点是机械强度较差，工作温度不高。

焊接时，先在搪过锡的线头上刷上松香酒精，然后用浸锡的烙铁放在线头下面(注意烙铁不能放在线头上面)，当松香液沸腾时，迅速将焊锡条涂浸在烙铁和线头上，烙铁离开后，趁热用布条或毛巾迅速擦去余锡，若有突出的锡应设法去掉。

锡焊时，应防止烙铁过热“烧死”及熔锡掉到线圈缝隙中。浇锡或浸锡时，温度不宜过高，以免损坏周围绝缘，并注意安全。

4) 绕组接头的焊接

(1) 线鼻子与铜接线片接线方法。铜线截面在 10 mm^2 以上的单股线和截面在 4 mm^2 以上的多股线，以及截面在 2.5 mm^2 以上的软线，由于线粗而不易弯成线羊角圈(即使弯成圈，其接触面也会小于导线本来应有的接触面)，会造成导线接触电阻增大，在传导大电流时，会产生高温，影响三相异步电动机的电气性能。此时，应采用焊装铜接线头(俗称“线鼻子”)或铜接线片，具体的接线方式如图 6-45 所示。

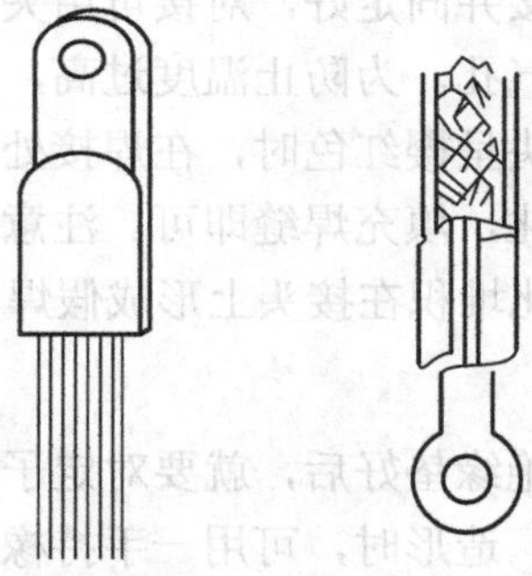

(a) 线鼻子接线　　(b) 铜接线片法接线

图 6-45　线鼻子与铜接线片法接线

接线方法：先把导线绝缘层剥去，剥削长度与线鼻子或铜接线片接线头的长度相吻合，然后分焊锡。

先将铜线鼻子的接线孔用砂纸擦干净，然后放在喷灯火焰上加热。等铜线鼻子烧热后，先在孔内涂焊药，并把焊锡熔入孔内，然后把已搪好锡的导线头插入铜钱鼻子孔中，移开喷灯让其自然冷却即可(不要用手拿导线)。

铜接线片也可用锡焊焊牢，亦可用图 6-46 所示的压接钳压接。

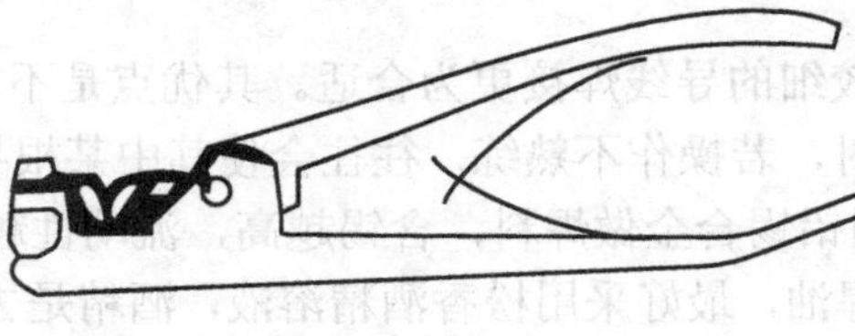

图 6-46　压接钳

(2) 钎焊。铜绕组多采用钎焊接工艺。所谓钎焊，主要是采用铜线的熔点高于焊料的熔点这一特点。钎焊又分为软钎焊和硬钎焊两种。

① 软钎焊。软钎焊常用的方法有烙铁焊、浇锡焊、浸渍焊等。钎焊前，要把待焊漆包线的接头打磨干净，清除锈渍、油污，进行搪锡处理。

• 烙铁焊。常用的烙铁有火烙铁、电烙铁、快速烙铁等。电烙铁的功率应根据铜线线头的大小而确定。40 W 小功率的烙铁只能用于线圈之间的过线接头。因为功率太小，不仅无法焊牢，而且会增加对线头的加热时间，也可能烧焦漆包线。

焊接时，先在搪过锡的接头上涂上松香酒精溶液，然后把浸了锡的烙铁头置于接头的下面(注意：不可放在接头上面)，当松香酒精溶液在接头处冒烟时，立即将锡焊条涂在烙铁及接头吻合处，锡液便可流入接头内。

• 浇锡焊。用铁锅或铁瓢在电炉或煤炉上将锡熔化，然后用小勺对已涂有松香焊剂的铜线接头浇注锡水，很快便可把接头焊好。如果把引线线头与线鼻子挂好，插入锡水中，只需数十秒，便可将它们焊为一体。

② 硬钎焊。硬钎焊多采用气焊，气焊是利用氧气乙炔火焰，将线头局部加热，使铜线接头熔化成一体的焊接方法。

焊接前，先把接头按要求搭接并固定好，对接可用夹钳夹牢。接头处不得有水分，否则可能在接头处形成一道焊缝或气孔。为防止温度过高，影响接头处的机械强度，焊接时宜将待焊接头放在外焰处。当接头呈樱红色时，在焊接处洒上焊剂，然后放上焊条，使接头的热量传给焊条，令其自然熔化，填充焊缝即可。注意：不能用火焰直接烧焊条，否则绕组接头温度不够，会使焊条熔化堆积在接头上形成假焊。

3．端部造形

在全部线圈嵌完、端部相间绝缘垫好后，就要对定子绕组端部进行造形，俗称端部整形，即将端部做成一个喇叭口状。造形时，可用一手持橡皮锤，一手拿竹板压线圈端部，用锤敲打竹板，使线圈端部形成一个喇叭口。

4．定子端部的绑扎

定子绕组虽说是静止不转的，但由于电动机在启动和运转的过程中，线圈要受到电磁力和机械力的振动，所以必须在线圈嵌完之后，统一将端部包扎结实。一般采用绝缘套管套入作为绝缘包扎，当接线头较大时，则可用绝缘绸带包扎。为防止外力拉脱，引出线的线头也要进行绑扎。绑扎方法有两种：一种是把引出线、连接线及其套管与线圈端部一起捆扎，这样绑扎较牢固；另一种是不与线圈直接捆在一起，而是把引出线和连接线单独绑扎。

【思考题】

(1) 在采用铜绕组硬钎焊的方法时，为什么不允许用火焰直接烧焊条？

(2) 定子绕组嵌完后，为什么要对端部进行绑扎？

(3) 什么叫做一次接线？什么叫做二次接线？

(4) 在焊接过程中，为什么不允许焊锡掉入线槽、绕组之中？

(5) 软钎焊的常见方法有哪些？

(6) 松香酒精溶液的作用是什么？

实训八　三相异步电动机重绕后的检验

【实训目的】

(1) 熟悉三相异步电动机重绕后的半成品检验项目。

(2) 掌握三相异步电动机重绕后的半成品检验方法。

【实训器材】

三相异步电动机定子、三相异步电动机转子、短路探测器、热电偶、电桥、万用表、兆欧表、变色测温贴片、红外测温仪、塞尺、多功能轴承故障检测仪、试电笔、干电池。

【实训注意事项】

(1) 用灯泡来检查定子绕组接地是最简单可行的方法，但由于是利用 220 V 的交流电，有触电危险，所以在操作中要特别小心。有条件的，可采用兆欧表。

(2) 在拆除绕组之间的过桥线时必须停电。

(3) 采用探测器查找短路线圈比较方便，但使用时应注意：

① 对具有闭合回路的并联接法和△形接法的交流电动机绕组，应人为地先将其拆断闭路；否则，即使线圈无短路，也会发生类似于短路故障的现象。

② 利用耐压实验查找短路点，如果是相间绝缘薄弱环节引起的击穿短路，而且故障点在端部，也可利用耐压试验的击穿火花位置找出故障点。

(4) 使用离心式转速计时，将转速探头顶住转轴的某点，便可在表盘上读出转速。使用时应注意：

① 选择合适的量程。

② 变量程时，必须先将转速探头移开转轴。切不可在测量过程中改换量程，以免打坏表内的量程挡位齿轮。

③ 测量过程中，不得用力过猛，否则极易损坏转速探头。

【实训步骤】

1．认识重绕后检验的必要性

三相异步电动机的定子绕组经过绕制、嵌线、焊接后，还必须进行浸漆等一系列的检验和试机，使故障隐患能够及早地发现并处理，从而确保绕组的质量和满足运行特性的要求，检测项目主要包括重绕后试验和整机出厂试验。重绕后试验一般要在浸漆前通过试验及早发现因绝缘等薄弱环节而造成的缺陷，以及接线不正确而出现的错误等，同时还可以对不符合使用要求的技术性能进行及时的调整；整机试验则是对电动机修理质量的总体检验，是保证电动机安全可靠运行的重要环节。

2．熟悉重绕后电动机外观检查的项目

(1) 检查各接线头的绝缘以及绑扎是否符合要求。

(2) 检查槽楔是否高出槽口铁芯，有无扭曲、开裂以及过分松动等缺陷。

(3) 检查绕组端部机座、端盖的绝缘距离是否小于 7 mm～10 mm。

(4) 检查绕组隔相纸的衬垫部位是否符合要求，即是否满足高于线圈 2 mm～3 mm，但不得高于铁芯的规定。

(5) 检查槽口有无开裂现象，如有缺陷应及时补垫绝缘。

(6) 检查线头有无漏接，或明显接错的情况。

(7) 检查绕组端部是否存在不圆整、扭曲变形和明显的凸出情况。

(8) 检查绑扎线的各个部位是否均低于铁芯 2 mm～5 mm。

(9) 检查焊接处及绕组中有无残锡或杂物遗落的情况。

3．重绕电动机绕组典型故障的排查

重绕电动机绕组典型故障一般都可通过重绕后的检验发现。常见的故障可分为接地、短路、断路和接错四大类型。究其原因，主要是由于嵌线工艺不规范，嵌线技术不熟练，选用或剪裁的绝缘不合格，接线极性不正确以及原始数据不清楚等造成的。

发生故障后必然会显现某种表象。通常一种故障会产生几个方面的表现，而不同故障又可能出现同样的现象，因此故障的因果关系是错综复杂的。但作为重绕修理的电动机，其故障情况则比运行中的简单，通常可以通过检查、试验来找出故障点。

1) 绕组接地故障

该项检查试验是在定子与转子没有组装的情况下进行的。

绕组与铁芯之间用绝缘纸(槽绝缘)隔开，如导线与铁芯间的绝缘受到破坏而产生直接导电的现象，即成为绕组接地故障。接地故障可能发生在绕组槽内或槽外，也可能出现在连线或引线上。

接地故障发生后，会使机壳带电而可能造成人身触电的不安全事故，也可能会引起线路的电气设备失控，还会使绕组发热而进一步导致严重故障。所以，有接地故障的电动机，必须进行检修处理。

(1) 重绕电动机接地故障原因分析。

① 选用的绝缘材料质量不合格，易脆裂或有破损。

② 嵌线操作技术不熟练，造成槽绝缘破损(常发生在槽口)或绝缘移位。

③ 线模设计不合理，线圈端部过短致使嵌线困难，槽口绝缘被撕裂，或线圈过长碰机壳而被耐压试验击穿。

④ 绝缘漆不合格或烘干不到位，通电试车时造成绝缘击穿。

(2) 接地故障的检查方法。接地故障的检查方法一般有万用表或兆欧表法和试灯法。

① 兆欧表检查。兆欧表是测量绝缘电阻的常用电工仪表。检查接地时一极接被测绕组，另一极接电动机金属外壳，当电阻指示为零时表示被测绕组接地。

② 试灯检查。试灯是电动机修理人员最常用的简便测试工具，它的两根检测棒接在串有灯泡的电路上，如图 6-47 所示。检查时要把电动机用绝缘板垫起，再接上试灯电源，先

用两根检测棒检验试灯是否正常发亮，然后用两根检测棒分别接触被测绕组接线端和接地(金属外壳)，如有接地则试灯发亮。

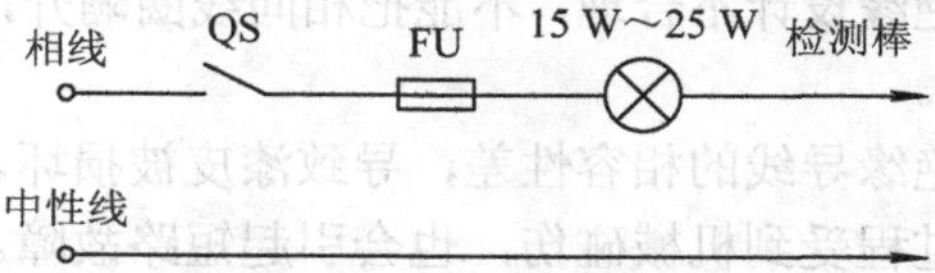

图 6-47　检测试灯的接线

机壳接地故障检查一般用试灯法。将一根检验灯引线接至三相异步电动机机座上(须将机座试点的绝缘漆皮刮去)，另一根则与三相异步电动机的接线盒端子 U_1 接上，三个绕组的末端 U_2、V_2、W_2 在接线盒处作 Y 形连接(即用连接片短接)。如果灯亮，则表示绕组接地；不亮，则说明定子绕组绝缘良好。

如定子绕组经检查发现接地(即碰外壳)，就暂时不再做别的检查，而先观察绕组是在何处碰触外壳。如果观察无效，再在接线盒上将星点拆开(即把 U2、V2、W2 的连线拆下)，然后分别检查，确认是哪一相碰壳。如果是△形连接的三相异步电动机，则在接线盒内将△形连接引线拆开。测量仍可用检验灯逐相碰触，只要灯泡一亮，则说明该相接地。

找到碰壳的一相以后，再找碰壳的线圈。接地检查用万用表或兆欧表查找更简单，查找碰壳线圈也可用此法。

碰壳线圈找出之后，必须重新在槽内放绝缘垫，或者更换一只新的线圈。有时是由于硅钢片松了，其尖角切入了漆包线而引起了碰壳。遇到这种情况，只要将硅钢片压紧，或锉去突出的硅钢片即可。碰壳故障有时是由于导线嵌错了槽，使线圈在十分艰难的条件下勉强嵌进槽内，造成槽口铁芯硅钢片划进漆包线而引起的。

(3) 利用耐压试验查找接地点。对于重绕电动机绝缘薄弱处，有时用兆欧表测绝缘时不一定能发现问题。但采用耐压试验时，在高压的作用下，绝缘的薄弱点就会被击穿，从而可消除电动机存在的隐患。当绝缘击穿时会产生火花，只要注意观察，一般都可找到接地点。但观察时要注意安全，不要靠得太近。

(4) 绕组接地故障的检修。对于重绕电动机的接地故障，一般都可在绝缘检查和耐压试验中发现，损坏程度只限于故障点。因此，找出故障点后，在接地点处加垫相应的绝缘即可。如接地点在槽内，则要把槽楔退出，将该槽线圈边部分线匝从槽口翻出，插入新的槽绝缘，抽去损坏的槽绝缘后把线匝嵌入。最后还要经摇表检查和通过耐压试验确认。

2) 绕组短路故障

绕组短路故障是指电动机绕组由于绝缘层损坏而引起直接导电的现象。绕组短路故障分同一相线圈内部发生的匝间短路、同相位线圈间短路和不同相线圈间的相间短路等。

绕组发生短路故障后，将导致定子磁场分布不均匀、三相电流不平衡、电动机运行时会引起振动和噪声；短路线圈在通电时产生的短路环流很大，会导致线圈严重发热，甚至烧毁电动机。

(1) 重绕电动机短路故障的原因分析。

① 选用过期的或不合格的漆包线绕制线圈。

② 嵌线、整形操作不熟练，造成层间或相间绝缘移位后未校正，使相间在耐压试验时

被击穿。

③ 滑线工具不良或滑线用力过猛，造成槽内导线绝缘层脱落。

④ 端部绝缘或层间绝缘设计不合理，不能把相间线圈隔开，形成绝缘薄弱环节，从而引起在耐压试验时被击穿。

⑤ 选用的绝缘漆与绝缘导线的相容性差，导致漆皮被损坏。

⑥ 绕组修理或装配过程受到机械碰伤，也会引起短路故障。

⑦ 绕线转子滑环绝缘不合格，在耐压试验时被击穿引起短路。

(2) 定子绕组短路故障的排查。

① 电阻检查法。如果绕组短路比较严重，可通过各相绕组直流电阻测量来确定短路故障。一般来说，若线圈匝数无误，当一相电阻超过规定值时，则有可能是短路故障造成的。

② 空载电流检查法。如果电动机接线极性正确，三相直流电阻相差未超过规定范围，当空载时三相电流不平衡超过 20%，而且经调换大、小两相电源检查，空载电流不随电源调换而改变的，则电流大的一相绕组即存在短路故障。

(3) 短路故障点的查找。

① 交流压降法检查短路点。此方法适用于交流电动机。检查时将故障相绕组各连接端的绝缘层剥开，从绕组两端线接入约 100 V 的交流电压，如图 6-48 所示。然后分别测量各组线圈的电压降，如读数相差较大，则读数最小的即是短路极相组。如能将组内线圈连线找出来，同理可根据压降小的确定短路线圈。如无法将线圈分开，则可用其它方法确定故障点。

② 短路探测器检查法。短路探测器是由硅钢片叠装而成的开口变压器，但只有一只线圈装在横向铁芯上。使用时将探测器开口部位放在被测线圈的槽口上(也可跨几只槽)，如图 6-49 所示。接通电源后记下电流表读数，再将一段铁片放到被测线圈另一有效边所跨过的槽口上，如铁片无反应(检测直流电枢时会有微小吸力和振动)，则该线圈无短路故障；若槽内线圈有短路故障，槽内线圈便相当于变压器一次侧短路，反映到一次侧的电流读数增大，线圈的短路电流所形成的交变磁场将使铁片发出强烈振动的“吱吱”声。

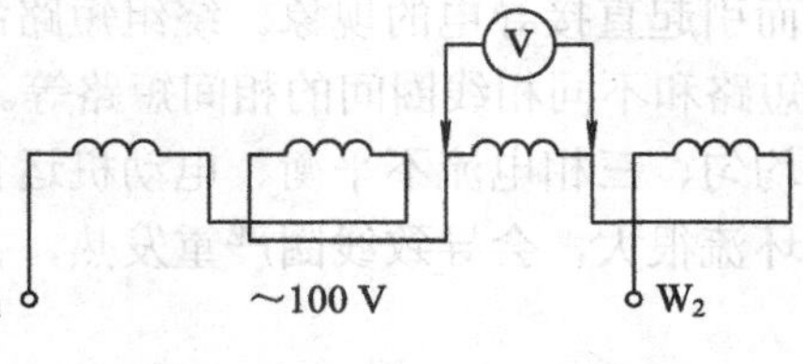

图 6-48 交流压降法查找绕组短路点

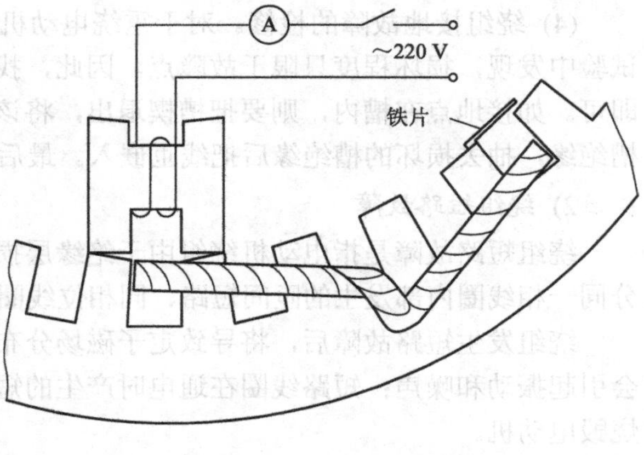

图 6-49 短路侦探器查找短路线圈示意图

(4) 绕组短路故障的检修。由于短路故障点的部位和存在形式不同，故进行处理的方法也不同。

① 匝间短路的处理。

• 匝间短路点可见，只需把绝缘损坏的导线用绝缘带包扎隔开即可。

• 如果短路点不可见，则先将绕组端部扎线解开，把有匝间短路的线圈端部翻开，寻找导线绝缘破损处(如属通电后发生的故障，则要注意黑烟留下的痕迹)，若找不到，则短路可能发生在槽内，这时就要退出槽楔，把故障线圈边从槽口取出，直到找到损坏的导线，包扎绝缘后重新嵌入。

② 同相线圈间短路的处理。同相线圈短路可能发生在绕组端部，也可能发生在槽内上下层之间。其处理方法同匝间短路。

③ 相间短路处理。重绕电动机中，相间短路是常见的故障，而且多数情况是由于相间绝缘存在薄弱点，在耐压试验时被击穿。故障点如在绕组端部，则端部相间绝缘部位及靠近槽口上下层线圈等部位应是检查的重点。若表面找不到故障点，可解开绑扎带，检查有无遗漏的线匝未被隔相纸隔开，如有则将绝缘被击穿的导线包好，重新隔相。此外，要将相间绝缘重新检查整理，一定要将其伸到槽口，对双层绕组则要与层间绝缘纸重叠，用兆欧表检查合格后再进行耐压试验。如故障未消除，则故障点在槽内层间，这时要将上层线圈翻出，找出击穿点导线进行绝缘包扎，重新插入层间绝缘，再把上层线匝嵌入。

3) 绕组断路故障

绕组是由线圈串联成组，各组再根据一定的接线形式连接成一个完整的绕组，其中某点断开则称为断路故障。断路故障有线圈断路、线圈组断路以及并联支路断线等。如果三相交流绕组一相断路，则电动机不易启动，或启动后由完好的两相绕组运行，将使电流猛增并很快发热烧坏。如果一相中的并联支路开断，则三相电流将不平衡，负载运行时绕组会过热。

(1) 重绕电动机断路故障的原因分析。

① 焊接工艺不良造成假焊。

② 装配过程受机械冲击砸断导线，或端部整形不合格，喇叭口某处凸出，当装入转子时线圈导线被拉断。

③ 接线操作工艺不熟练，有漏接而形成断路。

④ 绕组存在隐患，试车时发生短路故障而烧断线圈。

(2) 定子绕组断路检查的要点及检查方法。

① 检查要点。定子绕组断路的大部分故障是线圈折断、连接线接头松脱、漏焊等，其检查方法如图 6-50 所示。

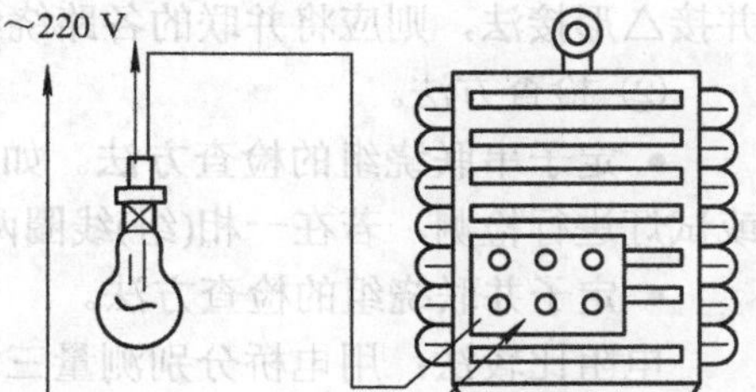

图 6-50　用灯泡检验定子绕组开路

图 6-51 所示的定子绕组属 Y 形接法，此时将灯泡的两根线中的一根接 U_1，另一根接 V_1，灯亮则说明 U 相、V 相绕组是正常的；再将灯线改接到 W_1、U_1，如果灯不亮，则说明 W 相绕组有断路现象，依次两两相间检查断路点。但是，如果是接线盒的星点接处 U_2、V_2、W_2 没接好，接 W_1 时灯也不会亮，则在接灯泡检查时，首先要检查一下接线盒中的接线柱是否接好，

从而可避免线圈大卸大拆。因此，在所有的检查中，要分析故障的可能性，逐一排除，进而可避免小问题复杂化以及乱拆乱卸带来的不良后果。对于△形接法的三相异步电动机，为寻找断路故障，应把接线盒中的接线片打开，然后用灯泡逐一检查，也不难发现断路相。

找出断路相以后，再找断路线圈组。例如U相断路，检查时将检验灯的一根接在U相的起端，将另一根线依次与每个线圈组的终端接触(检测前应将线圈组接头上的绝缘套管推开，露出接线)，如图 6-51 所示。如与第一个线圈组的终端相接时灯泡亮，而与第二个线圈组的终端相接时不亮，则说明第二个线圈组已经断路。

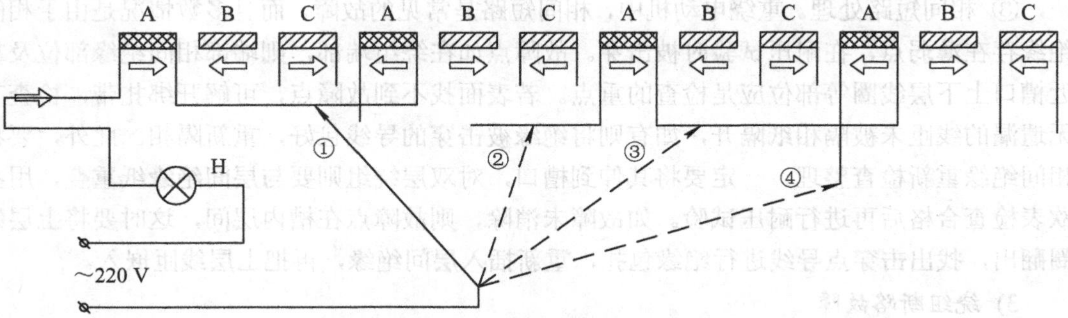

图 6-51 用灯泡依次检查绕组开路

断路线圈组找出来以后，再检查断路线圈组的线圈间连接线，就会发现是连接线没有接。对于这种情况，应尽量避免。如不是这种问题，则应把线圈间的连接线拆开，然后分别检查每只线圈。有可能是线圈连接线虚焊，对此只要重新焊牢即可；也有可能是线圈断线，则须把线圈换掉。如果该三相异步电动机是双路并联Y形连接，还必须确定断路位于哪一路。此时将检验灯的一根引线接于Y中点，将另一根引线依次与每相的各电路相接，如图 6-52 所示。有断路的电路找出后，断路线圈的寻找与上述单路Y形连接相同。假如三相异步电动机是双路并接△形接法，则应将并联的各路绕组拆开，以便检查出断路处。

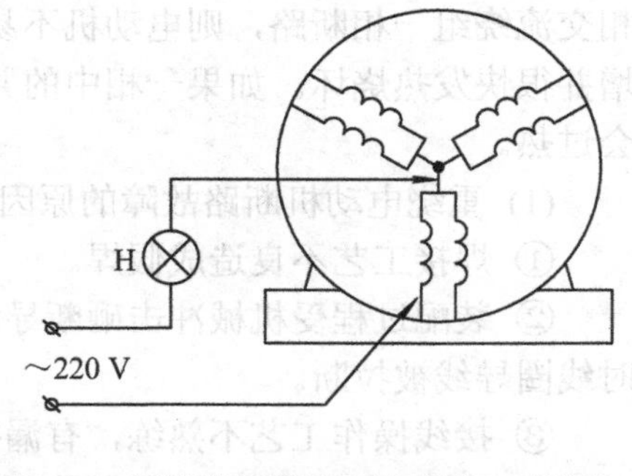

图6-52 用检验灯测试双路并联Y形连接

② 检查方法。

- 定子串联绕组的检查方法。如果绕组没有并联支路。可用兆欧表、万用表(欧姆挡)或试灯进行检测，若在一相(组)线圈两端检测不通则是断路故障。
- 定子并联绕组的检查方法。

电阻比较法：用电桥分别测量三相绕组直流电阻，其中有并联支路断开的一相，其绕组电阻比正常相电阻大，若是两路并联断开一路，则该相电阻约为正常值的 2 倍；若是三路并联断开一路，则该相电阻约为正常值的 1.5 倍。

电流比较法：将三相绕组接成Y形，将单相低压交流电源同时接入三相绕组，如图 6-53 所示。若三相电流相差较大，则电流小的一相可能有断开的故障。

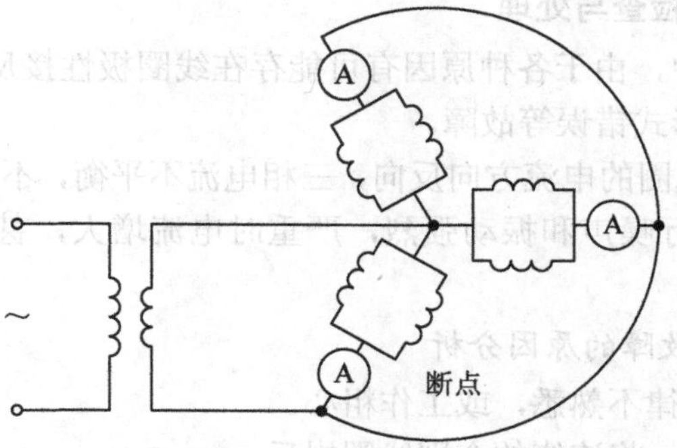

图 6-53　用电流比较法检查断路故障

(3) 断路故障点的查找。

① 外观检查。如果外露的线圈受到机械损伤造成断路，只要注意观察，一般都可找到断路点；如果是在槽内断线，则一般是空载试验时因短路而烧断的，这时，该槽的槽口通常都会有烟冒出，只要注意观察就可以找到有黑烟痕迹的故障槽。

② 万用表查找断路点。如果是接头假焊，可将断路相绕组各接头绝缘层剥开，用万用表(R×1 挡)的一表笔接触引接线一端(U_1)，另一表笔分别检测线圈各个接头的两侧，如图 6-54 所示。焊接合格时两侧读数应相同，若某接头两侧读数不同，或牵动线头时该读数不稳定，则说明此接头为假焊断路点。

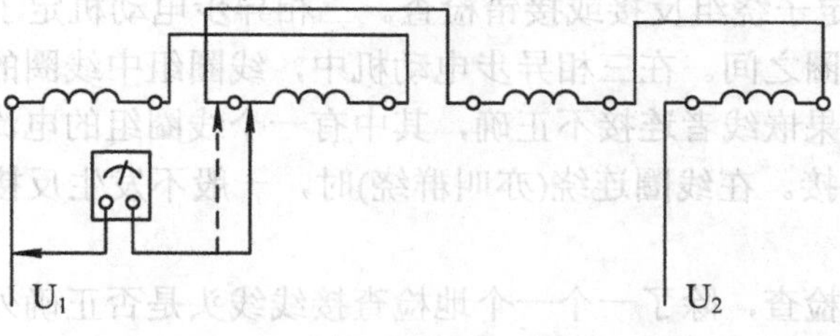

图 6-54　用万用表查找断路点

4. 绕组断路故障的处理

1) 断路点在端部的处理

如果断路点在绕组端部，可以直接在端部连接，若长度不足则取相同导线驳接，然后将其绞接并用锡焊牢再包扎绝缘，并对周围的导线清理、检查，有轻微受损处也用绝缘隔开，重新绑扎整形。

2) 断路点在槽内的处理

若断路点在槽内或槽口，首先要退出槽楔，再将槽内线匝取出。如果损坏的导线仅一两根，则可将受损线匝移至端部用同规格绝缘线嵌入槽中并在端部进行驳接。若槽内受损导线较多，就要拆卸一个节距的线圈，重绕一只新线圈将其更换。

3) 断路点在接头的处理

如果查出断路点在接头处或漏接，只需重新将导线焊接段的漆皮刮干净，挂锡后绞接用锡焊牢即可。

5. 绕组接错的故障检查与处理

在交流电动机接线中，由于各种原因有可能存在线圈极性接反、极相组极性接反、并联支路数接错以及接线形式错误等故障。

绕组接错后，接反线圈的电流方向反向，三相电流不平衡，不能形成完整的旋转磁场，从而造成启动困难、运行噪声和振动强烈，严重时电流增大，甚至过热、冒烟而烧毁电动机。

1) 重绕电动机接错故障的原因分析

(1) 对绕组的连接规律不熟悉，或工作粗心。

(2) 嵌线工艺不熟练，将连绕的个别线圈嵌反。

(3) 拆线时原始记录不详细或记错。

2) 绕组接错故障的排查

一般采用滚珠检查方法检查绕组接错故障。把三相异步电动机转子抽出，用一粒滚动轴承的钢珠(直径约 10 mm～15 mm)放在定子内圆表面，接通三相交流低压电源。若三相绕组接线正确，则滚珠将沿定子内圆滚动；如果有绕组接反，由于不能形成圆形磁场，滚珠就不能完成一周的滚动而坠落。

注意：试验时，对小电动机通入的电压可以高一些，一般试验电压 $U_c \approx (0.9 \sim 1)U_N$；大中型电动机则要低些，但通电时间不宜过长，否则容易引起电动机过热。

3) 绕组接错部位的查找

(1) 交流电动机定子绕组反接或接错检查。三相异步电动机定子绕组反接，多发生在线圈、线圈组和相线圈之间。在三相异步电动机中，线圈组中线圈的连接均使电流按同一方向通过各线圈。如果嵌线者连接不正确，其中有一个线圈组的电流不是按同一方向流过的，就会导致线圈反接。在线圈连绕(亦叫群绕)时，一般不发生反接现象，除非再嵌时把线圈反接弄错。

对于线圈接反的检查，除了一个一个地检查接线线头是否正确外，还可用蓄电池以低压直流电通入各相，同时在铁芯上放一只小指南针来检查。指南针的指针在经过每一线圈组时，均应反向，在某一线圈组时指示北极，在下一线圈组时就应指示南极。如果指南针在任何一个线圈组时其指针并不固定，则这个线圈组有可能接反。接反的线圈会产生一个与同组中其它线圈不同的磁场，致使整个线圈组的磁性减弱，因此对指南针吸引力不够才出现指针不定位的现象。

(2) 线圈组反接。如果仍用指南针来判定线圈组是否反接，此时应把低压直流电源的一根引线接至三相异步电动机的星中点，而将另一根依次接于电动机三相绕组的出线端的首端，即 U_1、V_1、W_1 上。将指南针沿着定子铁芯的内腔壁上移动，这时指南针的指针可指出每个线圈的极性。如果指南针的指针在每个线圈组上均反向，那么三相异步电动机各线圈组的极性是正确的。

检查用△形连接三相异步电动机线圈组是否反接时，须拆开三角形一点，再以低压直流电源接于拆开△形的两端上，如果指南针的指针在每个线圈组上均反向，即表示连接正确。

(3) 相的反接。连接三相异步电动机时，大部分错误是把三相中的某一相接反。这种错误也可用指南针找出。

如同试验线圈组时一样，将各相连接于低压直流电源上，同时用指南针在每个线圈组上按顺序试验，看指南针变化的规律，是否正、反交替进行。若连续有数槽指针不动，即表示其中一相接错，反接其中一相，即能得到正确的连接。

(4) 内部连接错误。确定三相异步电动机连接是否正确，可在定子腔内放一粒钢珠，然后通电，使电流通过绕组，如图 6-55 所示。如果定子绕组连接正确，钢珠会沿着定子铁芯内腔壁回转；若连接错误，钢珠即静止不动。但要注意，应用此法仅限于小型三相异步电动机，而且通电时间不能过久，否则有烧毁绕组的可能；较大的三相异步电动机在应用此法时应将电源电压降低。

4) 绕组接错的处理

交流电动机一相绕组反相时可在出线盒的接线板上进行调换，其线头的排列次序如图 6-56 所示。

极相组的反接查出来之后，只要将该组两线头拆开，调正后重新绞接焊牢即可。

如果是极相组内个别线圈嵌反，可在端部嵌反的线圈内找到，也可将嵌反的整个线圈从槽中拆下，重新嵌入。

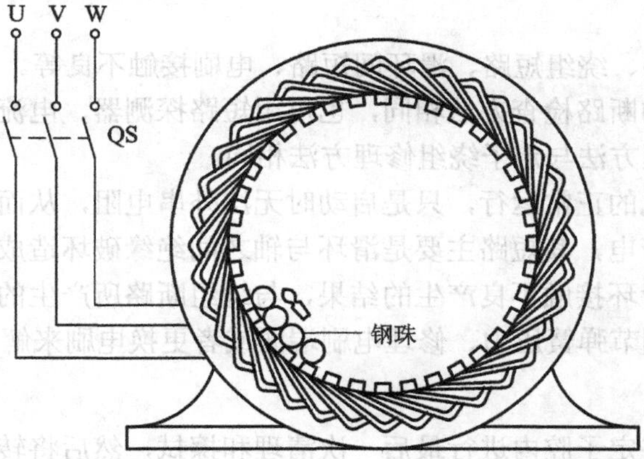

图 6-55　用钢珠来检验定子绕组接线

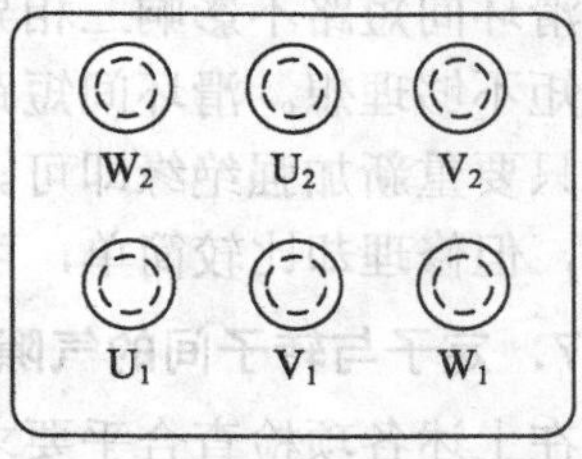

图 6-56　三相异步电动机接线端子排列图

6. 转子的检验

三相异步电动机有笼型转子和绕线转子两种转子结构，它们的定子绕组结构基本相同，但转子却互不相同。在重绕定子绕组的过程中，转子被放置一边。而在定子绕组修好，将定子与转子组装之前，必须对转子进行检查。

1) 笼型转子检查

(1) 产生断条的原因。笼型转子的常见故障是断条，断条在铸铝转子中更为常见。产生断条的主要原因有以下三个：

① 铝料不纯。如果熔铝槽内杂质多，一旦混入铝液中并且铸入转子时，在杂质多的地方容易形成断条。

② 铸铝工艺不当造成断条。如果铸铝时铁芯预热温度不够，或者是手工铸铝过程中出现过停顿、不是一次浇铸完毕，则会造成先后浇铸的铝液之间结合不好，在结合部最易断条。

③ 铸铝前铁芯压装过紧，铸铝后转子铁芯涨开，使铝条承受过大的拉力而断条。

(2) 笼型转子的检查方法。笼型转子常用的检查方法有：

① “短路探测器”检测断条法。

② 大电流铁粉检查断条法。

③ PDT—3型电动机短路测试仪检查法。

(3) 笼型断条的修理方法。笼型断条位置不同，修理方法也不尽相同。常见修理方法如下：

① 端环断裂补焊。转子端环断裂可补焊修理，但应该有焊条。焊条自制的方法是：将锡(63%)、锌(33%)、铝(4%)混合加热熔化，制成粗6 mm、长400 mm的焊条。再用喷灯加热笼型端环(短路环)400℃～500℃，用自制的焊条补焊。在焊接前应先清除污物和油污，以便将自制的焊条熔成液体后注入裂缝，填满缺口处。待冷却后，再用锉刀修整即可。

② 个别导条断裂的修理。如果转子较短，而且断裂的导条只是个别的，则可以用电钻钻断导条，在清除残存的铸铝以后，再用相近的铝条代替原导条插入槽中，然后再焊接导条与端环相交处。焊接方法同上所述。如果电动机导条较长而无法钻透，则可以在断路处用钻垂直于导条钻孔，直到露出槽底面时，再用自制焊条补焊。

2) 绕线转子的检查

绕线转子绕组故障主要有绕组断路、绕组短路、滑环间短路、电刷接触不良等。

绕组断路的检查方法与笼型转子的断路检查方法相同，也可用短路探测器、电流铁粉法和电动机短路测试仪来检测。其修理方法与定子绕组修理方法相同。

滑环间短路不影响三相异步电动机的正常运行，只是启动时无法外串电阻，从而使启动转矩不够理想。滑环间短路使机壳带电，其短路主要是滑环与轴之间绝缘破坏造成的，因此只要重新加强绝缘即可。电刷与滑环接触不良产生的结果，与绕组断路所产生的结果相同，但修理却比较简单，可以通过调节弹簧压力、修理电刷端面或者更换电刷来解决。

7．定子与转子间的气隙检查

在上述各项检查合乎要求之后，将定子腔内进行最后一次清理和擦拭，然后将转子放入，用塞尺测量定子与转子间的气隙是否符合该型三相异步电动机的气隙规定。

在转子安装完毕，用手转动转子看能否转动自如，如发现卡死，或感到转子没有正常运转时那样转动灵活，则须认真检查，发现问题及时处理，以便顺利进入下一步试车检查项目。

8．机壳等机械部件的检修

1) 机壳

检查机壳有无裂纹，散热片是否完好无缺。对锈蚀严重的要除锈、刷漆。至于裂纹，过去常用电焊焊接，但这易造成机壳变形，影响转子安装，现在采用工业修补剂即可粘补好。

2) 端盖、风扇和风扇罩

在定子绕组重绕的过程中，通常把端盖、风扇和风扇罩放置一边，这样易造成锈蚀和人为的损坏。对这些受损的铸铁制品和塑料制品，都可以用工业修补剂来修补。

9．电动机的检查与试验项目

1) 电机绝缘电阻与吸收比的检测

(1) 新绕组绝缘。新绕组(耐压前)的绝缘电阻均应满足表6-7所示的要求。

表 6-7　交流电动机新绕组(半成品经烘燥、冷却后)的绝缘电阻

电机类型	绝缘电阻要求
500 V 以下低压电机	>5 MΩ
3 kV～6 kV 高压电机	>20 MΩ

交流电动机转子绕组(热态)绝缘电阻由下式确定：

$$R_{75} \geqslant \frac{U}{2000} \ (\text{M}\Omega)$$

如果电动机是在冷态(室温)下测量，其值将远高于此值，故室温下要求的绝缘电阻为：

$$\text{R}_\text{t} = R_{75} 2^n \ (\text{M}\Omega)$$

式中：R_{75} 为绕组工作于热态(75℃)下所要求的绝缘电阻，单位为 MΩ；R_t 为换算到室温下应达到的绝缘电阻，单位为 MΩ；n 为常数，$n=(75-t)/10$(取整)。

(2) 电动机成品绝缘吸收比。一般中小型电动机只要求绕组绝缘电阻合格就可以了，但对重要的中型电动机和功率在 500kW 以上的电动机，还应测量吸收比，并满足：

$$K = \frac{R_{60}}{R_{15}} \geqslant 1.3$$

式中：R_{15} 为兆欧表检测摇到 15 s 时的读数；R_{60} 为兆欧表检测摇到 60 s 时的读数。

2) 绕组直流电阻和绝缘电阻的测定

(1) 直流电阻的测定。绕组直流电阻的测定应在冷态下进行，测量方法有电桥法和电压降法。测定直流电阻的目的是检查其三相绕组的直流电阻是否平衡，绕组接线错误、焊接不良、导线绝缘损坏或线圈匝数不准确，都会造成三相绕组电阻的不平衡。三相绕组的直流电阻不平衡将引起三相电流不平衡，为确保重绕质量，应使测得的电阻值满足下式：

$$K_\text{R} = \frac{3(R_\text{m} - R_\text{n})}{R_\text{U} + R_\text{V} + R_\text{W}} \leqslant 2.5\%$$

式中：R_U、R_V、R_W 分别为被测三相绕组的直流电阻值，单位为 Ω；R_m、R_n 分别为测得的三相绕组的最大和最小的电阻值，单位为 Ω。

上式的标准适用于中、小型的低压电动机，对容量大于 500 kW 或电压高于 1000 V 的电动机，K_R 值应不大于 1%。

根据电动机功率的大小，绕组的直流电阻可分为高电阻和低电阻，电阻值在 10 Ω 以上的为高电阻，在 10 Ω 以下的为低电阻。其测量方法如下：

① 高电阻的测量。用万用表测量，通以直流电，测出电流 I 和电压 U，再按欧姆定律 $R=U/I$ 计算出直流电阻的阻值 R。

② 低电阻的测量。用精度较高的电桥测量，应测量三次以上，取其平均值。

(2) 绝缘电阻的测定。测量绝缘电阻的目的是检查绝缘绕组对地和相间的绝缘，要求绝缘良好。绕组对地绝缘不良或相间绝缘不良，都会造成绝缘电阻过低而不合格。

对于容量较小的电动机，每相绕组电阻大于 1 Ω 时常用单臂电桥测量；若每相电阻小于 1 Ω，为准确起见，最好用双臂电桥测量。如无电桥也可用电压降法测量绕组每相电阻。其它容量的电动机一般采用兆欧表。

(3) 电压降法测量绕组电阻。

① 电动机经烘燥后取出冷却至室温。

② 将需测量的一相绕组 R_x 接成如图 6-57 所示的线路。

③ 接通直流电源(合上开关 QS)，调小电阻 R 的值，使电流表显示值约为电动机每相电流的 20%(可取仪表整刻度数)。

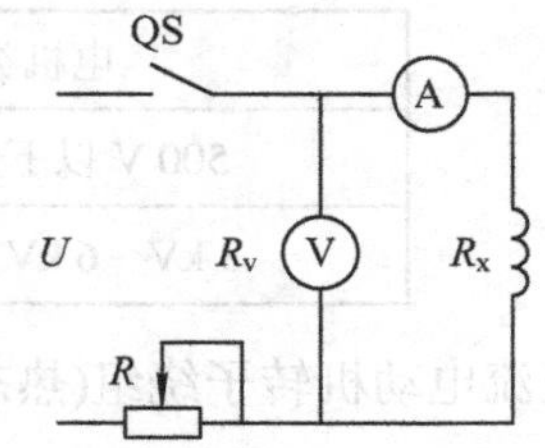

图 6-57　直流电压降法测电阻的接线

④ 记下电流表读数 I 和电压表读数 U，由欧姆定律求取被测绕组的直流电阻值：

$$R_x = \frac{U}{I}\ (\Omega)$$

为了确保数据正确，最好测量三次取其平均值。另外还需记下测量时的室温，以供今后修理时参考。

3) 三相绕组极性的检测

三相交流电动机绕组极性的检测包括线圈极性、线圈组极性以及一相绕组相位极性等的检测。在此仅介绍最为常用、简单、可靠的干电池—万用表法。其检测步骤如下：

(1) 用万用表(欧姆挡)查出三相绕组引线并分别标上 U、V、W 记号。

(2) 把 1～2 节干电池串联开关后接到 U 相两端，如图 6-58(a)所示，并将电池“+”端所接的线头标记为 U_1。

(3) 把万用表调到毫伏挡(或毫安挡)，并接到 W 相任意两引线。

(4) 当合上开关 QS 瞬间观察表针指示应为正向摆动(如系反向则必须调换两表笔使其正摆)，这时表笔“－”极所接的引线与电池“+”引线是同极性，即是 U_1 和 W_1。

(5) 将万用表笔改接到 V 相，如图 6-58(b)所示进行检测，同理合上 QS 瞬间表针正摆时，电表“－”极所接的引线是 V_1。

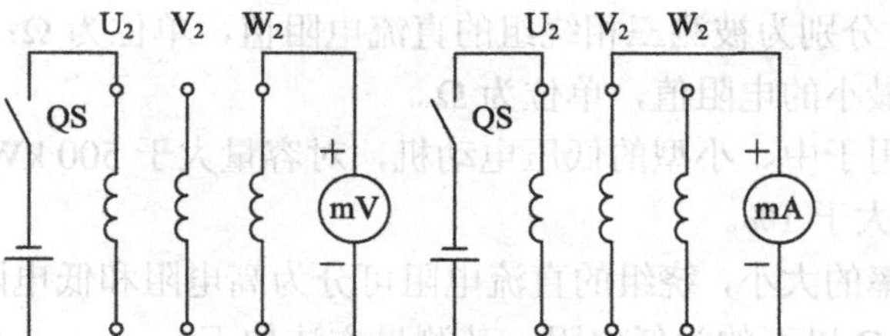

图 6-58　干电池—万用表法检测三相绕组引出线极性

(6) 显然，余下三根引线则是另一极性端，按相分别标为 U_2、V_2、W_2。

4) 三相异步电动机空载试验

三相异步电动机的空载试验是指电动机不带任何负载，接通三相额定电源电压的空转检测。下面主要介绍对空载电流的检查。

空载电流是从三相异步电动机定子电源线上测量所得的线电流。电动机的空载电流与功率、极数有关，而同规格不同系列产品也有较大的差别，准确的数值要查产品说明书或有关技术资料。对于一般用途的中小型电动机则可参考表 6-8 进行比较。所测的值应满足下列条件：

(1) 空载电流不应超过表值的±5%。

(2) 空载电流三相不平衡不应超过 10%，即

$$K_3 = \frac{3(I_m - I_n)}{I_1 + I_2 + I_3} < 10\%$$

(3) 空载运转时间为 30 min～60 min，且期间电流无明显变化。

(4) 空载运转应无异常响声，且轴承温度不应有明显过快的升高情况。

表 6-8　一般用途三相异步电动机空载电流占额定电流的比值

功率/kW	0.06～0.2	0.22～0.5	0.55～1.5	1.7～4.5	5～11	13～30	32～90
2 级	0.53～0.64	0.35～0.5	0.37～0.52	0.34～0.38	0.26～0.32	0.24～0.29	0.27～0.29
4 级	0.63～0.74	0.6～0.67	0.48～0.52	0.34～0.45	0.35～0.37	0.33～0.36	0.28～0.31
6 级			0.55～0.61	0.48～0.54	0.42～0.45	0.35～0.43	0.26～0.28
8 级				0.55～0.59	0.49～0.53	0.42～0.48	0.39～0.42

多数电动机空载检查要按每一转速相应的接线分别进行，其不平衡电流应满足上面的要求，但空载电流值要参考有关资料对照。

如果三相异步电动机电流不相等，其差值超过 5%，且不随时间变化，可能是三相绕组不对称引起的；如果差值随时间不断增大，则是绕组匝间短路所致，这时，应停止试验，检查绕组；如果电流太大，则可能是绕组接线错误、短路、定子与转子之间的间隙不合乎要求等原因所致。

在空载运行过程中，还应该注意观察电动机的运行情况，比如是否有不正常的声响、振动、撞击，轴承、铁芯的发热是否正常等。

注意：绕线转子电动机转子绕组空载试验时应将转子绕组三相引出线短接。

5) 三相异步电动机绕组耐压试验

耐压试验的目的是检查电动机的绝缘和嵌线质量。通过耐压试验可以确切地发现绝缘的缺陷，以免在运行中造成绝缘击穿故障，并可保证电动机的使用寿命。

耐压试验是在绕组对极座及绕组各相之间施加一定的 50 Hz 交流电压，历时 1 min 而无击穿现象为合格。耐压试验在专门的试验台上进行，每一个绕组都应轮流做对机座的绝缘试验，此时，试验电源的一极接在被试绕组的引出线端，而另一极接在电动机的接地机座上，试验一个绕组时，其它绕组在电气上都应与接地机座相连接。低压电动机的试验电压如表 6-9 所示。

表 6-9　低压电动机耐压试验电压

试验阶段	1 kW 以下	1.1 kW～3 kW	4 kW 以上
嵌线后未接线	$2U_N + 1000$ V	$2U_N + 2000$ V	$2U_N + 2500$ V
接线后未浸漆	$2U_N + 750$ V	$2U_N + 1500$ V	$2U_N + 2000$ V
总装后	$2U_N + 500$ V	$2U_N + 1000$ V	$2U_N + 1000$ V

(1) 交流电动机绕组耐压试验的接线。交流电动机包括单相和三相异步电动机，其绕组均是分相布线，所以除保证绕组对地绝缘外，还需检查绕组相间(单相电动机则是主、辅绕组之间)的绝缘。一般接地和相间耐压试验同时进行，即先将三相绕组分开，把其中两相(如 U 相和 V 相)的两端同时接到耐压输出端 L，并将其短接，以免发生接地故障时产生高压感应。余下一相的一端与机壳相连后再接到耐压输出的地端 E，如图 6-59(a)所示。如果耐压通过，则说明 U、V 两相对 W 相绕组和对地绝缘良好，然后换接，如图 6-59(b)所示，检验 W、V 两相对 U 相及对地的绝缘情况。这样，只要做两次检验便可完成三相绕组相间和对地耐压试验。如果绝缘击穿点在外面，可在复试时观察击穿闪光点位置(注意保持一段安全距离)，断开电源后再找出击穿点并排除故障。

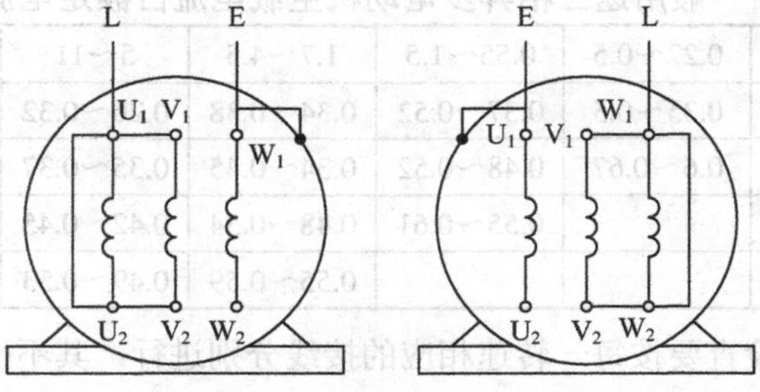

图 6-59　交流电机绕组耐压试验接线图

注意：绕线转子绕组的试验方法与定子相同，但耐压标准不一样。

单相电动机只有两相绕组，耐压试验方法与三相相同，也要进行两次试验才能满足耐压要求。

(2) 耐压试验标准。交流电动机耐压试验标准如表 6-10 所示。

表 6-10　交流电动机绕组(相间、对地)耐压试验标准

试验阶段	1 分钟耐压值/V
定子绕组 1 kW 以下重绕(半成品)	$U_n = 2U_N + 750$
定子绕组 1 kW 以下重绕(成品)	$U_n = 2U_N + 500$
定子绕组 1 kW 及以上重绕(半成品)	$U_n = 2U_N + 1500$
定子绕组 1 kW 及以上重绕(成品)	$U_n = 1.3U_N \geqslant U_N + 500$
定子绕组局部换线圈	$U_n = 2U_N + 750$
转子绕组重绕(半成品)	$U_n = 2U_z + 1500$
转子绕组重绕(半成品)	$U_n = 2U_z + 1000$

注：U_n 为绕组相间、绕组对地的绝缘耐压值；U_N 为被测电机额定电压值；U_z 为被测转子绕组开路电压值。

6) 绕线转子绕组开路电压检测

开路电压测量时将转子绕组引出线开路，对定子施加额定三相电压，在转子滑环上测取三相线电压。对于容量较大而短路阻抗较小的电动机，也可对定子绕组施加 1/2 的额定电压，开路电压为转子滑环间测得电压的 2 倍。

转子三相电压也应平衡，且与铭牌数值偏差不超过 ±5%。

7) 绕组匝间绝缘强度试验和短路试验

(1) 交流电动机绕组匝间绝缘强度试验。交流电动机绕组匝间绝缘强度试验是在空载试验后，再把电源电压提高到 1.3 倍额定电压，运行 5 min，并监视电流无明显变化时，即说明绕组匝间绝缘强度合格。

(2) 短路试验。短路试验又称堵转试验，它是在把交流电动机转子轴卡住不转的条件下进行的通电试验。试验形式有以下两种：

① 定流法短路试验。用三相调压器逐渐调高电动机输入电压，并测量线电流，当定子线电流达到电动机额定电流时，所测得的三相绕组的线电压值即是短路电压 U_K。

电动机机短路电压是重绕参数是否合理的重要检验手段，也是电动机性能调整的重要依据。因此，如果有条件就应对重绕后的三相异步电动机进行短路试验。一般 380 V 的中小型三相异步电动机的短路电压值要基本接近表 6-11 中的参考值。

表 6-11 三相(380 V)异步电动机短路电压参考值

电机功率/kW	0.6～1.0	1.1～7.5	7.5～13	13～50	50～125
正常短路电压值/V	90	85～75	75	75～70	70～65

② 定压法短路试验。给额定电压为 380 V 的三相异步电动机施加 95 V 的三相对称交流电压，这时记下的三相定子绕组线电流即是电动机的短路电流 I_K。

对于 1 kW 以上的电动机，短路电流 $I_K=(1.4～1)I_N$ 为合格，而较理想时应为 $I_K=(1.4～1.2)I_N$；对于 1 kW 以下的电动机，一般约为 $I_K=(1.1～0.95)I_N$ 为合格。

对短路电流的合格标准与定压法相同。但要求三相短路电流任一相与平均值之差不应超过平均值的 3%～4%。

短路试验应在经烘燥后，未浸漆前的冷态下进行，这样，一旦发现明显的缺陷便可及时处理。为了避免绕组发热，试验时间要尽量缩短，一般每次检测要求在 10 s 内完成。不过，大功率的电动机短路电流大，试验时应考虑调压设备的容量能否满足要求，如容量过小则会损坏试验设备。

电动机试验项目很多，但作为电动机重绕修理，通过上述几项检测基本上足以全面地考核电动机修理的工艺质量及预测运行的性能。为了确保产品质量的可靠性，一般重绕试验宜做几项全检；而电动机浸烘和总装配竣工之后，还要对电动机绝缘电阻、绕组直流电阻、绕组耐压、电动机空载进行重测检验，并作为电动机重绕修理整机出厂文件的技术资料。

10. 重绕电动机转向的确定与接线

重绕修理的电动机其转向正确与否，往往是修理中被疏忽的问题。但对于任何电动机来说其转向都是有规定的，而在实际中有的设备不允许反转，且视反转为严重事故，因此电动机的转向应引起重视。

1) 电动机反转的原因分析

(1) 电动机出线盒的接线板不是按绕组相序排列的，出现了标记排列错误。

(2) 对于绕组接线与转向的关系不够明确。

(3) 对于重绕电动机转向的确定有所疏忽。

2) 重绕电动机规定转向的接线

(1) 三相异步电动机的转向确定。三相异步电动机的接线盒是设计在轴伸端的前面，即出线在前端，所以绕组接线也应在前端。根据面对轴伸端时转向为顺时针的规定，应使三相绕组接线后的引线相头排列顺序如图 6-60 所示，U_1、V_1、W_1 为顺时针方向排列。

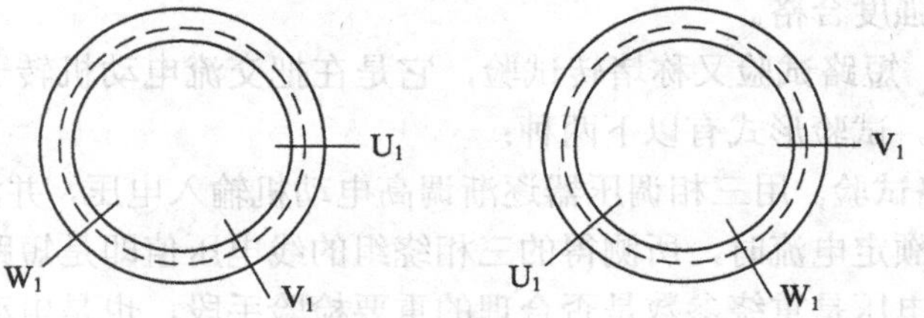

图 6-60　三相异步电动机绕组相头位置排列示意图

(2) 电动机反转的处理方法。三相异步电动机需要反向旋转时，只要对调三相电源中任意两根电源线即可。

11. 重绕嵌线后的试机

三相异步电动机重绕修理后，其技术性能指标较原来可能会有较大的变动，性能是否符合使用要求，必须按新三相异步电动机项目进行一系列的检测、试验。重绕后的试车也属检验项目之一。试车分空载和负载试车，通过试车可检测各项技术指标。在试车检验中，会发现重绕三相异步电动机可能存在的缺陷，如有缺陷，应及时进行处理，以确保重绕三相异步电动机的质量。

1) 三相异步电动机转速的检测

检测重绕修理后的三相异步电动机转速，不仅关系到应用问题，也牵涉到三相异步电动机定子绕组的接线是否正确等问题。

检验三相异步电动机转速的常用方法是转速计法，转速计法又分为离心式转速计测速法和数字转速表测速法。

(1) 离心式转速计测速法。离心式转速计的工作原理是基于表内的离心机构在测量时带动指针，转速越高，离心力越大，指针的偏转也越大，由此便可读出转速。这种转速表的测量范围在 45 r/min～18 000 r/min，其量程是通过表内的减速齿轮来调节的。

(2) 数字转速表测速法。数字转速表用液晶数码显示转速，读数准确。它的转速探头有顶针式和反射式两种。用反射式探头时，可在三相异步电动机旋转轴的任一回转半径点测量转速。

2) 轴承的检查

有故障的轴承通过试车即可发现，其表象是轴承温度过高。形成这种故障的原因有以下几点：

(1) 滚道或滚珠局部疵损。

(2) 轴承使用多年导致磨损。

(3) 轴承润滑脂在重绕期间被混入灰尘、砂子或其它杂物。

(4) 重绕后安装时，润滑脂添加量不合规定(润滑脂只需填满轴承室的 1/3～2/3 空间即可)。

(5) 轴承装配不到位，或没装正。

(6) 端盖与轴承座不同心。

试车时发现轴承过热，应停车检查。轴承的检查方法有以下两种：

(1) 人工检查法。拆开端盖轴承座，仔细观看润滑脂是否过量，轴承座与端盖是否同心，轴承装配是否到位等。用手指捏润滑脂，如果含有杂物、砂粒，一摸即知。

(2) 仪表检查法。可采用多功能轴承故障检测仪来检验。这是一种综合测试仪器，它能测量轴承温度、噪声、磨损程度等多种物理量，适用于轴承运行中不解体故障的检测、诊断，其数字显示具有读数清晰、准确等特征。

3) *定子绕组温度的检查*

检测三相异步电动机的发热情况是非常重要的，尤其是重绕后必须检查定子绕组的温度，及时发现问题，将问题排除在浸漆之前。

通常空载试车不超过 1 小时，而在整个试车过程中，对于正常的三相异步电动机其温度不会很高，只有在定子绕组出现短路、接线错误等情况下才会有温度过高的情况出现。

温度检测常用的方法有电阻测定法、热电偶测定法、温度表测量法、变色测温贴片测试法和红外测温仪测温法等多种。变色测温贴片在三相异步电动机的正常运行中监视温度是十分方便的，但不适于用它来检测重绕修理后的三相异步电动机发热情况，因为测温贴片一般是贴在电动机外壳上，定子绕组发热热量须经过定子铁芯传到外壳，而后才传到测温贴片上，这个过程需要较长的时间，试机时不宜采用；红外测温仪用数字显示温度值，测量时，只需要将测验口对准要测的三相异步电动机某点，这点的发热温度值便在显示窗口上显示出来。

空载试车温度高的原因如下：

(1) 电源电压过高。额定电压为 380 V 的三相异步电动机，允许在 342 V～418 V 之间使用。

(2) 定子绕组接线原是 Y 形误接为△形。

(3) 定子绕组存在接地、短路故障。

(4) 启动后熔丝烧断一相，造成电动机单相空转。

(5) 定子与转子有碰擦现象。

(6) 铁芯的铁片间绝缘漆被破坏(尤其是用火烧法来拆除绕组的)，铁芯片间短路，涡流过大。

(7) 三相异步电动机绕组受潮严重，泄漏电流大。如果确属此种情况，待温度升到一定程度，潮气驱除，电源正常后，高温会自动解除。

(8) 散热条件不完善，可能漏装三相异步电动机风叶。

(9) 轴承发热，引起机壳过热。

4) *电压、电流及功率检验*

对于电压、电流及功率的检验，可采用与三相异步电动机正常运行时一样的条件，甚至可以直接装在原来的启动设备上，通过原有的仪表进行读数来测量。如果原先有空载电压、电流和功率因数的记录，此时可将修理后的读数与以前的记录进行比较，比较后的数据便可说明修理的结果。

利用试车时空载电流的大小，也可发现重绕三相异步电动机的一些故障。

(1) 三相空载电流不平衡的原因分析。

① 定子绕组出线一相首尾反相，或部分线圈反接。

② 定子绕组部分线圈在并联支路上断开。

③ 定子线圈绕线匝数不等，或存在匝间短路。

④ 电源电平不平衡。

(2) 空载电流偏大的原因分析。

① 电源电压过高。

② 定子绕组 Y 形误接为△形。

③ 定子绕组匝数少。

④ 双层绕组跨距，较原先缩短。

⑤ 定子绕组误接成多路并联。

⑥ 气隙偏大，定子与转子铁芯错位造成有效长度减少。

5) 其它检验

(1) 机壳带电。可用试电笔或数字显示式试电笔检验，测试时应与机壳未涂漆的地方接触。如果机壳带电，则可能是：

① 线圈过长，造成线圈端部碰触电动机端盖，使整个机壳带电。

② 嵌线时线圈在槽口破损，与铁芯接触。

③ 线圈连接头绝缘破损接触机壳。

(2) 试车振动强烈，噪声异响。试车时除注意观察仪表外，还须密切注意三相异步电动机的振动和响声。如果试车振动强烈，噪声异响，可判断出电动机的一些故障所在：

① 转轴变形弯曲，或者转子铁芯变形。

② 轴承装配过松(可用工业修补剂填补)，也有可能是轴颈过度磨损或偏心。

③ 轴承磨损、间隙过大，可用工业修补剂进行修补。

④ 定子与转子之间有铁屑、铁粉或其它杂物。

⑤ 隔相纸(在端部)或槽楔过高，碰及转子，发出“嚓嚓”声。

⑥ 定子或绕线转子绕组有局部短路或接地故障。

⑦ 笼型转子断条，而断条集中在某一侧，遇到这种情况需要修理笼型转子。

⑧ 定子绕组接错，如反相、极性接反等，引起三相电流不平衡。

⑨ 端盖轴承室磨损严重。

⑩ 三相异步电动机槽楔配合不当。

⑪ 轴承经清洗后忘记填放润滑油，转轴因此发热而膨胀，以致影响轴承在电动机中的回转，能听到滚珠发出一阵“卡啦啦”的声响，最后造成电动机不能转动，这种情况俗称“轴承冻结”。发现此情况后，可拆开轴承并添加润滑油，严重时须换新轴承，并加适量润滑油。

(3) 试机后的拆卸检验。上述两项试机检验结束后，必须将三相异步电动机拆卸。一则是为了下一步的浸漆烘烤，二则也是为了检验一下经试机后，定子绕组、转子、轴承等有无变化。这主要是外观检查，内容如下：

① 检查绕组端部与机座、端盖的绝缘距离应不小于 7 mm～10 mm。

② 检查绕组隔相纸的衬垫部位是否在试机振动中移位，如果移位应该纠正过来。正常时，隔相纸的衬垫要高于线圈 2 mm～3 mm，但不要高于铁芯。

③ 检查绑扎线，其任何部位均应低于铁芯 2 mm～5 mm。

④ 检查槽口应无开裂，如有缺陷应补垫绝缘。

⑤ 检查槽楔是否受到试机时振动后高出槽口铁芯，槽楔应无扭曲、无开裂，无过分松动等缺陷。

⑥ 各线头仍保持着良好的绝缘(可用兆欧表测试一下是否有接地、短路现象)，并绑扎牢靠。

⑦ 检查接点外及绕组中有无残锡或杂物遗落。

【思考题】

(1) 三相异步电动机重绕后的定子检验方法有哪几项？

(2) 三相异步电动机重绕后的转子检验方法有哪几项？

(3) 三相异步电动机重绕后试机的拆卸检验主要包括哪几项？

(4) 重绕电动机绕组典型故障的检修方法有哪些？

(5) 三相异步电动机试机时，空载电流偏大的原因有哪些？

(6) 应怎样消除机壳带电现象？

实训九　三相异步电动机嵌线后的浸漆与整机检验

【实训目的】

(1) 熟悉三相异步电动机嵌线后浸漆的目的。

(2) 熟悉三相异步电动机嵌线后的浸漆方法。

【实训器材】

漆刷、漆槽。

【实训注意事项】

(1) 远红外线加热时须注意的事项：

① 照射距离一般控制在 150 mm～400 mm，辐射元件之间的距离一般在 120 mm ～250 mm。

② 被照面与加热器表面之间的距离应尽量一致，特殊形状的被照物体的加热要考虑在烘房内加热元件的合理布置和选型，尽可能使整个表面均匀得到辐射。

③ 为了提高干燥效率和红外线均匀分布度，可采用抛物线形反射板，特别是当用管形和棒形加热器时，更需要反射板。反射板一般用抛光的铝板，板面为抛物线形时，干燥效率比一般平板形的高 30%。

④ 温度应较易控制。一般采用晶闸管元件调压来控制温度，准确度可达± 3℃。

⑤ 为防止爆炸事故，须将电源线头安装在烘房外面，要注意防止烘房内的支架及接头跳弧或产生过热点，还需有安全阀，以减少爆炸危险。

有关试验结果表明，远红外线烘房较电热式烘房可节省电能 74%，并缩短浸烘的时间，可提高产品质量。

(2) 预烘时须注意以下几点：

① 绕组要清洁，装在平车上，不准用木块作垫块，以免碳化引起火灾。

② 预烘温度要缓慢升高。一般升温速度不应大于 30℃/h。若加热太快，会使内外层温差大，潮气会由外层向内部扩散，影响干燥效果。

③ 采用热风循环干燥，炉内温度比较均匀，有利于水分蒸发。同时还须定时吹入冷风换气，一方面使炉内含潮较多的热炉气排掉，降低炉内湿度；另一方面当冷风吹入时，绕组表面温度较内部低，能促使绝缘内部潮气加速扩散，提高干燥效果。但换气时消耗热能，会降低炉温，因此，换气不宜过于频繁。

④ 对于干燥要求比较高的绕组，宜采用真空干燥。一般操作过程是先烘焙一段时间，再抽真空，然后再烘焙一段时间。这样，既可节省能源，也可把炉内的潮气抽出。在抽真空的情况下，水的沸点降低，可在较低的温度下进行烘干，以减轻绝缘损伤。

浸漆前必须预烘，其目的是驱除定子或转子绕组中所含的潮气和其它易挥发物，以提高绕组浸漆质量。另外，预烘也能提高铁芯及绕组的温度，使它们与绝缘漆接触时，绝缘漆黏度降低，以便能很快地浸透到绕组里，填充线圈匝间、线圈与铁芯之间的间隙。

(3) 浸漆注意事项：

① 对于老系列的电动机，由油溶性漆包线制造的绕组，在浸漆时最好不用甲苯、二甲苯等强溶剂做稀释剂，以免损坏导线绝缘漆层，操作时也要注意工件温度应低于 60℃，浸泡的时间也要短些。

② 对于转子，浸渍时应成 45°角放置，有条件时最好采用立浸，以得到较好的浸漆效果。

③ 对于工件较大，受设备条件限制，不能沉浸的，可用滚浸(转子)或浇漆(定子绕组端部)方法。滚浸是使绝缘漆浸没一部分绕组，滚动铁芯使漆渗透，充满绕组的端部和整个槽内间隙。滚浸速度不宜太快，还须防止多余的漆聚集在工件靠下的一面，形成漆瘤。浇漆时，应使绕组受漆均匀。滚浸和浇漆应选用防潮性较好的漆，其黏度应比沉浸法低，以便充分渗透。

④ 每次浸漆后须滴干，一般约需 30 min～60 min，至没有漆流出为止。没有彻底滴干浸漆的绕组，可延长干燥时间，否则可能使易燃的漆液引起火灾和爆炸事故。

⑤ 对于转子，为了避免漆在绕组内凝聚成块，运转时受热软化甩出，造成事故，每次浸漆滴干后，还应进行甩漆，甩漆条件见表 6-12。

表 6-12　甩漆条件

转　　子	甩漆转速 *n*/(r/min)	甩漆时间 *t*/min
直径小于 400 mm	600	5
直径在 400 mm 以上	300	5
3000 r/min 高速转子	300	10

【实训步骤】

重绕三相异步电动机经过检验和试机，确认合格之后，就可进入浸漆与烘烤工序了。

1．浸漆的目的

绕组在电动机结构中是最为脆弱的部件，为了提高绕组的耐潮性、机械强度、导热性和散热效果，以及延缓老化等，必须对嵌装后的绕组进行绝缘处理，即浸漆处理。绕组绝缘处理的目的有以下几个方面：

1) 提高绕组的耐潮性

绝大多数绝缘物质在空气中都有不同程度的吸潮作用。所谓“潮气”即水分。绝缘物质如槽绝缘垫、端部的隔相绝缘等，如果吸收了潮气，严重时，会使三相异步电动机绕组的绝缘电阻大幅度下降，甚至低于0.5 MΩ以下，这将会影响三相异步电动机的电气性能。经过浸漆处理后，由于绝缘漆将绝缘中的微孔和间隙填充，并在表面形成一层光滑的漆膜，使水分不易浸入绝缘内部，因而耐潮性显著提高。

2) 提高绕组的电气强度和机械强度

绕组浸漆处理后，漆膜的击穿强度及其它电气性能远远高于空气，又可避免由于电磁力、振动和冷热伸缩引起的绝缘松动和磨损。尤其是三相异步电动机在启动时电流很大，导线将发生强烈的振动，时间长了导线绝缘层很可能被摩擦破损，会发生短路、接地等事故。经浸漆处理之后，使疏散的漆包线胶合成一个结实的“团体”，这样不仅提高了电气强度，也提高了机械强度。

3) 改善绕组的导热性能

未浸漆前，绕组绝缘中的气隙存在着大量的空气，而空气的热导率为0.025 W/m·℃～0.03 W/m·℃，导热性很差，从而影响绕组热量的散出。经过浸漆处理后，绝缘漆填充了空气隙，把空气挤跑了，而绝缘漆的热导率为0.14 W/m·℃～0.16 W/m·℃，这就使导热性能大为改善。生产实践证明，浸漆以后，在同样的条件下，绕组的温升可以降低几度。

4) 提高绕组的耐热性

经过浸漆处理后，在绕组表面形成一层漆膜，可以减少和空气的接触，使氧化过程减慢，耐热性得以提高。如未经浸漆的纸、纤维等为A级，允许最高工作温度为105℃，经过浸漆处理以后，可以提高为E级，最高允许温度为120℃。

5) 提高绕组的化学稳定性

空气中的有害化学物质颇多，特别是一些化工部门使用的三相异步电动机，其绕组随时都在面临着酸、碱等化学物质的围攻。经过绝缘处理后，坚硬的漆膜能防止绝缘材料、导线、槽楔、铁芯等直接与有害的化学介质的接触，而且经过特殊绝缘处理的绕组，还可以使绕组绝缘具有防霉、防电晕、防油污等能力，从而提高了绕组的化学稳定性。

此外，经浸漆处理后，使绕组提高了防霉、防菌、防电晕、防油污、防尘等的能力。

由此可见，三相异步电动机的浸漆处理是必不可少的一个重要环节。

2．浸漆的方法

浸漆的方法有四种，即沉浸法、浇漆法、刷漆法和滚漆法。究竟选哪种，操作者应根据现有条件、三相异步电动机体积大小以及三相异步电动机对绝缘质量的要求等诸多方面来综合考虑并加以选择。

1) 沉浸法

沉浸法适宜于小型三相异步电动机的浸漆处理，它是将三相异步电动机定子或转子全部沉没于绝缘漆中，让绝缘漆浸透到所有的绝缘缝隙之中，填充绕组各匝间间隙以及槽内所有空隙。这种方法效果最好。

2) 浇漆法

浇漆法所用设备简单，效果没有沉浸法好。它最适宜对单台三相异步电动机的浸漆处理，特别适宜对中型三相异步电动机的浸漆。

3) 刷漆法

如果绕组只换一两个线圈，则用刷漆法较节省。具体方法是，用漆刷蘸绝缘漆对新嵌线圈刷漆。

4) 滚漆法

滚漆法适应于绕线转子绕组的浸漆处理。具体方法是：把绝缘漆倒入漆槽内，漆面要高于绕组 10 cm，并将漆槽加热到 50℃左右，然后把转子轴水平放置，使转子在漆槽内滚动，至浸透漆为止，此后，将转子抬出漆面，让漆滴干 20 min～30 min。

绝缘漆有两大类，即有溶剂漆和无溶剂漆。如果采用有溶剂漆，则最少要浸两次漆；如果采用无溶剂漆，可浸一次漆。

3. 浸漆前的准备工作

1) 待浸三相异步电动机的准备

重绕修理的三相异步电动机，必须经过前述项目检验合格，确认无任何故障的情况下，才允许进入绝缘处理阶段。在进入浸漆工序之前，对定子(或转子)要进行清扫，可用干净的白布擦拭定子铁芯、槽口，用清洁的压缩空气吹净积尘。

2) 绝缘漆的准备

绝缘漆按用途可分为浸渍漆和覆盖漆。

(1) 浸渍漆。根据浸漆工艺要求，对浸渍漆要求如下：

① 浸渍漆应有适当的黏度以及较高的固体含量，以便能渗入绕组及绝缘层内，填充空隙。

② 形成漆膜快，干燥性能好，也便于长期储存。

③ 黏附能力强，富于弹性。固化后能承受住三相异步电动机启动时的强烈冲击。

④ 浸渍漆自身应有良好的绝缘性能。

⑤ 具有良好的耐潮、耐热、耐油性能，化学性能稳定。

⑥ 与导线、绝缘材料的相容性好。

浸渍漆又分为有溶剂漆和无溶剂漆两大类。有溶剂漆由合成树脂或天然树脂与溶剂组成，具有较好的渗透性，浸漆工艺简单，但浸烘周期较长，固化慢，溶剂的挥发还会造成浪费和环境污染。有溶剂漆用得最多的是醇酸类漆和环氧类漆。无溶剂漆由合成树脂、固化剂、活性稀释剂等组成，具有固化快、黏度随温度变化大、浸透性好、固化过程中挥发物少、绝缘整体性能好等特点。因此，使用无溶剂漆可提高绕组的导热和耐潮性能，且能降低材料消耗，缩短浸烘周期。

(2) 覆盖漆。覆盖漆有瓷漆和清漆两类。瓷漆含有填料或颜料；清漆为透明状，不加填料或颜料。

覆盖漆用于涂覆经浸渍漆处理后的绕组端部和绝缘零部件，在其表面形成连续而厚度均匀的漆膜作为绝缘保护层。用以防止机械损伤和受潮气、润滑油、尘埃及酸碱、菌类的侵蚀，提高表面放电电压。

4. 浸漆设备的准备

浸漆设备包括烘房、浸漆槽、滴漆架、转子甩漆机等，其中烘房是主要设备。

1) 烘房

烘房是绝缘处理的重要设备，要求升温快、温度均匀、干燥性能好、控制灵敏准确、能源消耗少、安全可靠以及操作维修方便。烘房一般都采用热风循环式，用电、煤气或蒸汽加热。近年来，采用了远红外线干燥新技术。

热风循环式烘房本体内层用耐温砖砌成，中间用石棉粉或硅藻土等做成绝热层，外层则用普通砖砌成。加热器宜装在烘房顶上或背面，便于维修。电热器发热元件用镍铬合金电热丝绕成。为防止溶剂与灼热的电热丝接触而发生爆炸事故，应将电热丝装在充满石英砂的铁管内，并将接头处加以密封。电热器的功率可按每立方米烘房容积为 6 kW～8 kW 计算。

利用蒸汽或煤气(天然气)加热时，需要将电热器换成蒸汽管或煤气管加热元件。蒸汽式烘房比较安全，不易发生火灾事故；煤气式烘房则比较经济。当三相异步电动机功率小时，可采用电热恒温箱，它能自动调温，操作方便。

2) 浸漆槽

一般浸漆槽是用 2 mm～5 mm 厚的钢板制成的，其尺寸应能容纳最大浸漆批量，一般中小型电动机制造厂用长 2 m～2.5 m、宽 1 m～1.5 m、高 0.8 m～1.2 m 的浸漆槽。浸漆槽要加盖，以免尘屑掉入和溶剂挥发。为了便于操作，一般将浸漆槽的一半埋入地下，浸漆的周围及顶上应设有排气的装置，以便使浸漆时挥发的气体及时排除。

3) 甩漆机

对于电枢绕组，为了提高浸漆质量，浸漆滴干后，还需进行甩漆。当甩漆机带动转子旋转时，离心力将多余的漆甩出来，以免漆在绕组或支架内凝聚成块，影响平衡，而且成块的漆不易烘透，当电动机带上负载运转时，漆受热软化，常易飞出而造成事故。

5. 浸漆操作工艺

浸漆操作工艺由预烘、浸漆和干燥三个主要环节组成。

1) 预烘

预烘的目的是驱除线圈中所含的潮气，以提高浸渍的质量。因此，对要求较高的电动机(如防潮电动机、高压电动机)，要彻底地除去潮气(如采用抽成真空的办法)，而对于普通的电动机，为了缩短浸漆时间，可使预烘时间缩短。经验证明，绕组中残存的部分潮气会使浸漆烘干后绕组的绝缘电阻值有所降低。预烘的另一个目的是，使工件具有适当的温度，以利于绝缘漆的渗透和填充。

预烘的主要工艺参数是温度和时间。为了缩短去潮的时间，需要将预烘的温度调高，但温度太高又会影响绝缘材料的使用寿命。为了调和矛盾，从业人员摸索出了一条规律，即根据绝缘材料的耐热等级来设定预烘温度，这样既能缩短去潮时间，又不会烘坏绝缘材料。预烘温度可参照表6-13设定。

表 6-13 预烘温度设定表

绝缘耐热等级	绝缘材料耐热极限温度/℃	正常压力下预烘温度/℃	正常压力下最高预烘温度/℃
A	105	105～115	125
E	120	115～125	140
B	130	130～140	150
F	155	150～165	175
H	180	170～190	200

预烘一开始就要计时，每隔 1 h 要测量一次绕组的绝缘电阻，并做记录，同时也要记录烘房的温度值。当绕组的绝缘电阻值变化小于10%，并且连续稳定达 3 h 以上才告预烘结束。

2) 浸漆

浸漆有多种方法，大多采用沉浸法，故在此以沉浸法为例来介绍浸漆过程。对于绝缘处理要求较高的电动机的绕组可采用真空压力浸漆法。

(1) 沉浸法。将经过预烘的电动机绕组浸没入绝缘漆槽内，使漆渗透到绕组绝缘内部，填充所有空气隙。浸渍质量取决于绕组的温度、漆的黏度和浸渍时间等因素。

① 工件温度。工件从炉内取出后，待温度降到 60℃～70℃时，下沉入漆槽内。如果在浸渍时，工件温度高达80℃或更高时，且当它和绝缘漆(以甲苯、汽油等为溶剂)接触时，将促使大量的溶剂挥发，造成不必要的材料消耗；另一方面，在较热的工件表面，将迅速结成漆膜，以致堵塞了绝缘漆继续浸入的通道，造成“浸不透”的后果。反之，如果在浸渍时工件温度太低，而与它相接触的漆的温度就会较低，这样在较低温度下的漆的黏度较大。其流动性、渗透性较差，也不会产生较好的浸渍效果。

② 漆的黏度。漆的渗透能力主要取决于漆的黏度、漆的填充能力以及漆液中固体含量的多少。因此，要正确选择漆的黏度，以使浸漆效果达到最佳。因为在一定的温度下(如室温20℃)，黏度的大小和它的溶剂量有关，溶剂越多，固体含量越少，漆的黏度就越低。如果使用低黏度的漆，虽然漆的渗透能力强，可以很好地渗入到绝缘气隙中，但因漆液中固体含量少，当溶剂挥发以后，留下的空隙较多，防潮、散热、机械、电气强度都会受到一定的影响。实验结果表明，一次浸漆所用漆的黏度，控制在 35 s～38 s 内(20℃，4 号黏度计)为宜。对于多次浸漆，其黏度的选择是：第一次浸漆时，主要希望它渗透到绝缘内部及槽内各空隙中，因此希望它的渗透性好些，故漆的黏度可以选低些，一般取20℃时用 B_2-4 黏度计测量为 18 s～22 s；而以后的浸渍是为了在绝缘表面形成较好的漆膜，因此黏度可大一些，第二次为 28 s～32 s，第三次为 35 s～38 s，第四次为 40 s～60 s。

③ 浸渍时间。工件在漆液中浸泡时间的长短，要根据具体情况来定。第一次浸渍时为了能较好地渗透到绝缘内部，浸渍时间应该长些；以后的浸渍是为了形成表面漆膜，因此，浸渍的时间可以短些，第二次为 10 min～15 min，第三次为 5 min～10 min，第四次为 5 min～

10 min。如果后面的浸渍时间太长，反而会将原有的漆膜泡坏，影响浸渍质量。

浸漆次数在一次以上的电动机，并不需要等第一次漆完全烘干以后再浸第二次漆。等第一次浸完、滴干送入烘房烘焙，过一段时间后，利用每小时测量一次绝缘电阻的办法画出电阻时间曲线，当绝缘电阻值达到最低值，并开始回升一点后，即可出炉，待温度降到60℃～70℃时，便开始浸第二次漆。

④ 浸漆次数。多次浸漆的作用是：第一次把漆浸透，并填满绝缘层的微孔和间隙；第二次是要把绝缘层和导线粘牢，并填充第一次浸漆烘干时溶剂挥发后所造成的微孔，同时，可在表面形成一层光滑的漆膜，以防止潮气侵入；从第三次开始的浸渍漆，主要是使绝缘表面形成一层加强保护的外层。因此，浸漆次数应根据绕组的要求和选用的浸漆而定。在正常湿度(相对湿度不大于 70%)下工作的电动机，采用有溶剂漆，一般应浸两次，无溶剂漆只需浸一次；在高湿度(80%～95%)下工作的湿热带电动机，有溶剂漆一般浸三次，无溶剂漆须浸两次；在很潮湿(95%以上)或受盐雾及化学气体影响下工作的电动机，还须适当增加浸漆次数。

漆滴干或甩干后，应用棉纱蘸少量溶剂，擦去定子、转子铁芯内外表面上的余漆。

(2) 真空压力浸漆。绕组经真空干燥(或热风循环干燥)后，须在真空中冷至 60℃～70℃，然后浸漆，加压或反复加压。加压气体可采用空气，对于易燃溶剂的漆，宜采用氮气，以免引起爆炸；对于黏度较高的漆(如有机硅漆、无溶剂漆)宜采用反复加压的方式。

真空压力浸漆是一种效果较好的浸漆方法，可以彻底地驱除绕组内的潮气和挥发物，也可以避免浸不透的现象发生，同时还可以使漆的黏度增加，以提高填充性能。经验证明，一次真空压力浸漆的效果，比两次普通浸漆要好。对于某些重要的电动机绕组，要采用真空压力浸漆。真空压力浸漆应尽可能在线圈未嵌装前进行。要求在嵌线后进行真空压力浸漆时，尽可能采用外压装结构。这样既可提高浸漆设备的利用率，又可避免机座带入灰屑污染浸渍漆。

3) 烘干

浸过漆的绕组放在空气中大约 30 min～40 min 后，不再有余漆滴出，这时还须仔细地清除铁芯表面的余漆。滴尽余漆的目的，是避免把易燃的漆液带入烘房，引起火灾或爆炸；清除铁芯表面的余漆，是为了减少以后刮除膜的工作量。

浸漆以后的烘干过程由两个阶段组成，即溶剂挥发阶段和漆基聚合固化阶段。

① 溶剂挥发阶段，即低温阶段。这时烘房的温度控制在略高于溶剂挥发的温度，溶剂挥发温度分别为：苯是 78.5℃，汽油是 52℃～75℃。因此，在这个阶段烘房温度控制在70℃～80℃内，升温速度一般为 20℃/h。如果这时的温度过高，会使溶剂挥发过快，在绕组的表面形成许多小孔，影响浸漆质量。同时过高的温度将使工件表面很快硬化，阻止了绝缘内部的溶剂继续挥发，造成不易烘干的后果。为了使溶剂尽快挥发，应该加大烘房的通风量，开大进出风口，或者间断打开炉门，保持 10%以上的新鲜空气不断流入。这样做还可以降低烘房内溶剂气体的浓度，减少燃烧、爆炸等危险。干燥时间的选取，视溶剂的挥发情况而定，与浸漆工件的结构和加热方式有关，一般约为 2 h～3 h。

② 漆基聚合固化阶段。此阶段会在工件表面形成坚硬的漆膜，为此，干燥温度一般比预烘温度高 10℃左右。干燥时间则由绝缘电阻确定，一般以绝缘电阻达到持续(约 2 h～3 h)

稳定值时为准。多次浸漆时，前几次烘焙时间要短，使漆膜保持黏性，以便与后几次浸漆所形成的漆膜能很好地黏合在一起，不致分层。最后一次干燥时间应长些，以使漆膜硬结完好。对于转子绕组时间应更长，以免因硬结不良，在运行时因受热而发生甩漆现象。

转子在干燥时应立放，以免漆流结在一边而影响平衡。如因设备条件限制，只能平放干燥时，则在干燥第一阶段时应定期转动180°或在第二次浸漆后，干燥时放置的位置与第一次相反，这样两次流动的影响可以互相抵消一些。但这两种方法都没有立放干燥效果好。

对于绝缘处理要求高的绕组，可利用真空协助干燥。先在低温70℃～80℃时，用真空泵协助抽出溶剂，一般抽至700 mm～730 mm水柱即可，当冷凝器中无溶剂冷凝时，解除真空，升高温度，然后保持在最高允许烘焙温度下进行干燥。

【活动回顾与拓展】

(1) 绕组浸漆的目的是什么？

(2) 浸漆的方法有哪几种？

(3) 常用的绝缘漆有哪几类？

(4) 浸漆前的准备工作有哪些？

(5) 预烘的目的是什么？预烘的主要工艺参数有哪些？

实训十　三相异步电动机的装配

【实训目的】

(1) 熟悉三相异步电动机装配的工艺要求。

(2) 掌握三相异步电动机的装配方法。

(3) 掌握三相异步电动机的整机检验方法。

【实训器材】

双臂电桥、数字万用表、螺丝刀、钢丝、竹片、锤子、指南针、数字转速表。

【实训注意事项】

(1) 在敲打端盖时，最好用橡皮锤或木榔头，也可以垫上杂木板用铁锤敲打，以免将端盖或其它零件敲坏。

(2) 轴承装卸注意事项：

① 加热后的轴承在迅速套入轴颈之后，要施加压力。施力点不能加在轴承外圈，因为倘若加在外圈，会使滚珠与滚道受到压力而变形，甚至会使滚珠撒落，所以，加力点必须是在内圈。

② 用力压轴承内圈时，用力应平均分布到内圈的四周，最好采用平口铁管垂直压紧。

③ 安装时，应避免金属屑、砂子等杂物掉入轴承中。不要使用木槌拆装轴承，因为木槌容易脱落木屑掉进轴承。

④ 使用套管锤击装卸时，用力要轻，不可用太重的手锤猛砸。

⑤ 轴承安装之前，须将转轴颈擦拭干净；轴承加热之前，须用干净布将内圈擦拭干净。可在轴颈上事先抹一层薄薄的润滑油。

⑥ 不允许用锤子直接敲砸轴承内、外圈。内、外圈硬度很高，很容易被击碎，碎片飞出则容易伤人。

⑦ 操作前要洗手，所用工具要干净，安装现场要清洁。如果是风尘暴日，不允许在室外安装轴承，以免飞沙落入轴承内部。

⑧ 轴承装好以后，应先用手拨动轴承外圈试转，若转动不灵活，应检查是否有歪斜、咬住、摩擦增大等现象。如不合要求，应拔出轴承重新安装，直到合乎要求为止。

检查完毕，如有条件，可用压缩空气吹去因热套而带入轴承中的变压器油或机油，再在轴承内外圈里注入清洁的润滑脂。一般由轴承的一端挤入，从轴承的另一端挤出，使润滑脂填充在轴承内。轴承盖内腔所填充的润滑脂应占轴承盖内腔容积的1/3～2/3。

【实训步骤】

1．三相异步电动机装配工艺要求

电动机装配的步骤大体上和拆卸的步骤相反，也就是说最后拆卸的元件应最先安装，而最先拆卸的元件要到最后才安装。对装配中的工艺要求如下：

(1) 在装配前要先清除定子内部的异物，要把定子内腔、机座、端盖口上的漆瘤(浸漆、烘烤后漆膜结的硬块)和污垢用三角刮刀清除干净，再用干燥的布擦拭干净。

(2) 检查定子槽楔、绕组端部绑扎和绝缘及出线盒绝缘是否良好，用绝缘兆欧表或绝缘测试仪对接线盒中的三相绕组进行测量，其绝缘电阻不得低于0.5 MΩ，否则，必须进行烘干处理。

(3) 在装端盖时要按标记就位，并用锤子轮流敲击端盖上有脐的部位，使端盖与机座上的止口吻合。拧端盖螺栓时要按对角线方向轮流紧固。组装好后用手转动转子轴，看其转动是否灵活，如转子转动不灵活、感觉较沉，可将端盖和轴承盖上所有的螺栓稍放松，然后用锤子轻轻敲击端盖和轴承盖，边敲边转，待转子转动灵活后，再将螺栓拧紧。

在上述检查合格后，可用干净干燥的压缩空气吹净定子、转子铁芯和绕组上的灰尘。

2．转子的装配

装配三相异步电动机转子时，应小心缓慢，特别要注意不可歪斜以免碰伤定子绕组。应该根据三相异步电动机的具体结构形式以及转子的重量决定装入转子的方法。

对于重量较轻的小型转子，一个人能端起来，就直接用手装入；稍重的，则两个人抬入；抬不动时，可用如图6-61所示的电动机吊装专用工具装入。

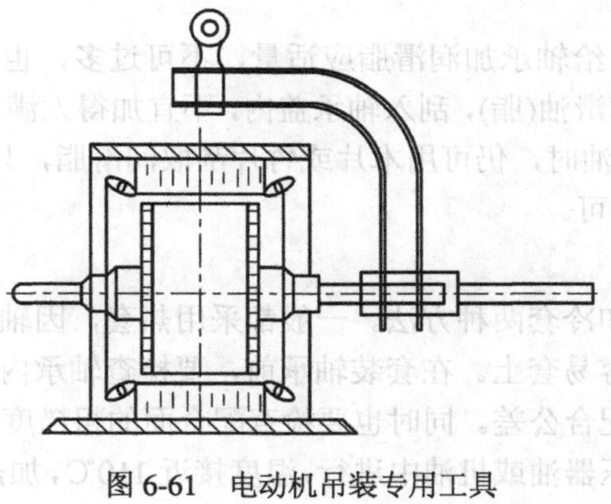

图6-61　电动机吊装专用工具

当转子较重，采用电动机吊装专用工具将转子装入时，先将转子放在垫木上，然后在靠近定子的转轴上套一段钢管将转轴接长，再用钢丝套住转子两端轴颈，把转子慢慢装入，为防止轴颈损伤，应在钢丝绳与轴颈间衬一层纸板。起吊时，转子的重心与专用工具的悬点应重合，为了防止起吊时转子摇摆，可用手扶住转子缓慢装入。

3. 轴承的装配步骤

1) 轴承与轴承盖的清洗

当轴承换用了另一种润滑油或电动机用了 2000 h 左右，都必须清洗轴承与轴承盖。

(1) 轴承盖的清洗。

① 用木片或竹片掏净轴承盖里的废旧润滑脂。

② 用棉纱或破布擦去残存的旧润滑脂。

③ 用煤油洗去轴承内的残余旧润滑脂，然后用干净的棉布蘸汽油擦拭干净。

④ 把洗涤干净的轴承盖放在干净的纸上晾干待用。

(2) 轴承的清洗。

① 用木片或竹片刮除轴承钢珠(钢柱)上的废旧润滑脂。为避免划伤钢珠(钢柱)，不能使用钢锯条刮。

② 用蘸有煤油的白布擦去轴承内的残存废润滑油。

③ 把擦拭过的轴承浸泡在汽油或煤油盆内，浸泡时间不少于 30 min。

④ 把轴承放在汽油或煤油内，用废旧牙刷或毛笔轻轻刷擦，洗干净为止。

⑤ 取一盆干净的汽油或煤油，将轴承再洗一遍，确保轴承清洁。

⑥ 把洗净的轴承放在干净的纸上，置于通风处，让风吹散汽油或煤油。

通常，在不换新轴承的情况下，可不拆下轴承，让轴承留在轴上进行清洗，以免拆卸安装时损伤轴承。

2) 轴承润滑脂的调制方法和加油技巧

(1) 轴承润滑脂的调制方法。在给轴承加润滑脂时，应根据需要，把机油和润滑脂充分搅拌，调成一定厚度的润滑脂，要薄厚适宜，因为太厚会影响三相异步电动机的运转，太薄则油很容易流失。一般来说，转速较慢的三相异步电动机宜加厚润滑脂；转速快的三相异步电动机宜加薄润滑脂。调制时，可先将润滑脂放在干净的搪瓷杯中，然后倒入一些机油，持干净的木棒充分搅拌。如仍觉得厚薄不理想，仍可再倒入机油，继续搅拌，直至合适为止。

(2) 轴承加油方法。给轴承加润滑脂应适量，不可过多，也不可太少。在给轴承盖上加油时，可用竹片挑取润滑油(脂)，刮入轴承盖内，不宜加得太满，约占轴承盖油腔的 1/3～2/3 即可；在给轴承内加油时，仍可用木片或竹片刮取润滑脂，只要把润滑油(脂)加到能平平地封住钢珠(或钢柱)即可。

3) 轴承的加热

轴承的装配有热套和冷套两种方法。一般都采用热套，因轴承内圈与轴颈之间的配合是过盈配合，加热后很容易套上。在套装轴承前，要检查轴承内圈与轴颈配合公差以及轴承外圈与端盖轴承座的配合公差。同时也要检查配合面的粗糙度。

轴承加热一般在变压器油或机油中进行，温度接近 110℃，加热时间为 10 min～15 min。

加热时间不宜过长，以免轴承退火，缩短使用寿命。油面应盖没轴承，轴承不能与油箱底及油箱壁接触。在中小型三相异步电动机中，常采用铁丝把滚动轴承吊在油中；对于密封式三相异步电动机轴承，因轴承内已涂满润滑脂，不可用油煮加热，常用电加热法将轴承均匀加热。

4) 轴承盖的安装

轴承盖拆卸容易，而安装较困难。轴承盖的安装方法如下：

(1) 将轴承外盖套在三相异步电动机的转轴上。

(2) 先将一只螺丝插入螺孔，拧数圈扣住以后，轻轻转动转轴，使另外两个螺孔对齐，此时才可抽出铁丝钩。

(3) 把其余的两颗螺丝也装上，最后把三颗螺丝都拧紧即妥。当拧紧这三颗螺丝时，切忌先拧紧一颗，然后再拧其余两颗，因为这样极易造成再拧另两颗螺丝时发生困难，甚至弄断螺丝丝扣或损坏内外轴承盖。正确的方法是轮流拧动三颗螺丝，这样各螺丝受力均匀一致，也不会出现拧不紧或滑丝之类的故障了。

4．端盖的装配

在安装三相异步电动机端盖之前，要吹刷一次定子及绕组端部。要查看轴承是否清洁，并加入适当的润滑脂。三相异步电动机端盖的安装方法如下：

(1) 先将端盖口上的脏物刮除，如果太脏，可用棉纱蘸取汽油擦拭干净，有条件的可在接合处涂抹一层薄薄的润滑脂做防锈处理，这对在露天场合下使用的三相异步电动机尤为重要。

(2) 用同样的方法清除三相异步电动机壳口上的脏物，并涂抹润滑脂做防锈处理。再把端盖对准机壳上的固定螺孔，对准拆卸前做的标志记号，把端盖装上。

(3) 插上固定螺丝，要注意定子绕组，不可碰伤绝缘层。在清洗轴承或端盖时，不可把汽油、香蕉水等泼洒在定子绕组的绝缘漆皮上，以免损伤定子线圈。

5．轴承端盖安装完毕，冷却之后应进行的检查项目

(1) 检查轴承是否已经紧压在转轴轴肩上。将电灯泡放在轴承后面观察：如果轴承安装正确，则整个内圈与轴的接触处不会透光。如发现轴承内圈和轴肩之间整个圆周上有均匀的间隙，那是由于内圈没有压到轴颈上的缘故，应取出重新安装。

(2) 观察轴承转动是否灵活、平衡。用手旋转轴承外圈，如果轴承安装正确且轴承本身完好，则应转动平稳、轻巧灵活，无振动、无左右上下摇晃现象。如果发现转动较紧，有卡阻现象，可能是轴承变形，或掉入杂物；如果左右上下都摇晃，说明轴承间隙已过大，间隙如果超出允许范围，应更换新轴承。

(3) 检查轴承间隙分布情况。用塞尺检查间隙，如果最大间隙位置在正上方(轴承与地平垂直)，则说明安装合适；若最大间隙在左、右或下方，均属安装不当。

(4) 检查转子是否转动平和、灵活。三相异步电动机全部组装完毕，在试运转之前，一定要先用手盘动转轴数圈。如一切正常，则可运转。对轴承而言，主要检查有无噪声，转子是否转动灵活。可用木柄螺丝刀代作“听诊器”，将木柄贴紧耳朵，螺丝刀刀刃贴近轴承盖，这样能清楚地听清轴承的运转声。如果安装正确，轴承品质优良，运转时应均匀、平和，没有跳动和其它噪声。

6．皮带轮的装配

安装时，应先用细砂布裹在圆形木棍上，插入皮带轮(或联轴器)的内孔进行砂光，除去污垢后，然后用同样的砂布砂光转轴，再对准键槽将皮带轮套在转轴上，调整皮带轮与转轴之间的位置，再垫上铁板用榔头轻轻敲打，使键缓慢进入键槽，切忌猛砸狠打，损坏键槽。

7．重绕三相异步电动机的整机检验

重绕三相异步电动机绕组完成浸漆烘干工序后，修理工作结束。但是对组装后的电动机未经检验，不能确认为是合格品，还应经过以下的检验，合格后才可向电动机使用者交货。

1) 外观检验

外壳是否受伤有裂纹，配螺栓是否到位，铭牌是否完好，外壳油漆是否刷好，转子是否转动灵活，扇叶是否装配，转子有无碰壳故障等。如有故障，应及时排除。

2) 装配后的质量检查

三相异步电动机装配后的质量检查主要包括以下七个方面：

(1) 用手扳动皮带轮或联轴器，观察转子转动是否灵活，听听内部有无摩擦声。

(2) 轴承应无杂音，无漏油、渗油现象。

(3) 所有部件、零件都配置齐全，安装位置正确。

(4) 所有紧固件(螺栓)都已拧紧、锁紧，螺丝头完整无损，没有滑丝现象。

(5) 接线盒内的接线柱和连接片齐全，出线套管及标记都完善无误。

(6) 风扇与风罩或挡风板有适当的径向和轴向间隙。

(7) 铭牌数据正确，标志齐全，字迹清晰，安装端正，完好无缺。

8．三相定子绕组绝缘电阻和直流电阻检验

此项检查包括测量各相绕组对外壳的绝缘电阻以及三相绕组之间的绝缘电阻。具体方法前面已介绍，在此不再赘述。

直流电阻通常用双臂电桥测量。在无双臂电桥的情况下，也可用数字万用表的欧姆挡进行粗测，以三相电阻的不平衡度小于5%为合格。阻值计算公式如下：

$$R_{平均}=\frac{R_U+R_V+R_W}{3}$$

$$R_s=\frac{R_{最大}-R_{最小}}{R_{平均}}$$

式中，R_U、R_V、R_W、分别为 U、V、W 三相绕组的直流电阻，这三个阻值中最大的一个记作“$R_{最大}$”，最小的一个记作“$R_{最小}$”。

计算结果如果过大，则表示焊接质量有问题，尤其是在多路并联的情况下，可能是有某一相的支路已脱焊。如果三相电阻值与其它同型号的相比阻值偏大，则有可能是重绕时把导线选得过细所致。

9．空载检验

在嵌线、接线不太熟练的情况下，或者绕组数据改变后，应做空载试验，测出三相空载电流是否平衡。如果三相电流相差较大，且有“嗡嗡”声，则可能是线接错误或有短路现象。

另一种情况是，由于修理的三相异步电动机铁芯质量较差，而且气隙一般又较大，所以空载电流也比较大，约占额定电流的 30%～50%。高转速大容量三相异步电动机空载电流的百分值较小，而低转速小容量三相异步电动机空载电流的百分值则较大。

10．极相组连接的极性检验

每一相的极相组连接是否正确，可以用指南针逐相进行检查。每相通以低压直流电，把指南针放入定子内腔移动一周，如图 6-62 所示，看指针是否如图所示交替变化。倘若发现极性在圆周内分布不均匀或指针动摇不定，则是接线有误。

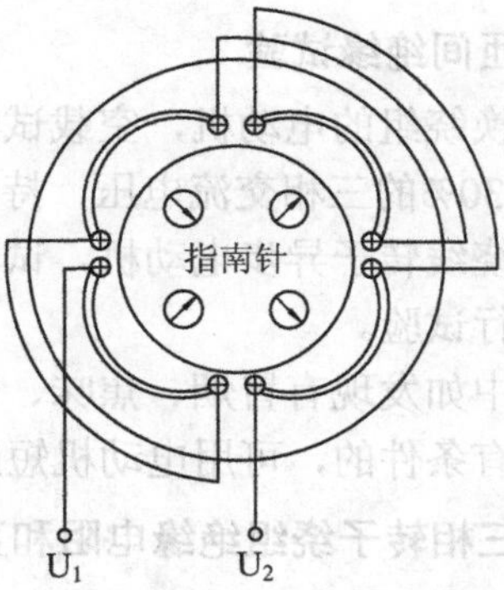

图 6-62 用指南针测试极相组极性示意图

如果有数字转速表，也可用它来测出三相异步电动机的空载转速，由速度可以推算出三相异步电动机的极数，与铭牌相比较，便可确认是否有错误。

11．短路检验

1) *定流法*

将转子卡住不动，把三相交流电源经三相调压器加到电动机的定子绕组上，从零逐渐升高电压，并注意观察三相线电流，当电流达到额定电流时，记下此时的电压值。如果电压值在 75 V～90 V，则认为合格(容量小的电动机，电压靠近低限；容量大的电动机，电压靠近高限)。

2) *定压法*

将电动机转子卡住不动，定子加 95 V 三相对称交流电，记下定子三相的电流 I_K，如果 I_K 在额定电流 I_N 与 $1.4I_N$ 之间，则说明电动机正常。

短路电压(线电压值)的参考值如表 6-14 所示。

表 6-14 短路电压参考值

三相异步电动机容量/kW	0.6～0.1	1.0～7.5	7.5～13
短路电压/V	90	75～85	75

短路电压过高，表示绕组匝数过多及漏电抗过大。这时电动机的性能表现为：

(1) 空载电流很小。

(2) 过载能力下降，甚至加不上负载，一加负载就会停机。

(3) 启动电流及启动转矩均较小。

如果短路电压过低，则表示绕组匝数过小及漏电抗过小。这时的电动机性能正好与上述情况相反。

短路电压只有在表 6-14 所列范围内工作性能才正常。

如果短路电流三相不平衡，且随着转子缓慢转动，三相电流表轮流摆动，则说明转子已有断条故障，应及时排除。

12．交流耐压试验

为了保证三相异步电动机绝缘可靠，必须进行各相对地(即绕组对机壳)和各相间(即绕组对绕组)的耐压试验。装配后绕组对机壳及各相之间的耐压试验应在电动机空载试验以后进行，以检验定子绕组匝间绝缘有无损伤。试验时，把电源电压提高到额定电压的130%，持续运行5 min，以不击穿为合格。对于绕组局部更换的电动机，可运行5 min。

13．匝间绝缘试验

对更换绕组的电动机，空载试验之后还要通过自耦变压器或调压器对电动机加上比额定电压高30%的三相交流电压，持续运行5 min，观察有无匝间击穿或短路现象。

对于绕线转子异步电动机，试验时应将转子绕组开路；对于多速电动机，应对各种转速分别进行试验。

试验中如发现有冒烟、焦味、击穿时的响声，说明绕组击穿或短路，应停止试验并进行检查。有条件的，可用电动机短路探测仪来判断有无短路。

14．三相转子绕组绝缘电阻和直流电阻的检验

该项检验详见项目三之活动2中的相关内容。

15．绕线转子电动机开路电压试验

转子绕组开路，定子加额定电压，在转子集电环间测量各相间的电压，三相平均电压与铭牌规定值之差不应超过5%，而且其中任一相电压与平均值之差应小于2%。

16．温升试验

温升试验可以检查电动机的工作特性以及耐热性。测量方法有温度计法、电阻法等。

电阻法利用了导体阻值随温度升高而增大的原理，只需测出冷态和热态时的电阻，就可以算出平均温升。试验前，先测出线圈的冷态电阻和温度，然后加额定电压让电动机在额定负载下运行，并每隔一定的时间测量电阻一次，直到连续几次测量的电阻值不变时，记下此时的电阻值。用下列公式计算绕组的温升Δt：

$$\Delta t=\frac{R_2-R_1}{R_1}(K-t_1)+t_1-t_2$$

式中，R_1、R_2为绕组冷态和热态稳定电阻，t_1是实际冷态时绕组的温度，t_2为发热稳定时环境介质的温度，K 为常数(铜绕组为 234.5，铝绕组为 225)。对中小型三相异步电动机，E级绝缘的绕组允许温升为70℃，B级绝缘的绕组允许温升为80℃。

【思考题】

(1) 在调制润滑脂时应注意哪些事项？

(2) 在中小型三相异步电动机中，一般使用哪种轴承？

(3) 轴承加热一般在哪种油中进行？

(4) 轴承及轴承盖的清洗步骤分别是什么？

(5) 空载检验和匝间绝缘试验的目的各是什么？

(6) 交流耐压试验的目的是什么？

(7) 三相异步电动机装配后的质量检查主要包括哪几个方面？

附录 1　三相变压器连接组的表示方法

由于三相变压器的绕组可以采用不同的连接，从而使得三相变压器高、低压绕组的对应线电动势会出现不同的相位差，因此为了简明地表达高、低压绕组的连接方法及对应线电动势之间的相位关系，将三相变压器绕组的连接分成各种不同的组合，此组合称为变压器的连接组，其中高、低压绕组线电动势的相位差用连接组标号来表示。三相变压器的连接组标号采用“时钟表示法”来确定，即将高压绕组线电动势(如 $\dot{E}_{AB}$)作为时钟的长针，始终指向时钟钟面“0”(即“12”)处，将低压绕组对应的线电动势(如 $\dot{E}_{ab}$)作为时钟的短针，短针所指的钟点数即为三相变压器的连接组标号，将标号数字乘以 30°，就是低压绕组线电动势滞后于高压绕组对应的线电动势的相位角。

三相变压器的连接组标号不仅与绕组的同名端及首末端的标记有关，还与三相绕组的连接方法有关。三相绕组的连接图按传统的方法，高压绕组位于上面，低压绕组位于下面。

根据绕组连接图，用“时钟表示法”判断连接组标号一般分为以下四个步骤：

第一步，标出高、低压侧绕组相电动势的正方向。

第二步，作出高压侧绕组各相电动势的相量图(按 A→B→C 的相序)，确定某一线电动势相量(如 $\dot{E}_{AB}$)的方向。

第三步，确定高、低压绕组的对应相电动势的相位关系(同相或反相)，作出低压侧各相绕组对应电动势的相量图，确定对应的线电动势相量(如 $\dot{E}_{ab}$)的方向。为了方便比较，将以高、低压侧绕组的电动势相量图画在一起取 A 与 a 点重合。

第四步，根据高、低压侧对应线电动势的相位关系确定连接组的标号。

下面具体分析如何确定不同连接方法的三相变压器的连接组。

1) Yy0 连接组

对附图 1-1 所示的连接组，首先在附图 1-1(a)中标出高、低压侧绕组相电动势的参考正方向；其次作出高压侧绕组的电动势相量图，即作 $\dot{E}_A$、$\dot{E}_B$、$\dot{E}_C$ 三个相量使其构成一个星形，并在三个矢量的首端分别标上 A、B、C，再根据 $\dot{E}_{AB}=\dot{E}_A-\dot{E}_B$，画出高压侧线电动势的相量 $\dot{E}_{AB}$，如附图 1-1(b)所示；第三，由于对应高、低压绕组的首端为同名端，因此高、低压绕组的相电动势同相，据此作相量 $\dot{E}_a$、$\dot{E}_b$、$\dot{E}_c$ 得低压侧电动势相量图(注意使 A 与 a 重合)，再依据 $\dot{E}_{ab}=\dot{E}_a-\dot{E}_b$ 画出低压侧的线电动势相量 $\dot{E}_{ab}$，如附图 1-1(c)所示；第四，由该相量图可知 $\dot{E}_{AB}$ 与 $\dot{E}_{ab}$ 同相，若将相量 $\dot{E}_{AB}$ 作为时钟的长针且指向钟面“0”处，把相量 $\dot{E}_{ab}$ 作为时钟的短针，则短针指向钟面“0”处，所以该连接组的标号是“0”，即为 Yy0 连接组。

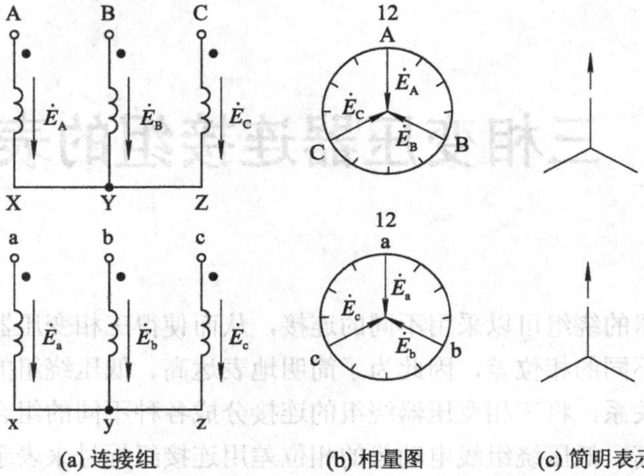

(a) 连接组　　　　(b) 相量图　　　　(c) 简明表示

附图 1-1　Yy0 连接组

2) Yd11 连接组

对附图 1-2(a)所示的连接组，根据判断连接组的方法，画出高压侧相量图。此时应注意，低压绕组为△形连接，作低压侧相量图时，应使相量 $\dot{E}_a$、$\dot{E}_b$、$\dot{E}_c$ 构成一个三角形，并注意 $\dot{E}_{ab}=-\dot{E}_b$。由该相量图可知，$\dot{E}_{ab}$ 滞后于 $\dot{E}_{AB}$ 330°，当 $\dot{E}_{AB}$ 指向钟面“0”处时，$\dot{E}_{ab}$ 指向“11”处，故其连接组为“Yd11”。

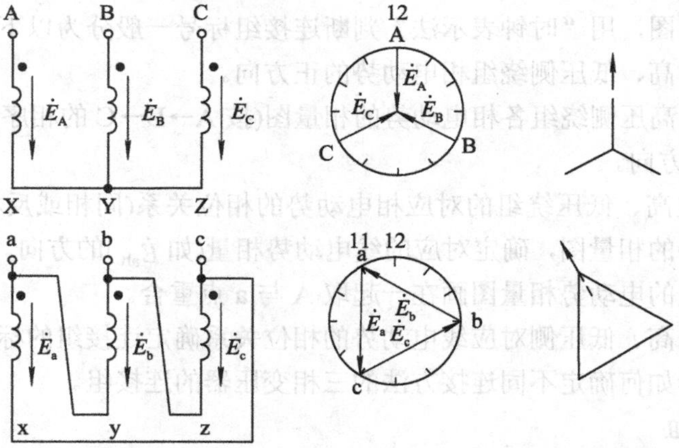

(a) 连接组　　　　(b) 相量图　　　　(c) 简明表示

附图 1-2　Yd11 连接组

掌握以上两种连接组标号、绕组连接和首末端标记的方法，则可通过以下规律确定其它连接组标号或由连接组的标号确定绕组连接和首末端标记。在高压侧绕组的连接和标记不变，而只改变低压侧绕组的连接或标记的情况下，其规律归纳起来有以下四点：

(1) 对调低压侧绕组首末端的标记，即由高、低压侧绕组的首端是同名端改为异名端，其连接组的标号加 6 个种序数。Yy6 连接组的标号可由 Yy0 连接组的标号“0”加“6”推导而得。

(2) 低压侧绕组的首末端标记顺着相序移一相(a—b—c→c—b—a)，则连接组标号加 4

个钟序数。由于两相间相位移位，故当首末端标记顺着相序移一相时，相当于电动势相量分别转过 120°，即 4 个钟序数。Yd3 连接组的标号可由 Yd11 连接组的标号“11”加“4”推导而得。同理，低压侧首末端标记顺着相序移两相(a—b—c→b—c—a)，则连接组标号加 8 个钟序数。

(3) 低压侧绕组的△形连接由逆连接改为顺连接，其连接组的标号加 2 个钟序数，反之则减 2 个钟序数。Yd1 连接组(顺连接)的标号可由 Yd11 连接组(逆连接)的标号“11”加“2”推导而得。若高压侧绕组的△形连接由逆连接改为顺连接，则其连接组的标号减 2 个钟序数。

(4) 高、低压侧的绕组连接相同(Yy 与 Dd)时，连接组的标号为偶数；高、低压侧的绕组连接不相同(Yd 与 Dy)时，连接组的标号为奇数。

附录 2　三种工作制所对应的电动机容量的选择方法

1．恒定负载长期工作制电动机容量的选择

恒定负载是指在长期运行过程中，电动机处于连续工作状态，负载大小恒定或负载基本恒定不变，工作时能达到稳定温升 τ_w，负载图 $P_L=f(t)$与温升曲线 $\tau=f(t)$如附图 2-1 所示。这种生产机械所用的电动机容量选择比较简单。选择的原则是使稳定温升 τ_w 在电动机绝缘允许的最高温升限度之内，选择的方法是使电动机的额定容量等于生产机械的负载功率加上拖动系统的能量损耗。通常情况下，负载功率 P_L 是已知的，拖动系统的能量损耗可由传动效率 η 求得。实际上 P_L 和 η 已知时，可按 $P_N=P_L/\eta$ 计算电动机的额定功率 P_N。然后根据产品目录选一台电动机，使电动机的额定容量等于或略大于生产机械需要的容量，即 $P_N \geqslant P_L$。

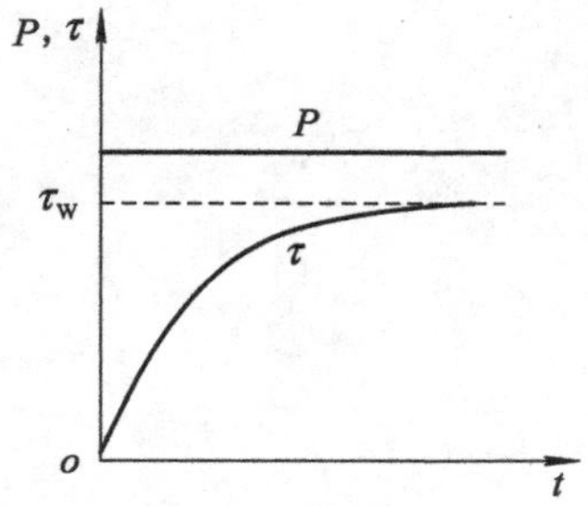

附图 2-1　连续工作制时电动机的负载图与温升曲线

由于一般电动机是按常值负载连续工作设计的，电动机设计即出厂试验保证在额定容量下工作时，温升不会超出允许值，而电动机所带的负载功率小于或等于其额定功率，发热自然没有问题，不需要进行发热校验。

当生产机械无法提供负载功率 P_L 时，可以用理论方法或经验公式来确定所用电动机的容量。

选择电动机容量时，除考虑发热外，还要考虑电动机的过载能力。对有冲击性负载的生产机械，如球磨机等，要在产品目录中选择过载能力较大的电动机，并进行过载校验，因为各种电动机的过载能力都是有限的。附表 2-1 列出了各种电动机的过载能力 $\lambda_m=T_{max}/T_N$ 的数据。

附表 2-1　各种电动机允许过载系数

电动机类型	过载能力 λ_m
直流电动机	2(特殊型的可达 3～4)
三相绕线转子异步电动机	2～2.5(特殊型的可达 3～4)
三相笼型异步电动机	1.8～3
三相同步电动机	2～2.5(特殊型的可达 3～4)

若选择直流电动机，只要生产机械的最大转矩不超过电动机的最大转矩，过载校验就可以通过。校验直流电动机的过载能力按下式计算：

$$T_{max} = \lambda_m T_N$$

若选择三相交流电动机，要考虑电网电压向下波动时对三相异步电动机的影响。校验的条件为

$$T_{max} \leqslant (0.08 \sim 0.85)\lambda_m T_N$$

当过载能力不满足时，应该另选电动机，重新校验，直到满足条件为止。

对于三相笼型异步电动机，还要校验启动能力。校验的条件为

$$T_{st} \geqslant (1.1 \sim 1.2) T_L$$

电动机铭牌上所标注的额定功率是指环境温度为 40℃时连续工作情况下的功率。当环境温度不标准时，其功率可按附表 2-2 进行修正。环境温度低于 30℃，一般电动机功率也只增加 8%。但必须注意：高原地区(海拔高度大于 1000 m)空气稀薄，散热条件极差，选择的电动机的使用功率必须降低。

附表 2-2　不同环境温度下电动机功率的修正

环境温度/℃	30	35	40	45	50	55
功率增减百分数	+8%	+5%	0	−5%	−12.5%	−25%

2．短时工作制电动机容量的选择

短时运转电动机的选择一般有三种情况，既可选择专为短时工作制而设计的电动机，也可选择为连续工作制而设计的电动机。

1) *直接选用短时工作制的电动机*

目前在设计制造的短时工作制电动机的标准工作时间 t_g 为 15 min、30 min、60 min 和 90 min 四种。同一台电动机对应不同的工作时间，有不同的功率，其关系为 $P_{15} > P_{30} > P_{60} > P_{90}$，显然过载能力的关系应该是 $\lambda_{15} < \lambda_{30} < \lambda_{60} < \lambda_{90}$。一般这种电动机铭牌上标注的额定功率为 P_{60}。当实际工作时间 t_{gx} 接近上述标准工作时间 t_g 时，可按对应的工作时间和功率，在产品目录中直接选用。当实际工作时间和标准工作时间不完全相同时，应该将实际工作时间内需要的功率 P_x 换算成标准工作时间内的标准电动机功率，然后再按换算成的标准功率 P_g，在产品目录中选用。换算的原则是标准工作时间下电动机的损耗与实际工作时间下电动机的损耗完全相等。换算应按下式进行：

$$P_g = \frac{P_s}{\sqrt{t_g / t_x}}$$

对短时工作制电动机来说，因为工作时间很短，所以过载能力是首要考虑的因素。若按计算出的等效功率选择电动机，要对其进行过载能力的校验。如果是三相笼型异步电动机，还要对启动能力进行校验。

2) *选用断续周期工作制的电动机*

如果没有理想的短时工作制电动机，可采用断续周期工作制的电动机代替。短时工作

时间与实际的负载持续率 FC%的换算关系可近似地认为 30 min 相当于 FC% = 15%，60 min 相当于 FC% = 25%，90 min 相当于 FC% = 40%。

3) 选用连续工作制的电动机

选择一般连续工作制电动机代替短时工作制的电动机时，若从发热温升来考虑，电动机额定功率为：

$$P_N \geqslant P_L\sqrt{\frac{1-e^{-t_{gx}/T}}{1+\alpha e^{-t_{gx}/T}}}$$

式中，α 为电动机额定运行时不变损耗与可变损耗的比值。

显然，按上式求得额定功率选择电动机不会超过发热，但过载能力和启动能力却成了主要矛盾。一般情况下，当 $t_{gx} < (0.3\sim0.4)T$ 时，只要过载能力和启动能力足够大，就不必再考虑发热情况。因此，在这种情况下，须按过载能力选择电动机的额定功率，然后校核启动能力。按过载能力来选择连续工作方式电动机的额定功率为：

$$P_N \geqslant \frac{P_L}{\lambda_m}$$

3. 断续周期工作制电动机容量的选择

对于断续周期工作制下运行的电动机，此时的电动机启、制动频繁，要求惯性小、机械强度高。标准负载持续率为 15%、25%、40%和 60%四种。同一台电动机在不同的 FC%下工作时，额定功率和额定转矩均不一样，FC%越小时，额定功率和额定转矩越大，过载能力越低。选择电动机容量时，同样要进行发热和过载校验。电动机的负载与温升曲线如附图 2-2 所示。

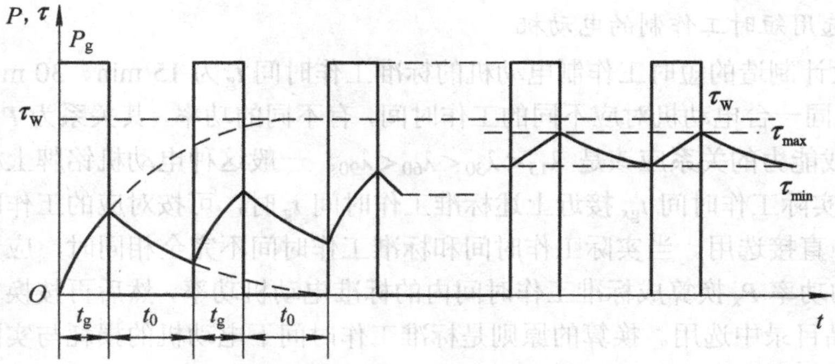

附图 2-2　断续周期工作制电动机的负载与温升关系

如果电动机实际负载持续率与标准负载持续率相同，则可直接按照产品目录选择合适的电动机。如果实际负载持续率与标准负载持续率相等，应该将实际功率 P_x 换算成邻近的标准负载持续率下的功率 P_g，再选择电动机和校验温升。简化的换算公式为：

$$P_g \approx P_x\sqrt{\frac{FC\%}{FC_x\%}}$$

同时还应注意：当 FC% < 10%时，应选用短时工作制电动机；当 FC% > 60%时，应选用连续工作制电动机。

附录3 总复习题

一、填空题

1. 直流电机的基本结构包括两部分，分别是_____和_____，其中_____又叫做电枢。

2. 直流电机的定子部分主要包括______、______、______和______。

3. 直流电机的转子部分主要包括______、______、______和______等主要部件。

4. 直流发电机的工作原理是基于______，直流电动机的工作原理是基于______。

5. 直流电机的损耗有四种，分别是______、______、______和______。

6. 直流电动机的铁损是指电枢铁芯的______损耗和______损耗。

7. 直流电机励磁绕组的常见故障现象有______和______两种。

8. 电枢绕组的常见故障现象有______、______和______三种。

9. 影响直流电机换向的主要原因有三种，分别是______、______和______。

10. 为改善直流电机换向不良，通常采用的主要方法有三种，分别是______、______和______。

11. 为改善直流电机换向不良，最关键的方法是要选择质量好的电刷，通常对于大容量直流电机应选用______，对于低压大电流电机应选用______。

12. 对于负载变动较大或者电机换向困难的大容量电动机，为了防止环火，通常采用______的方法改善换向不良。

13. 油浸式变压器的附件包括______、______、______和绝缘套管等四大部分。

14. 变压器连接组别 Yyn0 中的 Y 表示的含义是______，0 表示的含义是______。

15. 三相变压器的两种形式分别是______变压器和______变压器。

16. 三相异步电动机的主要结构包括______和______两部分。

17. 三相异步电动机的定子部分主要包括______、______和______等。

18. 三相异步电动机的转子部分主要包括______、______、______和______等。

19. 三相异步电动机旋转磁场的转向是由______决定的，运行中若旋转磁场的转向改变了，转子的转向将______。

20. 三相异步电动机按转子结构的不同可分为______异步电动机和______异步电动机两种，其中运行性能好的是______异步电动机，启动和调速性能好的是______异步电动机。

21. Y 系列三相异步电动机的绝缘等级若为 B 级，它表示该电动机的定子绕组所使用的绝缘材料的最高允许温升是______。

22. 所谓三相对称绕组，是指______都相同，且在空间布置上各相轴线互差______的三相绕组。

23．旋转磁场的转向取决于______，且与三相交流电源的相序______。

24．三相异步电动机转子总是紧跟着旋转磁场以______的转速而旋转，因此称为异步电动机。又因为转子电流是由电磁感应的原理而产生的，所以又称为______电动机。

25．当三相异步电动机的转差率 $s=1$ 时，电动机处于______状态；当 s 趋近于零时，电动机处于______状态；在额定负载时，s 的取值范围是______。

26．三相异步电动机的两种运行状态分别是______和______。

27．一台三相异步电动机的型号是 Y132 M_2—6，其符号表示的含义分别是：Y 表示______，132 表示______为 132 mm，M 表示______，下标 2 表示______，6 表示______。

28．三相异步电动机的转速取决于______、______和______。

29．三相异步电动机定子绕组嵌在槽内的部分叫做______，槽外部分叫做______。

30．三相单层绕组通常有两种，分别是______和______。

31．U_{23} 中的 U 表示______，2 表示______，3 表示______。

32．三相异步电动机的启动方法主要有______和______两种。

33．10 kW 以上的三相笼型异步电动机常采用的降压启动方法有______、______、______和______四种；降压启动的目的是为了______，但它同时降低了______，因此这种启动方法只适合于______。

34．改善三相笼型异步电动机启动性能的方法有______和______两种。如果从投资方面考虑，应选用______；如果从运行方面考虑，应选用______。

35．三相绕线转子异步电动机的启动方法有______和______两种。其中最理想的启动方法是______。

36．表征三相异步电动机启动性能的主要参数有______和______两个，其中生产机械设备对它们的要求分别是______和______。

37．表征三相异步电动机运行性能的参数有______、______、______、______和______五个，对它们的要求分别是______、______、______、______、______。

38．三相异步电动机的电气制动方法有______、______、______和______四种。

39．三相笼型异步电动机的调速方法主要有______和______两种，其中最有发展前途的调速方法是______调速。

40．三相绕线转子异步电动机的调速方法有______调速和______调速两种，其中最有发展前途的调速方法是______调速。

41．三相异步电动机定子绕组的常见故障现象主要有______、______和______三种。

42．交流电机定子绕组的短路主要是______短路和______短路。

43．三相笼型异步电动机铸铝转子常见的故障有______、______和______。

44．笼型转子断条的修理方法有______、______和______三种。

45．绕线转子异步电动机的转子修复后一般应做______试验，以免电动机运行时产生振动。

46．三相异步电动机日常运行中的维护项目包括______、______、______和______四种。

47．三相异步电动机修理后的试验项目包括______及其______、绕组在冷却状态下______、______、______及其相间绝缘的电动机强度试验。

48. 三相异步电动机做空载试验时，时间不小于______。试验时应测量绕组是否______或______，并要检查轴承______是否正常。

49. 电机绕组常用的浸漆方法有______、______、______和______四种。

50. 绕组烘干常采用的三种方法是______、______和______。

51. 单相分相式异步电动机通常具有四种形式，分别是______、______、______和______。

52. 单相异步电动机分为两种类型，分别是______和______。

53. 三相同步电动机的启动方法有______和______两种。

54. 控制电机的特点是______、______、______、______。

55. 交流伺服电动机的控制方式有三种，分别是______、______和______。

56. 伺服电动机在自动控制系统中，被称做______，与异步电动机相比，伺服电动机的最大特点是______。

57. 自动控制系统对伺服电动机的要求是______、______、______、______。

58. 电动机的安装工作内容包括电动机的______、______和校正。

59. 低压电动机的额定电压有______、______和______三种。

60. 高压电动机的额定电压有______、______和______三种。

61. 电动机的选择通常包括______、______、______、______和______五个方面。

62. 电动机的工作方式可分为三种，分别是______、______和______。

63. 选择电动机的方法是以______和______为理论基础的。

64. 选择电动机容量时，往往采用______和______方法。

二、选择题

1. 直流电动机中建立主磁极磁场的是(　　)。

A. 换向极　　B. 主磁极　　C. 铁轭　　D. 电枢铁芯

2. 直流电动机中实现机电能量转换的枢纽是(　　)。

A. 定子　　B. 电枢铁芯　　C. 电枢绕组　　D. 转子

3. 在直流电动机中，与电刷共同作用将外电路中的直流电变换成磁场内的交变电流的是(　　)。

A. 换向极　　B. 换向器　　C. 电枢铁芯　　D. 电枢绕组

4. 他励直流电动机最常用的调速方法是(　　)。

A. 电枢回路电阻　　B. 降低磁通　　C. 降低电枢绕组端电压

5. 现有一台他励直流电动机，其主磁极对数 $p=2$，则该电动机的电刷杆上应装设有(　　)个电刷。

A. 2　　B. 1　　C. 4　　D. 3

6. 直流电动机电刷的功用是与换向器配合(　　)。

A. 清除污垢　　B. 引入或引出直流电压或直流电流

C. 引出直流电压　　D. 引出交流电压

7. 直流电动机的电磁转矩与电动机转动方向一致时，电机处于(　　)运行状态。

A. 制动　　B. 发电　　C. 电动

8. 发电机的用途是将(　　)转换为(　　)，电动机的用途是将(　　)转换为(　　)。

A. 机械能　　B. 电能

9. 直流发电机的工作原理是基于(　　)的。

A. 电磁力定律　　B. 电磁感应定律　　C. 法拉第定律

10. 直流电动机的工作原理是基于(　　)的。

A. 电磁力定律　　B. 电磁感应定律　　C. 法拉第定律

11. 对于他励直流电动机的启动过程，下列叙述正确的是(　　)。

A. 先送励磁电源，后送电枢电源

B. 先送电枢电源，后送励磁电源

C. 两者同时送

12. 他励直流电动机的几种调速方法中，最理想的一种是(　　)。

A. 电枢回路串电阻调速　　B. 弱磁调速　　C. 降压调速

13. 变压器的基本工作原理是基于(　　)的。

A. 电磁感应定律　B. 电磁力定律

C. 能量平衡定律　D. 电流的热效应定律

14. 变压器中实现能量变换的主要功能部件是(　　)。

A. 铁芯　　B. 绕组　　C. 铁芯和绕组

15. 反映变压器油位高低的主要功能部件是(　　)。

A. 油箱　　B. 储油柜　　C. 气体继电器　　D. 绝缘套管

16. 变压器的器身通常是指变压器的(　　)。

A. 绕组　　B. 铁芯　　C. 铁芯和绕组　　D. 油箱

17. 对于运输比较困难、容量比较大的变压器，通常选用(　　)。

A. 组式变压器　　B. 芯式变压器　　C. 单相变压器　　D. 三相变压器

18. 电机的机械特性是指 (　　)与(　　)的关系。

A. 电枢电流 I_a　　B. 主磁通 Φ　　C. 电机转速 n　　D. 电磁转矩 T

19. Y 形接法的三相异步电动机在空载运行时，若定子一相绕组突然断路，则电机(　　)。

A. 必然会停止转动　B. 有可能连续运行　　C. 肯定会继续运行

20. 某三相异步电动机的额定电压为 380 V，其交流耐压试验电压为(　　)。

A. 380 V　　B. 500 V　　C. 1000 V　　D. 1760 V

21. 频敏变阻器主要用于(　　)控制。

A. 笼形转子异步电动机的启动　　B. 绕线转子异步电动机的调速

C. 直流电动机的启动　　D. 绕线转子异步电动机的启动

22. 对于电力拖动系统稳定运行概念中的“扰动”一词，解释正确的是(　　)。

A. 电源电压的变化　B. 负载的变化　C. 电源电压或负载的微小变化

23. 三相笼型异步电动机的转子绕组应接成(　　)。

A. Y 形　　B. △形　　C. 短路　　D. 开路

24. 为了使三相笼型异步电动机能采用 Y—△降压启动，电动机定子绕组在正常运行时必须是(　　)。

A. Y形接法　　B. △形接法　　C. Y/△形接法

25. 为了改善三相单层绕组的电磁性能，定子绕组采用(　　)连接方式最好。

A. 单层链式绕组　　B. 单层交叉式绕组

C. 双层绕组　　D. 同心式绕组

26. 下列几种电气制动方法中，经济性最好即能产生电能的一种制动方法是(　　)。

A. 能耗制动　　B. 回馈制动　　C. 电源反接制动　　D. 倒拉反接制动

27. 既能迅速制动停车，又能迅速制动反向的是(　　)。

A. 能耗制动　　B. 回馈制动　　C. 电源反接制动　　D. 倒拉反接制动

28. 下列几种调速方法中，不是直接改变电动机速度的一种调速方法是(　　)。

A. 电磁转差离合器调速　　B. 变极调速

C. 变频调速　　D. 串电阻调速

29. 三相异步电动机的工作原理是基于(　　)的。

A. 电磁力定律　　B. 电磁感应定律

C. 法拉第定律　　D. 电磁感应定律和电磁力定律

30. 下列几种电动机中，具有功率因数调节功能的是(　　)。

A. 三相异步电动机　　B. 三相同步电动机　　C. 单相异步电动机

31. 下列几种电动机中，工作时需要交直流两种电源的是(　　)。

A. 三相异步电动机　　B. 单相异步电动机　　C. 三相同步电动机

32. 在单相分相式异步电动机的几种常见形式中，既有较好的启动性能又有较好运行性能的是(　　)。

A. 单相电阻分相式　　B. 单相电容分相式

C. 单相电容运转式　　D. 单相电容启动及运转式

33. 对于单相分相式异步电动机来说，为了改善其启动性能的最有效方法是(　　)。

A. 采用单相电容分相式

B. 采用单相电容运转式

C. 采用单相电容启动及运转式

34. 在下列单相分相式异步电动机中，具有较好的运行性能的是(　　)。

A. 单相电阻分相式　　B. 单相电容分相式　　C. 单相电容运转式

35. 在电动机选择中，主要是选择电动机的(　　)。

A. 结构　　B. 额定电压　　C. 额定转速　　D. 容量

36. 测量1 Ω以下的电阻使用的工具应是(　　)。

A. 直流单臂电桥　　B. 直流双臂电桥　　C. 万用表的欧姆挡

37. 测量电动机定子绕组的阻值时，使用的工具应是(　　)。

A. 万用表　　B. 兆欧表　　C. 电桥

38. 检查电动机定子各相绕组之间的绝缘电阻，使用的工具应是(　　)。

A. 万用表　　B. 兆欧表　　C. 电桥

39. 检查电动机每相绕组对地的绝缘电阻，使用的工具应是(　　)。

A. 万用表　　B. 电桥　　C. 兆欧表

40. 检查电动机的每相绕组电阻值时，电动机应处于(　　)状态。

A. 通电　　B. 通电与断电　　C. 断电

41．当电动机的定子绕组出现故障时，通常要对电动机进行(　　)是否符合要求的检查。

A. 各相绕组的电阻　　B. 各相绕组之间的绝缘电阻

C. 各相绕组对地的绝缘　　D. 以上三项

三、判断正误(在你所认为正确的题后打∨，错误的打×)

1．某一直流电机的外电路端电压 U 与磁场内的电动势 E 存在 $U>E$ 的关系，则该直流电机属于发电机性质。(　　)

2．直流电机的不变损耗包括机械损耗和铁芯损耗。(　　)

3．若直流电机的磁极对数 $p=2$，则该电机为 2 极电机。(　　)

4. 换向极的作用是改善换向。(　　)

5．换向器属于直流电机的定子部分。(　　)

6．换向极属于直流电机的转子部分。(　　)

7．电刷装置属于直流电机的转子部分。(　　)

8. 影响他励直流电动机换向的化学原因中所产生的氧化亚铜薄膜能有效地抑制附加换向电流。(　　)

9. 对于他励直流电动机来说，其相邻的一对主磁极之间所装设的换向极的极性，应与该直流电动机旋转方向前面的主磁极极性相同。(　　)

10. 对于他励直流电动机来说，只有当不变的机械损耗等于可变的铜耗时，运行效率才最高。(　　)

11．直流电机一般采用碳—石墨电刷，只有在低压电机中，才用黄铜—石墨电刷或者青铜—石墨电刷。(　　)

12．三相异步电动机的工作原理是基于电磁感应定律的。(　　)

13．三相异步电动机的工作原理是基于电磁感应定律和电磁力定律的。(　　)

14. 如果三相笼型异步电动机需带动重负载启动时，则不能用降压启动的方法来启动电动机。(　　)

15. 三相绕线转子异步电动机转子电路串电阻可对电动机进行启动，也可对电动机进行调速，因此电动机上使用的启动变阻器可兼作调速变阻器使用。(　　)

16．减小三相异步电动机定子绕组端电压 U_1 会使电动机过载能力 λ_m 下降。(　　)

17．直流电动机的能耗制动和三相异步电动机的能耗制动方法完全相同。(　　)

18．能耗制动和电源反接制动都适应于反抗性负载的制动。(　　)

19．反接制动的线路图中，串联制动电阻的目的是为了限制制动电流。(　　)

20．三相绕线转子异步电动机转子回路串电阻的作用是既能限制启动电流又能实现调速。(　　)

21．三相绕线转子异步电动机转子回路所串电阻只能限制启动电流。(　　)

22．三相异步电动机电源反接制动类似于直流电动机电枢反接制动。(　　)

23．电动机定子绕组为单层绕组时，每槽只有一个线圈边，嵌线方便，槽利用率高。(　　)

24．单层链式绕组和交叉式绕组的特点是线圈端部较短，可以省铜。(　　)

25．三相异步电动机若采用单层绕组，其电磁性能较差，一般只能适应于中心高在160 mm以下的小型三相异步电动机。(　　)

26．当某一三相异步电动机的定子铁芯槽数是48，且为单层绕组时，其各相绕组所占的槽数必须是16个，每相绕组所需线圈数必须是8个。(　　)

27．对于三相双层绕组来说，其线圈数与定子铁芯的槽数是相等的。(　　)

28．采用双层绕组的目的是为了选择合适的短距，从而改善电磁性能。(　　)

29．降低定子电压 U_1 时，三相异步电动机人为机械特性变硬。(　　)

30．当降低三相异步电动机定子端电压 U_1 时，对应同一转速的电磁转矩 T 将与 U_1^2 成正比下降。(　　)

31．三相异步电动机转子的转速越低，电动机的转差率越大，转子电动势频率越高。(　　)

32．三相异步电动机转子回路串电阻时，电动机的机械特性硬度不变，但最大转矩减小。(　　)

33．在三相异步电动机的T形等效电路图中，由于励磁电流 I_0 比较大，因此不可将其励磁支路去掉，而要前移。(　　)

34．三相笼型异步电动机的变频调速是指只改变电源频率的一种调速。(　　)

35．三相笼型异步电动机的优点之一是从空载到满载时，运行效率都很高。(　　)

36．对于三相异步电动机来说，若定子与转子之间的气隙大，则磁阻大，电动机从电网吸收的感性励磁电流大，导致电网的功率因数降低。(　　)

37．当三相异步电动机的定子与转子之间的气隙过小时，容易出现扫膛现象。(　　)

38．对于三相异步电动机来说，其绝缘电阻降低的原因有可能是潮气侵入或雨水滴入电动机内部。(　　)

39．三相绕线转子异步电动机的转子铁芯槽中嵌放的是铝导条。(　　)

40．三相绕线转子异步电动机的启动性能比笼型异步电动机好，但不如直流电动机的启动性能。(　　)

41．在额定负载下，电动机的功率因素和效率都比较高。(　　)

42．电源反接制动只适用于快速制动后反方向运行。(　　)

43．若采用电源反接制动，既能实现迅速停车，又能实现快速反方向运行。(　　)

44．三相笼型异步电动机的几种调速方法中，最具有发展前途的一种是串级调速。(　　)

45．三相绕线转子异步电动机的几种调速方法中，最具有发展前途的一种是串级调速。(　　)

46．三相笼型异步电动机的几种调速方法中，最具有发展前途的一种是变频调速。(　　)

47．三相绕线转子异步电动机的几种调速方法中，最具有发展前途的一种是变频调速。(　　)

48．三相异步电动机空载运行时三相电流不平衡的原因有可能是定子绕组内部接线错误。(　　)

49. 电气制动的实质是要求电动机产生一个与电动机原来运行方向相同的电磁转矩。( )

50. 电动机如果处于电动运行状态，则其电磁转矩一定是拖动或驱动性质的。( )

51. 三相异步电动机通常有两种运行状态，即电动状态与制动状态。( )

52. 当某三相异步电动机运行在机械特性曲线坐标的第三象限时，则该电动机处于正向制动状态。( )

53. 电流互感器运行时，其二次侧绕组可以开路。( )

54. 在变压器的T形等效电路图中，由于励磁电流I_0较小，因此，在工程计算上，可将其励磁支路去掉，并由此得出变压器的简化等效电路图。( )

55. 三相变压器连接组别是指高低压绕组对应相电动势间的相位连接关系。( )

56. 单相异步电动机的体积虽然较同容量的三相异步电动机大，但功率因数、效率和过载能力都比同容量的三相异步电动机低。( )

57. 单相电容分相式异步电动机既有良好的启动性能，又有良好的运行性能。( )

58. 单相单绕组异步电动机和三相同步电动机都不能自行启动。( )

59. 单相异步电动机是指其定子绕组只有一相绕组的异步电动机。( )

60. 单相分相式异步电动机是在定子上嵌放两相绕组，而且该两相绕组在空间相位上相差90°电角度。( )

61. 单相罩极式异步电动机的功率因数和运行效率都很高。( )

62. 单相罩极式异步电动机有较大的启动转矩。( )

63. 单相异步电动机与三相笼型异步电动机具有相同的转子结构。( )

64. 家用电器多采用单相异步电动机，一方面使用单相电源比较方便，另一方面它可以自行启动。( )

65. 三相同步电动机与三相异步电动机都是交流电动机。( )

66. 三相同步电动机是指转子的转速始终与定子旋转磁场的转速相同的一种交流电动机。( )

67. 三相同步电动机工作时需要给其定子提供直流励磁电源。( )

68. 三相同步电动机工作时其定子绕组中通的是三相交流电，转子中通的是直流电。( )

69. 只要改变三相交流电源的相序，就可改变三相同步电动机的运转方向。( )

70. 三相同步电动机在电网中的一个最主要应用是其在空载时可以作为同步补偿机使用。( )

71. 三相同步电动机在工程应用中只具有功率因数调节的功能。( )

72. 三相异步电动机与三相同步电动机具有相同的结构。( )

73. 三相同步电动机的定子与三相异步电动机的定子结构相同。( )

74. 三相同步电动机转动方向的改变与三相异步电动机转动方向的改变方法不同。( )

75. 三相同步电动机转子的转速与定子旋转磁场的转速始终相同，与负载大小无关。( )

76. 调节三相同步电动机的励磁电流可以使其工作在电容性状态，从而提高电网的功

率因数。( )

77. 三相同步电动机的转子转速始终与定子旋转磁场的转速相同。( )

78. 当电源频率不变时，同步电动机的转速恒为常值而与负载的大小无关。( )

79. 伺服电动机两相绕组在空间布置的电角度是按120°相位差排列的。( )

80. 伺服电动机、步进电动机和直线异步电动机的工作原理都是基于电磁感应定律的。( )

81. 伺服电动机、步进电动机和直线异步电动机都属于控制电动机。( )

82. 交流伺服电动机的结构和工作原理与单相分相式异步电动机的结构和工作原理相同。( )

83. 交流伺服电动机的转子电阻比单相分相式异步电动机的转子电阻大。( )

84. 直线异步电动机在磁悬浮列车上的应用是，将初级绕组和铁芯装在列车上，利用铁轨充当磁极。

85. 绝缘材料的允许温度就是电动机的允许温度，绝缘材料的寿命就是电动机的寿命。( )

86. 电动机的额定转速是根据生产机械传动系统的要求来选择的。( )

87. 防护式电动机只具有防滴、防雨的功能。( )

88. 在有易燃、易爆的场合，既可选用防爆式电动机，也可选用封闭式电动机。( )

89. 在有腐蚀性气体和有水滴、灰尘的环境中，既可使用防护式电动机，也可使用封闭式电动机。( )

90. 当要求电动机具有较好的启动性能和调速性能时，通常选用直流电动机或绕线转子异步电动机。( )

90. 运行经验表明，各种电动机在轻载或过载情况下运行效率都较低，只有在额定负载下其运行效率才最高。( )

四、简答题

1. 影响直流电机换向的主要原因有哪些？改善换向的方法有哪些？

2. 三相异步电动机机座上标注铭牌的作用是什么？

3. 表征三相异步电动机启动性能的主要参数有哪些？生产机械设备对它们的要求分别是什么？如果启动性能都不理想，会产生什么影响？

4. 三相笼型异步电动机的几种传统的降压启动方法有哪几种？各有何特点？

5. 改善三相笼型异步电动机启动性能的方法有哪几种？各有何特点？

6. 三相绕线转子异步电动机的启动方法有哪几种？哪一种启动效果最好？为什么？

7. 三相异步电动机的电气制动方法有哪几种？各有何特点以及各适合何种性质的负载制动？

8. 三相笼型异步电动机的调速方法有哪几种？哪种调速方法最具有发展前途？为什么？

9. 三相绕线转子异步电动机的调速方法有哪几种？哪种调速方法最具有发展前途？为什么？

10. 三相异步电动机的空气隙对电动机的运行有哪些影响？

11．当电动机温升超过允许温升时，应做哪些检查？

12．造成三相异步电动机空载电流过大的原因有哪些？

13．衡量电动机运行性能的主要因素以及对各种因素的要求有哪些？

14．三相异步电动机运行中的监视应做到哪几点？

15．单相分相式异步电动机有哪几种类型？它们的启动或运行性能如何？

16．交流伺服电动机的控制方式有哪几种？哪种控制方式最理想？为什么？如何控制交流伺服电动机的转速和转向？

17．三相同步电动机主要应用在哪些场合？同步电动机的特点有哪些？

18．按防护形式分类，电动机通常分为哪几种类型？各适用于哪种场合？

参 考 文 献

[1] 孟宪芳. 电机及拖动基础. 西安：西安电子科技大学出版社，2006
[2] 胡幸鸣. 电机及拖动基础. 北京：机械工业出版社，2008
[3] 刘行川. 简明电工手册. 福州：福建科学技术出版社，2000
[4] 张勇. 电机拖动与控制. 北京：机械工业出版社，2005
[5] 吴浩烈. 电机及电力拖动基础. 重庆：重庆大学出版社，1998
[6] 刘介才. 供配电技术. 北京：机械工业出版社，2005
[7] 赵承荻. 电机及应用. 北京：高等教育出版社，2005
[8] 牛维扬. 电机应用技术基础. 北京：高等教育出版社，2001
[9] 林平勇. 电工电子技术. 北京：高等教育出版社，2004
[10] 袁维义. 电工技能实训. 北京：电子工业出版社，2003
[11] 张小慧. 电工实训. 北京：机械工业出版社，2002
[12] 张桂金. 电机及拖动基础实验/实训指导书. 西安：西安电子科技大学出版社，2008
[13] 张桂金. 电机安装维护与故障处理. 西安：西安电子科技大学出版社，2010